2023–2024
SwiftUI
対応

たった2日でマスターできる

iPhoneアプリ開発集中講座

Xcode 15 | iOS 17 | Swift 5.9 対応

藤 治仁・小林 加奈子・小林 由憲［著］

ソシム

●商標等について

・本書に記載されている社名、製品名、ブランド名、システム名などは、一般に商標または登録商標で、それぞれ帰属者の所有物です。

・本文中では、©、®、™ は表示していません。

●諸注意

・本書はソシム株式会社が出版したもので、本書に関する権利、責任はソシム株式会社が保有します。

・本書に記載されている情報は、2023 年 9 月現在のものであり、URL などの各種の情報や内容は、ご利用時には変更されている可能性があります。

・本書の内容は参照用としてのみ使用されるべきものであり、予告なしに変更されることがあります。また、ソシム株式会社がその内容を保証するものではありません。本書の内容に誤りや不正確な記述がある場合も、ソシム株式会社は一切の責任を負いません。

・本書に記載されている内容の運用によっていかなる損害が生じても、ソシム株式会社および著者は責任を負いかねますので、あらかじめご了承ください。

はじめに

この書籍は、**「iOS アプリを作ってみたい、すべての初心者が、体験から学べる入門書」**です。

iOS とは、Apple が macOS をベースに開発した、iPhone、iPad、iPod touch 向けのモバイル OS です。本書籍では、プログラム言語の Swift（スウィフト）を用いて開発を行います。

執筆陣は、2014 年 11 月 1 日から**「Swift ビギナーズ倶楽部」**というコミュニティを開催していました。プログラミング自体がはじめての方、iOS アプリを作ってみたい他分野のエンジニアの方、そして高校生から、定年退職された方まで、たくさんの方々にご参加いただきました。最初は試行錯誤しながらも、勉強会に参加をして参加者の方どうしで教え合い、アプリ開発を楽しまれている方々が多くいらっしゃいます。

その経験を通して執筆陣が理解したことは、はじめての分野を学習する際には、経験者にとってはどんな些細なことも、初学者にとってはつまずくポイントになりえるということです。ただ、どんな分野もそうですが、最初は基礎的なことを、まねごとでよいので丁寧に繰り返し練習すれば、少しずつ自分だけのオリジナルの発想が出てきます。

本書では、構成段階からハンズオンセミナーを開催し、たくさんの参加者の方々の声をまとめ、各レッスンを構成しました。また、継続してセミナーを開催しながら、どの操作でつまずくのか、どのコードの説明が理解しがたいのかをフィードバックを受けて、教材を改善し続けています。

そうした調査に基づき、プログラミングを通して、**「モノづくり」の楽しさを体験**していただけるように、少しずつ階段を上っていく体験を重視した構成にしました。初心者が最初の一歩を踏み出す書籍を目指しています。

本書のコンセプトは**「まずは体験してみて、その経験を生かして学んでいく」**です。難しいプログラミング文法の説明は必要最小限にまとめ、多くのサンプルアプリの開発を体験してもらうことで、最短距離でアプリ開発の「勘所」がつかめるように工夫しました。

これから iOS アプリを制作される方々の一助となれば幸いです。ようこそ、iOS アプリ開発の世界へ。

目次 CONTENTS

はじめに 3
この本の読み方と使い方 10
ご利用の前に必ずお読みください 14

Day 1 Day 2

Lesson 1 はじめてのアプリを開発する前に知っておこう 15

iOS アプリの開発を始める前に、知っておいた方がよいことを学びます。
書籍を読み進めていく上で、最初の心構えを知っておくことで、心理的なハードルが下がり、学習が行いやすくなります。
Swift と SwiftUI についての概要を解説しているので役割を理解してください。

1-1 プログラミングを体験から学んでいこう 16
1 この本の使い方と前提知識 16
1-2 あらかじめ挫折しそうなポイントを押さえておこう 18
1 学習ポイントを押さえよう 18
1-3 アプリ開発をするなら知っておこう！～WWDC、手数料、課金方法～ 20
1 WWDC での公開情報をもとに考察してみよう 20
1-4 Swift（スウィフト）を知ろう 22
1 iOS 開発の歴史を振り返ろう 22
2 Swift の特徴を押さえよう 24
1-5 SwiftUI（スウィフトユーアイ）を知ろう 26
1 SwiftUI の特徴を押さえよう 26

Lesson 2 アプリ開発の環境を整えて、Xcode の使い方を学ぼう 29

iOS アプリを開発するために、必要なものを学びましょう。
最初に、まだ Apple ID を取得していない方のために、Apple ID の基礎知識と取得方法についても解説します。

2-1 開発をするために必要な準備をしよう 30
1 アプリ開発に必要な 3 つのものを準備しよう 30

2-2 Apple ID を取得しよう 32
1 Apple ID をすでに取得されている方 32
2 Apple ID をまだ取得されていない方 33
2-3 Xcode をインストールしよう 35
1 Xcode をダウンロードしよう 35
2-4 Xcode を起動して、プロジェクトを作成しよう 39
1 Xcode を起動しよう 39
2 プロジェクトを作成しよう 40
3 Xcode の画面構成を確認しよう 44
2-5 Xcode をより使いやすくするための設定をしよう 50
1 Xcode の環境を設定しよう 50
2-6 ボタンをタップして「Hello, world!」から「Hi, Swift!」に切り替えてみよう ...55
1 Text を修正して、「Hi, Swift!」と表示してみよう 57
2 Text を選択しよう 64
3 Button（ボタン）を配置しよう 70
2-7 アプリの動きを確認する方法を学ぼう 82
1 Canvas（キャンバス）で、アプリを動かそう 82
2 Simulator（シミュレータ）で、アプリを動かそう 85
3 iPhone（実機）に転送して、アプリを動かそう 88

Lesson 3 じゃんけんアプリを作ろう —Swift の基本を学ぶ— 101

じゃんけんアプリを作りながら、アプリ開発の基本を学びます。
最後に「ステップアップ」でアプリアイコンを設定する方法を学びます。
もう少し深く学習してみたい方はチャレンジしてみてください！

3-1 完成をイメージしよう 102
3-2 プロジェクトを作成しよう 104
1 プロジェクトを作成しよう 104
2 プロジェクトファイルの役割を理解しよう 106
3-3 画面に部品を配置しよう 107
1 画像ファイルを取り込もう 107
2 レイアウトの構成を理解しよう 110
3-4 じゃんけん画像を切り替えよう 132
1 プログラムを書く前に、大きく作り方を把握しよう 132
3-5 ステップアップ アイコンを設定しよう 159
1 アイコンを設定しよう 160
2 アイコンを確認しよう 162

Lesson 4 楽器アプリを作ろう —音の扱い方を学ぶ— 165

音を扱うことができる「AVFoundation」を利用して、楽器アプリを開発します。シンバルとギターをタップすると楽器の音が流れます。
また、背景などViewを重ねるときに用いるレイアウトZStackについても習得します。

4-1 完成をイメージしよう 166
1 プロジェクトを作成しよう 168
4-2 シンバルとギターを配置しよう 169
1 レイアウトを理解しよう 169
2 パーツを配置しよう 170
4-3 タップで音を鳴らそう 176
1 これから作るファイルとその役割を理解しよう 176
2 音を扱う準備をしよう 177
3 SoundPlayer.swift ファイルを追加しよう 178
4 音を便利に扱うことができる「AVFoundation」を読み込もう 180
5 シンバルを鳴らす機能を作ろう 180
6 ギターを鳴らそう 187
4-4 ステップアップ リファクタリングで見通しを改善しよう 189
1 モディファイアを作成する 190
2 作成したモディファイア .backgroundModifier() に差し替え 193

Lesson 5 マップ検索アプリを作ろう —MapKitとクロージャを学ぶ— 195

マップの表示ができる「MapKit」を利用して、マップアプリを開発します。テキストエリアにキーワードを入力すると、該当する場所を検索し、ピンを立てます。
SwiftUIでのMapKitの使い方、クロージャの概念についても解説します。

5-1 完成をイメージしよう 196
5-2 マップパーツを作成しよう 198
1 これから作るファイルとその役割を理解しよう 198
2 プロジェクトを作成しよう 199
3 MapView.swift ファイルを追加しよう 200
4 最初のマップを表示しよう 201
5 検索キーワードを設定し、シミュレータで動作確認しよう 204
6 検索キーワードから緯度経度を検索しよう 210
5-3 マップ検索アプリの動作をプログラミングしよう 221
1 検索キーワードを入力する TextField を作ろう 221
2 入力されたデータの流れを確認しよう 227
5-4 ステップアップ マップの種類（衛星写真など）を切り替えできるようにしよう 239
1 マップの種類を切り替える処理の実装をしよう 240
2 マップパーツ（MapView）をマップ種類の切り替えに対応させよう 247

Day 1 Day 2

Lesson 1 タイマーアプリを作ろう —画面遷移とデータの永続化— 255

いままで単一画面で完結するアプリを作ってきましたが、この章では画面遷移の方法を学びます。
また、設定画面で選択した秒数をタイマー画面で利用できるように、設定画面でデータを保持しておく必要があるので、その方法も学びましょう。

1-1 完成をイメージしよう 256

1 プロジェクトを作成しよう 258

1-2 タイマー画面と秒数設定画面を作ろう 259

1 これから作るファイルと画面を理解しよう 259
2 NavigationStack で画面遷移してみよう 260
3 タイマー画面の View（部品）を配置しよう 266
4 設定画面の UI パーツを配置しよう 276

1-3 タイマー処理と設定した秒数を保存しよう 282

1 変数の宣言を追加しよう 282
2 経過時間を処理する関数を作成しよう 285
3 タイマーを開始する関数を実装しよう 286
4 スタートボタンがタップされたらタイマーを開始しよう 289
5 タイマーを停止する処理を実装しよう 289
6 残り時間を表示しよう 290
7 秒数設定画面から戻ってきたら、設定した秒数で画面を更新しよう 291
8 シミュレータでカウントダウンを確認しよう 292
9 設定したタイマーの時間を保存できるようにしよう 293

1-4 ステップアップ タイマー終了後にアラートを表示しよう 294

1 状態変数の宣言を追加しよう 295
2 アラート表示タイミングで変数を書き換えよう 295
3 アラート表示をしよう 296

Lesson 2 カメラアプリを作ろう［前半］ —カメラとSNS投稿— 303

カメラを利用することができる「UIImagePickerController」と、カメラロールへの保存やSNSへの投稿ができる「ShareLink」を利用して、カメラアプリを開発します。

2-1 完成をイメージしよう 304

2-2 撮影画面を作成しよう 306

1 プロジェクトを作成しよう 306
2 作成する画面とswiftファイルの関係を理解しよう 307
3 撮影画面を作成しよう 308

2-3 最初の選択画面を作成してカメラを起動しよう 322

1 カメラの使用をユーザーに許可してもらおう 322
2 「カメラを起動する」ボタンを作成しよう 325
3 カメラが利用できるか確認しよう 328
4 カメラを起動して撮影しよう 329

2-4 シェア画面を追加してアプリを完成させよう 338

1 写真の保存をユーザーに許可してもらう 338
2 シェア機能を追加しよう 339

2-5 ステップアップ フォトライブラリーから写真を取り込めるようにしよう 343

1 フォトライブラリー機能を追加しよう 344

Lesson 3 カメラアプリを作ろう［後半］ —エフェクト機能の追加— 351

カメラアプリの定番であるエフェクト機能を利用できる「Core Image」を利用します。「Day 2 Lesson 2-5 ステップアップ フォトライブラリーから写真を取り込めるようにしよう」で作成したカメラアプリをカスタマイズする方法で学習をすすめます。

3-1 完成をイメージしよう 352

3-2 エフェクト編集画面を作成しよう 354

1 エフェクト編集画面を作成しよう 354
2 各ボタンのアクションを作成しよう 365

3-3 選択画面をカスタマイズし、エフェクト機能を追加しよう 372

1 選択画面をカスタマイズしよう 372
2 写真を取得後にエフェクト編集画面へ遷移できるようにしよう 376

3-4 ステップアップ エフェクト編集画面でフィルタの種類を増やそう 384

1 カスタマイズしてみよう 385
2 フィルタの効果を確認しよう 388

Lesson 4 お菓子検索アプリを作ろう —Web API と JSON の使い方を学ぶ— 391

iOS アプリでインターネットを通してデータを取得できると、作りたいアプリの可能性が広がります。
お菓子に関するキーワードが入力されたら、インターネットからお菓子の情報を取得し、アプリの画面に表示するお菓子検索アプリを作ります。

4-1 完成をイメージしよう 392

4-2 Web API と JSON について学ぼう 394

1 Web API の基本的な仕組みを学ぼう 394
2 JSON と XML について学ぼう 395
3 ブラウザで Web API を使ってデータを取得してみよう 398

4-3 データ取得用のカスタムクラスを作成しよう 403

1 プロジェクトを作成しよう 403
2 データの流れを確認しよう 404

4-4 キーワードを入力してお菓子データを取得しよう 417

1 Web API のリクエスト URL を組み立てよう 417
2 リクエストを生成して、JSON を取得しよう 420

4-5 取得したお菓子データを、List で一覧表示しよう 429

1 お菓子データを配列に格納しよう 429
2 お菓子データを、List で一覧表示してみよう 438

4-6 ステップアップ お菓子の一覧をタップして、Web ページを表示してみよう ... 446

1 SFSafariViewController を利用して、Web ページを表示しよう 447

Xcode ショートカット 455
索引 458
Swift ビギナーズ倶楽部について 465
謝辞 466
執筆陣プロフィール 467

この本の読み方と使い方

本書が対象とする方

- プログラムを書いたことはないけれど、iPhone アプリを作ってみたい方
- iPhone アプリをよく利用していて、自分でも作ってみたいと思った方
- 中高生、大学生で iPhone アプリ開発を学んでみたい方
- シルバー世代や中高年の方で再学習を実施したい方
- 企業で入社前研修や企業導入研修での教材を検討している方

そんな iPhone アプリを作ってみたい、すべての初心者が対象です。
アプリを作ることを「開発」するともいいます。開発といっても「難しいことをする！」と身構える必要はありません。プログラミングを楽しみながら、リラックスして読み進めてください。

本書でできるようになること

初心者の方もサンプルアプリを作ることにより、動く体験と基本の知識が身につくようになります。
この書籍を終えるころには、他の入門書やプログラミング文法書を読む力もついていると思います。そして、作りたいアプリや学習したい分野も見えてくると思いますので、ぜひ、次の書籍を購入してステップアップを目指してください。

本書の特徴

とにかく**「体験」**すること、そしてあとから**「理解」**することに重点を置いています。

本書では、プログラミングの文法説明は最小限にして、iPhone アプリを作って動かしていくことを目的として構成しています。

プログラミング文法書のように文法を理解して覚えるのではなく、どんどんアプリを作って体験していくことに比重を置いています。プログラミングがはじめての人でも楽しみながら iPhone アプリが作れるという体験ができるように工夫しました。
学習が進めやすいように、学校の授業のように時限制（レッスン）で区切っています。各レッスンごとに独立したサンプルアプリが作れるように配慮していますので、制作したいサンプルアプリがあれば、途中からでも学習できます。
まったくの初心者の方は、読み飛ばさずに最初からじっくりと取り組んでみてください。少しでも経験のある方は、作りたいサンプルアプリのレッスンからはじめるのもよいでしょう。

本書の構成

Day1（1日目）はレッスン5まであり、iPhoneアプリ制作の概論と開発の準備から入ります。そして、ここで「じゃんけんアプリ」「楽器アプリ」「マップ検索アプリ」の3つのアプリを作ります。「アプリを作って動かすことができた！」という体験を得てください。

Day2（2日目）はレッスン4まであります。サンプルアプリは「タイマーアプリ」「カメラアプリ（前半）」「カメラアプリ（後半）」「お菓子検索アプリ」を作ります。

本書の読み方とページ構成

① **このレッスンで学ぶこと**

レッスンの中で学べることをピックアップして予測できるようにわかりやすくしています。

Lesson 3-3 画面に部品を配置しよう

このレッスンで学ぶこと

- Xcodeの基本操作を習得しましょう。
- Xcodeの基本的なパーツである、Image、Text、Buttonを配置しましょう。
- 各パーツの、配色や文字の設定方法を習得しましょう。

1 画像ファイルを取り込もう

最初に、じゃんけんアプリで利用する画像を取り込んでいきます。

② **Xcode画面**

Xcode（エックスコード）は、iPhoneアプリを視覚的に開発するための統合開発環境です。Xcode画面は、操作が理解しやすいようにナンバリングやコメントを入れています。

③ プログラムコードの追加と削除

プログラムのコードを追加する場所は、わかりやすいように赤枠で囲っています。また、削除、変更またはコメントアウトの場合は青枠で囲っています。

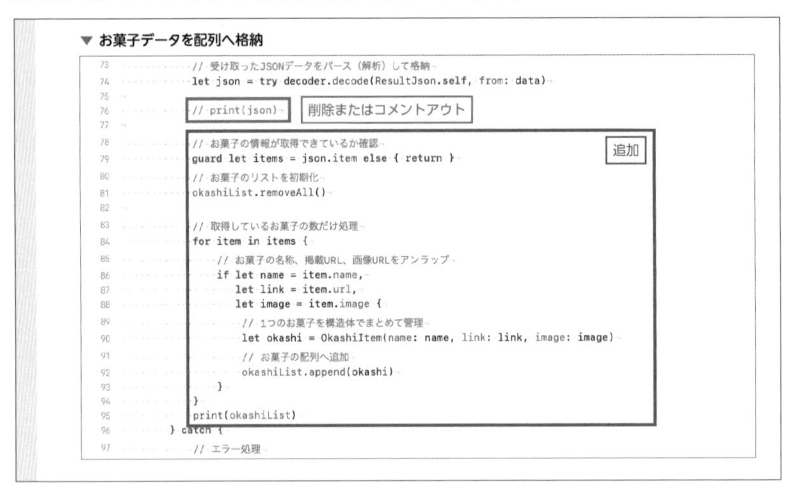

▼ お菓子データを配列へ格納

```
73            // 受け取ったJSONデータをパース（解析）して格納
74            let json = try decoder.decode(ResultJson.self, from: data)
75
76            // print(json)
77
78            // お菓子の情報が取得できているか確認
79            guard let items = json.item else { return }
80            // お菓子のリストを初期化
81            okashiList.removeAll()
82
83            // 取得しているお菓子の数だけ処理
84            for item in items {
85                // お菓子の名称、掲載URL、画像URLをアンラップ
86                if let name = item.name,
87                   let link = item.url,
88                   let image = item.image {
89                    // 1つのお菓子を構造体でまとめて管理
90                    let okashi = OkashiItem(name: name, link: link, image: image)
91                    // お菓子の配列へ追加
92                    okashiList.append(okashi)
93                }
94            }
95            print(okashiList)
96        } catch {
97            // エラー処理
```


④ 説明用のプログラムコード

Swift のプログラムコードを掲載しています。コードは理解しやすいように、1 行から数行の塊で説明します。

※ Swift（スウィフト）は、iPhone アプリを作るためのプログラミング言語です。

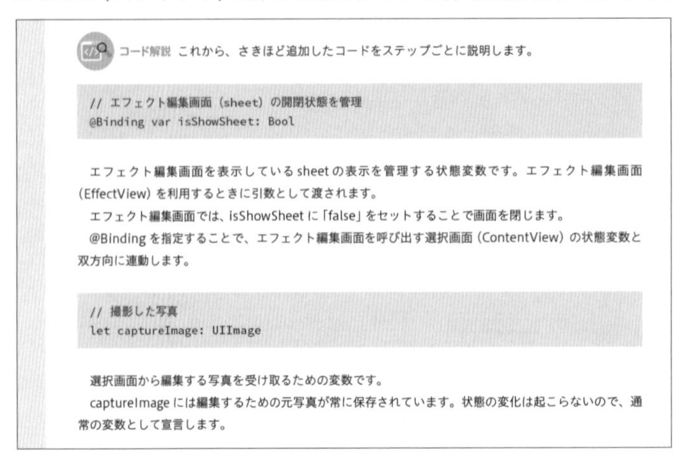

コード解説 これから、さきほど追加したコードをステップごとに説明します。

```
// エフェクト編集画面（sheet）の開閉状態を管理
@Binding var isShowSheet: Bool
```

エフェクト編集画面を表示している sheet の表示を管理する状態変数です。エフェクト編集画面（EffectView）を利用するときに引数として渡されます。

エフェクト編集画面では、isShowSheet に「false」をセットすることで画面を閉じます。

@Binding を指定することで、エフェクト編集画面を呼び出す選択画面（ContentView）の状態変数と双方向に連動します。

```
// 撮影した写真
let captureImage: UIImage
```

選択画面から編集する写真を受け取るための変数です。

captureImage には編集するための元写真が常に保存されています。状態の変化は起こらないので、通常の変数として宣言します。

⑤ Point（ポイント）、Tips（ティップス）、Column（技術コラム）

Point（ポイント）は、いまの学習の中で知っておいたほうがよいことや覚えるべき箇所を記載しています。

Tips（ティップス）は、Xcode の操作やコードの補足、または技術の事例を紹介します。

Column（技術コラム）は、本文の流れからは少しそれますが、技術の背景や、抽象的な技術の解説を記載しています。

さらに一歩踏み込んで学習できる「ステップアップ」

本書では、もう一歩進んで学習したい方のためにレッスンごとに「ステップアップ」を設けています。

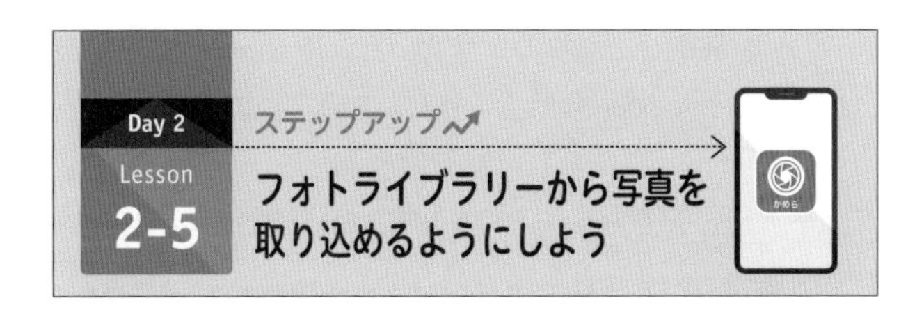

サンプルアプリをさらにカスタマイズして、機能アップを行いながら学びます。「ステップアップ」が難しいと感じられた方は、最初は飛ばして学習を進めてください。2 回目以降からは「ステップアップ」も含めて学習していくことで、効果的に学ぶことができます。

本書の公式サポートサイトの紹介とサンプルアプリダウンロード

公式サポートサイトでは、本書の内容に関するサポートや、本書内で掲載されているサンプルアプリ、プログラムコードなどが提供されています。

完成したサンプルアプリの動きを確認したり、自分で打ち込んだプログラムコードの確認などでご使用ください。

本書の公式サポートサイト
https://blog.code-candy.com/swiftbook2023/

ご利用の前に必ずお読みください

必要なパソコン機器

iPhone アプリ開発には、Mac が必要です。

本当にはじめての方は、Windows パソコンでも iPhone アプリ開発ができると思いがちですが、**iPhone アプリ開発には、Mac が必須**になります。Mac であれば、MacBook、iMac、Mac mini のどれであっても大丈夫です。macOS を搭載したパソコンがないと、iPhone アプリ開発のための環境を作ることができません。ぜひ、自分に合った Mac の購入を検討してみてください。

本書で必要な各ソフトウェアのバージョンについて

アプリ開発を行う前に、**必要なソフトウェアのバージョンを確認**して、それを満たす必要があります。バージョンはそのソフトウェアがいつ提供されたものであるのかを示す番号です。

iOS は Apple が macOS をベースに開発した iPhone、iPad、iPod touch 向けのモバイル OS です。この iOS のバージョンも確認する必要があります。

サンプルプログラムや本書で記載されているプログラムコード、画面掲載は、以下の環境に対応しています。

- Intel Mac、または Apple Silicon Mac
- macOS Ventura 13.5 以降
- Xcode 15.0 以上
- iOS 17.0 以上

上記のバージョンに満たない場合は、バージョンアップを行う必要があります。

バージョンアップに関しては、Apple サポートページをご確認ください。

Apple サポートページ
https://support.apple.com/ja-jp

Day 1 Day 2

Lesson

1

はじめてのアプリを開発する前に知っておこう

Lesson 1-1
プログラミングを体験から学んでいこう

Lesson 1-2
あらかじめ挫折しそうなポイントを押さえておこう

Lesson 1-3
アプリ開発をするなら知っておこう！
～WWDC、手数料、課金方法～

Lesson 1-4
Swift（スウィフト）を知ろう

Lesson 1-5
SwiftUI（スウィフトユーアイ）を知ろう

iOS アプリの開発を始める前に、知っておいた方がよいことを学びます。

書籍を読み進めていく上で、最初の心構えを知っておくことで、心理的なハードルが下がり、学習が行いやすくなります。

Swift と SwiftUI についての概要を解説しているので役割を理解してください。

Day 1

Lesson 1-1

プログラミングを体験から学んでいこう

このレッスンで学ぶこと

- プログラミングに対する気持ちを整理します。プログラミングを体験して学んでいくという考え方を理解します。

1 この本の使い方と前提知識

1-1 体験から学習する

あなたの心の中に、「プログラミングは頭で学ぶもの」という気持ちがあるなら、すぐに切り替えましょう！

プログラミングは「体験しながら体で学ぶ」という方法もあります。プログラミングの文法や仕組みの理解は、あとからついてきます。あなたが体験したことが糧となって、徐々に理解できるようになります。

1-2　予習や事前学習について

本書を学習するにあたって、予習のための時間は必要ありません。

はじめてプログラミングを学習する方でも、楽しみながら、段階的に知識を習得していけるように目指して構成しています。

予習で最初に知識を詰め込んでも、その知識が必要になるとは限りません。最初にアプリを作っていき、必要なときに必要な量を学習する方が効率的です。

実際に作ってみて「動いている！」という成功イメージを持つことが大切です。

1-3　基礎知識、前提知識について

本書では、事前の基礎知識、前提知識はとくに必要ありません。「動いた！」という体験をしてから、気になること、疑問に思うことを調べて、「なるほど！」と思えたときに基礎知識が身についたといえるでしょう。

「まずは体験してみる」「基礎知識はあとから学習する」ことを念頭において読み進めていくことが大切です。

まずは、自分で書いたコードが動く楽しさを実感してください。

1-4　反復学習について

最初は、新しい知識の情報量が多いため、一度学んで理解できたと感じても定着していないことが多々あります。学校の学習や、スポーツの練習と同じで、プログラミングも反復学習、反復練習を行うことで、学びが深くなります。

本書では、一度解説した内容を、あとのレッスンでも解説しています。思い出せるように簡略して解説したり、詳細に解説しているページを明記したりと、繰り返し復習していただける構成にしています。

また、最初は本書の通りに設定をしたりコードを書いたりするのも一苦労されると思います。最後までやり遂げられたら、2周目3周目と繰り返していただくことをお薦めします。最初には読み漏らしていたり理解できなかったりした解説も、新たな気づきがあり理解が進みます。

1-5　オリジナルアプリについて

本書のサンプルアプリは、シンプルで理解しやすいように設計しています。これをもとに組み合わせることで本格的なアプリを作ることができます。

本書のサンプルアプリを作れたら、機能を少しずつ変更したり、読者の皆さまが実装してみたい機能を追加したりしてみましょう。

Day 1

Lesson

1-2 あらかじめ挫折しそうなポイントを押さえておこう

このレッスンで学ぶこと

- アプリ開発で挫折しそうなポイントを事前に理解します。本書で集中して学習する、エラーや警告に対する考え方、Xcode について学びます。

1 学習ポイントを押さえよう

ポイント①：まずは一冊の本に取り組む

入門書をたくさん購入することで満足してしまいがちですが、最初は、1 つの書籍を最後まで学習することが大切です。まずは、じっくりと本書だけに取り組んでみてください。あせることはありません。すべてが理解できなくても、気にせず前に進んでください。

そして、本書を最後まで終えたら、また最初から取り組むことをお薦めします。最初はよくわからなかった箇所も、理解が進んでいることが実感できるはずです。

本書を読み終えるころには、次の新しい入門書や文法書も読み進めていくことができるようになります。

ポイント②：アプリ開発をする前の準備

アプリ開発を行う上で、事前の準備が必要になります。事前の設定ではトラブルも多く、ここで諦めてしまう方も多いと思います。

本書では、Day 1 Lesson 2 でアプリ開発の準備にも十分な時間を割いています。事前の準備が終われば、いよいよアプリを作ります！

ポイント③：アプリ開発で表示される警告やエラー

アプリの開発を進めていく過程で、**「警告」**や**「エラー」**と言われるものに遭遇することがあります。

最初は、警告やエラーの意味がよくわからず戸惑うことと思いますが、安心してください。警告やエラーはあなたを責めているのではなく、**よりよい方法を教えてくれている**のです。

警告やエラーに遭遇したときには、「アドバイスしてくれてありがとう！」というぐらいの気持ちを持って、開発に取り組みましょう。エラーメッセージを読んでわからない場合でも、メッセージをそのままインターネットで検索すると対処法がわかる場合も多くあります。調べながら解決をすることを覚えてください。

ポイント④：まずは、Xcode を体験して慣れていこう

アプリ開発には、Xcode という統合開発環境を利用します。

最初は、Xcode の操作がよくわからなくてなかなか思うように作業が進みません。でも、Xcode でのメニュー配置が理解できて、目的の作業をするための手順がわかるようになると、効率的に制作できるようになります。

Xcode も理解しようとするよりも体験をして、慣れていくことが大切です。繰り返し操作を体験し、どんどん慣れてください。

Day 1

Lesson

1-3

アプリ開発をするなら知っておこう！～WWDC、手数料、課金方法～

このレッスンで学ぶこと

- アプリ開発をする上で知っておきたい、WWDCの概要、ダウンロード数などの数値、手数料、課金について概要をつかみます。

1 WWDCでの公開情報をもとに考察してみよう

1-1 WWDCとは

WWDC（Worldwide Developers Conference）は、iPhoneの開発元であるAppleが毎年開催している、開発者向けのイベントです。

WWDCでAppleの新製品や新機能が発表されたり、市場動向や開発者への支払額が公開されたりします。そのため、アプリ開発者にとっては、とても関心が高いイベントです。

WWDC - Apple Developer
https://developer.apple.com/wwdc23/

2023年に開催されたWWDC23は、6月6日～10日に開催されました。WWDCでは、新OS、新ハードウェアの発表のほか新しい開発ツールやフレームワーク、APIの発表が行われます。

WWDCは、Appleが世界中の開発者に新しい技術やツールを発表する場として、重要な役割を果たしています。

▼ WWDCでの製品発表

発表年	製品
2014年	Swift
2015年	Swift 2.0、Swiftオープンソース化
2016年	Swift 3.0、Sirikit、iMessage Apps
2017年	Swift 4.0、iPad Pro、HomePod
2018年	ARKit 2.0、CreateML
2019年	Sign in with Apple、SwiftUI、Combine
2020年	Apple Siliconへの移行、Widget、App Clips
2021年	Swift Concurrency、Xcode Cloud
2022年	M2チップ、Lock Screen
2023年	Apple Vision Pro、Swift macros、SwiftData

WWDC では、表のような製品・サービスが発表されています。

1-2　Apple がアプリ開発者に支払った金額

アプリ開発者は平均でどのぐらいの収入を得ているのでしょうか？　WWDC 2019 以降は開発者への支払い総額や登録アプリ数の公式発表は行われていません。公式発表がされた、WWDC 2018 での数値から試算してみたいと思います。

WWDC 2018 での公式発表によると、2008～2018 年までの 10 年間で Apple が開発者に支払った金額は累計 1000 億ドルを超えています。支払った金額を当時の為替レートで換算すると、約 11 兆円にもなります。また、登録アプリ数は約 220 万本（2017 年 1 月現在）であるとされるため、この 11 兆円を 220 万本のアプリ数で割ると、1 つのアプリの平均収入は約 500 万円になります。

2008 年からアプリを 1 つリリースしていたとすると、年間平均で 50 万円、月平均で約 4 万円の収入になります。そして、登録アプリ数の 220 万本には無料アプリも含まれていますので、平均は約 4 万円以上になると思われます。

1-3　Apple の手数料

App Store で販売した売上のうちの、30% を Apple が手数料として差し引きます。これが、Apple の収益になります。残りの 70% が開発者への支払額です。支払いは、指定した銀行口座に振り込まれます。

たとえば、160 円のアプリであれば、112 円が振り込まれることになります。

1-4　ユーザーへの課金方法

iPhone アプリを、App Store に公開してユーザーに課金する方法は 3 種類あります。

▼ ユーザーへの課金方法

有料ダウンロード	アプリをダウンロードするときに課金する方法。ユーザーは 1 度ダウンロードすれば、その後のアップデートなどは無料で実行可能。アプリを削除して再びダウンロードするときも無料。
広告	アプリの中に広告を表示させて収益を得る方法。いろいろな会社がアプリ向けの広告配信サービスを提供している。
In App Purchase（アプリ内課金）	アプリ内で課金する方法。有料もしくは無料でアプリを提供し、そのアプリ内でアイテムや機能追加を販売し、収益を得る。アプリ内課金には、次の 4 つの方法がある。 ①消耗型：アプリの実行に伴い消費されていく。消費アイテムなど。 ②非消耗型：1 度購入するとユーザーのすべてのデバイスで使用可。書籍など。 ③自動更新購読：期間を決めて販売、自動で更新。新聞、雑誌など。 ④非更新購読：期間を決めて販売、自動で更新されない。1ヶ月購読など。

Day 1

Lesson 1-4

Swift（スウィフト）を知ろう

このレッスンで学ぶこと

- iOS 開発の歴史を学びます。
- iOS アプリ開発で使う、Swift（スウィフト）というプログラミング言語について概要を学びましょう。

1 iOS 開発の歴史を振り返ろう

みなさんが、本書で iOS アプリを作るために利用するプログラミング言語が、Swift（スウィフト）です。さらに、画面を作る仕組みの SwiftUI（スウィフトユーアイ）も併せて学びます。
Swift は 2014 年、SwiftUI は 2019 の WWDC ではじめて発表されました。
Swift と、SwiftUI の概要をお伝えする前に、先に iOS 開発の歴史を簡単に振り返ってみましょう。

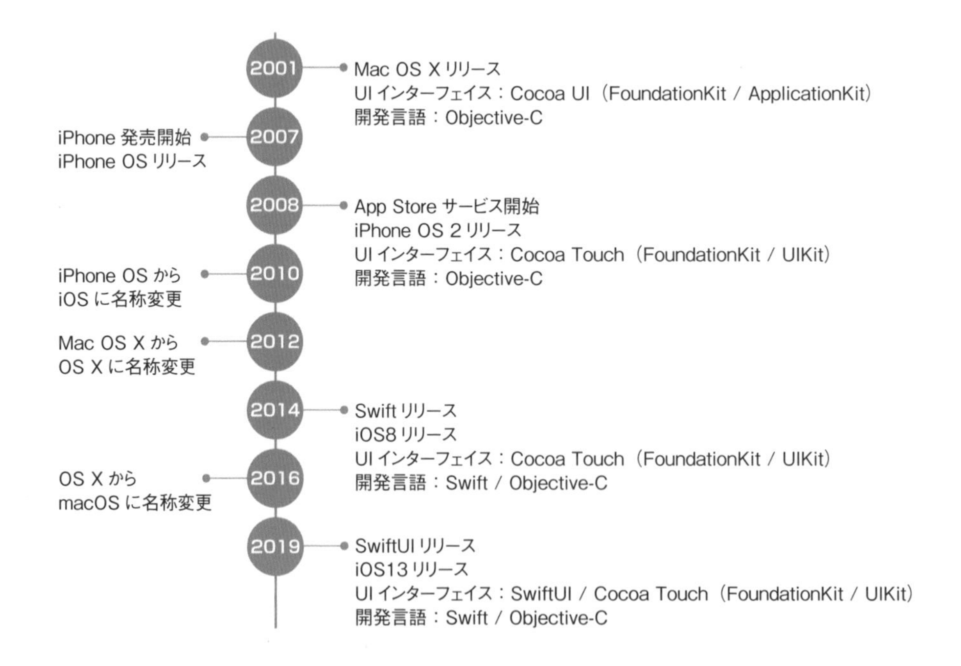

2001 年に、Mac の OS（オペレーティングシステム）として、Mac OS X（マック オーエス テン）がリリースされました。

アプリ開発の基礎として、画面を作るための UI インターフェイス開発キットを包括した、Cocoa フレームワーク（FoundationKit と ApplicationKit）と Objective-C というプログラミング言語が使用されていました。

UI は、User Interface（ユーザーインターフェイス）の略称で、ユーザ（利用者）とアプリの接点を意味し、アプリの画面やレイアウト、使い勝手のことを指します。

2007 年には、iPhone が発売開始されました。翌年の 2008 年には、App Store サービスが開始され、Apple 以外に開発されたアプリのダウンロードが可能になりました。

同時に、Cocoa Touch（FoundationKit と UIKit）と Objective-C を用いたモバイルプラットフォームが iPhone 用に開放されました。後に、iPad も対応されました。

2014 年には、Objective-C の後継となる開発言語、Swift がリリースされました。Swift は、従来の iOS 開発ツール、Xcode、Objective-C、および Cocoa フレームワークのすべてと互換性があるように設計されています。

そして、2019 年に、新しい UI インターフェイス開発キットの SwiftUI がリリースされました。Swift や SwiftUI は、従来の開発で課題になっていた開発の難しさ、学習のしづらさを改善し提供してくれています。

この流れからもわかるように、常に開発環境や言語は改善され進化を遂げていきます。開発者はより良い開発を行うためには、常に新しい技術をキャッチアップして学習する必要があるということが分かります。

これは、iOS 開発以外のソフトウェア開発のどの分野でも同じで、常に進化した技術が公開され開発の方法も変化します。変化を楽しみながら学習を続けましょう。

Swift が発表される前は、「Objective-C」（オブジェクティブシー）というプログラミング言語を使って、アプリ開発が行われていました。

Objective-C は 1980 年代から開発がはじまり、機能拡張を経て現在も使用されています。Objective-C は、記述が長くなり複雑であったり、プログラムを書いていく効率があまりよくなかったりと、初心者には難しい言語です。

Swift では、学びやすいような工夫がされていて、新しい考え方や機能を積極的に取り入れています。

Swift もバージョンアップを重ねて、十分に開発が行える言語として成長しています。また、過去の資産を有効活用できるように、Objective-C で作成されたプログラムを Swift から呼び出すこともできます。本書では、これからの開発言語である「Swift」でプログラムを記述します。

2 Swift の特徴を押さえよう

Swift は、現代的なプログラミング機能を備え、開発者にとっても学習がしやすい言語です。

▼ Swift.org

Swift.org - Welcome to Swift.org
https://swift.org/

Apple の公式サイトでは、Swift とは「誰もが圧倒的に優れたアプリケーションを作れる、パワフルなオープンソースの言語」として紹介されています。

Swift を使うことでアプリ開発者はより安全で、より信頼性の高いコードを書くことができ、時間を節約しながら、より豊かなアプリを作ることができます。

特徴①：Swift は高速である

Swift は日本語訳で「迅速」という意味で、鳥の「あまつばめ」を示す意味でも使われます。Swift の迅速さを強調するために、ロゴマークにも「あまつばめ」が採用されています。

Swift は他のプログラミング言語と比較して、検索アルゴリズム（データを探し出す方法）が高速だと言われています。

特徴②：Swift はモダンである

モダン（modern）とは「現代風」という意味です。Swift では、他のプログラミングでも採用されている新しい機能を、積極的に取り入れています。

特徴③：Swift は安全である

Swift はプログラミングの記述ミスやバグ（不具合）が起こりにくい仕組みを採用しています。

特徴④：たくさんの Apple 製品で動くアプリが作れる

Swift で作れるアプリは、iPhone や iPad 上で動くアプリだけではありません。Mac、Apple Watch などたくさんの Apple 製品で動くアプリを作ることができます。

特徴⑤：Swift はオープンソースである

オープンソース（Open Source）とは、プログラムソースを一般に公開して、誰もが使ってよいとする考え方です。

オープンソースであれば、一般人も Swift の改良に参加することができますので、ネット上では日々意見交換され、さらなる改良・進化していくことが期待されています。

Day 1

Lesson

1-5

SwiftUI（スウィフトユーアイ）を知ろう

このレッスンで学ぶこと

- 新しい開発方法の、SwiftUI（スウィフトユーアイ）という仕組みについて概要を学びます。

1 SwiftUIの特徴を押さえよう

SwiftUI

WWDC 2019にて、新しい開発プラットフォームSwiftUIが発表されました。

SwiftUIは、iOSや他のAppleプラットフォーム上で、宣言型な構文を用いて、プログラムコードとデザインを完全に同期しながら、アプリをデザインできるユーザーインターフェイスのツールキットです。

SwiftUIでの画面作成方法と、SwiftUIの前に行われていたストーリーボード（Storyboard）の画面作成方法を見比べてみましょう。

▼ストーリーボードの画面

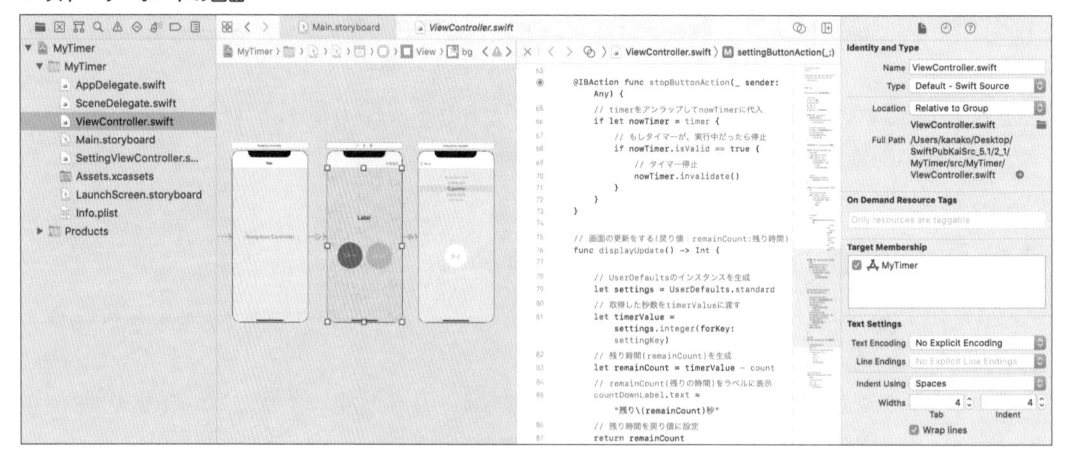

ストーリーボードでは、GUI（Graphical User Interface）で画面を作ります。

GUI（ジーユーアイ）とは、アイコン、メニュー、スクロールバー等をマウスや指の操作で視覚的に操作をしてコンピューターに命令をする仕組みのことを言います。

画面の移動の設定や、画面の部品をドラッグ＆ドロップで配置をして、色や文字の大きさ等の設定を画面で行っていきます。そして画面の部品と、プログラムコードを関連付ける設定を行いアプリを作っていきます。

もちろん、画面のデザインに関することもコードで書けますが、開発者によって作り方がまちまちで、大規模な開発ではルールの統一が必要で管理が難しく工夫が必要でした。

▼ SwiftUI の画面

SwiftUI は、宣言型な構文を用いて、プログラミングコードとデザインを同期しながら、アプリのデザインができます。同期しながらアプリのデザインができるとはどういうことでしょう？

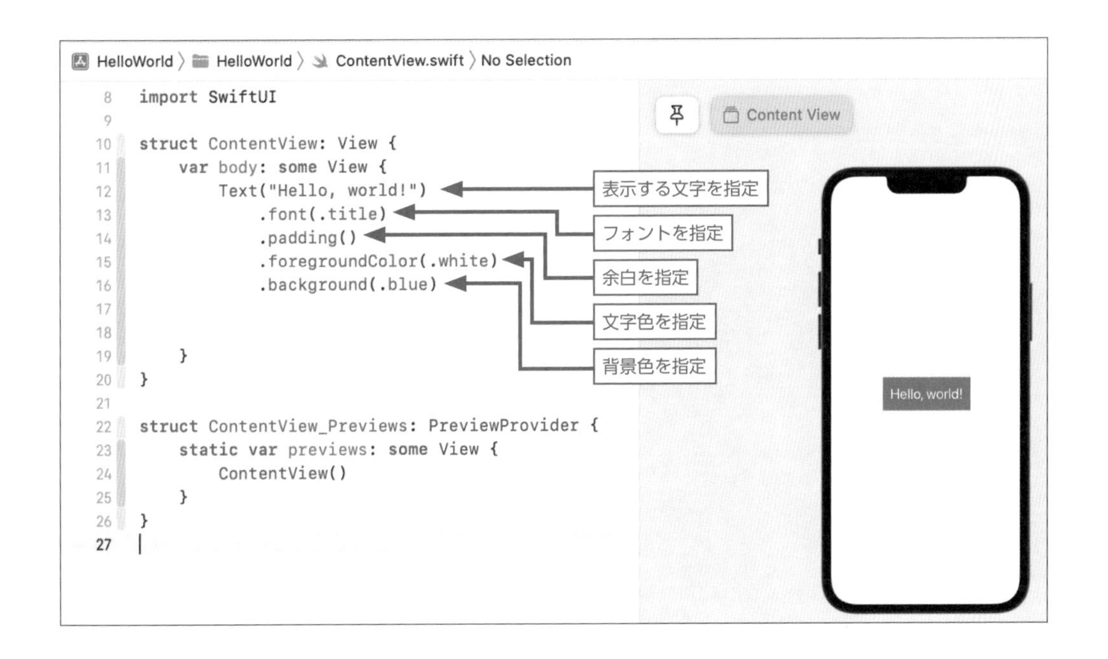

例えば、文字を表示できる Text という部品に対して、デザインを適用する場合は、このように指定をします。

Text に表示する文字を指定してから、フォント、余白、文字色、背景色を段階的に適用しています。これらは、GUI からも設定が行えますが、設定と同時に自動的にプログラムコードに同期されて反映されます。

このように、制御の流れを明示的に指定することなく、何をしたいのかを記述することを宣言型プログラミング（Declarative programming）と言います。対義語としては、プログラムの状態を変化させる命令を段階的に明示することで、プログラムがどのように動作すべきかを記述する命令型プログラミング（Imperative programming）があり、iOS 開発の中では、SwiftUI より前の開発方法にあたります。

本書では、Swift と SwiftUI を用いたアプリ開発を解説します。様々なサンプルアプリを通して、実践的に学びつつ SwiftUI の開発方法を学んでいきましょう。

● SwiftUI Apple 公式ページ

SwiftUI の Apple 公式ページは下記の URL でご確認いただけます。

【SwiftUI】Apple Developer
https://developer.apple.com/jp/xcode/swiftui/

Day 1 Day 2

Lesson 2

アプリ開発の環境を整えて、Xcode の使い方を学ぼう

START

Lesson 2-1
開発をするために必要な準備をしよう

Lesson 2-2
Apple ID を取得しよう

Lesson 2-3
Xcode をインストールしよう

Lesson 2-4
Xcode を起動して、プロジェクトを作成しよう

Lesson 2-5
Xcode をより使いやすくするための設定をしよう

Lesson 2-6
ボタンをタップして「Hello, world!」から「Hi, Swift!」に切り替えてみよう

GOAL

Lesson 2-7
アプリの動きを確認する方法を学ぼう

iOS アプリを開発するために、必要なものを学びましょう。

最初に、まだ Apple ID を取得していない方のために、Apple ID の基礎知識と取得方法についても解説します。

Day 1

Lesson 2-1

開発をするために必要な準備をしよう

このレッスンで学ぶこと

- アプリ開発をするために用意しなければならないことを学びます。
- Mac や Apple ID、Xcode の概要について理解します。

1 アプリ開発に必要な 3 つのものを準備しよう

iOS アプリを開発するためには、次の 3 つが必要になります。

- **Mac**
- **Apple ID アカウント**
- **Xcode**

上記の 3 つに加え、開発したアプリを全世界の人たちに利用してもらうには、別途、「Apple Developer Program」への登録も必要です。

このレッスンでは開発したアプリを、iPhone/iPad に転送（実機転送）して利用するところまでをゴールにしています。

では、必要な3つのものを確認しましょう。

1-1 Mac

2015年12月に、Swiftは誰でも利用・改変できるオープンソースとしてソースコードが公開されました。そのため、将来Mac以外のパソコンでもiOSアプリ開発ができるようになる可能性もありますが、現時点では、Macを準備してください。

▼ Mac

1-2 Apple ID

iOSアプリを開発するためには、Apple IDの作成が必要です。Apple IDは、Appleが提供しているオンラインサービスを利用するために必要なアカウントです。また、「App Store」というサービスでは、iPhoneやiPad、Macで利用できるアプリがダウンロードできます。さらに、有料で販売されているアプリも購入することができます。iPhoneやiPadをお持ちの方は、すでにApple IDを利用していると思います。それぞれのサービスを利用するのに必要なApple IDですが、Xcodeのダウンロードでも必要になるため、事前に作成する必要があります。

▼ App Store

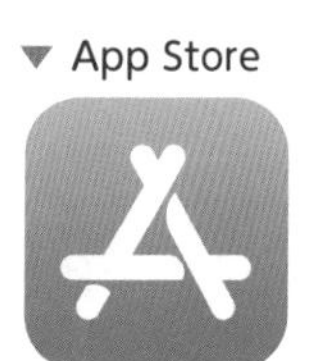

1-3 Xcode（エックスコード）

Apple IDが作成できたら、「App Store」で、iOSアプリ開発に必要なXcodeをインストールします。Xcodeは、Mac、iPhone、iPad、Apple Watch、Apple TV向けのアプリを開発できる環境を提供してくれます。Xcodeを利用して、画面やコードの作成、デバッグ、App Storeへのアプリの提出ができます。一般にこのようなツールは、**統合開発環境、もしくはIDE（Integrated Development Environment）**と呼ばれています。IDEは、ソフトウェアを効率よく開発できるように、さまざまな機能を提供してくれている開発ツールです。SwiftやObjective-Cを用いて開発ができるXcode以外にも、さまざまな言語（Java、Ruby、PHPなど）で、有料無料問わずにたくさんのIDEがあります。Xcode以外にも、iOSアプリ開発ができるIDEはありますが、一般的に多く利用されているのはXcodeです。

▼ Xcode

Day 1

Lesson

2-2

Apple ID を取得しよう

このレッスンで学ぶこと

- Apple ID の作成手順を学び、Apple ID を取得します。
- Apple ID の調べ方や、メールアドレスの変更方法も確認します。

1 Apple ID をすでに取得されている方

すでに Apple ID を取得済みの方は、その Apple ID が 1 つあれば、Apple のすべてのサービスが利用できます。

App Store から Xcode をダウンロードできますので、このレッスンは読み飛ばしていただいて大丈夫です。

1-1 Apple ID を持っているか不明な方

取得しているご自身の Apple ID がよくわからない場合があります。
その際は、下記の URL から調べることができます。

Apple ID を忘れた場合 - Apple サポート
https://support.apple.com/ja-jp/HT201354

1-2 Apple ID のメールアドレスを変更したい方

すでにお持ちの Apple ID のメールアドレスを変更できます。
メールアドレスを変更しても、いままで利用してきた Apple ID をそのまま使い続けることができます。
下記の URL に、メールアドレスの変更方法が記載されています。

Apple ID を別のメールアドレスに変更 - Apple サポート
https://support.apple.com/ja-jp/HT202667

2　Apple ID をまだ取得されていない方

次の手順に沿って、一緒に作成しましょう。

2-1　Apple ID のサイトにアクセス

Apple ID のサイトにアクセスします。
［Apple ID を作成］をクリックします。

Apple ID を管理
https://appleid.apple.com/jp

▼ Apple ID ログイン画面

2-2　Apple ID を作成

各項目を入力しましょう。個人の情報を記入します。赤枠の入力は、文字認証と呼ばれている仕組みです。左に表示されている画像の英数字を読み取って、右の入力欄に入力します。読みづらい英数字の場合は、「新規コード」をクリックして、読める英数字を表示させましょう。これは、悪意のあるプログラムから自動的にアクセスされ不正に利用されないようにするためです。人間にしか読めない画像の英数字を読んで入力させることで、悪意のあるプログラムからは利用できないようにしています。よく利用される認証方法ですが、Apple の場合は音声で読み上げるサポートもしてくれています。「音声サポート」をクリックすると、表示されている英数字を読み上げてくれます。［次に進む］をクリックすると、確認用のコードを入力する画面が表示されます。

▼ Apple ID の作成

入力したメールアドレスに確認用のコードが送信されます。メールを確認すると、確認用のコードが記載されています。

▼ メールで送信された確認コード

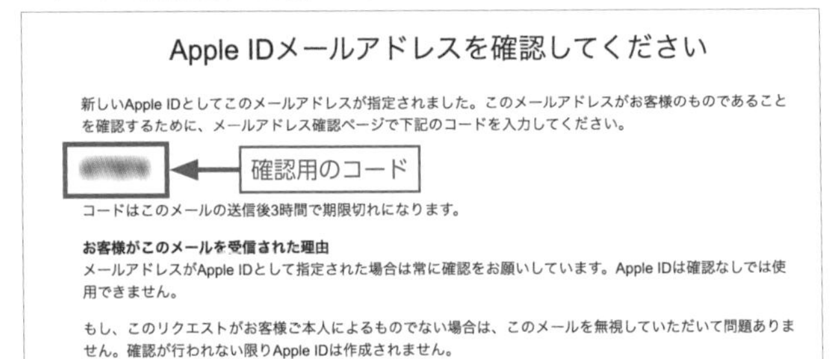

確認用のコードが、登録したメールアドレスと電話番号にそれぞれ送信されます。記載されている確認コードを入力してください。

▼ 確認コードの入力

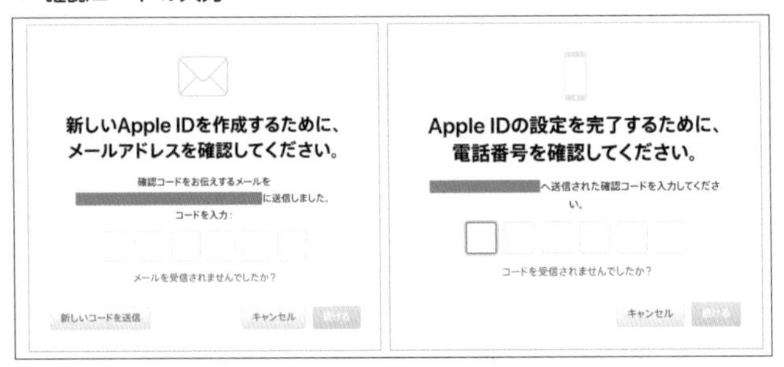

これで、Apple ID の作成は完了です。Xcode をダウンロードする準備が整いました。
続いて、Xcode のダウンロードとインストールを行います。

Point

Apple ID は、App Store、iCloud をはじめとした Apple サービスへのアクセスに使う個人アカウントです。
Apple すべてのサービスで使う連絡先、支払情報などが含まれています。
アプリ開発においても、Xcode から iPhone へアプリを転送する際に Apple ID が必要になりますし、アプリを App Store へ申請登録する際にも必要となります。
とても重要な ID とパスワードですので、大切に管理しておきましょう。

Day 1
Lesson
2-3

Xcode をインストールしよう

このレッスンで学ぶこと

- App Store から、Xcode のインストール方法を学びます。
- Xcode でアプリ開発が行える環境を整えます。

1 Xcode をダウンロードしよう

1-1 Xcode をダウンロードする前に

本書では、Xcode を利用して開発を進めますので、最初に App Store から Xcode のダウンロードを行います。

インターネット回線の速さによって変わりますが、Xcode のダウンロードには数十分かかります。

MacBook などの場合は、ダウンロードとインストール実行中にバッテリーが切れないように気をつけてください。

また、Xcode 自体のファイルサイズが数 GB あり大きいので、インストールする Mac のストレージ容量も充分かどうか確認してください。

1-2 App Store からのインストール

App Store から Xcode をインストールしましょう。

Mac の Dock にある「Launchpad」(ランチパッド) アイコンをクリックして起動します。Launchpad の中にある App Store を起動します。

▼ Launchpad (ランチパッド) から App Store を起動

App Store が起動するので、画面の左上の検索ボックスに「Xcode」と入力して、「return」キーを押します。

▼ App Store から Xcode を検索

Xcode のダウンロードとインストールがはじまります。Xcode のファイルサイズはとても大きいため、ダウンロードには時間がかかることがあります。本書を読み進めながら、気長にお待ちください。

▼ 赤枠をクリックしてダウンロード

ダウンロードが完了すると「開く」アイコンが表示されるのでクリックします。

▼ 開くをクリック

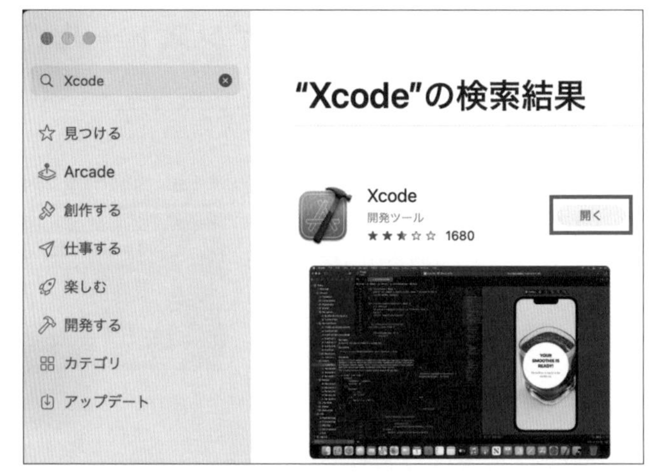

Xcodeの利用規約が表示されます。利用規約の内容を確認して、「Agree」（同意）をクリックします。

▼「Agree」をクリック

❶ Macのアカウントのパスワードを入力して、❷「OK」をクリックします。

▼パスワードを入力

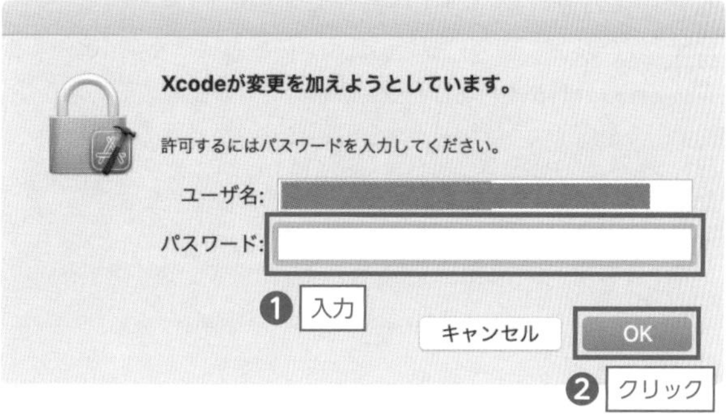

プラットフォーム（シミュレートで使うOS）をインストールします。デフォルトでは、iOSとmacOSが選択されています。［Download & Install］ボタンをクリックしてインストールしましょう。

▼プラットフォームのインストール

Xcode が起動します。アプリ開発の準備が完了しました。おめでとうございます！

▼ Xcode の起動

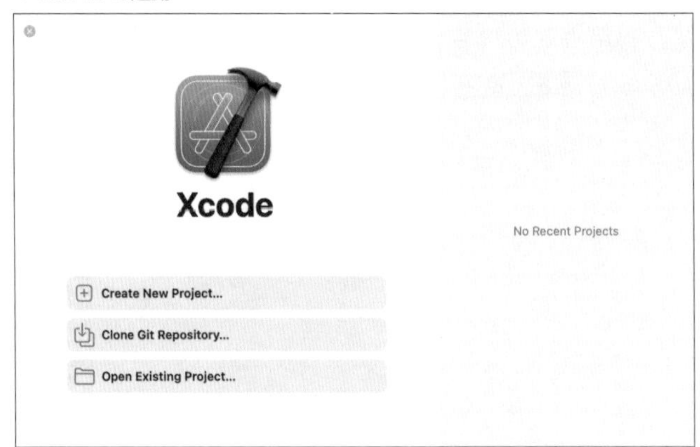

Xcode は英語表記のため、最初は戸惑うと思います。本書でも、Xcode の画面項目を示すときには英語表記のまま説明しています。これにはいくつかの理由があります。

Xcode はバージョンアップが早いため、英語表記でそのまま使えるようになったほうが早く対応できます。

アプリを作り公開するときは審査が必要になりますが、その審査がリジェクト（申請却下）となったときの理由や対応方法は英語のメールで届きます。普段から英語での操作に慣れておくと、対応の仕方も見えてきます。

公式ドキュメントも英語の方が圧倒的に多くあります。近年は翻訳ツールの性能も向上しているので、翻訳ツールを活用するのもよいでしょう。

上記のような理由から、Xcode はそのまま英語表記で利用するのがよいです。

Day 1
Lesson
2-4

Xcode を起動して、プロジェクトを作成しよう

このレッスンで学ぶこと

- Xcode を起動して、プロジェクトの作成を行います。
- Xcode の基本的な画面構成について学習します。

1 Xcode を起動しよう

1-1 Xcode を起動

Xcode の起動方法はいくつかあります。Launchpad から、Xcode のアイコンをクリックして起動しても良いですし、❶画面右上の Spotlight（スポットライト）をクリックして、❷ Xcode を検索して起動もできます。

▼ Spotlight を起動して Xcode を検索

「Xcode」と書かれた画面が表示されます。画面には、「Create New Project...」、「Clone Git Repository...」、「Open Existing Project...」の 3 つのメニューが表示されています。次のページより、メニューを 1 つずつ確認しましょう。

▼ Xcode 起動画面

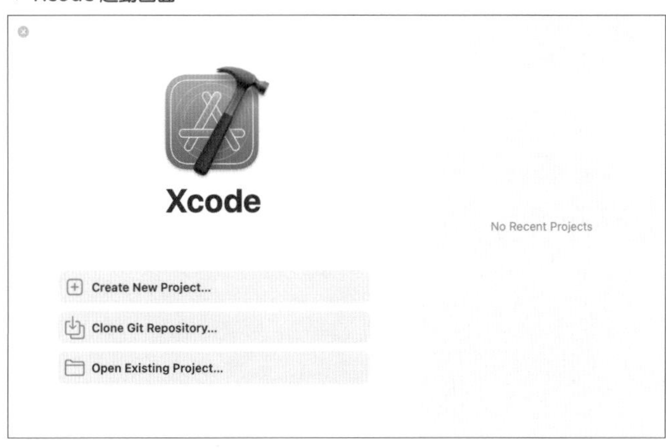

- **Create New Project...**
  新規のプロジェクトを作成します。本書では、すべてこのメニューから新規にプロジェクトを作成して、アプリを開発します。
- **Clone Git Repository...**
  バージョン管理システム（Git：ギット）を利用してプロジェクトを作成する方法です。
  バージョン管理とは、ファイルの変更履歴を管理してくれるシステムです。本書では解説の対象外になります。
- **Open Existing Project...**
  Mac 内の既存のプロジェクトやファイルを開きます。

2 プロジェクトを作成しよう

2-1 プロジェクトを作成

赤枠の [Create New Project...] をクリックして、はじめてのプロジェクトを作成してみましょう。
プロジェクトはアプリ開発に必要なプログラムコードや様々なデータを束ねるものです。
1 つのプロジェクトで 1 つのアプリを開発します。
プロジェクトを作成すると、雛形（ひながた）のアプリ画面や開発に必要なプログラムコードが作成されます。

新規のプロジェクトを作成したいので、赤枠の [Create New Project...] をクリックします。

▼ Xcode プロジェクトの作成

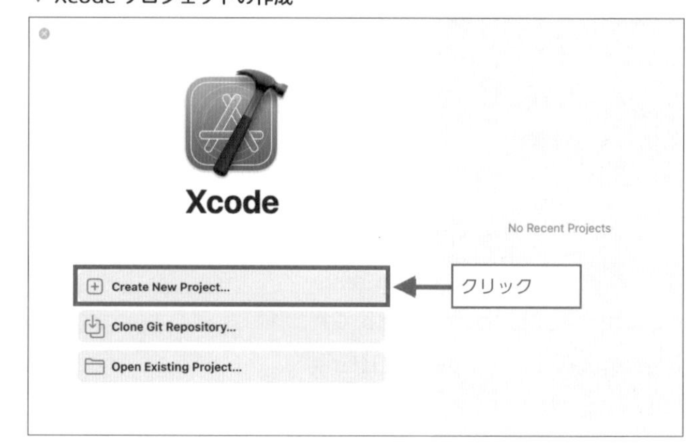

[Choose a template for your new project:] ダイアログが表示されます。これは、プロジェクトのテンプレート（雛形）を選ぶ画面です。この画面で、プロジェクトのテンプレートを選ぶことができます。次の手順に沿って選びましょう。

❶ 画面の左上部の [iOS] を選択します。
❷ [App] を選択します。
❸ [Next] を選択しましょう。

▼ プロジェクトテンプレートの選択

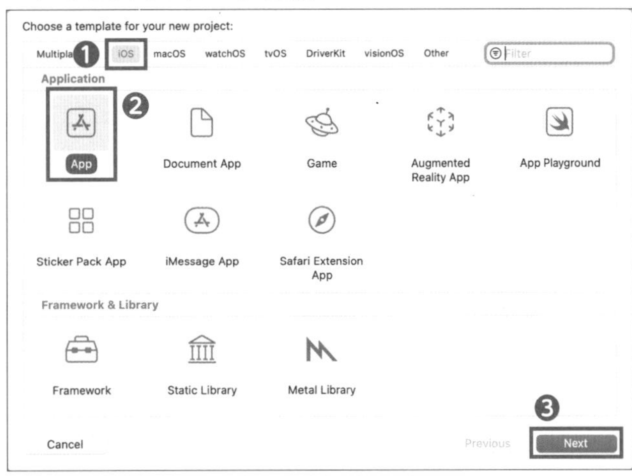

2-2　プロジェクトの情報を入力

[Choose options for your new project] と記載された画面が表示されます。
この画面では、プロジェクトの情報を設定します。設定する情報を一つ一つ確認しましょう。

▼ プロジェクトの新規作成画面

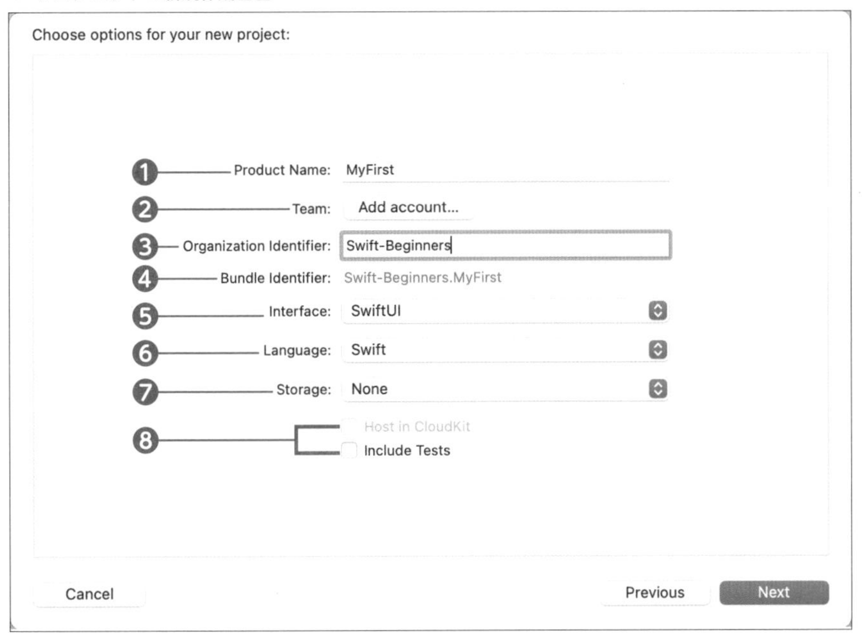

❶ Product Name（製品名）

製品名とは、プロジェクトの名前です。製品名には、好きなものを入力できます。ここでは、「MyFirst」と入力します。

Point

［Product Name］にはスペース（半角、全角）は使わないようにしましょう。例えば「My　First」ではなく「MyFirst」とスペースを使わずに入力します。プログラミングでは、スペースの入力の有無で正常に認識されないケースがありますので、特に注意してください。

❷ Team（チーム）

Xcodeに登録済みの「Apple ID」を選択します。シミュレータで動作確認をする場合には設定の必要はないですが、実機転送（じっきてんそう）を行う際には設定が必要です。
本レッスンの最後で実機転送を説明していますので、今は設定をしなくても大丈夫です。

❸ Organization Identifier（組織識別名）

［Organization Identifier］は、❶［Product Name］と組み合わされて、❹［Bundle Identifier］に設定されます。
［Bundle Identifier］は世界中のアプリの中でユニーク（一意）にする必要があり、重複が許されません。
［Organization Identifier］は、アプリが所属するグループ（組織や個人）を識別します。
識別には、ドメイン表記を逆にした記述（逆ドメイン）が利用されます。
ドメインが「swift-beginners.jp」の場合は、「jp.swift-beginners」と入力します。
ドメインを持っていない方は、メールアドレスを逆から入力する方法もあります。
なぜなら、メールアドレスも世界に一つだけのものなので、ユニークになるからです。
ここでは、個人のメールアドレスを入力してみましょう。
そのときに、メールアドレスは逆から入力し、@（アットマーク）は.（ピリオド）に置き換えます。
例えば、「swift-beginners@example.jp」の場合は、「jp.example.swift-beginners」と入力します。

Point

本書では、［Organization Identifier］を、「Swift-Beginners」と入力しています。
ですが、学習の際には、別のIDにしてください。たとえば、ご自身のメールアドレスのように、重複しにくいIDを入力してください。

❹ Bundle Identifier

この項目は、入力することはできません。［Product Name］と［Organization Identifier］を組み合わせて自動で生成されます。
本書の設定では、「Swift-Beginners.MyFirst」と表記されています。

❺ Interface（インターフェース）

「SwiftUI」（スウィフトユーアイ）と「Storyboard」（ストーリーボード）が選べます。

「SwiftUI」は、Xcode11から提供された、アプリのUI（ユーアイ）を直感的かつ、少ないコードで開発できる新しいフレームワークです。

UIは、User Interfaceの略称で、ユーザ（利用者）とアプリの接点を意味し、アプリの画面やレイアウト、使い勝手のことを指します。

今回は、「SwiftUI」を選択してアプリ開発に挑戦しましょう。

❻ Language（プログラミング言語）

アプリを作るプログラミング言語を選択します。

「Swift」（スウィフト）と「Objective-C」（オブジェクティブシー）を選べます。[Interface]の項目で「SwiftUI」を選択した場合は、「Swift」のみ選択できます。

❼ Storage

「Storage」は、アプリケーションの永続的なデータ管理をする方法を選択できます。本書では、解説の対象外としているので、「None」を選択します。

❽ Host in CloudKit、Include Tests

これらの項目にチェックをすると、「Storage」で選択したデータを永続化するためのテンプレート（雛形）や、テストコードのテンプレートが生成されます。本書では解説の対象外のため、すべてチェックを外します。

プロジェクトの新規作成画面での必要な設定が完了したら[Next]をクリックしましょう。

2-3　プロジェクトを保存

プロジェクトの保存場所を聞かれるので、適当な場所を選択します。本書では、❶[Desktop]（デスクトップ）に❷「Swift-Beginners」というフォルダを作成して、そこにプロジェクトを保存します。❸[Create]（クリエイト）ボタンをクリックします。[Create Git repository on my Mac]のチェックは、ソースの履歴を管理できる、バージョン管理システムを利用するか否かの設定です。本書では、バージョン管理については解説の対象外となっておりますので、ここでの説明は割愛します。

▼ プロジェクトの保存場所

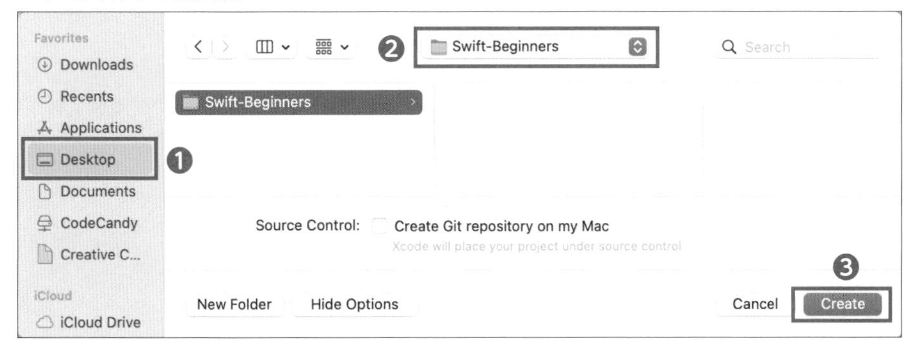

3 Xcode の画面構成を確認しよう

プロジェクトが作成できたので、Xcode の画面の名称を確認していきましょう。

▼ Xcode プロジェクト画面

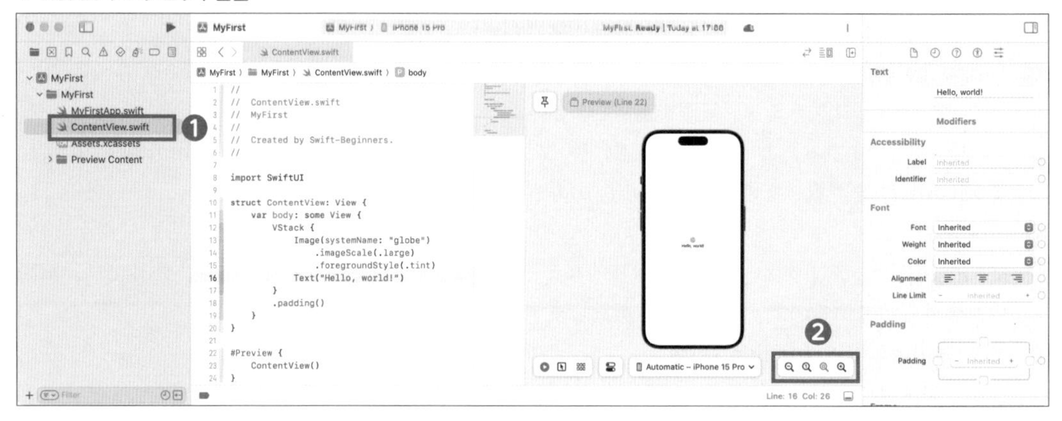

プロジェクトが作成されると、❶ContentView.swift が画面に表示された状態になります。ContentView.swift 以外にもファイルやディレクトリが作成されていることが確認できます。このように、プロジェクトを作成すると、アプリ画面のテンプレート（雛形）が作成されます。

ContentView.swift で、画面に表示する View（ビュー）やレイアウトを実装（じっそう）していきます。**View とは、アプリの UI の基本的な構成要素である、Button（ボタン）や Text（テキスト）のことです。**画面に配置（はいち）される、部品やレイアウトのことを、**View** と呼びます。

iPhone 画面のプレビューが表示されますが、画面がはみ出て表示されている場合は、❷の拡大縮小などのボタンで表示比率を調整できます。こちらのボタンはあとで詳しく解説します。

3-1　エリアの名称を確認しよう

実際の利用方法は、サンプルアプリの開発を通して繰り返し操作して慣れていきますので、今は、こんな画面の区切りがあるという認識をしていただければ大丈夫です。

［Debug area］だけは、メニューから表示させる必要があります。メニューの［View］>［Debug Area］>［Show Debug Area］をクリックすることで表示することができます。

▼ Xcode画面構成

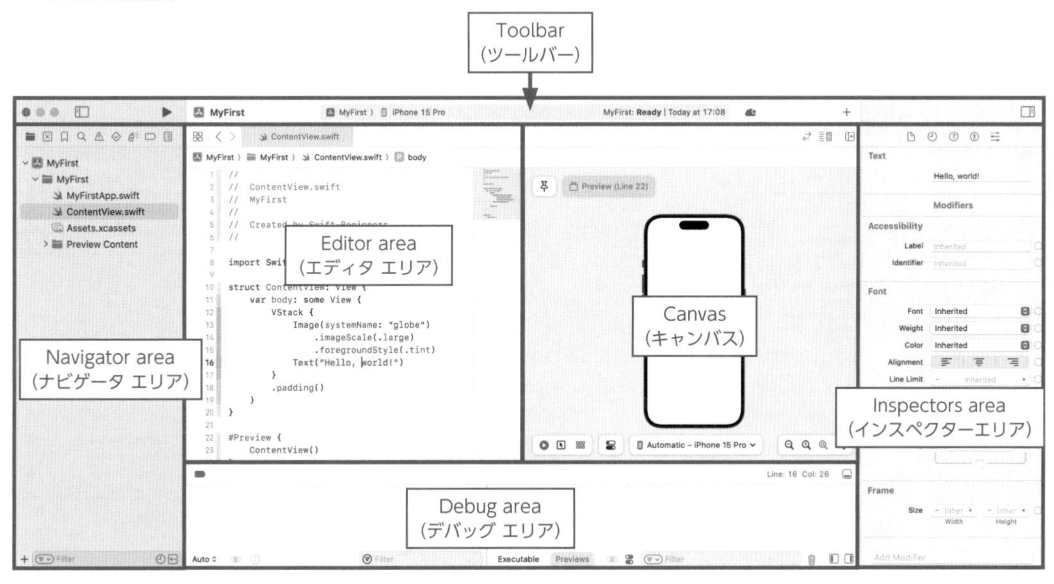

3-2　エリアの開閉方法

［Editor area］は表示されたままですが、❶［Navigator area］❷［Debug area］❸［Inspectors area］の3つのエリアは、❶［Navigator area］の開閉ボタン ❸［Inspectors area］の開閉ボタンのアイコンをクリックすることで開閉することができます。［Debug area］は、❷［Debug area］の開閉ボタンのアイコンをクリックすることで開閉することができます。表示させる場合は、メニューの［View］>［Debug Area］>［Show Debug Area］をクリックすることで表示することができます。

開発中は、限られた画面スペースで作業をしていくため、状況に応じて各エリアを開閉しましょう。

▼ 3つのエリアの開閉方法

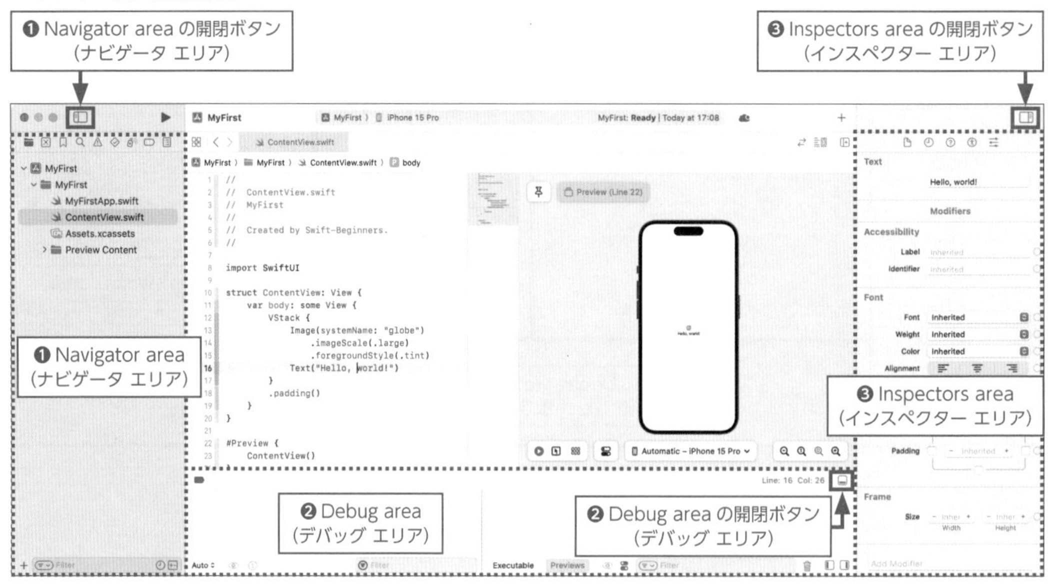

P.47 で解説している [Scheme]（スキーム）メニューで選択できるシュミレータの機種は追加することができます。本書では、シュミレータの機種は、iPhone14 を利用して進めていきます。お手元の Xcode に追加したい場合は、機種の追加方法を下記の URL で解説していますので、参考にしてください。

Xcode でシミュレータに別の機種を追加する方法

https://blog.code-candy.com/xcodeadddevice/

3-3 [Toolbar]（ツールバー）の機能を確認しよう

▼ [Toolbar] の構成

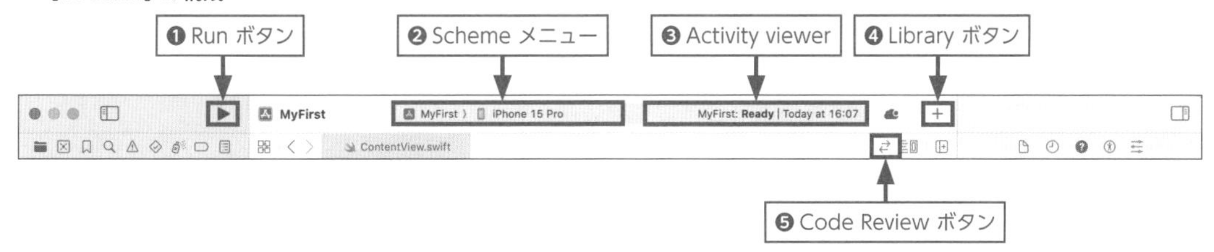

❶ [Run]（実行）ボタン

プログラムを、**ビルド・実行**できます。

ビルドとは何なのでしょう？　実は、私達が書くSwiftコードは直接コンピュータが理解することはできません。

ビルドとは、コードをコンピュータが理解できる最終的な実行ファイルとして作成することです。

プログラミング関連の書籍にはよく出てくる用語なので、覚えておきましょう。

❷ [Scheme]（スキーム）メニュー

プロジェクトで実行する、「iOSシミュレータ」を選択できます。

iOSシミュレータは、Xcodeで利用できる仮想デバイスです。実際にiPhone、iPadなどをMacにつながなくても、Xcode上でアプリの動作を確認できます。

たとえばiPhone 15 Proを持っていなくても、iOSシミュレータを起動することで、iPhone 15 Proではどのようにアプリが表示されるのか確認できます。

❸ [Activity viewer]（アクティビティビューワ）

実行中のプログラムの状態や、ビルドの進捗状況が表示されます。

❹ ＋ [Library]（ライブラリ）ボタン

画面のViewパーツ（部品）や、プログラムのコードスニペット（頻繁に使用される小さなコードの断片）が収められています。

❺ [Code Review]（コードレビュー）ボタン

プレビューが表示されている領域を表示・非表示することができます。

3-4　Navigator area（ナビゲータエリア）を理解しよう

ウィンドウの左側にある［Navigator area］（ナビゲータエリア）で、プロジェクトに含まれるファイル選択や操作ができます。

▼［Navigator area］の各名称

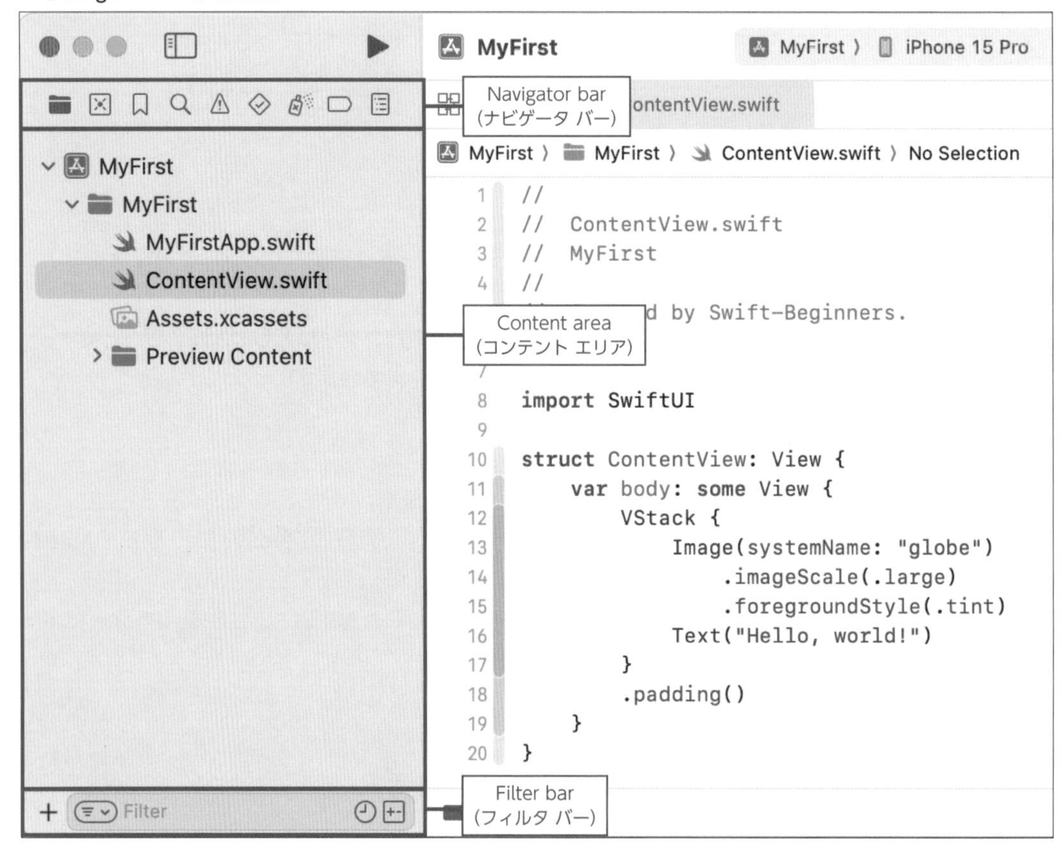

［Navigator area］の中は更に 3 つのエリアがあり、様々な機能を提供しています。それぞれの役割を見ていきましょう。

● **［Navigator bar］（ナビゲータ バー）**
［Navigator bar］には、各種ナビゲータが用意されています。よく利用するナビゲータに絞って、説明します。

▼［Navigator bar］のよく利用する機能

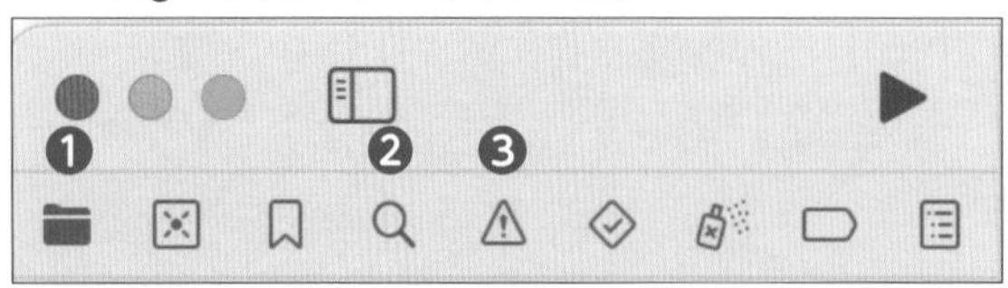

ナビゲータ	説明
❶ [Project navigator]（プロジェクトナビゲータ）	プロジェクトのファイルの一覧が表示されます。ファイルの追加・削除が行えます。この一覧で、ファイルを選択すると、エディタエリアにファイルの中身が表示され、編集ができるようになります。
❷ [Find navigator]（検索ナビゲータ）	検索オプションとフィルタを利用して、プロジェクト内の文字列を検索できます。
❸ [Issue navigator]（問題ナビゲータ）	プロジェクトのコードを分析し、診断・警告・エラーなどの問題を表示します。

- **[Content area]（コンテント エリア）**

  プロジェクトの各フォルダやファイルが表示されます。ファイルを選択して、エディタエリアに表示、または編集をします。

- **[Filter bar]（フィルタ バー）**

  [Filter bar] に文字を入力して、[Content area] に表示されるファイルを絞り込むことができます。

Point

本書では、操作する画面のメニュー項目をわかりやすくするために文章内にもアイコンを設置しています。たとえば、[Attributes Inspector]、[Run] などです。このアイコンを頼りにメニューやボタンを見つけて操作を覚えてください。

Point

[Attributes inspector] のように、マウスで項目を選択して設定や開発ができる仕組みを、**GUI（ジーユーアイ）**といいます。正式名称は、Graphical User Interface（グラフィカルユーザインターフェース）といい、マウスやアイコンを介してコンピュータとやり取りを行う方法です。

Day 1
Lesson
2-5

Xcodeをより使いやすくするための設定をしよう

このレッスンで学ぶこと

- Xcodeをより使いやすくするための設定方法をいくつか確認します。

1 Xcodeの環境を設定しよう

[Settings]（セッティングス：設定）では、Xcodeの環境設定を自分好みに設定することでより使いやすくできます。

環境設定以降は、再度設定するまでその設定が継続されるので、最初にXcodeの環境設定をしましょう。

ここでは、行数番号の表示設定、フォント＆カラーの設定、コード折りたたみ機能の設定、Minimap（ミニマップ）の設定方法を説明します。

❶ アプリケーションメニューから[Xcode]を選択します。
❷ [Settings]をクリックします。

[Settings]（設定）画面が表示されます。ここでは、Xcodeをより使いやすくするための設定が行えます。

▼ Settings（設定）

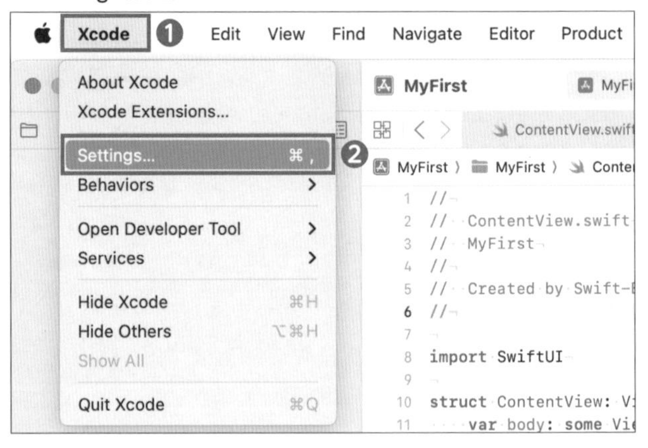

1-1　[File Extensions]（ファイル拡張子）の表示

ファイル拡張子は、ファイルの種類を示すための識別子です。

❶ [General] を選択します。

❷ [File Extensions] を「Show All」に変更します。この設定をしておくと、プロジェクトに表示されるファイルが拡張子付きで表記されます。例えば、[ContentView] という swift ファイルが [ContentView.swift] と表記されます。
プロジェクトでは、Swift ファイル以外も扱います。そのため、ファイルを開かなくても、拡張子でどんなファイルなのかを確認できると便利です。

▼ [General]-[File Extensions]

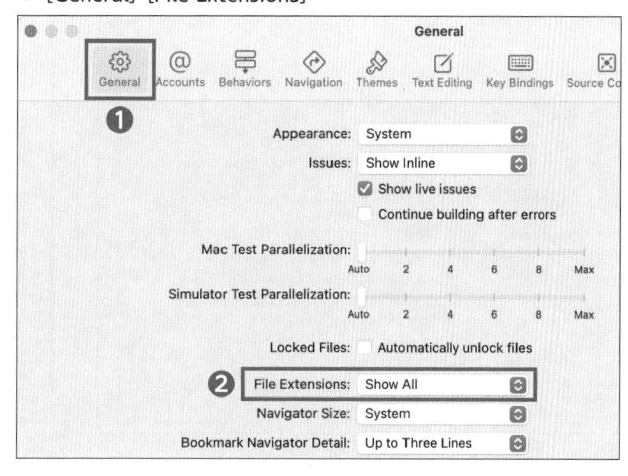

1-2　[Line numbers]（ラインナンバー：行番号）の表示

「Line numbers」設定は、コードエディタ内で各行の先頭に行番号を表示するかどうかを制御するものです。この設定をオンにすると、ソースコードの各行の左側に行番号が表示され、コードの特定の部分を素早く識別するのに役立ちます。

❶ [TextEditing] を選択します。[Text Editing] では、プログラムを書いていくためのエディタの設定ができます。

❷ [Display] をクリックして、❸ [Line numbers]（行番号）にチェックを入れます。この設定でエディタに行番号が入り、コードが探しやすくなります。

▼ [Text Editing]-[Line numbers]

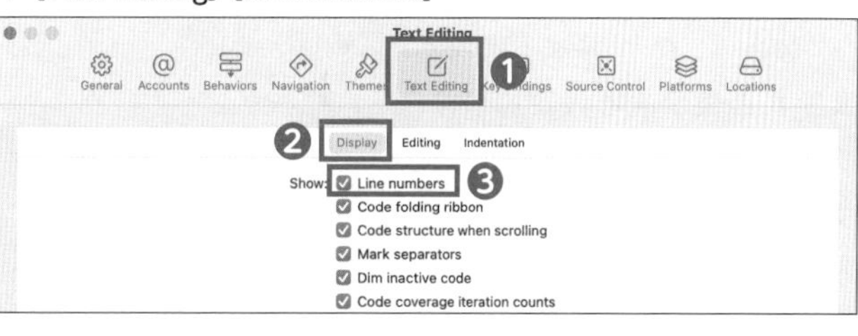

▼ 行番号なし、行番号あり

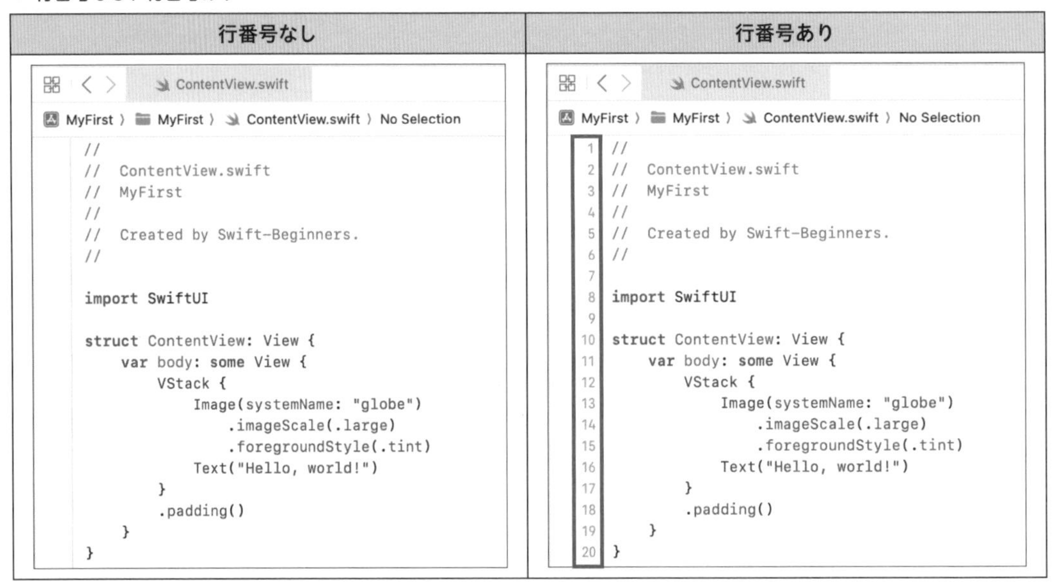


```
//
//  ContentView.swift
//  MyFirst
//
//  Created by Swift-Beginners.
//

import SwiftUI

struct ContentView: View {
    var body: some View {
        VStack {
            Image(systemName: "globe")
                .imageScale(.large)
                .foregroundStyle(.tint)
            Text("Hello, world!")
        }
        .padding()
    }
}
```

Point

通常の文書を書くときは、行番号を意識することは少ないですが、プログラムを書いていくエディタでは、行番号はとても重要です。
行番号を頼りに、コードのボリュームを見積もったり、コードの位置を特定することができたりと、とても便利です。
デフォルトでは、表示されるように設定されていますが、表示されていない場合は、この設定を確認してください。

1-3　インデントの可視化 [Invisibles] の設定

Xcode で Invisibles（非表示文字）を表示する設定により、ソースコード中のスペースやタブなどの非表示文字を可視化することができます。

❶ Xcode のメニューから [Editor] を選択します。
❷ Invisibles のチェックをつけて設定を有効にしてください。

▼ [invisibles]

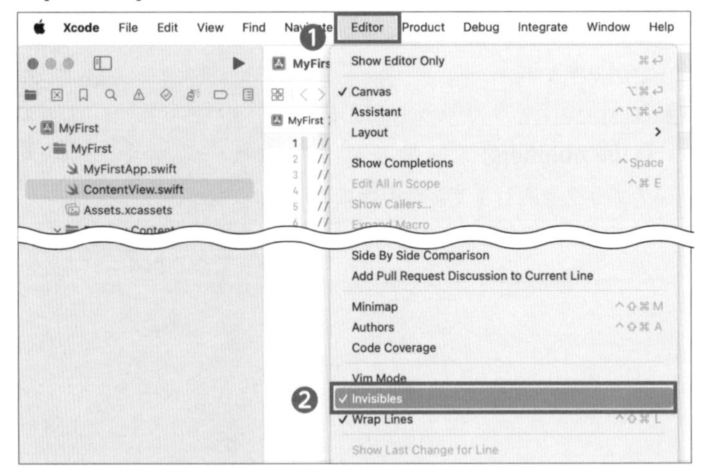

1-4　コードの折りたたみ機能の設定

Xcodeには、コードの折りたたみ機能が用意されています。
この機能を利用すると、コードの始まりと終わりを確認しやすくなるので、設定しておきましょう。

❶ [Text Editing] を選択します。
❷ [Code folding ribbon] にチェックを付けます。
❸ 閉じるアイコンをクリックして画面を閉じます。

▼ コード折りたたみ表示設定

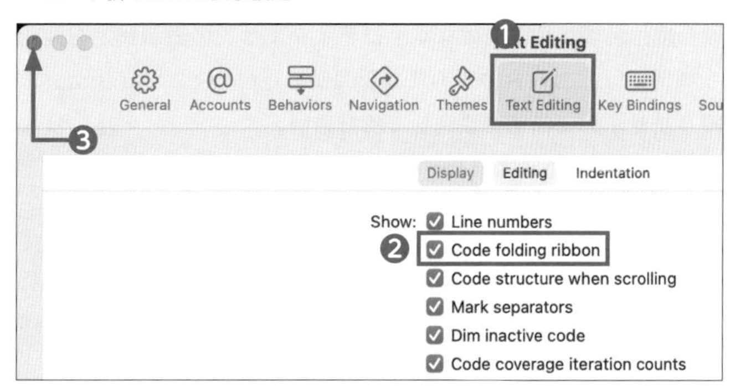

先程の設定で、行番号の横にコードを折り畳めるバーが表示されます。カーソルを当てると、▼の矢印アイコンが表示されるのでクリックしてみましょう。「{ }」（ブロック）で囲まれたコードが折り畳まれて非表示に切り替わります。

コードが折り畳まれることで、開始と終了の確認ができます。

▼ コードのブロックを非表示

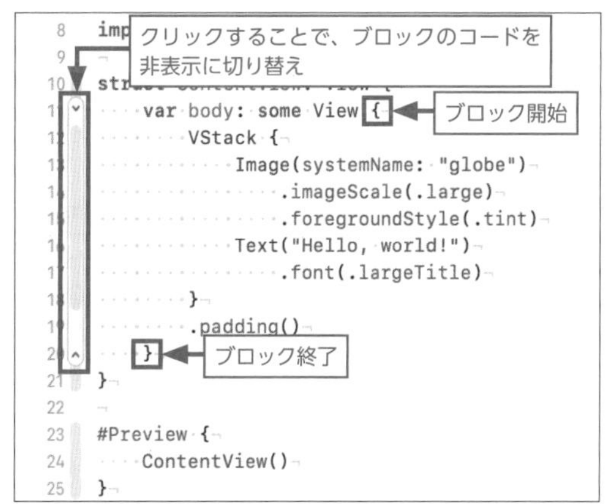

再度、クリックすると、ブロックの中のコードが表示されます。

▼ コードのブロックを表示

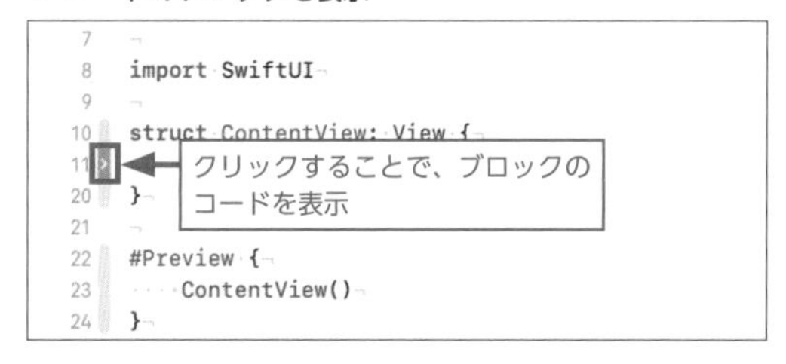

次章以降解説をしていきますが、**Swift では、コードのはじまりと終わりを意味する、ブロックを理解するのが最初の一歩**です。今は、まだ短いコードなので利用するメリットは感じられないかもしれませんが、今後、長いコードを書いていくときにブロックの範囲を確認するのに便利です。

1-5　[Minimap] を非表示に設定

今度は、環境設定ではなく、エディタエリアの表示設定を確認します。

本書では、コードの表示領域を確保したいので、Minimap を非表示に設定しますが、開発自体には影響しませんので任意で設定してください。

❶ [ContentView.swift] を選択すると、❷赤枠の表示が確認できます。[Minimap]（ミニマップ）と呼ばれる機能で、コードの概要を表示してくれます。クリックすることでスクロールすることなく、該当のコードを表示してくれます。

▼ [Minimap] の確認

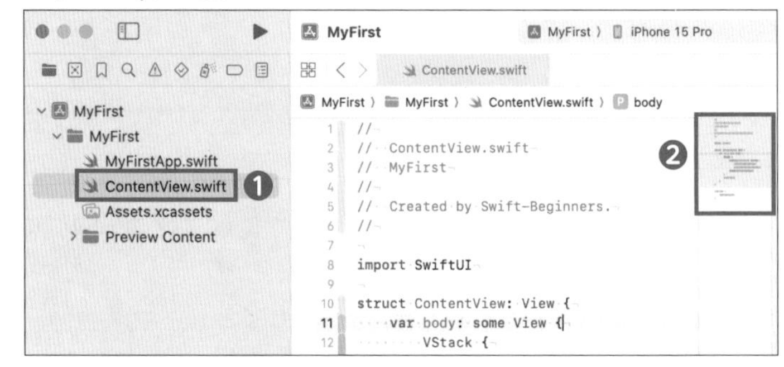

❶ [Editor]（エディタ）をクリックしてメニューを表示させます。❷ [Minimap] にチェックが付いていると表示する設定です。クリックするとオン・オフを切り替えることができます。

▼ [Minimap] を非表示に設定

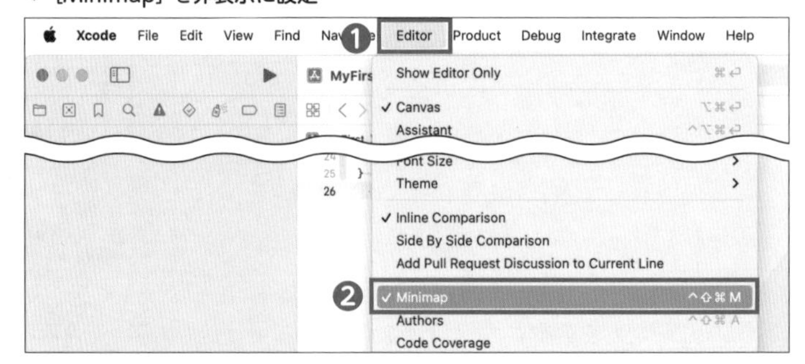

著者陣運営ブログ

ご紹介した以外の便利な設定を、著者陣が運営しているブログでご紹介しています。
ぜひ、チェックしてみてください。

【Xcode】おすすめ設定１１選｜まずは押さえておきたい Xcode セットアップ
https://blog.code-candy.com/xcode_setting/

Day 1 Lesson 2-6

ボタンをタップして「Hello, world!」から「Hi, Swift!」に切り替えてみよう

このレッスンで学ぶこと

- Xcode の基本的な部品である View（ビュー）の、「Text」と「Button」の扱い方を学びます。
- Xcode の基本操作、シミュレータなどの操作を体験します。
- 実際の iPhone（実機）にアプリを転送する実機転送を体験します。

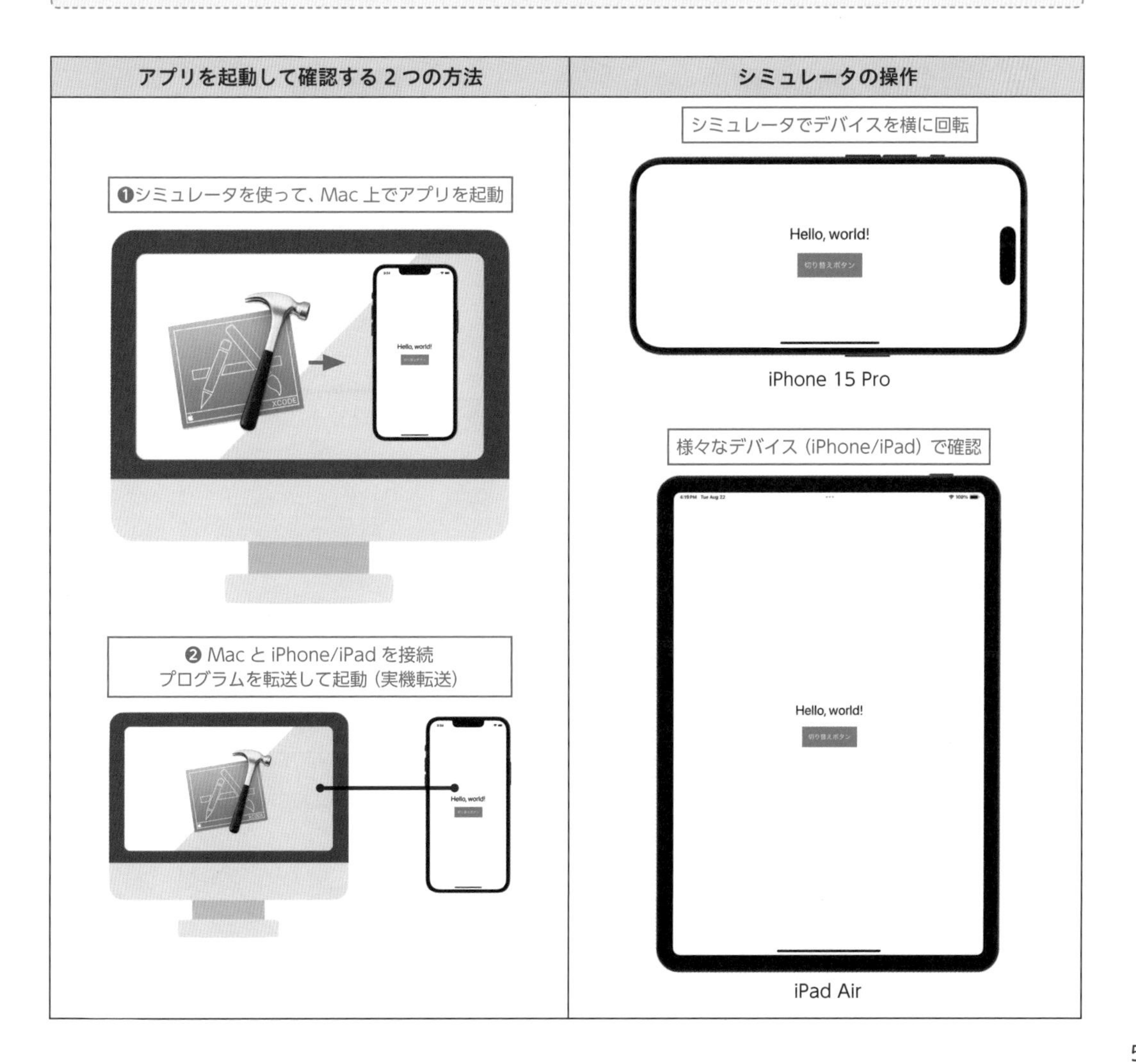

完成イメージ

今回のアプリの完成イメージを確認してみましょう。
アプリを起動すると、画面に「Hello, world!」と「切り替えボタン」が表示されます。
「切り替えボタン」をタップすると、「Hello, world!」が「Hi, Swift!」に変化します。

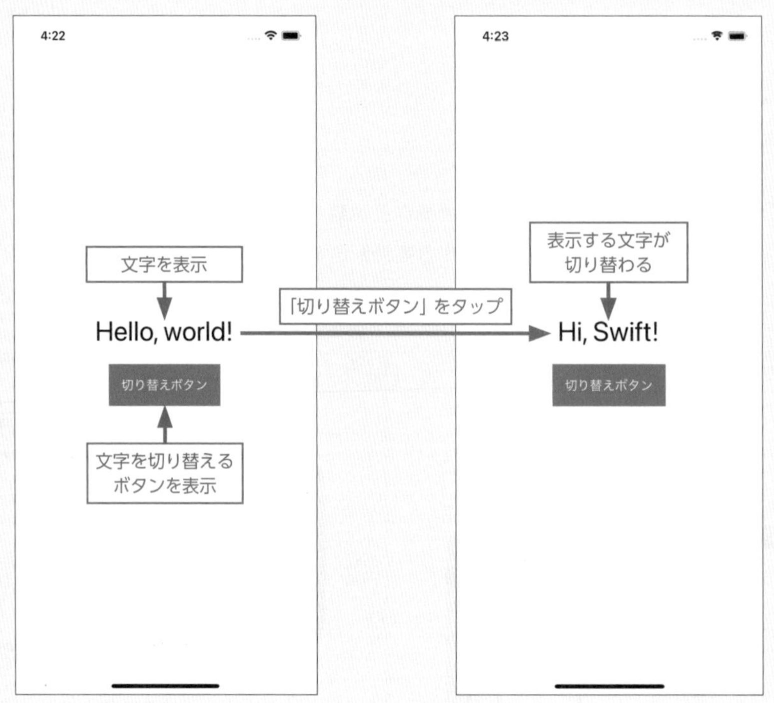

Point

本書の構成では最初に、これから作成するアプリの完成イメージを確認します。
完成イメージを念頭に置きながら学習することで、より理解しやすくなります。

部品レイアウト

- 「Hello, world!」と表示させるパーツ（View：ビュー）の Text を配置します。
- 文字の表示を切り替える Button（ボタン）の View を配置して、「切り替えボタン」と表示します。
- Button がタップされると、Text で表示している文字を切り替えます。

ユーザ操作

「切り替えボタン」をタップして、「Hello, world!」の文字を「Hi, Swift!」に切り替えます。

Point

View（ビュー）は、Xcodeがあらかじめ提供してくれている、アプリの画面を構成する様々な部品パーツセットのことです。
Viewを利用することで、開発者は簡単にアプリで必要な機能を実装することができます。
次のレッスン以降、様々なViewの実装方法を学んでいきます。

1 Textを修正して、「Hi, Swift!」と表示してみよう

まずは、「Hello, world!」と表示されている文字列を、「Hi, Swift!」と手作業で変更する方法を学びます。
その後に、Buttonを配置します。タップしたときに「Hello, world!」を「Hi, Swift!」とプログラムで変更する方法を学びましょう。

1-1 Canvas（キャンバス）の表示・非表示

Canvasが表示されていない場合は、次の手順で表示させましょう。

▼ Canvasの表示切り替え

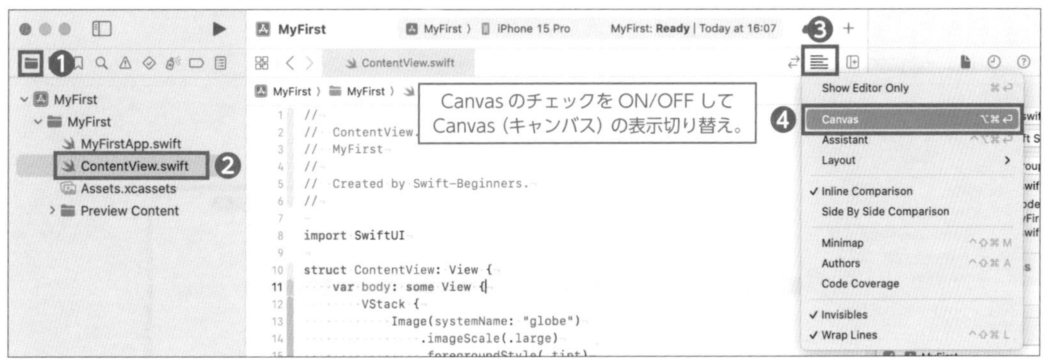

❶ [Project navigator]（プロジェクトナビゲータ）を選択します。
❷ ContentView.swiftを選択します。
❸ 右上の[Adjust Editor Options]をクリックすると、サブメニューが表示されます。
❹ [Canvas]（キャンバス）を選択すると、Canvasの表示・非表示を切り替えることができます。

1-2　プレビューの確認

▼ プレビューの確認

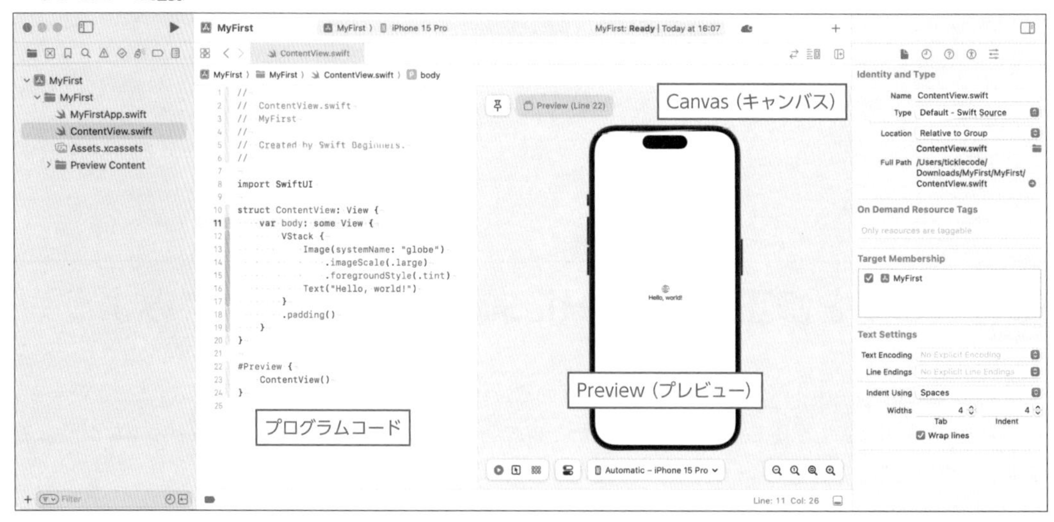

Canvas（キャンバス）が表示されます。同時にプログラムコードを読み取り、Canvas 内にプレビューが表示されます。

プレビューでは、入力中のコードが iPhone で実行されたときのデザインやアクションを確認することができます。

▼ プレビューの拡大比率を調整

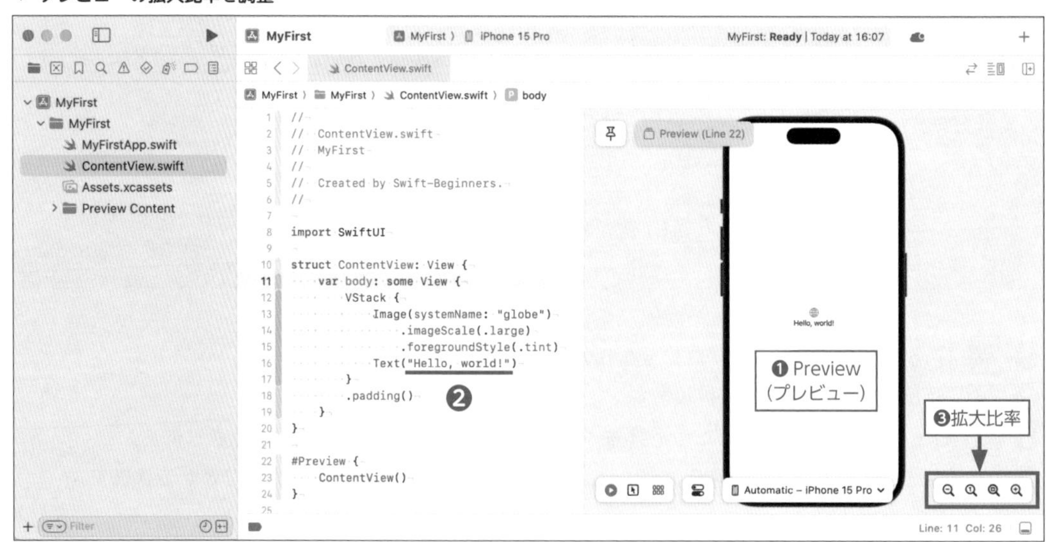

❶ Canvas にプレビューが表示されていることを確認してください。
❷ [ContentView.swift] に記述されている「Hello, world!」がプレビューにも表示されていることが確認できます。
❸ プレビューの拡大縮小は各種ボタンで調整できます。次の図で詳細を確認しましょう。

拡大縮小の各ボタンを左から解説します。実際にボタンをクリックして動作を確認しましょう。

▼ プレビューの拡大縮小

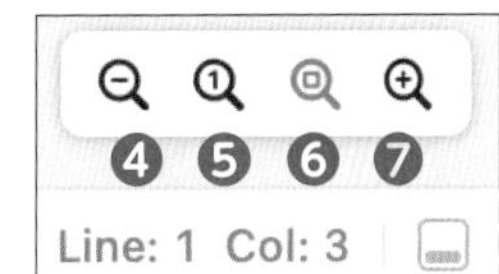

❹ [Zoom Out] は、縮小です。プレビューの画面表示が小さくなり全体を確認できます。
❺ [Zoom to 100%] は、常に 100% の拡大率で表示します。
❻ [Zoom to Fit] は、iPhone の画面全体が収まるように調整します。
❼ [Zoom In] は、拡大です。プレビュー画面の表示が大きくなり、画面の詳細を確認できます。

プレビューのデバイスを切り替えることもできます。赤枠をクリックします。

▼ デバイスの切り替え

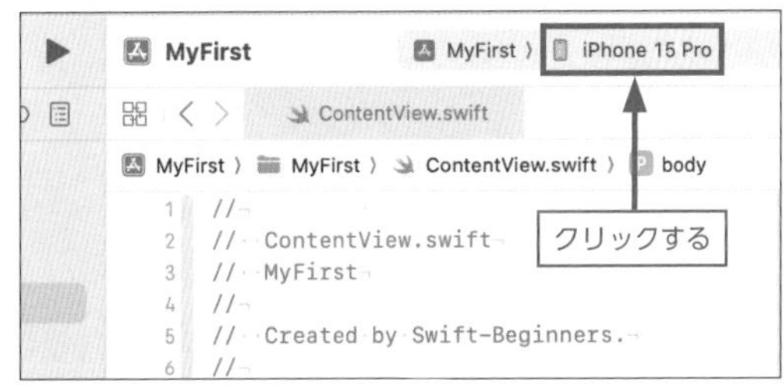

表示できる様々なデバイスが表示されます。お好きなデバイスを選択してプレビューに表示してみましょう。ここでは、「iPhone 14」を選択します。

▼ デバイスの選択

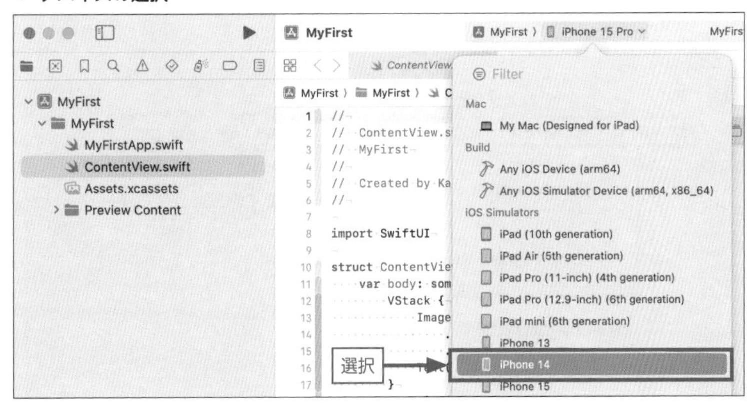

Point

Xcode でシミュレータに別の機種を追加する方法
https://blog.code-candy.com/xcodeadddevice/

❶ 選択されたデバイスでプレビューが、自動的に切り替わり表示されます。

❷ [Preview Device] をクリックして、他のデバイスを選択することもできます。[Automatic]（オートマティック：自動）を選択している場合は、[Scheme] メニューで選択しているデバイスと連携して切り替わります。

ただし、Xcode のバージョンによってはうまく連動されない場合もあるので、その場合は、[Preview Device] をクリックして、任意のデバイスを選択してください。

▼ プレビューの変化

1-3　プログラムファイルを確認

プロジェクト作成後の最初に出力されている ContentView.swift を見てみましょう。

▼ 最初に出力されるプログラムファイル

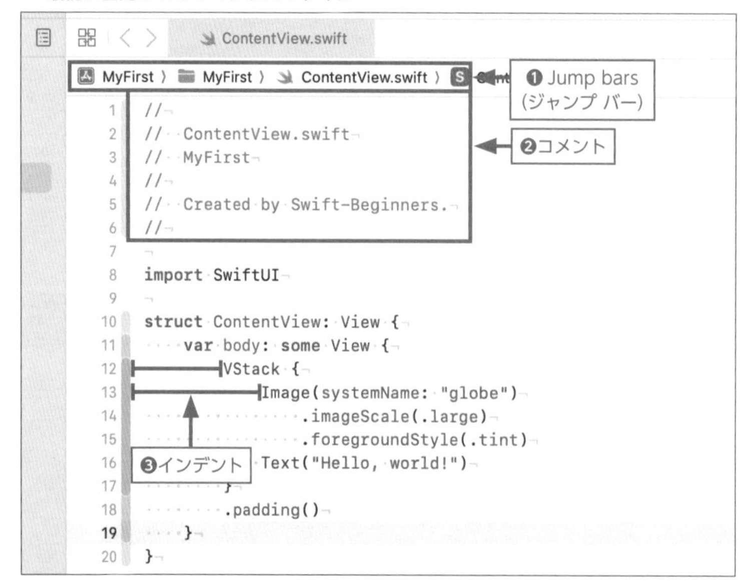


```
1  //
2  //  ContentView.swift
3  //  MyFirst
4  //
5  //  Created by Swift-Beginners.
6  //
7
8  import SwiftUI
9
10 struct ContentView: View {
11     var body: some View {
12         VStack {
13             Image(systemName: "globe")
14                 .imageScale(.large)
15                 .foregroundStyle(.tint)
16             Text("Hello, world!")
17         }
18         .padding()
19     }
20 }
```

❶ Jump bars（ジャンプバー）

選択しているファイルの階層構造が表示されます。

各階層をクリックすると、関連アイテムのポップアップが表示され任意のファイルや、フォルダに切り替えることができます。

最初は開発するファイル数は少ないのであまり利用することは少ないかもしれませんが、プロジェクトが大きくなると便利になる機能です。

❷ コメント

「/」（スラッシュ）を２つ続けて「//」で始まる文字は、コメント文です。

コメントは、プログラムコードの動きに影響することがなく、単なる文章として解釈されます。

プロジェクト作成後には、このようなコメントがデフォルトで出力されています。

❸ インデント

コードの始まりに何文字分か空白があります。このことを**インデント**といいます。

文章を書くときも、段落の書き出し位置を字下げしてわかりやすく整えますが、プログラムコードも構造を明らかにして、見やすくするためにインデントを行います。

インデントが整っていないコードは見づらく、バグが発生しやすくなります。

コードの読みやすさを、可読性（かどくせい）といい、可読性の高い（読みやすい）コードを書くのは重要なことです。

後から自分で見直す場合に、他の人がコードを読むにしても可読性が高いと効率が良くなるため、日頃からインデントが整っているか気をつけましょう。

Point

他に出力されているコードに関しては、実装を進める中で徐々に解説をしていきます。

著者陣は、プログラミング学習について、初学者の時点では、体験をする前に多くの情報を得るより、実際に必要なときに適度な情報を得て手を動かしていくことで理解が深まると考えています。

本書では、必要でない時点で、一度に詳細を解説することはなく、必要になった時点で解説をしていきます。

前提の知識がないと理解が難しいコードや技術に関しても、最初は特に解説をすることなく前提の知識が解説できた後に少しずつ触れていきます。

コードをたくさん書いて、後に頭で理解していく方が楽に進められますので、様々な機能のアプリを作りながら力まず気軽に学習をしていきましょう。

1-4　不要なプログラムコードを削除

これからのプログラムコードを解説しやすくするために、最初に作成されているコードを削除して整理しましょう。

▼ Image を削除

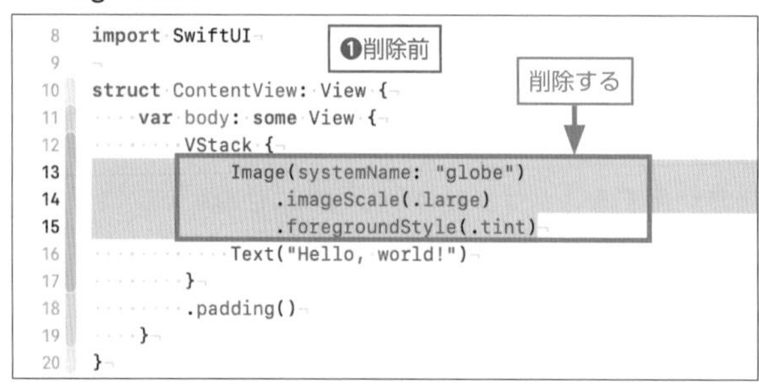

❷削除後

```
 8  import SwiftUI
 9
10  struct ContentView: View {
11      var body: some View {
12          VStack {
13              Text("Hello, world!")
14          }
15          .padding()
16      }
17  }
```

❶ 削除前のコードを確認し、13 行目から 15 行目の「Image」から始まるコードを削除します。

❷ 削除後のような状態になっていれば正常に削除されています。

▼ VStack を削除

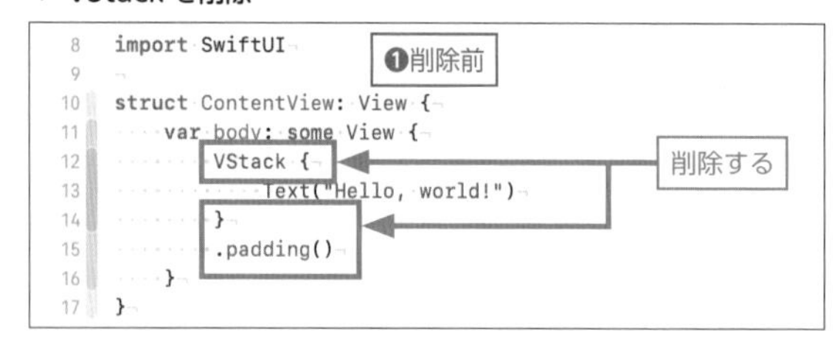

❷削除後

```
 8  import SwiftUI
 9
10  struct ContentView: View {
11      var body: some View {
12              Text("Hello, world!")
13      }
14  }
15
16  #Preview {
17      ContentView()
```

❶ 削除前のコードを確認し、12 行目の「VStack{」と 14 行目の「}」、15 行目の「.padding()」を削除します。

❷ 削除後のような状態になっていれば正常に削除されています。

次は「Text("Hello, world!")」のインデント（字下げ）を揃えましょう。また、「インデントを揃える」ことを「コード整形」ともいいます。

▼ インデントを揃える

❶「command」+「A」で全選択

```
 7
 8  import SwiftUI
 9
10  struct ContentView: View {
11      var body: some View {
12              Text("Hello, world!")
13      }
14  }
15
16  #Preview {
17      ContentView()
18  }
19
```

❷「control」+「I（アイ）」で整形

```
 7
 8  import SwiftUI
 9
10  struct ContentView: View {
11      var body: some View {
12          Text("Hello, world!")
13      }
14  }
15
16  #Preview {
17      ContentView()
18  }
19
```

インデントが詰まった

❶ 整えたいコードをクリックしてカーソルをおき、「command」+「A」を入力することで、コード全体が選択されます。選択されると背景が薄い青色で表現されます。

❷ 続けて「control」+「I（アイ）」を入力することで、選択された範囲でインデントが調整されます。「Text("Hello, world!")」の前のインデントが詰まったことが確認できます。

通常の文章と同じように、プログラムでもインデント（字下げ）を活用して、コードの始まりと終わりや、コードのグループ（ブロックともいう）をわかりやすく整理します。

インデント（字下げ）は、「control」+「I（アイ）」のショートカットで簡単に整えることができます。

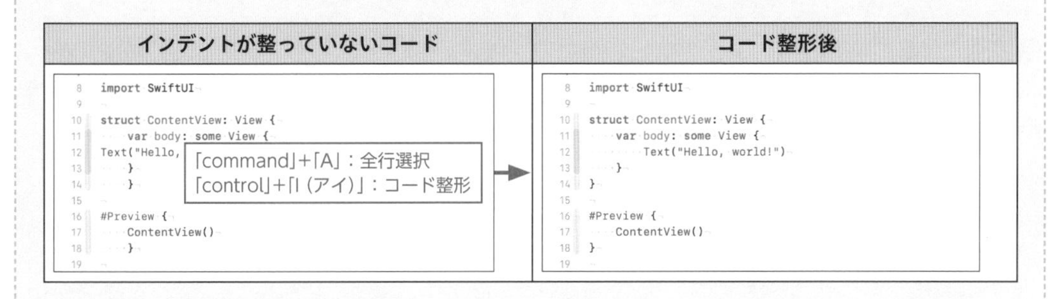

初学者のうちは、本書を進めていく中でも、左側のコードのようにインデントが崩れてくる場合があります。

本章では、それほどコード量も多くないため、インデントが崩れることはないかもしれませんが、コード量が多くなるにつれて崩れがちになります。

このような状態になると、とても読みづらく作業がしづらくなりますが、手作業で直していくのも時間がかかります。

Xcodeのコード整形機能を利用すると、簡単に修正することができます。

コード整形をしたいコードを選択して、**「control」+「I（アイ）」**を実行するだけです。

「command」+「A」を実行して、コード全体が選択できるので、その状態のまま、**「control」+「I（アイ）」**を実行することで、ファイル全体のコードを自動で整形することができます。

すごく多用するショートカットなので、覚えておいてください。

1-5　プログラムコードを確認

次は出力されているコードを、3 つのブロック毎にそれぞれの役割を確認します。

▼ コードの大まかな役割

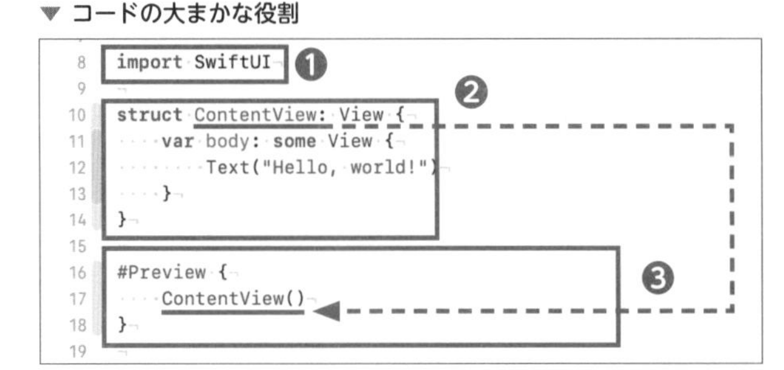

❶ import 文を記述することで、フレームワークを読み込み、その機能をファイル内で利用できるようになります。**フレームワークとは、大まかな機能が提供されているコードの集まり**で、開発者がフレームワークを読み込み具体的な機能を実装します。この指定によって、Xcode があらかじめ提供してくれている SwiftUI の機能を利用できるようになります。次章以降も適宜 import でフレームワークを読み込んで開発していきます。

❷ 画面に配置する View や、レイアウトを記述しています。{ } で囲まれたコードを、「ContentView」という名前を付けて定義しています。

❸ ❷で定義した ContentView を実行し、Canvas にプレビューを描画しています。

今は、ざっくりと❶❷❸のコードが概ね何の役割なのかが確認できれば大丈夫です。
前置きが長くなりましたが、実際に Text に設定されている文字を変更しましょう。

Point

Xcode は変更内容を自動的に保存します。ファイルの保存を気にせずに、操作を進めてください。

2　Text を選択しよう

SwiftUI のプロジェクトを作成すると、最初に UI（ユーアイ）のひとつである Text（テキスト）が配置されていて、「Hello, world!」と文字が設定されています。
「Hello, world!」の文字を「Hi, Swift!」に変更して、Text の扱い方を学びましょう。

2-1　Text を選択

▼ プレビューの表示

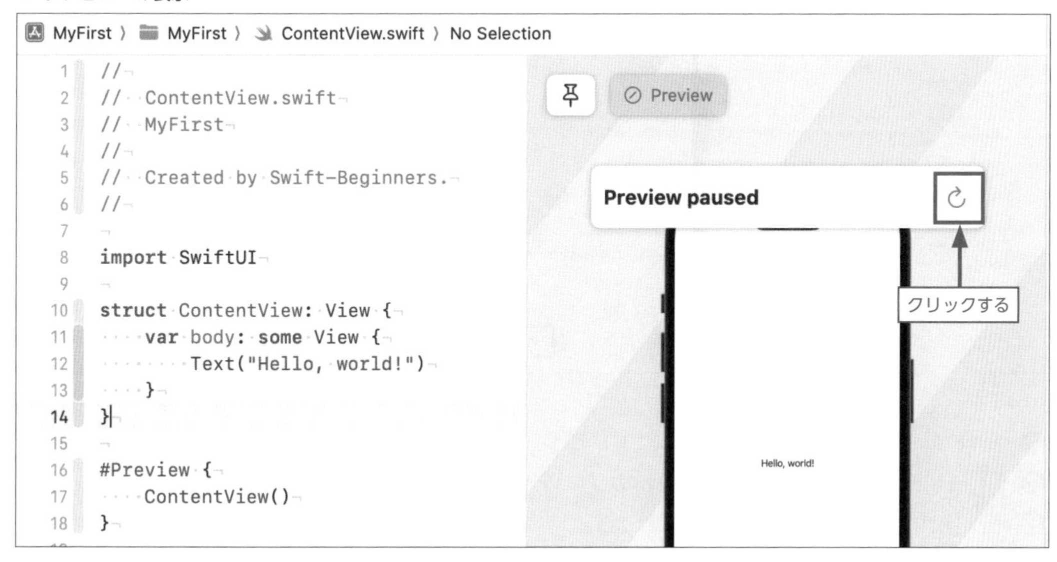

プレビューが表示されていないときは、[Preview paused] の右端にある [Resume] ボタンをクリックします。

▼ プレビューを拡大して View を選択

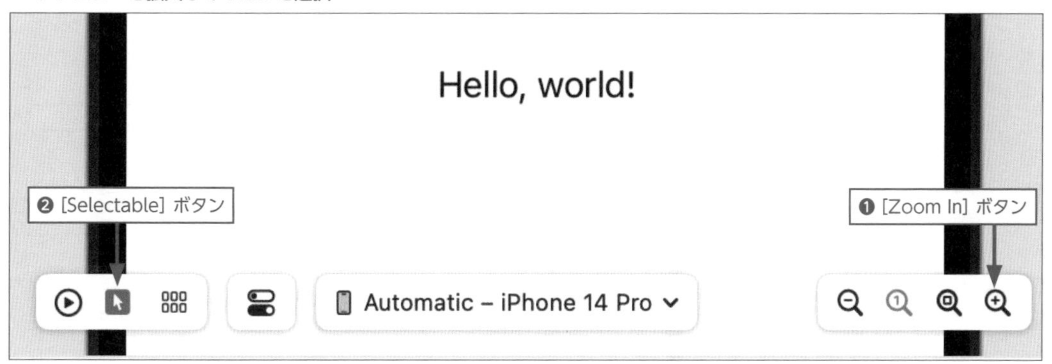

❶ [Zoom In] ボタンを 1 回もしくは 2 回押して、「Hello, world!」の文字がはっきりと見えるまで拡大します。

❷ [Selectable] ボタンをクリックします。[Selectable] ボタンをクリックすることで、プレビューで表示されている部品（View）を選択できるようになります。

▼ [Text] に設定されている文字列

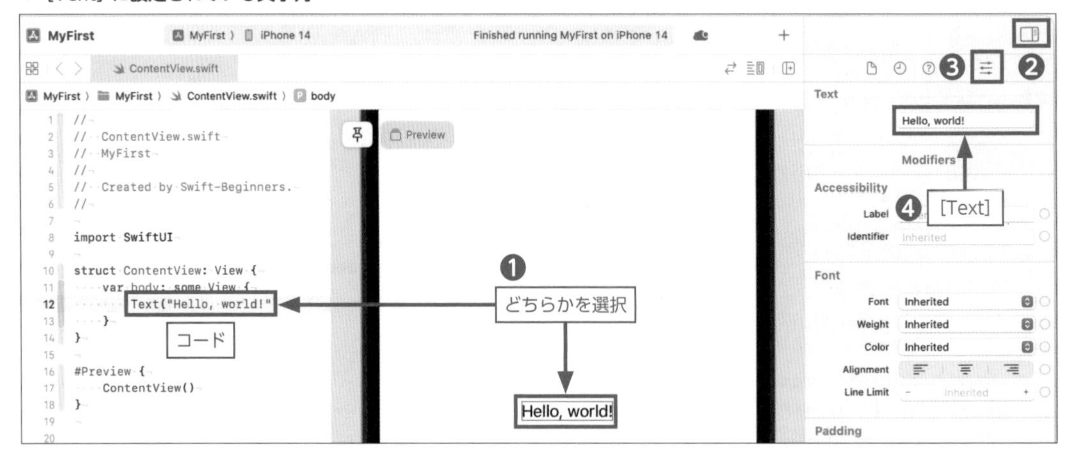

❶ 赤枠のコードを選択するか、Preview（プレビュー）の「Hello, world!」どちらかを選択してください。

❷ [Inspectors] を選択して、View のプロパティを設定するエリアを表示します。

❸ [Attributes inspector] を選択します。

❹ [Text]（テキスト）に、設定されている文字列「Hello, world!」が表示されているのを確認します。

2-2　Text の表示文字を変更しよう

▼ [Text] の文字列を変更

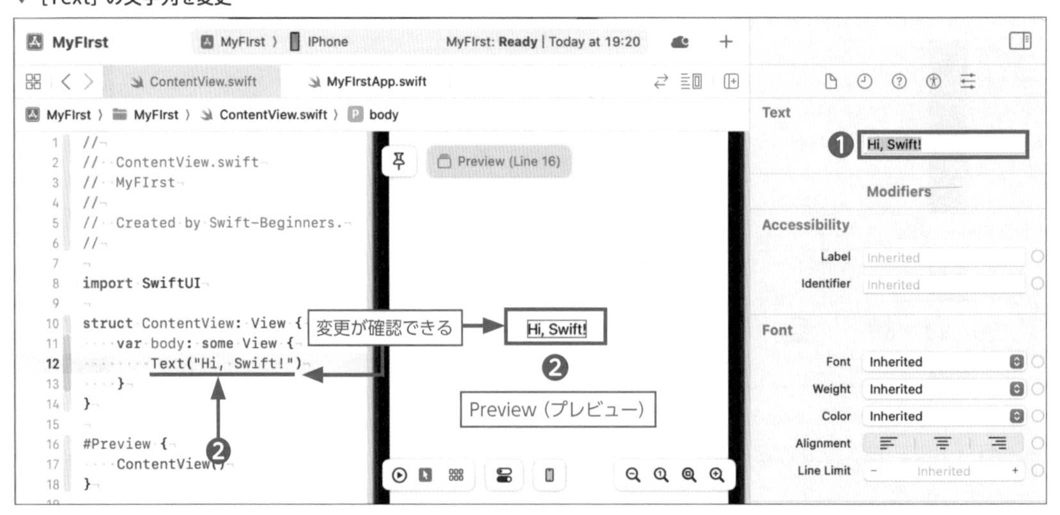

❶ [Attributes inspector] の [Text] の文字を「Hi, Swift!」に変更しキーボードの [return] を実行してください。

❷ コードの文字列が「Hello, world!」から「Hi, Swift!」に自動で変更され、Preveiw（プレビュー）にも

反映されます。コードの文字を修正しても同様で、［Text］の文字とPreviewの表示が「Hi, Swift!」に切り替わります。

Point

［Resume］（再開）ボタンが表示されていて、プレビューが一時停止している場合は、［Resume］をクリックして再開させてください。

Textの( )の中が、"Hi, Swift!"に変更されていることが確認できます。( )の中に「"」（ダブルクォーテーション）で文字を囲んで設定することで、Textに文字を表示することができます。

この修正では、SwiftUIを用いたコードの修正と、Canvasの関連性が理解できれば大丈夫です！ 先に進みましょう。

▼ 変更されたコード

```
8   import SwiftUI
9
10  struct ContentView: View {
11      var body: some View {
12          Text("Hi, Swift!")
13      }
14  }
15
16  #Preview {
17      ContentView()
18  }
```

変更されたコード

Point

Canvas上で編集するものはすべて、隣接するエディタのコードと完全に同期します。
コードを入力すると、プレビューとしてすぐに表示されますし、逆に、プレビューに加えた変更はすぐにコードに反映されます。
このように、Xcodeは変更を即座に再コンパイルし、実行中のアプリのバージョンに変更を挿入し、常に表示・編集可能にします。
コンパイルとは、私達が書いているプログラムコードを、コンピューター上で実行可能な形式（オブジェクトコード）に変換することです。

2-3　Textの表示文字を元に戻す

今回のアプリでは、ボタンがタップされたら、コードで表示文字を書き換えたいので、元の「Hello, world!」に戻しておきましょう。

今回は、プロパティの［Text］を修正するのではなく、右図のように、コードを修正してみましょう。

▼ ［Text］の文字列を変更

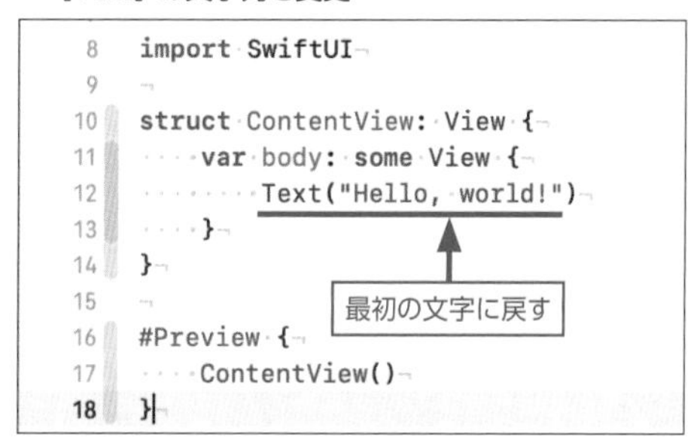

2-4 Text のフォントサイズを変更

コードを書いてフォントサイズを変更することもできますが、最初なので、[Attributes inspector] から設定を変更してコードを出力してみましょう。

❶「Hello, world!」の Text を選択します。

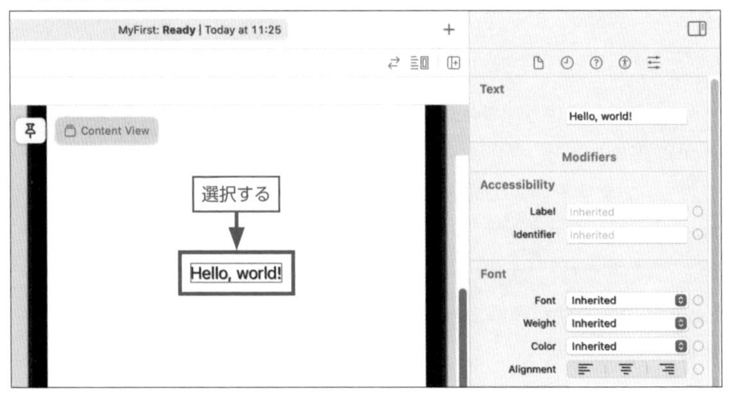

▼ [Font] を変更

❶ [Font] を「Large Title」に変更します。[Font] には他にも、「Title」や「Headline」等の種類があり、これを標準フォントと呼びます。

❷ [Font] の種類を変更すると同時に、コードが自動で追加されます。

❸ Canvas でも文字の大きさが変更されたことが確認できました。

追加されたコードを見てみましょう。SwiftUI では、「**.font ()**」を記述することで Text をカスタマイズできます。

❶ .font() のような文字の大きさを変更する記述方法を SwiftUI では、**「Modifier」（モディファイア）**といいます。
.font の他にも、文字の太さや、色、透明度など、たくさんの修飾子を適用してアプリのデザインや動作を指定することができます。

❷ 様々なモディファイアを、**View プロトコル**が提供してくれています。

▼ 追加されたコード

```
8   import SwiftUI
9
10  struct ContentView: View {
11      var body: some View {
12          Text("Hello, world!")
13              .font(.largeTitle)
14      }
15  }
16
17  #Preview {
18      ContentView()
19  }
```

❷ Modifier を提供する View プロトコル
❶追加されたコード

Point

プロトコルは、一般的には、複数の者がやり取りする場合に確実に行えるよう、あらかじめ手順を定めておくことです。プログラミングの世界でも、通信や、プログラム同士でやり取りを行う際に手続きをプロトコルとして定めています。
SwiftUI での、View プロトコルは、Apple 社がレイアウトに関わる様々な機能や、ルールをあらかじめ定義しているプログラムです。
今は、View という指定で、画面に関わる指定ができるんだなと理解していただければ大丈夫です。

Tips

● 標準フォント

SwiftUI は、Font（フォントサイズ）、Weight（太さ）、Color（色）の種類を標準でいくつか用意してくれています。
今回は、「Large Title」に変更しましたが、他の標準フォントも試してみてください。
これを、少し難しい言い方をすると、宣言型シンタックスとも言います。
予め宣言された文法や表記法、構文規則に沿ってスタイルを適用することで、従来よりシンプルなコードで UI を記述することができます。
以前の UI 開発方法である、Storyboard（ストーリーボード）での開発とは大きく違った SwiftUI の大きな特徴です。

標準フォントを使わずに、このように数値でもフォントサイズを設定することができます。

```
struct ContentView: View {
    var body: some View {
        Text("Hello, world!")
            .font(.system(size: 80))
    }
}
```

ただ、**標準フォントを利用すると、iOS の機種や文字サイズの設定の違いに応じて自動でフォントサイズが拡大、または縮小されますので、標準フォントを利用するほうがデザインの適用が簡単**になります。

3 Button（ボタン）を配置しよう

次は、Library（ライブラリ）の機能を利用して、Button（ボタン）を配置していきます。

3-1 ［View library］から Button を配置

［Views library］とは各種 View を一覧から選択できる画面のことです。この［Views library］から Button を追加します。ですが、その前に Canvas を表示しておく必要があります。

❶ ［Adjust Editor Options］をクリックします。

❷ Canvas を選択して表示状態にします。

▼ Canvas の表示

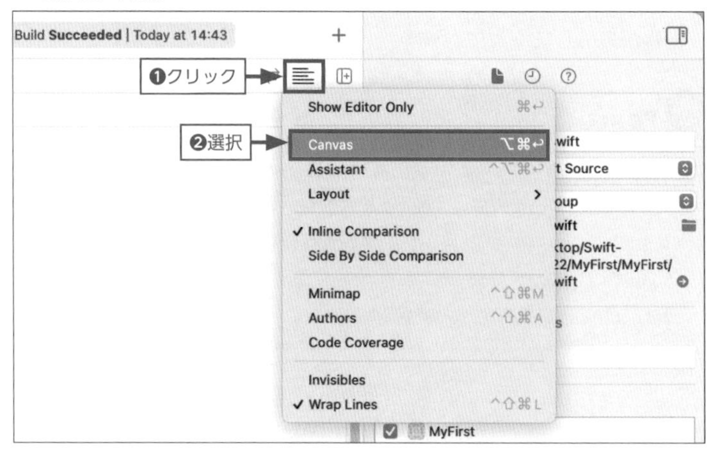

Text のすぐ下に、Button を配置をします。

❶ Text とその下にある「}」の間に改行でスペースを挿入してカーソルを置いてください。

❷「shift」+「command」+「L」を同時に実行します。

［Library］画面が表示されます。

▼ Button を追加する位置

```
8   import SwiftUI
9
10  struct ContentView: View {
11      var body: some View {
12          Text("Hello, world!")
13              .font(.largeTitle)
14
15
16
17      }
18  }
```

❶カーソルを Text と「}」の間に置く
❷「shift」+「command」+「L」を同時に実行

❶ [Views library] を選択します。
❷ このエリアでViewを検索できます。今回は「button」と入力します。
❸ [Details] アイコンをクリックすることで、右側に表示されているViewの説明エリアの表示・非表示を切り替えることができます。
❹ Buttonを選択してキーボードの「return」を実行します。

▼ [Library] 画面

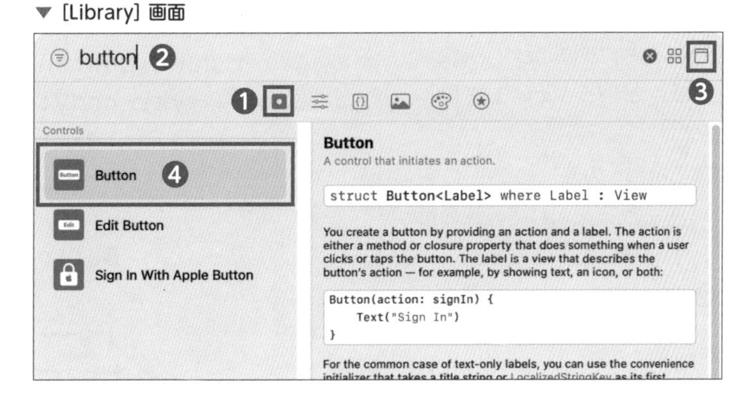

▼ Canvasの表示状態の違い

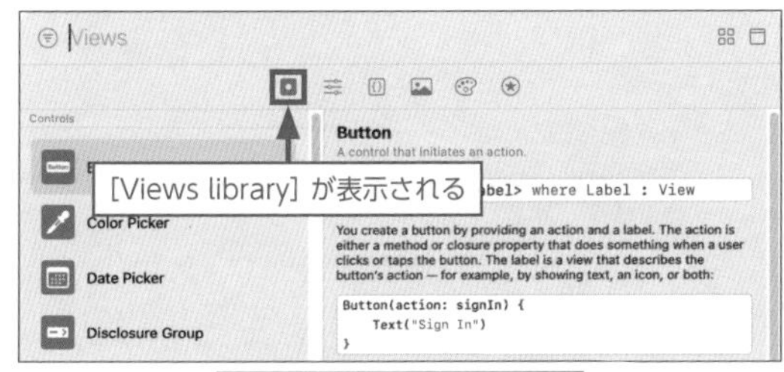

Canvasを表示している場合

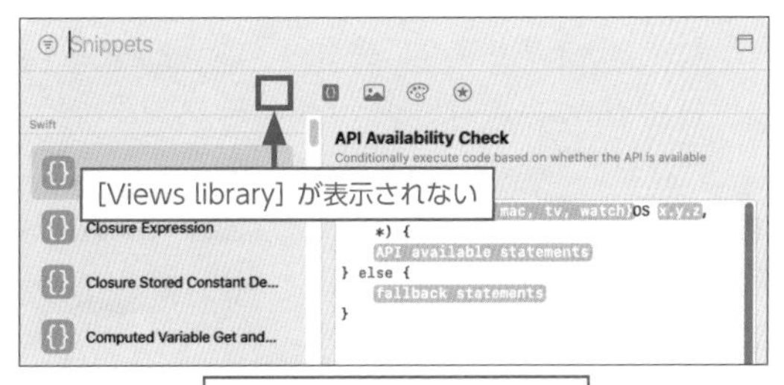

Canvasを表示してしない場合

Canvasを表示させている状態では、左側のように、[Views library] アイコンが表示されますが、Canvasを表示させていない場合は、右側のように [View library] アイコンが表示されないので気をつけてください。

Buttonのコードのテンプレートが追加されていることを確認しましょう。

▼ 追加されたButton

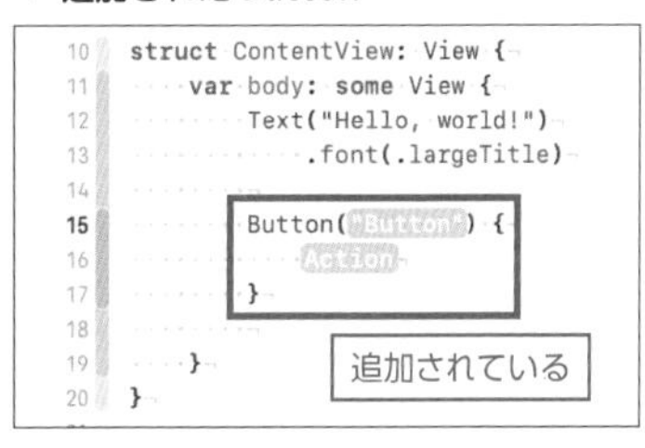

TextとButtonを縦方向に配置するために、VStack（Vertical Stack）というViewを追加します。

❶ Buttonの最後の「}」の後ろに改行を入れて、空の行を作成します。

❷ 次の行にカーソルを置きます。その状態で、「shift」+「command」+「L」キーを入力して、[Library] 画面を表示します。

▼ [Library] 画面を表示

```
10 struct ContentView: View {
11     var body: some View {
12         Text("Hello, world!")
13             .font(.largeTitle)
14         
15         Button("Button") {
16             Action
17         }
18         |
19     }
20 }
```

❶改行

❷カーソルを置く。「shift」+「command」+「L」キー

❶ [Library] 画面で「vstack」と入力します。すぐに検索され View の候補がリストされます。

❷ [Vertical Stack] が VStack のことです。ダブルクリックして選択しましょう。VStack がコードとして追加されます。

▼ VStack を選択

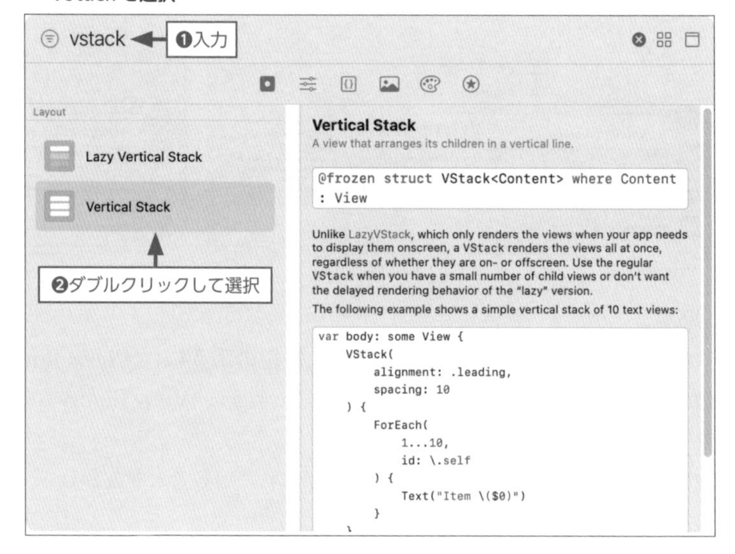

▼ VStack のテンプレートを修正

```
10 struct ContentView: View {
11     var body: some View {
12         Text("Hello, World!")
13             .font(.largeTitle)
14         
15         Button("Button") {
16             Action
17         }
18         VStack {
19             Content
20         }
21         
22     }
23 }
```

❶テンプレート

❷ダブルクリックする

→

```
10 struct ContentView: View {
11     var body: some View {
12         Text("Hello, World!")
13             .font(.largeTitle)
14         
15         Button("Button") {
16             Action
17         }
18         VStack {
19             |
20         }
21         
22     }
23 }
```

VStackのテンプレートを修正します。

❶ 追加されたVStackを確認すると「Content」という薄い青の背景の項目があります。「Content」をクリックして選択すると濃い青の背景に変わります。これはテンプレートの一部で、この場所に書くべき内容を説明してくれています。

❷「Content」をダブルクリックして削除しましょう。このように青の背景の項目は使いませんので、削除してから入力を開始します。

追加したVStackの「{}」（ブロック）の中にTextとButtonを移動します。

「shift」と矢印キーを押しながらTextとButtonを選択して、「command」+「X」でカットします。そして「VStack{」から「}」のブロックの中に、「command」+「V」で貼り付けします。

▼ VStackの中に移動する

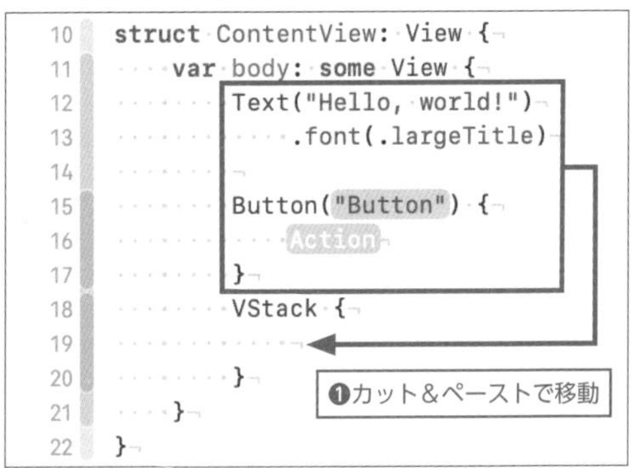

▼ VStackへ移動後の確認

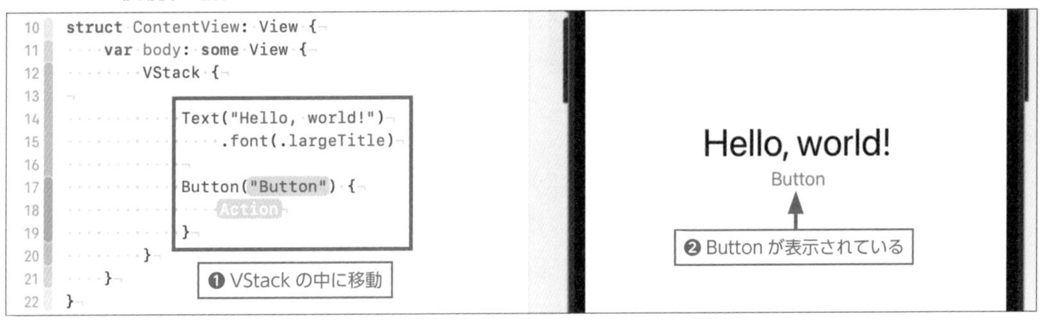

❶ VStackの「{」から「}」のブロックの中に、TextとButtonが移動されていることを確認しましょう。

❷ そして、プレビューで「Button」と表示されていることも確認します。このようにVStackを使うと、VStackの中に配置されたViewを縦方向に並べることができます。今回はTextとButtonを縦方向に並べました。

次に、Buttonに表示させる、文言の設定を行ってみましょう。

Button の文字を変更しましょう。

まずは説明として入力されている「"Button"」を削除しましょう。クリックして選択すると青くなりますので、delete キーを押して削除します。

▼「"Button"」の削除

```
10 struct ContentView: View {
11     var body: some View {
12         VStack {
13 
14             Text("Hello, world!")
15                 .font(.largeTitle)
16 
17             Button("Button") {
18                 Action
19             }
20         }
21     }
22 }
```

クリックして選択後に削除する

▼ Button の文字を変更する

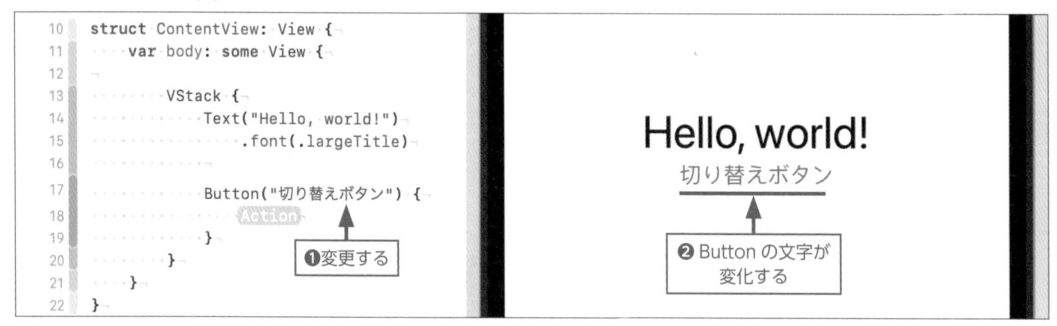

❶「" 切り替えボタン "」と入力しましょう。
　「"」（ダブルコーテーション）で、「切り替えボタン」を囲んでください。
　「"」で日本語の全角を囲むことで文字列として認識されます。
　ここでは「"」は、半角で入力しなければいけないことに注意をしてください。
　全角で入力するとエラーが発生します。

❷ プレビューに Button と表示されていた文字が、「切り替えボタン」に変更されていることが確認できます。

このように VStack を使うと、VStack の中に配置された View を縦方向に並べることができます。今回は Text と Button を縦方向に並べました。

VStack で複数の View を囲むと 1 つの View としてまとめられます。

 Point

プログラムコードでは、英数字は半角で入力する必要があります。全角で入力するとエラーになりますので注意してください。

Point

「{}」は、ブロックと言われ、コードを束ねる役割があります。
コードは適用範囲（スコープ）があり、ブロックの外か中で影響が変わります。
次のレッスン以降で必要な箇所でコードブロックの解説があります。今は、どのブロックに記述すればいいのか、注意してコードを確認しましょう。

Point

Xcodeの入力補完機能（にゅうりょくほかんきのう）は、コードを書く負担とスペルミスを軽減してくれます。
Xcodeは、統合開発環境（IDE：アイディーイー）とも言われ、開発者が効率良く開発できるように様々な機能を提供してくれています。
開発を行う際には、IDEの機能を活用し、開発効率を高めることも重要なスキルのひとつです。積極的に利用して、どんどん慣れていきましょう。

View プロトコルのルール

View プロトコルは、SwiftUI のすべての View の基本となるプロトコルです。

プロトコルに準拠をすると、そのプロトコルのルールに沿ったコードを書く必要があります。

View プロトコルの、大まかなルールを覚えましょう。

- **body プロパティを定義する必要がある。**
- **body プロパティは、View のコンテンツを保持（返却）する必要がある。**
- **body プロパティでは、VStack、HStack、ZStack などのレイアウト構文が利用可能。**

▼ body プロパティのイメージ

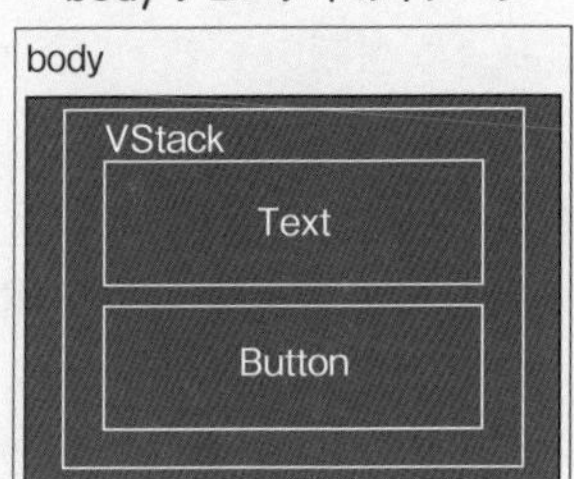

今回は、VStack を用いて、View を縦に積み上げてレイアウトをひとつのまとまりにしていますが、この後、学習していく、水平に View を並べていく HStack や、奥行方向に View を重ねる ZStack を利用することもできます。次章以降に色々なレイアウトを体験して学習を進めていきます。

3-2　Button の背景色、文字色を変更し、余白を追加

次は、Button の背景色を青色に変更しましょう。

SwiftUI では、View に「Modifier」（モディファイア）という機能を追加することでレイアウトを整えていきます。

実際にやっていきましょう。

❶ [Attributes inspector] を選択します。

❷ [Selectable] ボタンをクリックして、プレビューで View が選択できるようにします。

❸「切り替えボタン」を選択します。

❹「Add Modifier」に、適用したいモディファイアの名前を入力して検索をします。

▼ [Add Modifier] 追加画面

❶「background」と入力して検索しましょう。入力したワードに応じて、様々な種類のモディファイアが表示されます。

❷ [Background] の項目をクリックして選択するか、下矢印を押して選択したのちに「return」キーを押して確定します。ここで決定した「Background」（バックグラウンド）が、背景を設定するモディファイアです。

▼ Modifier の選択

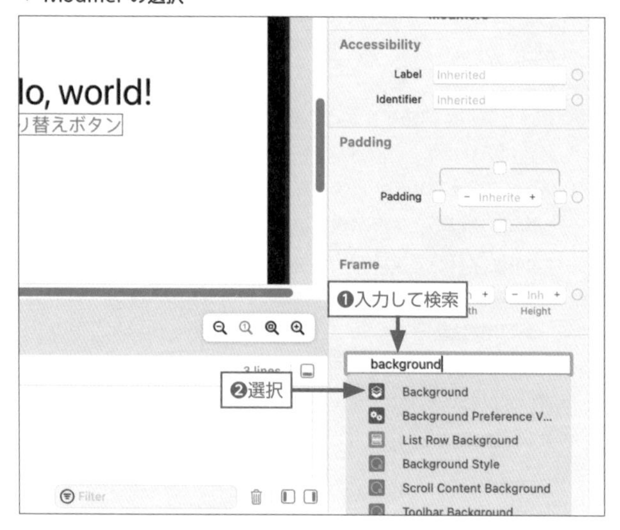

▼ [Background] 設定後のコードと画面

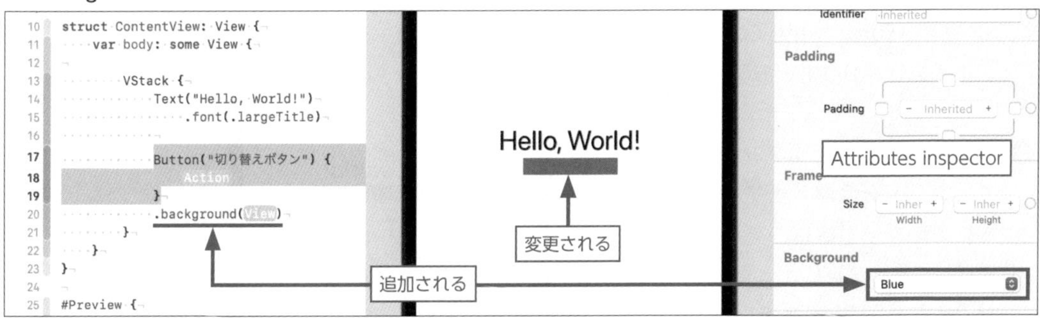

[Background] の設定が、コードに反映され、[Attributes inspector]（アトリビュートインスペクタ）の [Backgroud] プロパティに「Blue」と設定がされます。デフォルトで [Blue] が設定されます。

▼ .background モディファイアの変更

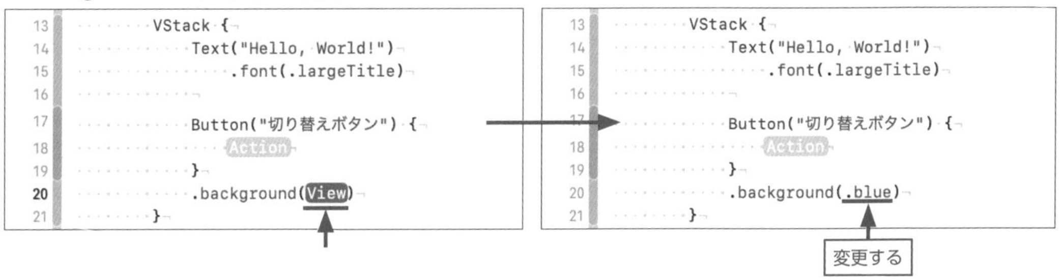

執筆時点では [Attributes inspector] の [Background] に「Blue」を設定しても、コードは「View」となったままで反映されません。Xcode の不具合だと思いますので、直接コードを修正してください。「View」の箇所を削除して、「.blue」と入力してください。

Point

コードを追加・修正する場合は、行番号を目印にするのではなく、挿入画像に表示されている前後のコードで判断をしてください。
コードを書いていく中で、行番号は本書の挿入画像とはずれる可能性があります。

Buttonの背景色のときと同様の手順で、文字色（Foreground Color）のモディファイアを追加しましょう。

❶ [Selectable] ボタンが選択されていることを確認します。もし選択されていないときは、クリックして選択します。プレビューでViewが選択できるようになります。
❷「切り替えボタン」を選択します。
❸「Add Modifier」に適用したいモディファイアの名前を入力して検索します。

▼ モディファイアの選択

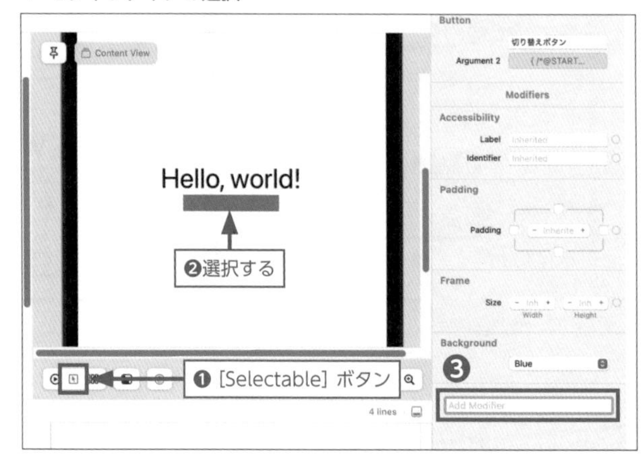

「fore」と入力するとモディファイアの候補に、「Foreground Color」が表示されますので、クリックして選択するか、下矢印を押して選択したのちに「return」キーを押します。

▼「Foreground Color」を追加

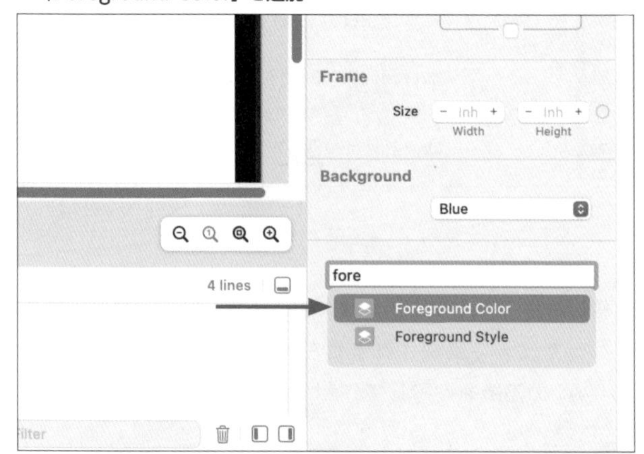

▼ 文字色の変更

❶ [Foreground Color] の項目が追加されるので、「White」に変更します。
❷「切り替えボタン」の文字色が白に変化したことを確認します。

❸「.foregroundColor」のモディファイアが追加されたことを確認しましょう。

「.foregroundColor」で設定している「.white」を選択すると、背景が青色になっていて入力が確定されていない状態になることがあります。その場合は、ダブルクリックして入力を確定させてください。

これで、Button の背景色と、文字色が変更されました。

▼ 文字色を確定させる

```
10  struct ContentView: View {
11      var body: some View {
12  
13          VStack {
14              Text("Hello, world!")
15                  .font(.largeTitle)
16  
17              Button("切り替えボタン") {
18                  Action
19              }
20              .background(.blue)
21              .foregroundColor(.white)
22          }
23      }
24  }
25  
```

入力を確定させる

▼ 上下左右の余白を設定

次は、文字の余白がなくて見づらいので、[Padding]（パディング）を設定して余白を作ります。

❶ [Selectable] ボタンが選択されていることを確認します。もし選択されていないときは、クリックして選択します。プレビューで View が選択できるようになります。
❷「切り替えボタン」を選択します。
❸ [Padding] の項目で、上下左右のチェックボックスにチェックを入れます。チェックを入れると「切り替えボタン」と中の文字の間に余白が設定されることを確認しましょう。
❹「.padding(.all)」というコードが追加されていることを確認します。ここでコードが追加されることで、プレビューに変更が反映されます。

3-3 Button のタップで文字を切り替えよう

最後に、Button のタップで、表示文字を切り替える処理（しょり）を書きましょう。

プログラミングの世界では、アプリの動きに関するコードを書くことを「処理を実装する」と言ったりします。

▼ 変数の宣言

```
10 struct ContentView: View {
11     @State var outputText = "Hello, world!"
12 
13     var body: some View {
14         VStack {
15             Text(outputText)
16                 .font(.largeTitle)
17 
18             Button("切り替えボタン") {
19                 Action
20             }
21             .padding(.all)
22             .background(.blue)
23             .foregroundColor(.white)
24         }
25     }
26 }
```

❶追加　❷修正

❶ 赤線のコードを追加します。追加する位置に注意してください。
「struct ContentView: View」の下でかつ、「var body: some View」の上にコードを追加をしてください。このコードは、アプリが起動された時に、表示する文字列「Hello, world!」を設定しています。**文字列は「"」（ダブルクォーテーション）で囲みます。** 構文については、じゃんけんアプリの章で詳細を解説しますが、今は、「outputText」という入れ物を用意して「Hello, world!」という文字列を入れたと理解してもらえれば大丈夫です。「outputText」という入れ物は、プログラミングの世界では、**変数（へんすう）** と呼ばれます。

❷ Text で「"Hello, world!"」と記述されていた箇所を「outputText」に修正して、Text の表示を入れ替えます。この後に、ボタンがタップされた時に、「outputText」の中身を「Hi, Swift!」に書き換えるコードを追加します。

Point

「outputText」のように、Swift ではアルファベットの大文字と小文字は区別されます。「outputtext」（ティーが小文字）と「outputText」（ティーが大文字）では、別のものとして取り扱います。

Button がタップされたら、表示されている文字を「Hi, Swift!」に切り替える処理を書いていきましょう。

Button の中にある「Action」は、テンプレートとしてあらかじめ書かれている説明用のコードです。不要ですので削除しましょう。「Action」をクリックすると、背景が青色になります。この状態で「return」キーを押すか、ダブルクリックで削除することができます。

▼ テンプレートの説明を削除

```
10 struct ContentView: View {
11     @State var outputText = "Hello, world!"
12 
13     var body: some View {
14         VStack {
15             Text(outputText)
16                 .font(.largeTitle)
17 
18             Button("切り替えボタン") {
19                 Action
20             }
21             .padding(.all)
22             .background(.blue)
23             .foregroundColor(.white)
24         }
25     }
26 }
```

ダブルクリックで削除

そしてButtonの「{ }」のブロックの中に「output」と入力をしてください。プルダウンでリストが表示されて選択肢が選べるようになります。この機能を、Xcodeの**入力補完機能（にゅうりょくほかんきのう）**と言います。ユーザが入力する文字から推測して予想されるコードを表示する機能です。

▼ 入力補完機能

```
13        var body: some View {
14            VStack {
15
16                Text(output)
17                    P outputText            ← 選択する
18                    C OutputStream
19                    I OutputStream()
20                    I OutputStream(toMemory:)
21                    I OutputStream(url:append:)
22                    I OutputStream(toBuffer:capacity:)
23                    I OutputStream(toFileAtPath:append:)
24            }
```

表示されているリストの中から「outputText」を選択します。選択する方法は、キーボードの「↓」キーで選択したのちに「return」キーを押すか、ダブルクリックで選択します。

「outputText」は先程追加した変数のことです。

そして、追加した変数である「outputText」に「=（イコール）」を使い、「"Hi, Swift!"」を代入します。「=」は代入演算子と呼ばれ、変数に値をセットするために使います。このコードで、Buttonがタップされたタイミングで「outputText」の中身を「"Hi, Swift!"」に置き換えます。

▼ 変数に値を代入

```
10  struct ContentView: View {
11      @State var outputText = "Hello, world!"
12
13      var body: some View {
14          VStack {
15              Text(outputText)
16                  .font(.largeTitle)
17
18              Button("切り替えボタン") {
19                  outputText = "Hi, Swift!"    ← 追加
20              }
21              .padding(.all)
22              .background(.blue)
23              .foregroundColor(.white)
24          }
25      }
26  }
```

最後にもう一度、レイアウトの構造を確認しましょう。一番外枠に、VStackがあり、TextとButtonがまとめられています。VStackを使うと、縦方向にTextやButtonを並べることができます。

おめでとうございます！これで、初めてのアプリ開発は完了です！

次からは、開発したアプリを動かしてみて意図通りになっているか確認をしてみましょう。

▼ レイアウトの構造

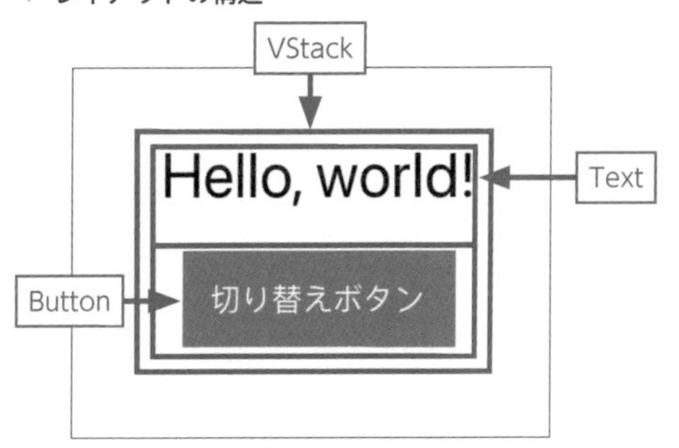

Day 1

Lesson 2-7

アプリの動きを確認する方法を学ぼう

アプリの動きを確認する方法は 3 つあります。

それぞれに、どこまで確認できるか変わってくるので、状況に応じて確認できるように体験をして学んでいきましょう。

▼ アプリの確認方法

確認方法	確認できること
Canvas (キャンバス)	**Live Preview (ライブプレビュー)** レイアウトのレンダリングと、ボタンタップの動き等の確認もできます。
シミュレータ	シミュレータは、Xcode ツールの一部としてインストールされていて Mac 上で動作します。iPhone、iPad、Apple Watch、Apple TV の環境をシミュレートしながら、標準的なアプリのように動作しますが、一部のハードウェアはシミュレートしません。そのため、カメラや 3D タッチ等は、利用できません。デバッグは可能です。
実機	全ての機能を確認することができます。 アプリをリリースする前は、必ず実機でのテストを行うことが必要です。

このレッスンで学ぶこと

- **Canvas (キャンバス) の操作と確認できる範囲を理解します。**
- **Simulator (シミュレータ) の起動方法と操作方法を学びます。**
- **実際の iPhone (実機) にアプリを転送する実機転送を学びます。**

1 Canvas (キャンバス) で、アプリを動かそう

もう一度、Canvas の機能を確認していきましょう。

各モードの操作方法を見ていきます。

1-1　Live Preview（ライブプレビュー）

Live Preview は、プレビューでボタンのタップを検知してプログラムの実行まで確認することができます。

プレビューで、Button をタップして表示文字を切り替えられるかテストしてみましょう。

ライブプレビューは、レイアウト変更が反映されます。また、その他に、Button のタップ等の動きも確認できます。

[Live Preview] をクリックして、プレビューに切り替えます。

▼ Live Preview（ライブプレビュー）起動方法

❶「切り替えボタン」をクリックしてください。

❷「Hello, world!」から「Hi, Swift!」に表示が変更されると成功です。

おめでとうございます！初めての、SwiftUI アプリの完成です。

うまく切り替わらない場合は、コードを見直してください。

以上が、ライブプレビューの利用方法です。

▼ Button タップの動きを確認

実際の開発では、実装ができたらうまく動くかテストをします。実装とテストを細かく繰り返して完成に近づけていきます。

SwiftUI 以前の Storyboard の開発では、シミュレータを起動して確認するか、実機でのテストを行っていましたが、SwiftUI では、Canvas のプレビューでも確認ができるので開発の負担が軽減されます。

Point

[Live Preview] をクリックすることで、画面が起動した最初の状態に戻ります。
画面を操作することで変化をした変数の値を最初の状態に戻すことができるので、何度でも最初から動作確認を行うことができます。

1-2　様々なデバイスを確認

iPhone・iPadには様々な種類のデバイス（端末）があり、画面サイズも違います。

アプリ開発では、どのデバイスでも同じ様にレイアウトが表示されることを確認する必要があります。

Xcodeの機能を利用して、各端末のレイアウトを簡単に確認することができます。

右図の赤枠のActive scheme（アクティブスキーム）のエリアをクリックすると、あらかじめ用意されているデバイスが表示されます。Xcodeでは、このデバイスを切り替えることで、実際の端末（実機）がなくてもアプリを検証することができます。

▼ [Active scheme] でのデバイスの切り替え

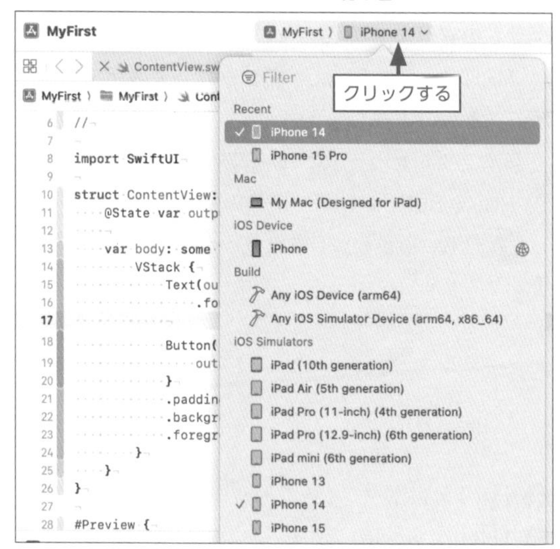

▼ iPad Air (5th generation) を選択したプレビュー

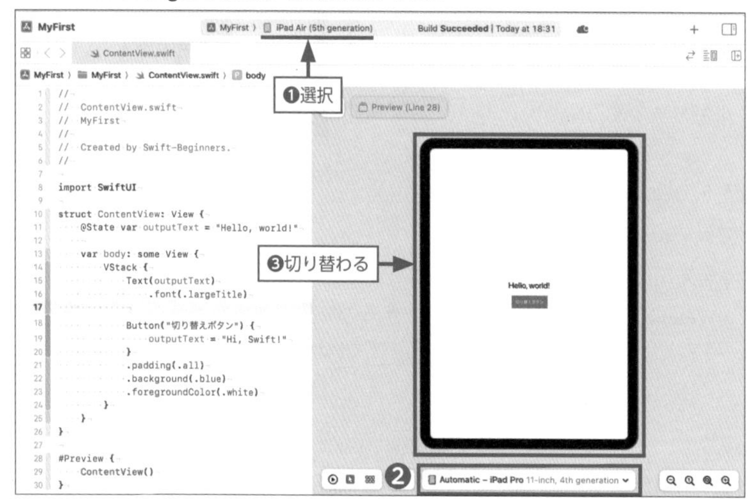

❶ 今回は、試しに [iPad Air (5th generation)] を選択してみます。

❷ [Preview Device] で、[Automatic] が選択されていると、Canvasのプレビューも連動して [iPad Air (5th generation)] に、切り替わります。

❸ Canvasのプレビューが切り替わることが確認できます。このように、様々なデバイスのテストを行うことができます。

2 Simulator（シミュレータ）で、アプリを動かそう

Xcodeには「**シミュレータ**」というツールがあります。シミュレータを使うと、XcodeからiPhoneやiPadの画面が起動して、動作確認が行えます。

実際にシミュレータで「Hello, world!」の表示を確認しながら、シミュレータの起動方法と操作方法を学習します。

2-1　デバイスの選択と種類

Xcodeの左上に［Active scheme］（アクティブスキーム）があります。ここでは、Canvasのプレビューと同様に、確認したいデバイスを選択しておきます。

❶ 今回は、「iPhone 14」を選択しましょう。

❷ ▶［Run］（ラン）をクリックして、シミュレータを起動します。

▼［Active scheme］でデバイスを選択

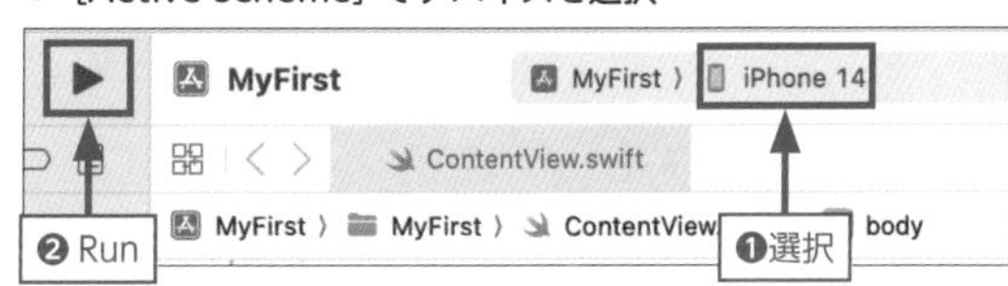

Point

シミュレータを起動したままの状態で、コードを修正しても、今のシミュレータには反映されません。再度［Run］ボタンをクリックするまでは、修正したコードが反映されないので注意してください。

2-2　シミュレータの起動

シミュレータの起動には、時間がかかることがあります。しばらくすると、Xcode 上で iPhone 14 をシミュレートした画面が起動します。Button をタップして、文字が切り替わるか試してみてください。

2-3　シミュレータの基本操作

シミュレータでよくつかう機能の解説です。実際に操作して動きを確認してみましょう。

❶ [Home] ボタンは、iPhone 上のホーム画面へ移動できます。
❷ [Save Screen] ボタンは、シミュレータの画面を画像として保存できます。
❸ [Rotate] ボタンは、シミュレータを回転して横のレイアウトの確認ができます。
❹ シミュレータは、カーソルで拡大縮小をしてサイズを調整することが可能です。シミュレータの四隅の角を、ドラッグすることで、サイズの拡大と縮小が行えます。

▼ シミュレータを操作するボタン

2-4　シミュレータのメニューを確認

シミュレータのメニューからも、同様の操作と、他の機能も利用できます。

Simulatorメニューの［Device］をクリックすると、デバイスの左回転を行う［Rotate Left］をメニューからも行えます。

他にも、［Shake］（シェイク）は、デバイスを振った動きをシミュレートできます。

▼［Device］を確認

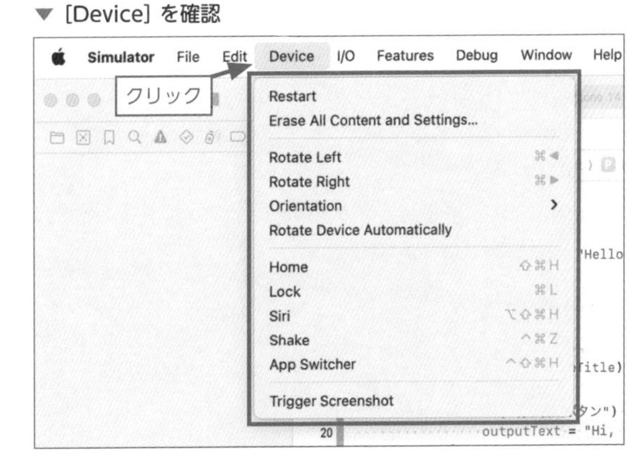

2-5　シミュレータで起動しているアプリの停止方法

■［Stop］ボタンをクリックして、シミュレータで実行されているアプリを停止します。

▼アプリを停止する［Stop］ボタン

2-6　シミュレータの停止方法

シミュレータ自体を停止する方法も確認します。

シミュレータの停止は3つの方法があります。

赤枠のアイコンをクリックして停止できます。この方法で停止する場合は、先に、■［Stop］ボタンをクリックして、アプリを停止させてください。**アプリを停止せずに、シミュレータを停止すると、エラーが発生するので注意してください。**エラーが発生したときはXcodeを再起動してください。

メニューバーの**「Simulator」から「Quit Simurator」**で停止も行えます。

キーボードの**「command」キーを押しながら「Q」キーを押すことでも停止**できます。

▼シミュレータの停止

Point

[Stop] ボタンをクリックして、シミュレータを停止せずに、再度 [Run] ボタンをクリックすると、このようなダイアログが表示されます。
[Replace] ボタンをクリックすると、すでに実行されているシミュレータを停止して、新しくシミュレータを起動します。

「Don't ask again」の横のチェックをオンにすると、今後このダイアログは表示されなくなります。

▼ 確認のダイアログ

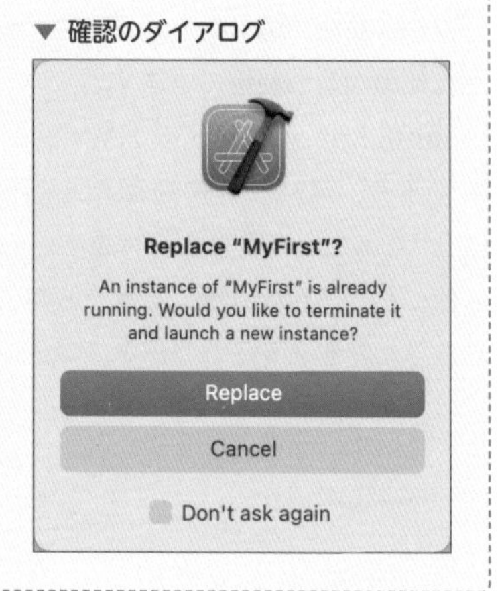

アプリの開発は今回のように、画面を作り、プログラムを書いて、シミュレータで動作確認を行う、という手順を繰り返します。

3 iPhone（実機）に転送して、アプリを動かそう

開発途中のアプリならシミュレータでの動作確認だけでも十分な場合も多いでしょう。
ですが、iPhoneなどの実際のデバイス（実機）で確認することで、より完成度の高いアプリになります。
実機であれば、実際の指での感触や滑らかさ、アプリの動くスピードなども確認することができます。特にカメラの撮影や動画の撮影などは、シミュレータでは再現できず、実機でしか確認できません。
iPhoneにアプリを転送して確認する方法を学びましょう。

● **iPhone実機テストエラー、ビルドエラーについて**

書籍では、実機転送の基本的な方法を解説していますが、実際には状況によって、様々なエラーが発生します。
詳細は下記のページで解説していますので、参考にしてください。
【Xcode/Swift】よくあるエラーと解決方法：iPhone実機テストエラー、ビルドエラーについて
https://blog.code-candy.com/xcode_swift_build_error/

3-1　Mac と iPhone を接続

実機（iPhone本体）にアプリを転送するには、Macと iPhoneを、ケーブルで接続する必要があります。実機転送を行うときのケーブルは純正品が望ましいでしょう。ケーブル（純正品）は、Appleのサイト（https://www.apple.com/jp/）から購入できます。

▼ Mac と iPhone

Mac と iPhone の接続が完了したら、Xcode に戻ります。Xcode でのアプリの転送先を、さきほど接続した iPhone に切り替えます。赤枠の [Active scheme] をクリックします。

▼ [Active scheme] メニューを選択

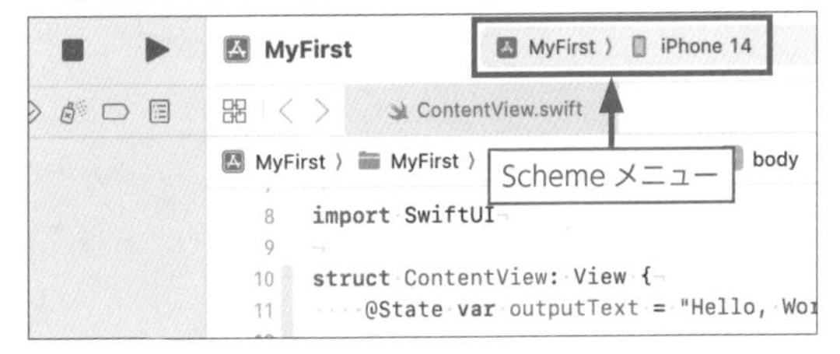

表示されたプルダウンの上部に、接続した iPhone が表示されていますので、クリックして選択します。

▼ 接続した iPhone を選択

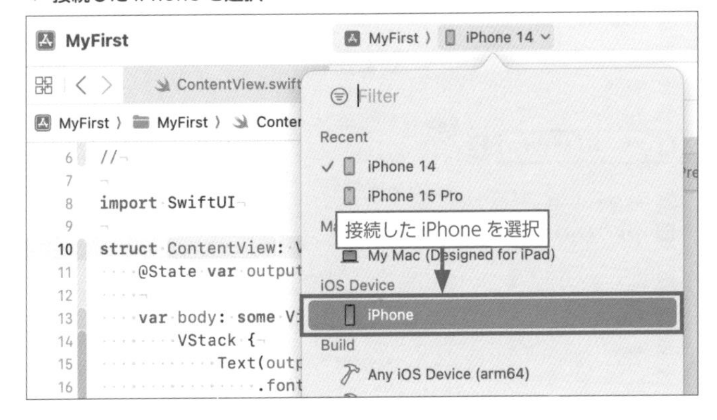

［Active scheme］で、Mac に接続した iPhone が選択されることで、アプリの転送先が接続した iPhone へ切り替わります。

▼ アプリ転送先を接続した iPhone に切り替える

3-2　デベロッパモードを有効にする

アプリは AppStore からダウンロードして利用するのが通常ですが、アプリを作っているときは Xcode から iPhone へ直接転送します。Xcode から接続した iPhone へアプリを転送するには、デベロッパモードを有効にする必要があります。デベロッパモードは次の手順で有効にします。

Point

実機と Mac をケーブルで接続をしてから、デベロッパモードを有効にする設定を行ってください。

▼ デベロッパモードの選択

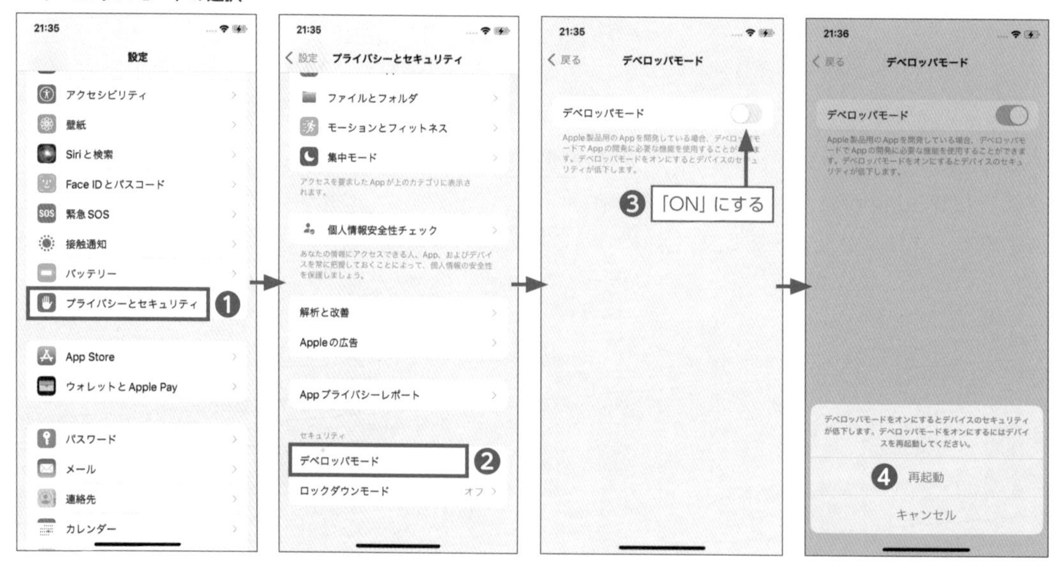

接続している iPhone の［設定］アプリを起動します。

❶［プライバシーとセキュリティ］をタップします。
❷［デベロッパモード］をタップします。

❸ [デベロッパモード] のボタンをタップして有効にします。
❹ [再起動] を選んで、iPhone を再起動しましょう。
❺ 再起動後に、「デベロッパモードをオンにしますか？」とダイアログが表示されますので、[オンにする] をタップします。
❻ パスコードの入力を求められますので、いつものパスコードを入力してください。これで、デベロッパモードが有効になりました。

▼ 再起動後の確認

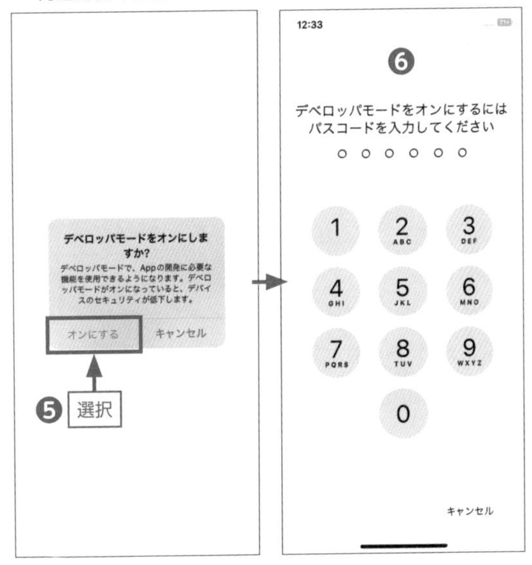

次に Xcode の [Active scheme] の転送先がクリアされているので、再び転送先を設定しなおします。

❶ iPhone に接続されているケーブルを抜いて、再び iPhone へ接続してください。
❷ [Active scheme] で、接続されている iPhone を選びます。

▼ Xcode の転送先を設定

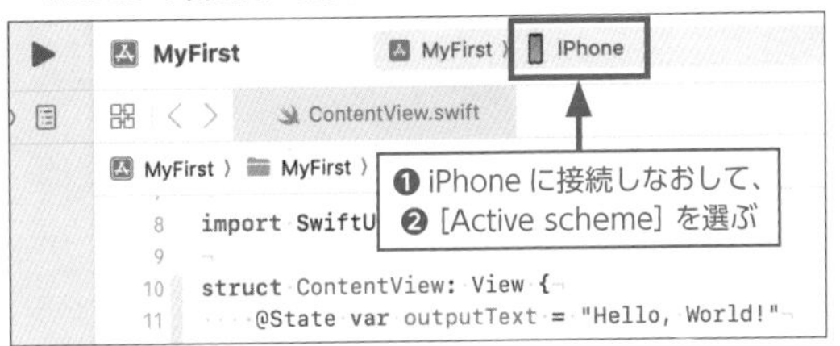

これで、Xcode で iPhone が正常に認識されました。

3-3 Apple ID を Xcode に登録

実機に転送する前に、Xcode へ Apple ID を登録する必要があります。Xcode に登録している Apple ID と iPhone で設定されている Apple ID が同じであれば、アプリを転送することができます。

では、Xcode に Apple ID を登録していきましょう。

アプリケーションメニューから❶［Xcode］→❷［Settings...］（セッティングス）を選択します。［Settings］は、Xcode の設定が行える画面です。

▼［Settings...］を選択

［Accounts］（アカウント）が Apple ID を管理しているタブです。最初なので、「No Accounts」と表示されています。

❶［Accounts］タブを選択します。
❷「+」（プラス）マークをクリックしましょう。

▼［Accounts］タブを選択

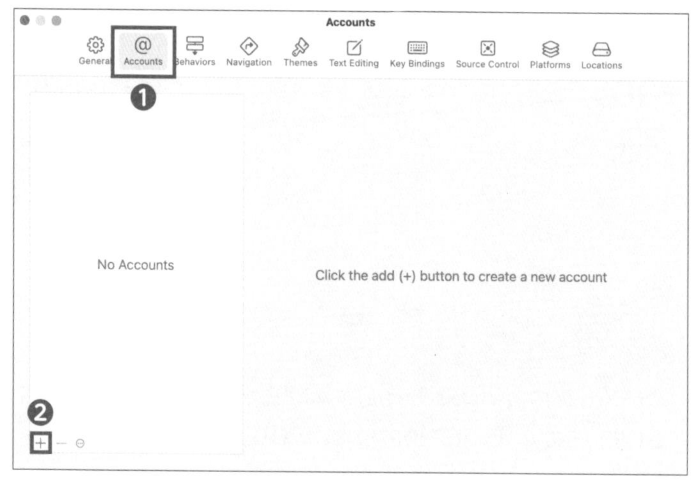

追加するアカウントの種類を選択するためのポップアップ画面が表示されます。これから追加するアカウントの種類を選択します。

❶ 今回は「Apple ID」を選択します。
❷［Continue］（コンティニュー）を選択します。

▼ Apple ID を選択

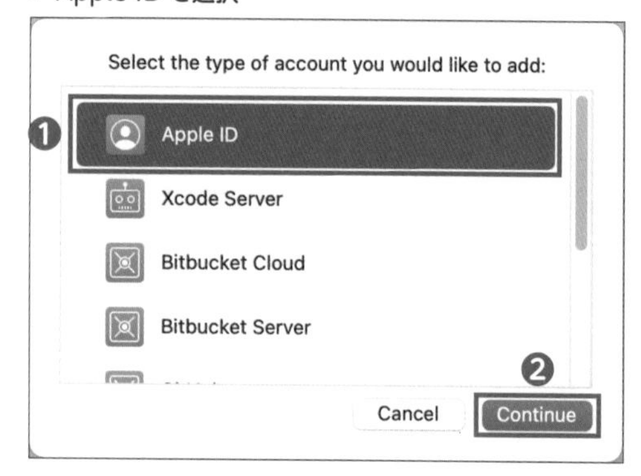

Apple IDを入力して、サインインします。❶［Apple ID］（メールアドレス）を入力して、❷［Next］（ネクスト）をクリックします。

▼ Apple IDの入力

❶パスワードを入力して、❷［Next］をクリックします。

▼ パスワードの入力

Point

Apple IDのサインインにはネット環境が必要です。インターネットに接続されているか確認してください。

▼ Team の確認

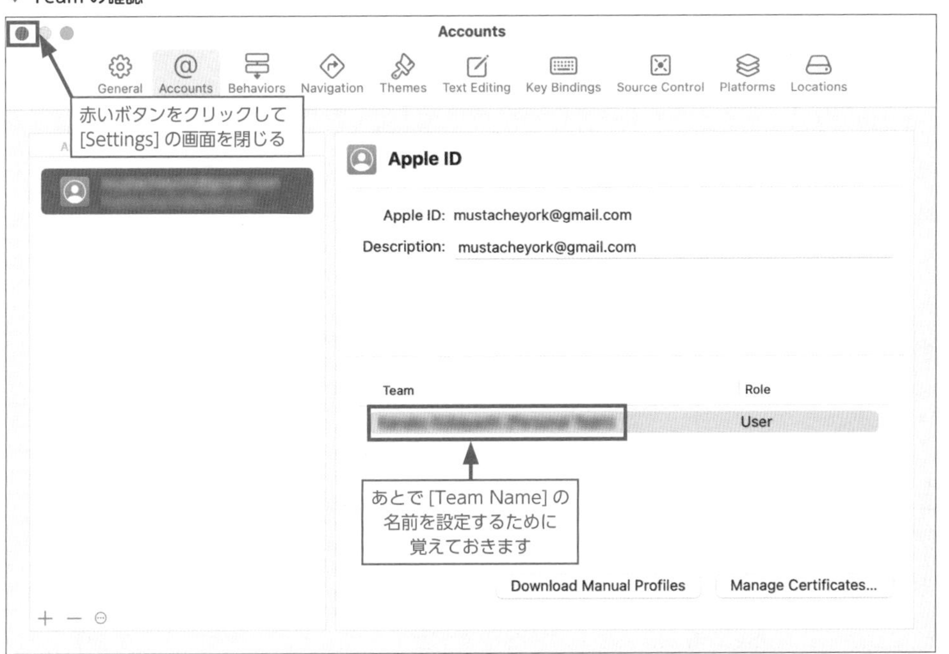

Apple IDのサインインが完了すると、Xcodeに登録されます。[Team]（チーム）の名前は、あとで必要になりますので、登録名を記憶しておきます。左上の赤いボタンをクリックして[Settings]の画面を閉じます。

3-4　アプリのプロジェクトにTeam（チーム）を設定

▼ プロジェクトのエラー確認

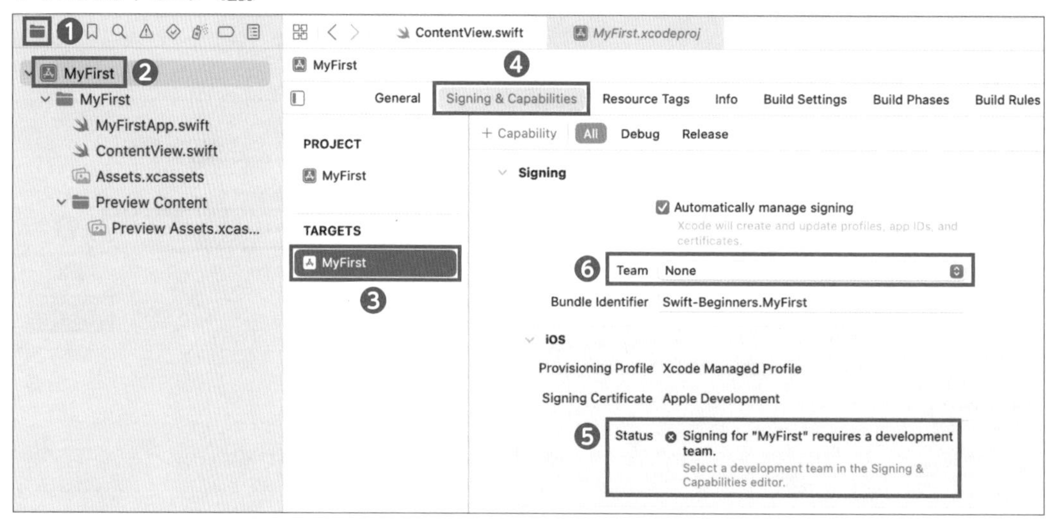

❶ [Project Navigator]を選択します。
❷「MyFirst」を選択します。
❸ [TARGETS]（ターゲット）の「MyFirst」を選択します。
❹ メニューの[Signing & Capabilities]を選択します。
❺ [Status]（ステータス）で、エラーが発生しているのが確認できます。このエラーの内容は、[Team]を設定することで解消ができます。
❻ [Team]の「None」をクリックするとリストボックスが表示されます。

Point

[Team]の設定は、シミュレータの起動時には不要ですが、実機転送を行う場合には設定されていないとエラーとなり転送できないので、注意が必要です。

Point

[Team]は、複数人でアプリ開発するための仕組みです。権限に応じて、ビルドしたり、アプリを配布したりなどが行えます。本書では複数人でのアプリ開発は行いませんので、実機へ転送する際には[Team]の設定が必要になるくらいの理解で大丈夫です。

［Team］の項目に、先ほど登録したアカウントが表示されるので選択します。

▼ Apple ID（Team）選択画面

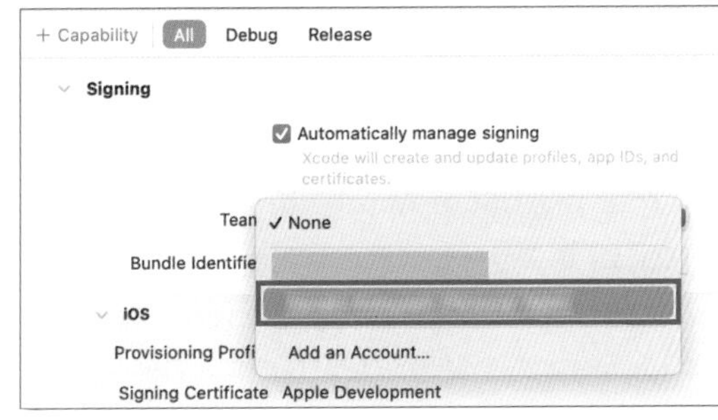

［Team］を選択するとエラーが解消されることを確認しましょう。この［Team］の設定は iPhone へアプリを転送する際には必ず必要になります。

▼［Team］の設定

環境に応じていくつかのエラーが表示されることがあります。そのときは次のことをご確認ください。

▼［Bundle Identifier］で発生するエラー

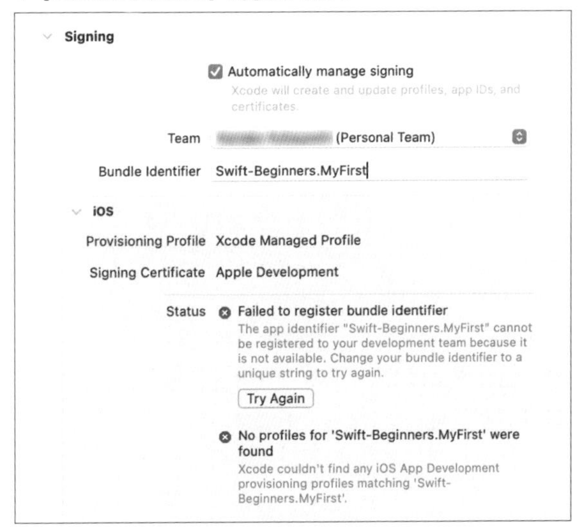

❶［Bundle Identifier］を重複しない ID にする。

Bundle Identifier は、ご自身のアカウントだけでなく世界中の Apple アカウントで重複しない ID を設定する必要があります。重複しない ID を設定したにも関わらずエラーになるときは、末尾に適当な英数字を付加してください。それでもエラーになるときは、ID 全体を適当な英数字にしてください。今は学習用ですので、重複さえしなければどのような ID でも構いません。

❷ **ネットワーク環境を確認してください。**

企業内でファイアウォールがあるような環境では、Xcodeがエラーになることがあります。その場合は、一般的なご自宅のネットワーク環境で作業を継続してください。

❸ **「Your maximum App ID limit has been reached. You may create up to 10 App ID every 7 Days.」のエラーが表示されたとき。**

ここでのAppIDは、Bundle Identifierのことです。このIDを何度も変更していると7日間で10個のIDしか作れない制限がかかります。7日間なので、少し期間をあけてもらえると新しくIDが作成できるようになります。この制限は、Apple Developer Programで無料アカウントの場合に発生します。

Point

それでも問題が解決しない場合は、次のWebページをご確認の上、お問い合わせください。
https://blog.code-candy.com/swiftbook2023/

3-5　XcodeからiPhoneへアプリを転送して起動

実機転送に必要なファイルのダウンロードが完了したら、アプリの転送を行います。

アプリの転送を行う前に、再度、**転送先がMacに接続されているiPhoneに設定できているかを確認します。**

転送先の変更や確認については、「3-1 MacとiPhoneを接続」（P.89参照）を確認してください。

❶［Active scheme］が転送先のiPhoneになっていることを確認してください。
❷ ▶［Run］ボタンをクリックすると、XcodeからiPhoneへアプリの転送が始まります。

▼ iPhoneへの転送

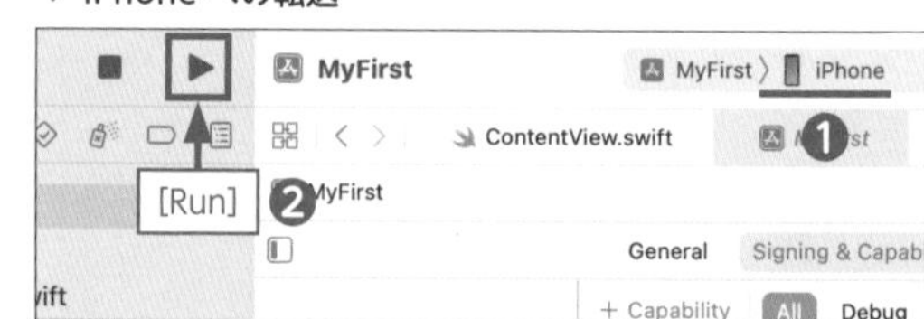

証明書の設定ダイアログが表示されます。
❶ macOSのログインパスワードを入力します。
❷［常に許可］をクリックします。

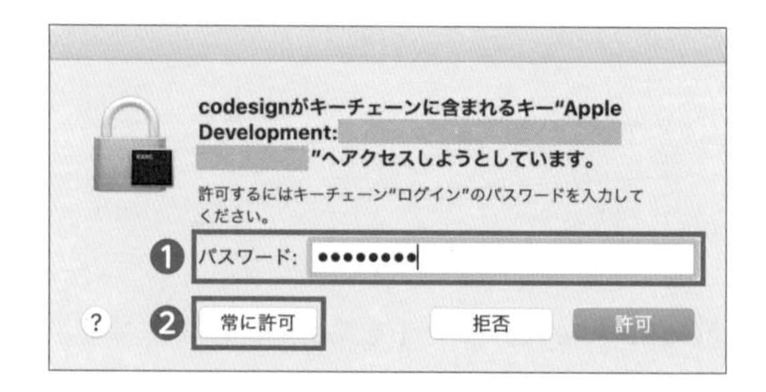

iPhoneへはじめてアプリを転送すると次のメッセージが表示されることがありますので、個別に対応を解説します。

```
Unlock [デバイス名] to Continue
```

iPhoneがロックされているとアプリの転送ができません。表示されているメッセージは閉じずにそのままにして、iPhoneのロックを解除してください。ロックが解除されると引き続きXcodeからアプリの転送が始まります。

▼ iPhoneがロックされている

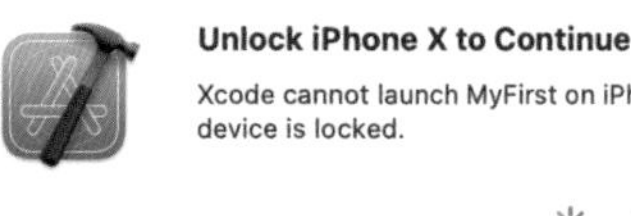


```
Could not launch "MyFirst"
```

iPhoneへアプリを転送するときに、iPhoneであらかじめアカウントの許可が必要です。その許可を求めるメッセージが表示されます。次の手順で、iPhoneでアプリの許可をしてください。

▼ iPhoneでアカウントの許可が必要

The request to open "Swift-Beginners.MyFIrst" failed.

Verify that the Developer App certificate for your account is trusted on your device. Open Settings on the device and navigate to General -> VPN & Device Management, then select your Developer App certificate to trust it.

Show Details　OK

iPhoneで［設定］→［一般］→［VPNとデバイス管理］の順にメニューをたどり、次の手順で進めます。

▼ iPhoneでアカウントを許可する

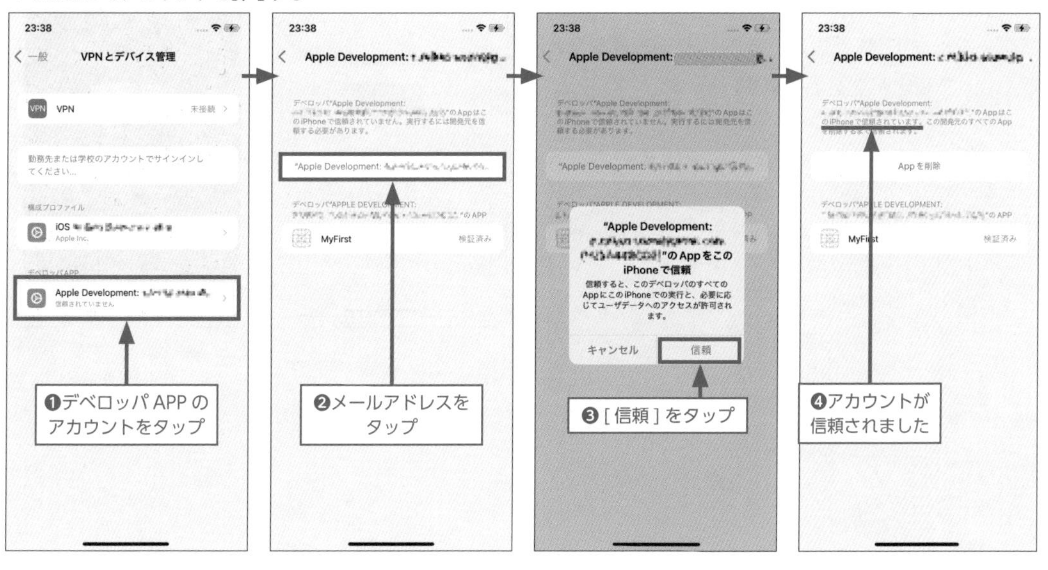

❶ ［デベロッパAPP］の項目でApple IDで登録したメールアドレスが表示されています。これが許可が必要なアカウントです。このアカウントをタップします。
❷ Apple IDで登録したメールアドレスをタップします。
❸ 信頼するかどうかのメッセージが表示されるので、［信頼］をタップします。
❹ アカウントが信頼されていることを確認します。

iPhoneでアカウントが信頼されたあとに、Xcodeへ戻ります。「Could not launch "MyFirst"」メッセージが表示されているので、「OK」ボタンを押します。

▶［Run］をクリックして、再度、iPhoneへアプリを転送します。

iPhoneにアプリが転送されると、アプリが起動されます。「切り替えボタン」をタップしてみましょう。「Hello, world!」から「Hi, Swift!」に文字が切り替わると成功です。

3-6　iOSのダークモード

実機転送をしたiOSの設定によってはアプリの配色が変わります。

白を基調にした配色（ライトモード）か、もしくは、**黒を基調にした配色（ダークモード）**か、iOSの設定で自動で切り替わります。

これは、**iOS 13.0で導入されたダークモード**と呼ばれる機能です。

ダークモードは、「設定」アプリの「画面表示と明るさ」で設定が変更できます。

▼ iPhoneでのアプリ起動イメージ

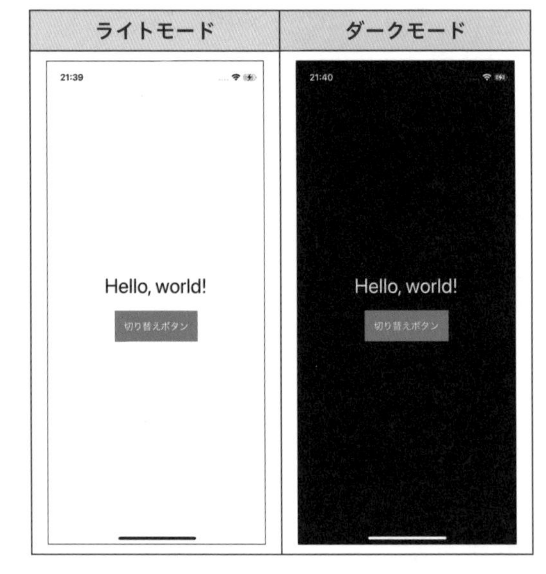

▼ iPhone での設定

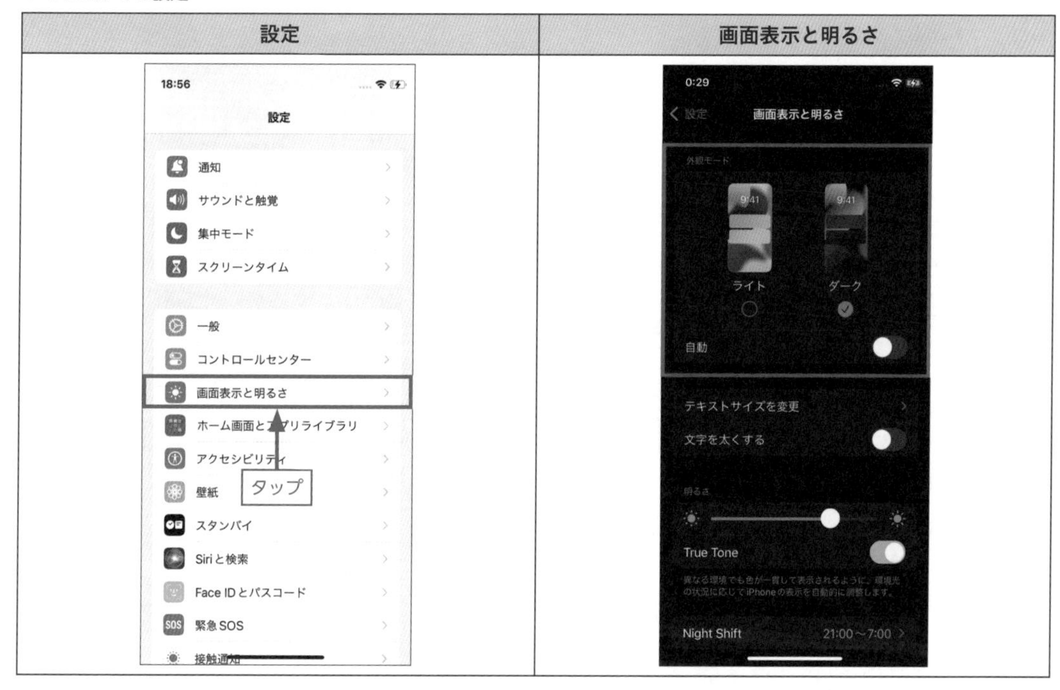

ダークモードの確認をするために、アプリを転送した iPhone で、設定を切り替えてダークモードの表示を確認してみてください。

暗い配色は目にやさしいだけでなく、睡眠の改善など、実際の生活での健康面でもメリットがあります。

ダークモードに対応したアプリを開発する上では、ダークモードを意識したデザイン、配色を学ぶ必要がありますが、本書では範囲外なので取り扱いません。

3-7　iPhone を横向きにして確認

iPhone を横向きにしても文字が中央に表示されていることも確認しましょう。

▼ アプリの横向き表示

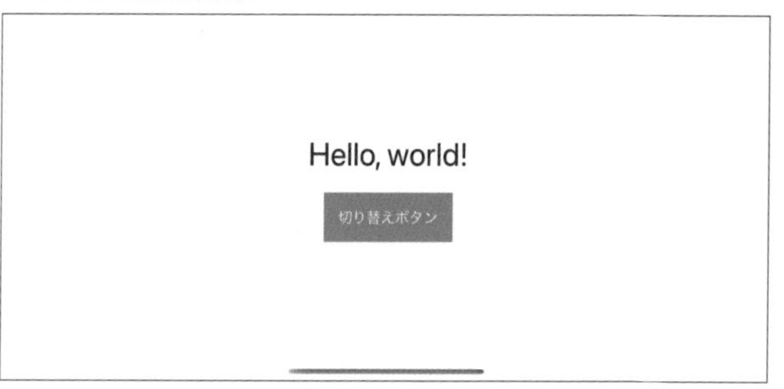

iPhoneを横向きにしてもレイアウトが変化しない場合は、「画面方向のロック」が「オン」になっています。

右図のように、赤枠のアイコンの線が赤い場合は、オンになっているので、タップをして解除をしてください。

▼ 画面方向のロック

これで、最初のアプリ開発は完了です。お疲れさまでした！

Point

最後にコードを書くルールを復習しましょう。

- 英字、数字、記号は半角で記述する
- 大文字と小文字は区別される
- トークン間（英数字や記号の間）は半角スペースで記述、全角スペースはエラーが発生する

```
// 「body:」と「some」のようなトークン間は半角スペース
var body: some View {
      （省略）
}
```

Point

もし違う場所にコードを追加してしまった場合には、キーボードの「command」+「Z」キーを実行して直前の操作を取り消して、再度コードを入力しましょう。
このように操作が行えるキーの組み合わせを「ショートカットキー」といいます。
また、「shift」+「command」+「Z」キーを押すことで、直前の操作の取り消しを取り消すことができます。
Xcodeでの操作に限らず、Macの基本的な操作なので、よく利用します。覚えて活用していきましょう。

● 実践的な、コードコメントの記述方法

コードコメントの実践的な記述方法を、下記のページで解説していますので、参考にしてください。
【Xcode,Swift】コードコメントの書き方｜ショートカットの利用、Markを活用したコメントアウト
https://blog.code-candy.com/xcode_comment_improvement/

Day 1 Day 2

Lesson 3 じゃんけんアプリを作ろう
—Swift の基本を学ぶ—

START Lesson 3-1 完成をイメージしよう

Lesson 3-2 プロジェクトを作成しよう

Lesson 3-3 画面に部品を配置しよう

GOAL Lesson 3-4 じゃんけん画像を切り替えよう

ステップアップ

Lesson 3-5 アイコンを設定しよう

じゃんけんアプリを作りながら、アプリ開発の基本を学びます。

最後に「ステップアップ」でアプリアイコンを設定する方法を学びます。

もう少し深く学習してみたい方はチャレンジしてみてください！

Day 1

Lesson 3-1

完成をイメージしよう

このレッスンで学ぶこと

- これから実装するじゃんけんアプリの動作をイメージして、開発の準備を整えます。
- 画面に使われる部品を把握しましょう。

完成イメージ

この章では「じゃんけんアプリ」を作ります！

開発をはじめる前に、作りたいアプリの動き（動作）をイメージするのはとても大切なことです。作りたい物の完成図や設計のことを、仕様（しよう）とも言います。各章最初にアプリの仕様を示しますので、しっかりイメージしてから開発に取り組んでください。

じゃんけんアプリは、「じゃんけんをする！」をタップすると、グー、チョキ、パーの画像が表示されてじゃんけんができます。

また、じゃんけんの結果はランダム（無作為）に表示されるように作ります。

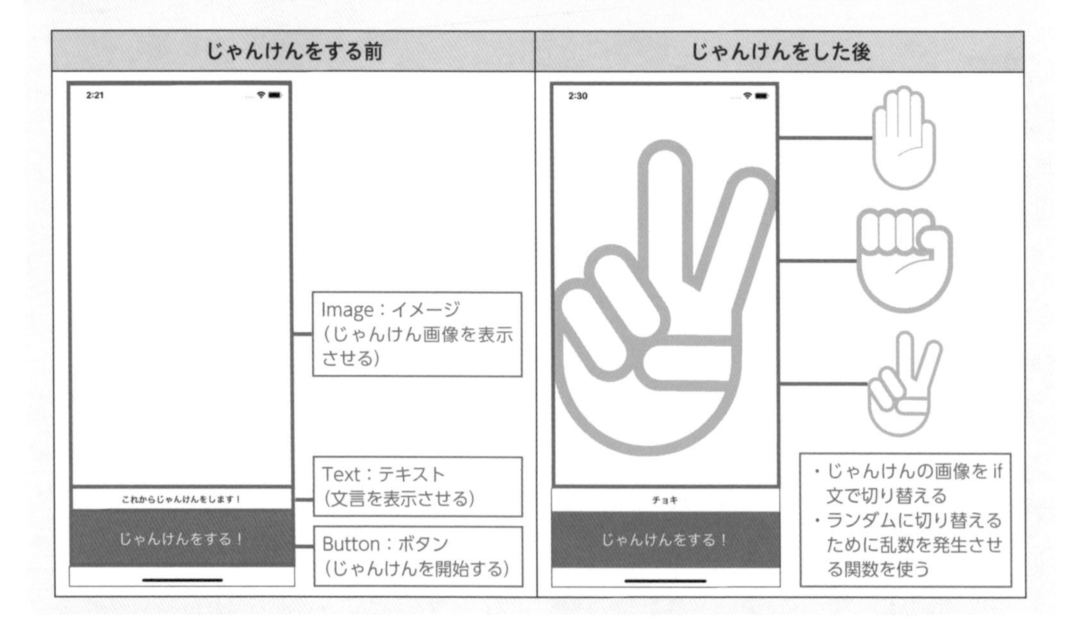

部品レイアウト

- 画像を表示できる「Image」、文言を表示させる「Text」、じゃんけんをする「Button」の 3 つの部品を配置します。
- 「Text」と「Button」に、背景色、文字色、文字サイズを設定します。
- 「Image」に表示したじゃんけんの画像を切り替えます。

Point

画面の部品は、「View」（ビュー）とも言います。様々な View の配置の仕方、レイアウトの整え方を学びます。

ユーザー操作

- 「じゃんけんをする！」をタップすると、グー・チョキ・パーのいずれかの画像が表示されます。
- 「じゃんけんをする！」をタップすると、Text にじゃんけんの種類が表示されます。

Point

プログラミングの第一歩として、if 文を学びます。基本的な構文なので、しっかり使い方を体得しましょう。
if 文を利用して、画像を切り替える処理を行います。

また、Swift の関数（かんすう）を利用して、じゃんけんの種類をランダムに表示させます。
プログラミングでは、多くの関数を扱うようになりますので、関数の取り扱いを学びましょう。

Day 1
Lesson
3-2

プロジェクトを作成しよう

このレッスンで学ぶこと

- 最初に、新規プロジェクトを作成するところからはじめてみましょう。

1 プロジェクトを作成しよう

1-1 Xcodeを起動

Xcodeを起動し、新規にプロジェクトを作成したいので[+]「Create New Project」をクリックしてください。

▼ Xcodeの起動画面

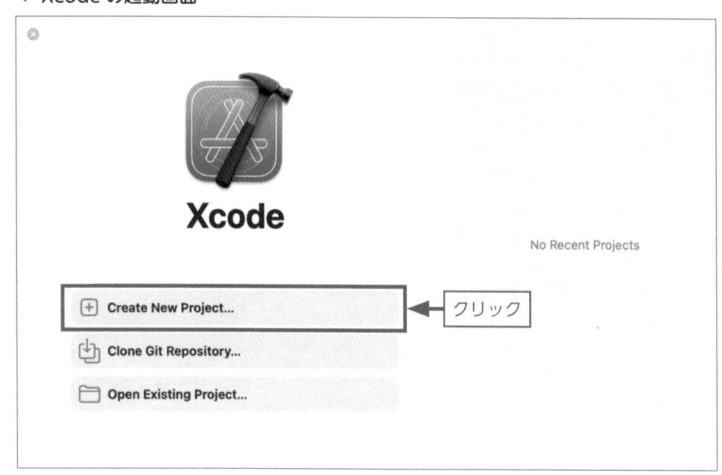

Point

過去に作成したプロジェクトを使う場合は、上から3つ目の[Open Existing Project...]をクリックして、既存のプロジェクトファイルを選択します。

1-2　テンプレートを選択

作成するアプリのテンプレートの選択画面が開きます。次の番号の手順で選びます。

❶［iOS］を選択します。
❷［App］テンプレートを選択します。
❸ 右下の［Next］をクリックします。**［App］テンプレートは、最初に1枚の画面だけが用意された、一番シンプルな構造のテンプレートです。**

▼ テンプレートの選択画面

1-3　プロジェクトの情報を入力

次の情報を入力します。

❶［Product Name］：MyJanken
❷［Team］：None
❸［Organization Identifier］：Swift-Beginners
❹［Bundle Identifier］：（なにも入力しない）
❺［Interface］：SwiftUI
❻［Language］：Swift
❼［Storage］：None

▼ プロジェクト情報の入力画面

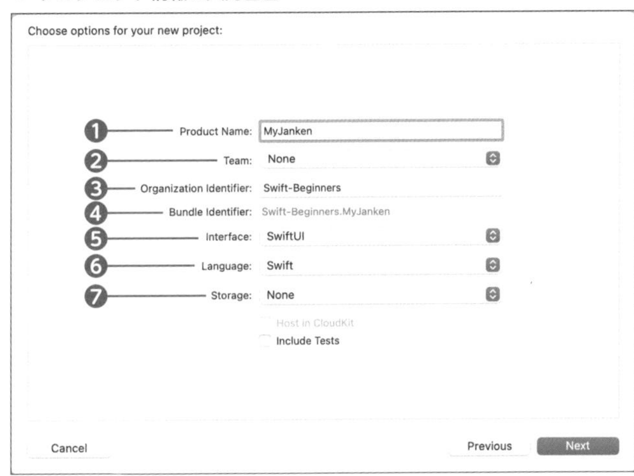

本書では、［Organization Identifier］を、「Swift-Beginners」と入力していますが、学習の際には、別のIDを設定してください。たとえば、ホームページのドメインのように、重複しにくいIDを入力してください。

プロジェクトの作成方法や［Organization Identifier］の解説については、「Day1 Lesson2-4 Xcodeを起動して、プロジェクトを作成しよう」（P.40）を確認してください。

▼ 作成したプロジェクト

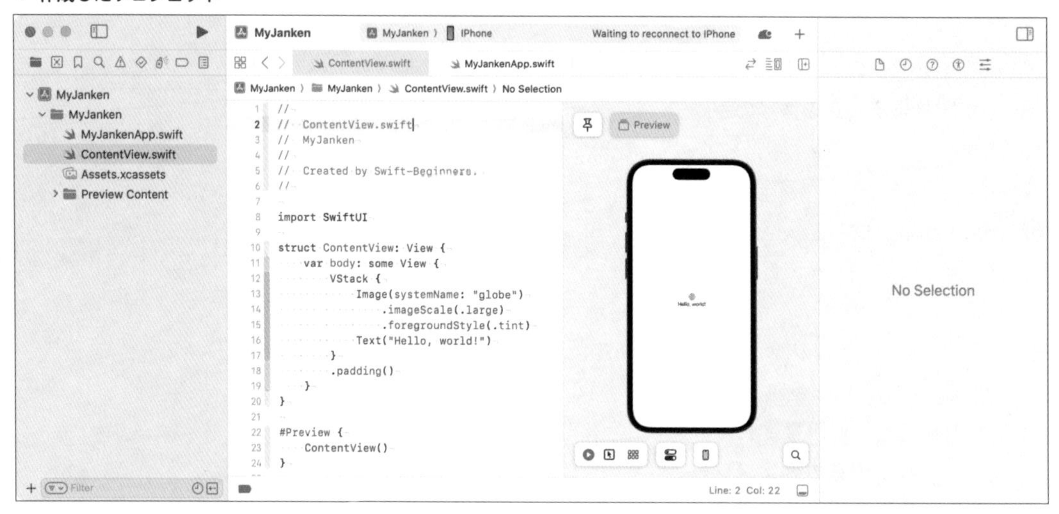


```
//
// ContentView.swift
// MyJanken
//
// Created by Swift-Beginners.
//

import SwiftUI

struct ContentView: View {
    var body: some View {
        VStack {
            Image(systemName: "globe")
                .imageScale(.large)
                .foregroundStyle(.tint)
            Text("Hello, world!")
        }
        .padding()
    }
}

#Preview {
    ContentView()
}
```

2 プロジェクトファイルの役割を理解しよう

作成されたプロジェクトには、様々なフォルダやファイルがあります。大まかな役割を理解しましょう。

▼ プロジェクトのファイル

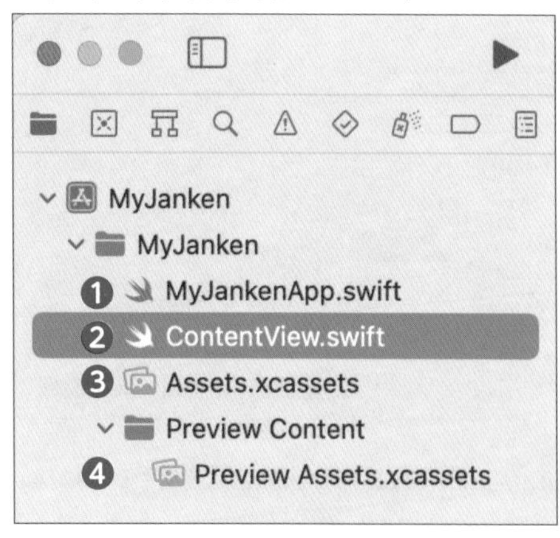

▼ それぞれの役割

ファイル名	役割
❶ MyJankenApp.swift	アプリケーションのエントリーポイント ※エントリーポイントとは、プログラムの最初の命令が実行される場所
❷ ContentView.swift	アプリの基本的な画面
❸ Assets.xcassets	画像、音楽ファイル、アイコン、色など、アプリで使用されるリソースを管理（アセットカタログ）
❹ Preview Assets.xcassets	Preview 用のアセットカタログ

Day 1
Lesson
3-3

画面に部品を配置しよう

このレッスンで学ぶこと

- **Xcode の基本操作を習得しましょう。**
- **Xcode の基本的なパーツである、Image、Text、Button を配置しましょう。**
- **各パーツの、配色や文字の設定方法を習得しましょう。**

1 画像ファイルを取り込もう

最初に、じゃんけんアプリで利用する画像を取り込んでいきます。

Point

画像ファイルは、本書のサンプルアプリの素材として提供しています。まだ、入手していない方は、次の場所からダウンロードしてください。

サンプルアプリダウンロードと使い方 - 公式サポートサイト
https://blog.code-candy.com/swiftbook2023/

❶ [Project navigator] を選択している状態で、❷ [Assets.xcassets] を選択します。
[Assets.xcassets] は、画像ファイル（リソース）や色等を管理するアセットカタログです。

新しいプロジェクトを作成すると、Xcode は、「**Assets.xcassets**」という名前の、アセットカタログを作成します。

▼ Assets.xcassets を選択

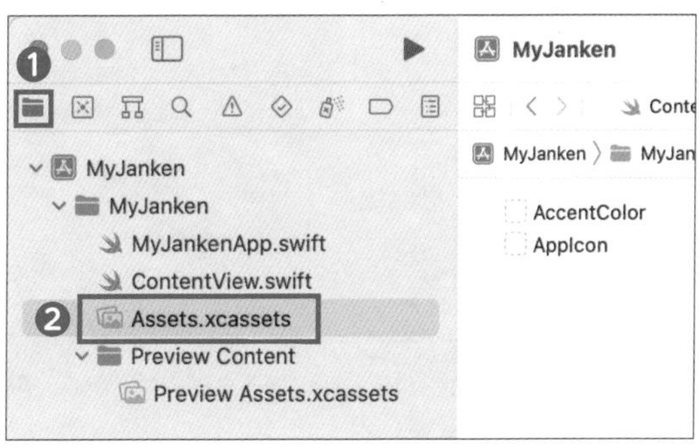

［Project navigator］からアセットカタログを選択すると、Xcode はエディタエリアでカタログを開きます。

そのカタログに画像を追加（インポート）します。

素材フォルダ「**MyJanken/material/**」の中にある「**choki.png**」「**gu.png**」「**pa.png**」の 3 つのじゃんけん用画像ファイルを、［Assets.xcassets］の中へドラッグ＆ドロップします。

ひとつずつ取り込んでも構いませんが、［command］キーを押した状態で、画像を選択していくと複数ファイルを一度に選択することができます。

この操作で、Xcode に画像が取り込まれます。

▼ **画像の取り込み**

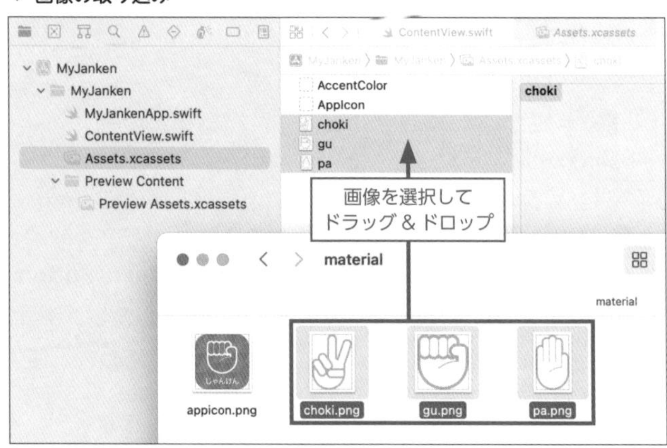

▼ **画像追加後の確認**

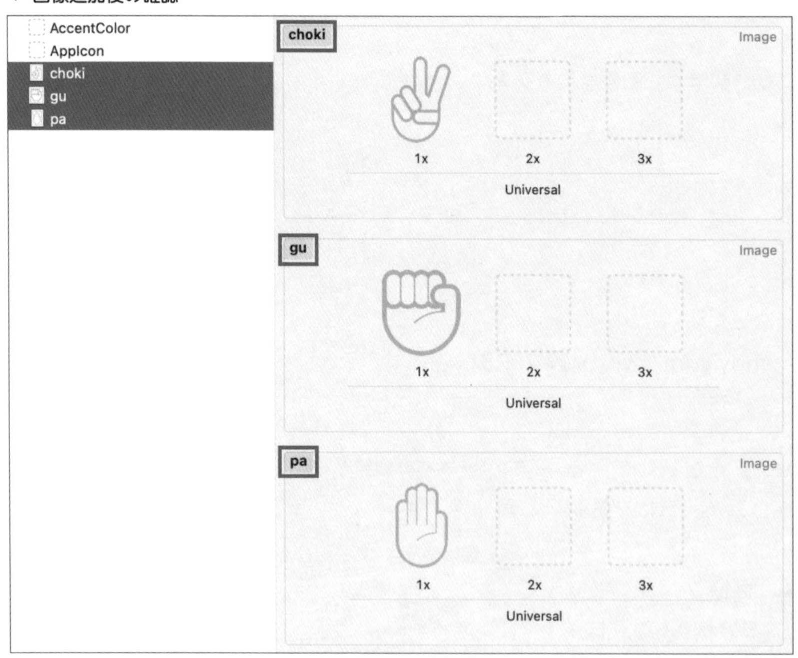

このように、［Assets.xcassets］に画像が追加されていることを確認してください。表示されている「choki」「gu」「pa」は、画像のファイル名です。**のちほど、この名前をプログラムに記述して、取り込んだ画像を利用します。**

Point

アセットカタログは、名前の付いたアセット（画像ファイル等）とファイルをマッピングしてアプリのリソースを保存する方法です。

Assets.xcassets の各画像で表示されている「1x 2x 3x」は、Scale factors（スケールファクター）といい、解像度の倍数を示しています。

解像度の倍数はデバイス・ピクセル比のことです。

1x：標準解像度（非 Retina）
2x：Retina 解像度 2 倍
3x：Retina 解像度 3 倍

アプリで表示する画像は、Xcode は同じ画像を 3 つの異なるサイズで提供することを想定しています。
x1 に指定した画像が、100x100 ピクセルであれば、2x では 200x200 ピクセル、3x では 300x300 ピクセルの画像を用意して設定をすると各デバイスに応じた最適な解像度で画像を表示することができます。

下記のように各デバイスごとに、優先して採用されるスケールファクターが異なります。

デバイス名	スケール
iPhone 11	2x
iPhone 12 シリーズ	3x
iPhone 13 シリーズ	3x
iPhone 14 シリーズ	3x
iPhone SE（第 3 世代）	2x

例えば、iPhone 14 であれば、3x に指定されている画像を優先的に採用し、指定がなければ、x1 の画像を採用します。
この場合、x1 の画像を、x3 のピクセル比に引き伸ばして表示がされるため、サポートするデバイスごとに高解像度の画像を用意することが推奨されています。

追加した画像は［Media library］という画面でも確認することができます。

▼［Media library］での確認

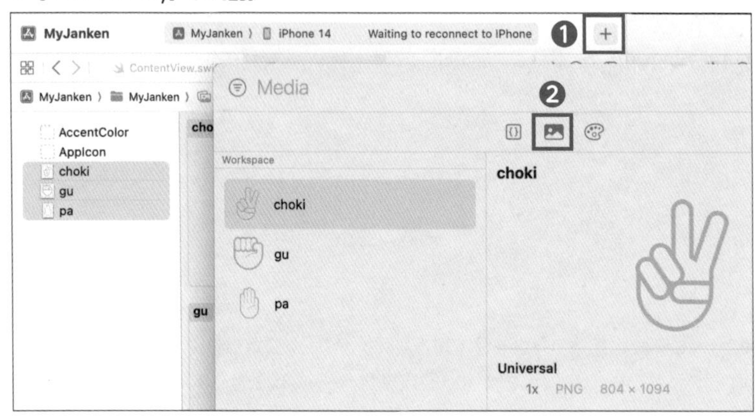

❶ ［＋］［Library］を選択すると、Library 画面がポップアップされます。
❷ ［Media library］を選択すると、先程、［Assets.xcassets］に取り込んだ画像ファイルが一覧で確認できます。

これで、じゃんけんアプリで利用する、素材の取り込みは完了しました。

Point

［Media library］を非表示にするには、Xcode のどこかをクリックすると画面が閉じます。

2 レイアウトの構成を理解しよう

SwiftUI では、従来の Storyboard とはレイアウト方法及び、実装方法が一新されました。
SwiftUI には、VStack（垂直：縦）、HStack（水平：横）、ZStack（奥行き）の 3 つのレイアウトビューが含まれています。
このレイアウトは、**スタックレイアウトビュー**とも言われます。
ビューは互いに重ねて表示されます。
実際にコードを書いていく前に、イメージを掴んでおきましょう。

2-1　VStack（垂直：縦）、HStack（水平：横）、ZStack（奥行き）

SwiftUIのビューは、親ビューと子ビューで階層的に構成されています。

これにより、複数のビューを入れ子にして、複雑なユーザーインターフェイス（UI）を作成することができます。

VStackは子ビューを縦に並べることができます。この例では、親ビューであるVStackの中に、子ビューとしてButton、Image、Textを3つ、垂直（縦）方向に積み重ねて配置しています。

▼ VStack（垂直：縦）

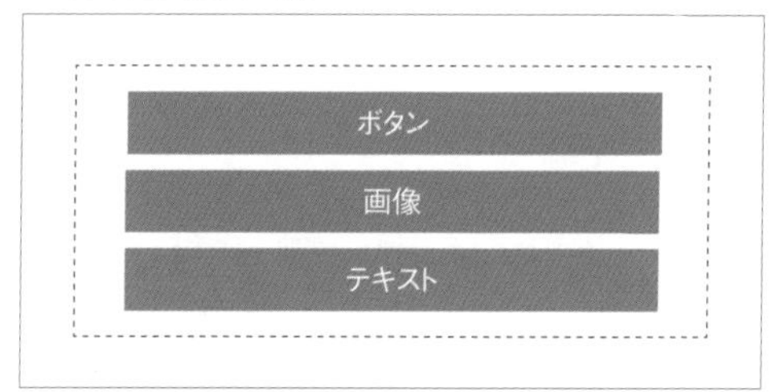

HStackは子ビューを横一列に並べることができます。この例では、親ビューであるHStackの中に、子ビューとしてButton、Image、Textを3つ、水平（横）方向に並べて配置しています。

▼ HStack（水平：横）

ZStackは子ビューを重ねて配置することができます。 例えば画像の上に、ボタン等を配置したい場合などに便利です。

▼ ZStack（奥行き）

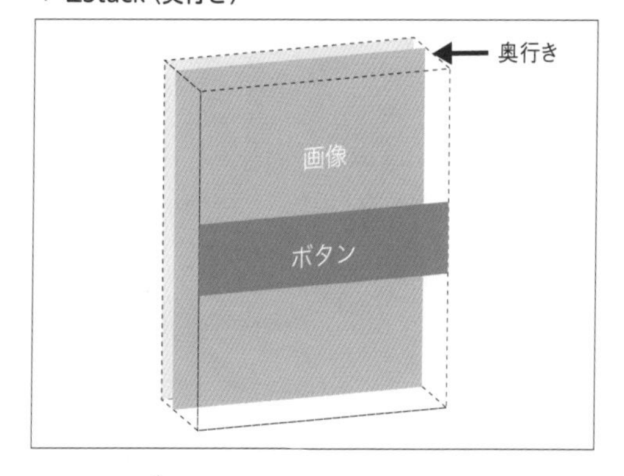

VStack・HStack・ZStackは、組み合わせで、親ビューにも子ビューにもなります。

例えば、VStackの中に、ZStackを入れることもできますし、ZStackの中に、VStackを入れる構造にもできます。

作りたいレイアウトをあらかじめ想定しておいて、この3つのスタックレイアウトビューを組み合わせてレイアウトを行っていきます。

Point

アプリのレイアウトはコードを書く前に、手書きで良いのでペンで紙に書いておくか、Keynote のようなアプリケーションを利用してイメージを書き出しておくとコードに落とし込みやすいです。
アプリを作る前に、どのようなレイアウトにするか、どのように動作をするか、**どんな機能があるのかを、紙の上やデジタル上で作った試作品を「ペーパープロトタイプ」**とも言います。
本書を卒業して自作のアプリを開発する前に、画面に表示する大まかなレイアウトと表示内容、画面同士の繋がりをまとめてみましょう。

2-2　じゃんけんアプリのレイアウト

じゃんけんアプリでは、VStack（垂直：縦）を利用したレイアウトを作成します。
このイメージを頭に置いて、コードを書いていきましょう。

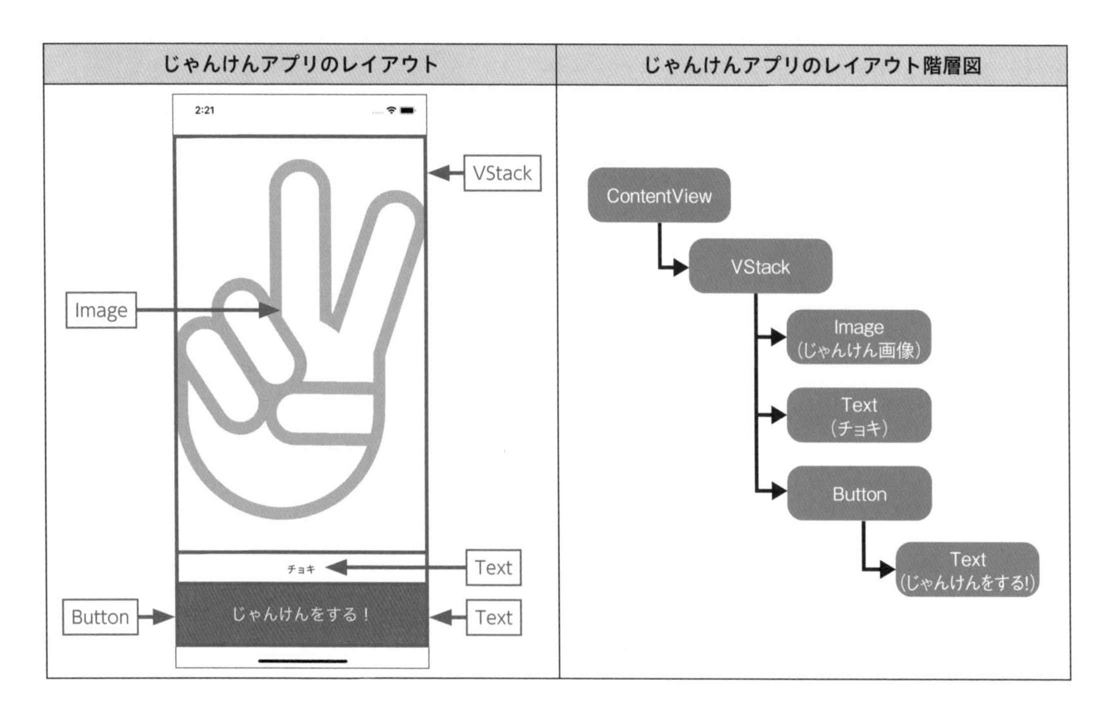

2-3　UI パーツ（Image）を配置しよう

▼ ContentView.swift を選択

画面のレイアウトを書いていきたいので、❶［Project navigator］を選択している状態で、❷ContentView.swift を選択します。ContentView.swift は、アプリの画面です。

最初から出力されている、青枠のコードを選択して、delete キーで削除しましょう。

▼ コードを削除

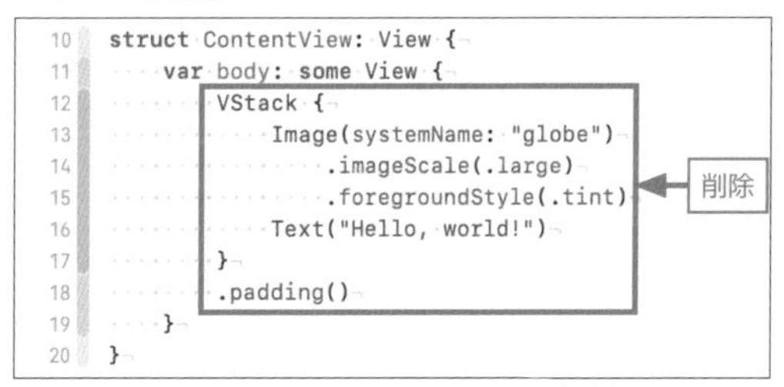

「{ }」（ブロック）の中に赤枠のコードを追加してください。**プログラムコードは、半角英数字と記号**で記述します。

全角はエラーになります。また、**大文字と小文字は区別**されるので、「Image」の最初の文字は大文字「I」（アイ）であることに注意して入力してください。

小文字の「i」（アイ）と大文字の「I」（アイ）は区別されることを覚えておいてください。

▼ コードを追加

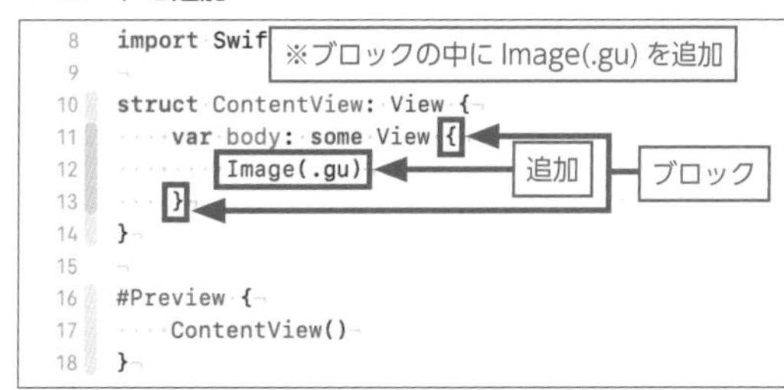

また、Image の丸括弧 () の中は、ピリオド「.」から始めて「.gu」と入力をしてください。

Point

Xcode15 以前は、アセットカタログの画像や色にアクセスする必要があるときは、「"gu"」のようにリソースの名前を文字列で指定する必要がありました。
この方法では、リソース名を間違えたり変更したりするとエラーの原因となっていました。
Xcode15 からは、「.gu」のようにシンボルで指定することが可能になり、エラーが起きにくい指定ができます。

Point

「{ }」の記号は「ブロック」と呼ばれ、コードを束ねる（グループ化）することができます。
Swiftを始めとする、多くのプログラミング言語では、この「{ }」（ブロック）はとても重要な考え方です。
コードには影響範囲があり、「{ }」（ブロック）の外に書かれているのか、中に書かれているのかで、その影響範囲が変わってきます。
そのことを、**ブロックスコープ**と言います。
たくさんの新しい言葉が出てきて混乱すると思いますが、これも慣れるのみなので、今は、どの位置にコードが追加されているのかを意識して気をつけて頂ければ大丈夫です。

では、画面を確認してみましょう。

▼ Canvasを表示

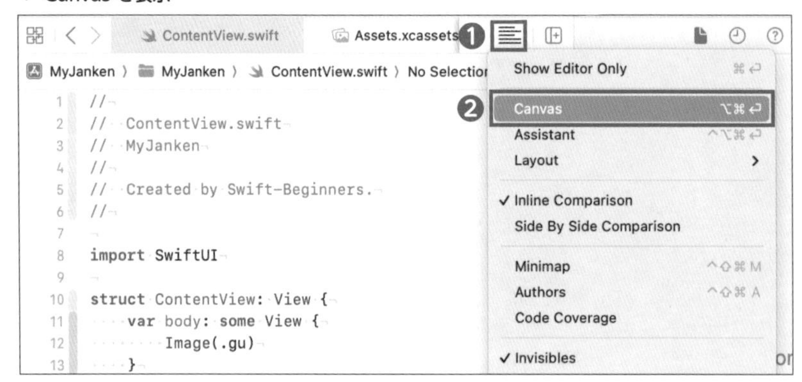

Canvas（キャンバス）が表示されていない方は、表示させましょう。

❶ [Adjust Editor Options] をクリックして

❷ [Canvas] を選択して表示させます。

▼「Resume」の実行

```
//
// ContentView.swift
// MyJanken
//
// Created by Swift-Beginners.
//

import SwiftUI

struct ContentView: View {
    var body: some View {
        Image(.gu)
    }
}

#Preview {
    ContentView()
}
```

Preview (Line 16)
Preview paused
❷クリック
❶選択
iPhone 14

❶ お好きなデバイスを選択してください。ここでは、「iPhone 14」を選択します。
❷ [Preview paused] と表示されている場合は、プレビューが一時停止している状態なので、[Resume]（再開）をクリックします。

Canvas に、じゃんけん画像の「gu」が表示されていることを確認します。

Point
Xcode でシミュレータに別の機種を追加する方法
https://blog.code-candy.com/xcodeadddevice/

▼ じゃんけん画像の確認

2-4　Image に「Modifier」（モディファイア）を追加しよう

グーの画像は表示されましたが、画面からはみ出してしまっていますね。レイアウトの設定を追加して、画面の中に収まるようにしたいです。

SwiftUI では、Views で UI を構築し、**Modifier（モディファイア）を適用してレイアウトを整えていきます。**

モディファイアとは、日本語では「修飾語」という意味です。

▼ 画像をリサイズ

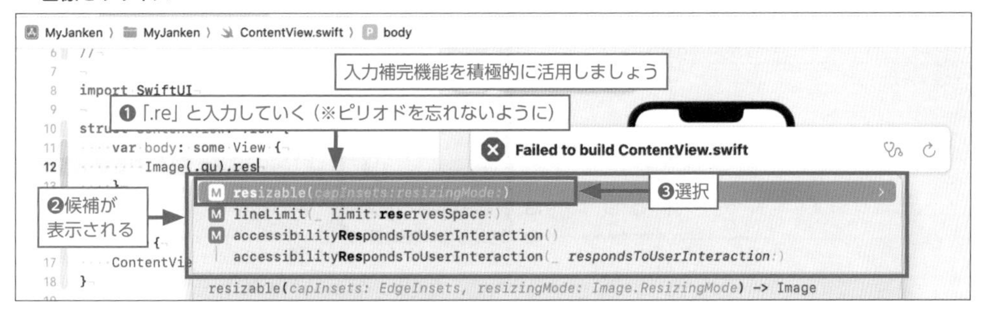

❶「Image(.gu)」の後に、「.res」を入力します。**「.」（ピリオド）から入力するのを間違えないように**してください。

❷ 赤枠のように、Xcode がいくつかの選択肢をリスト表示してくれます。
この機能を、**入力補完機能（にゅうりょくほかんきのう）**と言います。

❸「resizable()」を選択します。

Point

入力補完機能は、私たちがコードを入力している最中に、Xcode が自動的に変数名やメソッド名を推測して、候補として提案してくれます。
自分ですべてのコードを入力していくと、スペルミスでエラーが発生したりと負担が大きくなるので、入力補完を積極的に活用していきましょう。

赤線のコードを追加してください。

▼ 画像をリサイズ

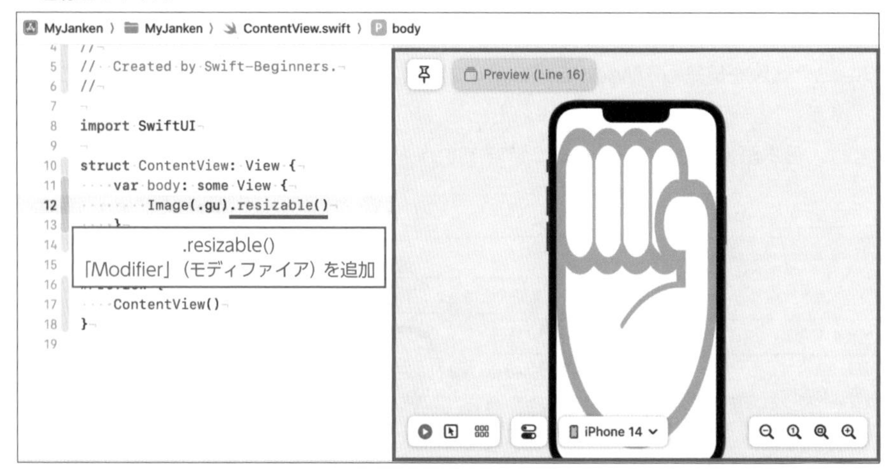

「.resizable()」を追加すると、プレビューに表示されている変化を確認できます。
[Preview paused] と表示されている場合は、[Resume]（再開）をクリックして再描画をしてください。
グーの画像が画面の中に収まっていることを確認しましょう。
resizable モディファイアが、画像は利用可能なスペースを埋めるように自動的にサイズ調整します。
SwiftUI では、画像はデフォルトでリサイズされません。
画像のサイズを変更するには、画像ビューを宣言した直後に resizable モディファイアを適用してサイズを変更しなければなりません。

Point

SwiftUIでは、ImageやButtonのようなビューに、resizableのようなビューモディファイアを適用することで、ビューの外観や動作を変更することができます。**ビューモディファイアは、「.」（ピリオド）で連結することで、与えられたビューを受け取り、それを修正し新しいビューとして返します。**

resizable()で、サイズ調整はできましたが、これは画像の元のアスペクト比（縦横比）を歪めてしまう原因にもなります。

アスペクト比を調整するモディファイアを追加して修正します。

赤線のコードを追加してください。

▼ アスペクト比を調整

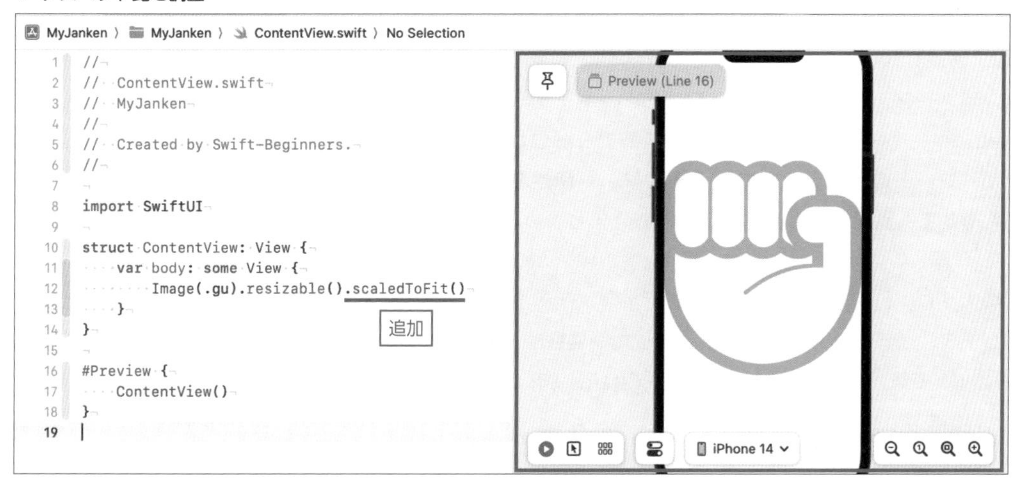


```
Image(.gu).resizable().scaledToFit()
```

追加すると、Canvasに表示されている画像のアスペクト比（縦横比）が調整されたことが確認できます。

Point

Viewに対して、「.」（ピリオド）で繋げてモディファイアを適用します。

scaledToFitモディファイアは、アスペクト比（縦横比）を維持しながら親ビューに合うように拡大縮小します。

その結果、画像全体が表示されることが保証されます。

「.scaledToFit」の他に「.scaledToFill」を指定できます。

scaledToFit は、アスペクト比を保ったまま画面いっぱいに表示します。

scaledToFill は、縦横比を保ったまま短い辺を基準に画像を画面いっぱいに表示します。

2-5 「Modifier」（モディファイア）を改行してコードを整えよう

この 2 つのモディファイアの追加で、画像がうまく画面の中に収まりました。

コードは一行で記述しましたが、複数モディファイアを設定する場合は、**モディファイアを改行して縦に積み上げていくのが一般的**です。

右図のように、コードを改行してみましょう。「.」（ピリオド）の前で改行して整えてみてください。本書では 1 インデントをスペース 4 個としています。キーボードの「tab」キーで整えても大丈夫です。前章でも解説しましたが、**コードのインデントを整えるのは、可読性を高めるためとても重要**です。常に心がけておきましょう。

▼ コードを整形

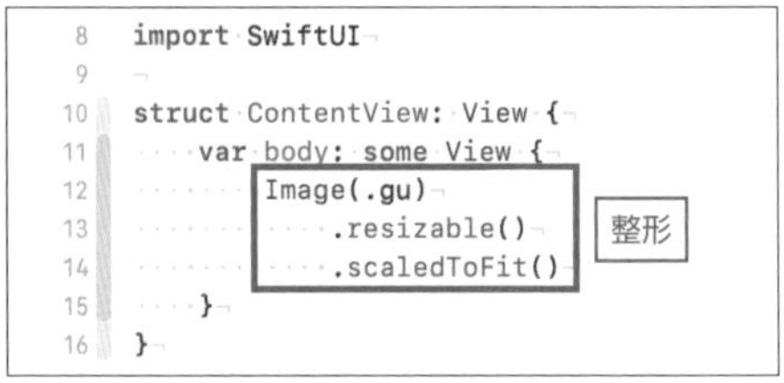

```
 8  import SwiftUI
 9  
10  struct ContentView: View {
11      var body: some View {
12          Image(.gu)
13              .resizable()
14              .scaledToFit()
15      }
16  }
```

整形

このように、「.」（ピリオド）で、モディファイアを繋げて、それぞれが前のモディファイアの結果を適用します。モディファイアを複数設定したい場合は、「.」（ピリオド）で繋げて記述します。「.」を**「Chain」（チェーン）**といいます。

▼ モディファイアをチェーンで連結

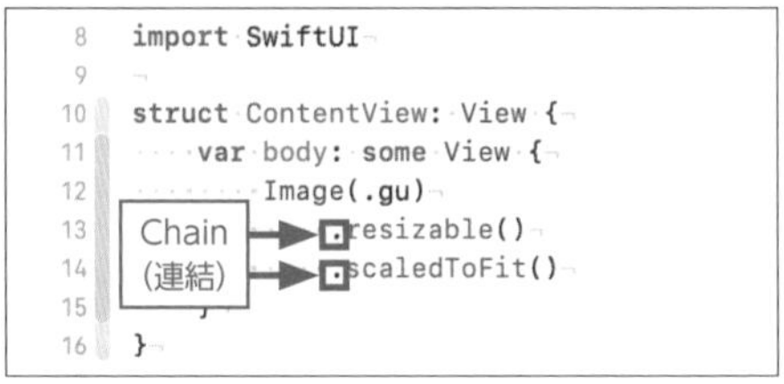

```
 8  import SwiftUI
 9  
10  struct ContentView: View {
11      var body: some View {
12          Image(.gu)
13              .resizable()
14              .scaledToFit()
15      }
16  }
```

Chain
（連結）

コードの意味がわかりやすくなるように、コードの間にコメントを入れてみましょう。
コメントは、「/」（スラッシュ）を2つ続けて「//」と記入します。

```
// グー画像を指定
Image(.gu)
// リサイズを指定
    .resizable()
// 画面に収まるように、アスペクト比（縦横比）を維持する指定
    .scaledToFit()
```

このように、コードの間にコメントを記述することもできます。

Point

本書では、読者の皆様にわかりやすいように、コードの間にコードの意味が分かるようにコメントを付けて解説を進めていきますが、このようにコードの間にコメントを記述するのは一般的ではありません。
本来コメントはコードの意味を書けば良いというものではなく、皆さんが実際にコードにコメントを書く場合には、コードに関する注意書きや、実装の経緯を記録し後の理解の補助になるように適度に記述することをおすすめします。
ただ、学習中はコードの意味を理解するため、積極的に理解した内容をコメントに記録していきましょう。理解したコードの意味などを自分の言葉で記録していくと理解が深まりやすいです。

2-6　今までのコードを理解しよう

今まで、コードを書いて手を動かしながらレイアウトの変更を体験していただきました。
現状のコードで、まだ解説できていないキーワードを見ていきましょう。
ただ、初学者には難しい概念や解説にはなりますので、今は理解できなくても大丈夫です。
理解できる方は読み進めていただいて、難しく感じられた方は、一通り本書が終えられたらもう一度戻って読み進めてください。

▼ 構文について

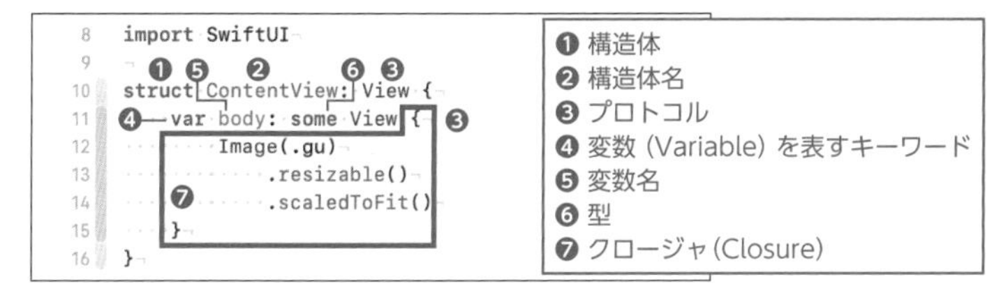

❶ struct（ストラクト）	**複数の値をまとめて管理**できるもので、日本語では**構造体（こうぞうたい）**と言われます。structとは別に、複数の値をまとめて管理する方法として、**class（クラス）**もあります。使い分けは、classを利用する際に解説をしますが、基本的に**Swiftでは、structの利用が推奨**されていています。データを一元管理する場合や、Objective-C（Swift以前のiOS標準開発言語）の相互運用が必要な場合にclassを使用します。
❷ ContentView	struct（構造体）に付けられた名前です。ContentViewという名前を、「:」（コロン）を付けて記述することで構造体名を付けることができます。❸のViewプロトコルに準拠（じゅんきょ）して、何らかのビューを返す❺の**bodyというプロパティを持つ必要**があります。また、SwiftUIで表示したいものは全て、Viewプロトコルに準拠している必要があります。
❸ View	デフォルトで様々なモディファイアが用意されているプロトコルです。Viewプロトコルをこのように指定することを準拠（じゅんきょ）すると言い、先程、追加したresizableや、scaledToFitのような共通のルールで提供されているモディファイアを利用することができるようになります。
❹ var	**Variable（変数：へんすう）**を示すキーワードです。変数名の前に記述します。「var」を利用して、はじめて変数を書くことを**変数を宣言する**といいます。
❺ body	変数の名前です。変数名とも言い、キーワードvarの後に、名前（**変数名**）を、「:」（コロン）を付けて記述することで、**プロパティ(property)**として宣言が行えます。
❻ some	Swift 5.1から導入された新しい言語機能です。someは型（かた）とも呼ばれ、**Opaque Return types（不透明な戻り値の型）**とも言われます。someキーワードを使うと、プロパティや**関数（かんすう）**の具体的な戻り値（もどりち）の型を抽象化し「隠す」ことができます。bodyが保持するビューは、TextやButton、VStackなど様々な種類がありますが、Viewプロトコルに準拠したsomeを指定することでどんなビューも保持することができます。
❼クロージャ（Closure）	「{」で始まり「}」で終わる、コードの集まり（関数）です。一般的な関数は、コードの集まりに名前を付けますが、**クロージャでは、そのコードの集まりに名前を付けないまま関数（無名関数）**として変数に入れて、後で呼び出して利用することができます。また、クロージャを実行したときのプログラムの状態を記憶することができます。

変数とは、数値、文字列、テキスト、ボタン、画像などを格納しておく箱のようなものです。変数にそのようなデータを入れて参照したり操作したりします。変数は、データに名前（ラベル）を付けられるので、プログラムを読む人や自分自身がより明確に理解できるようになります。

▼ 変数のイメージ

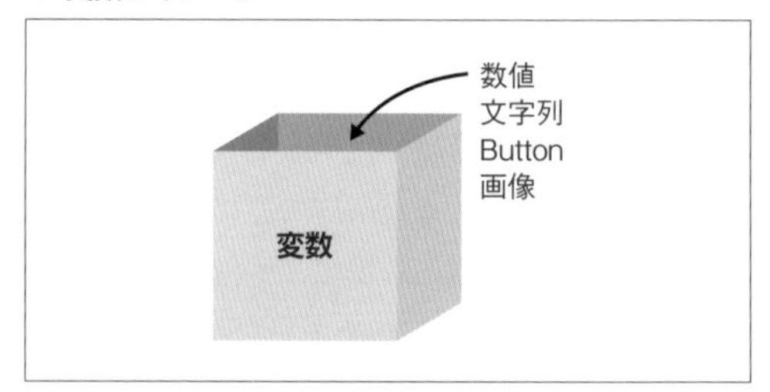

プロパティ(property)とは、特定のstruct、classに関連付けされた定数または変数のことです。右図の例では、「name」「email」「score」がプロパティです。bodyもプロパティにあたります。

▼ プロパティの例

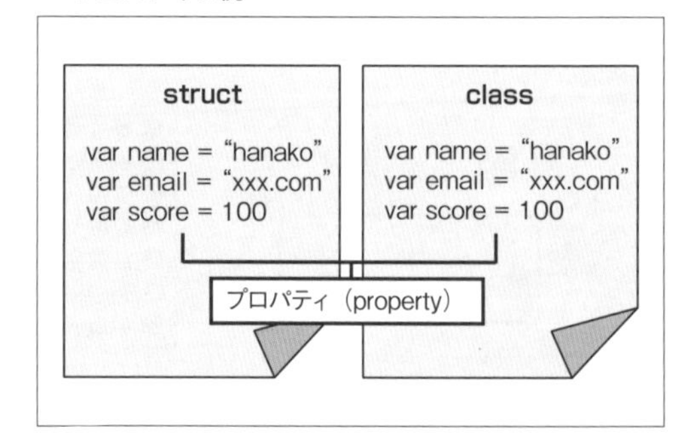

変数は宣言後も値の変更が可能で、定数は宣言後に値の変更をすることができません。

関数とは、何らかの結果を得るためのコードの組み合わせで、Swift では、「{ }」ブロックで囲みます。関数は処理を実行するためのデータを渡すこともでき、その値を**引数（ひきすう）**と言います。また、それを呼び出したコードに結果を返すことができます。この返す結果を、**戻り値（もどりち）**と言います。引数を持たない関数も定義できます。

▼ 関数のイメージ

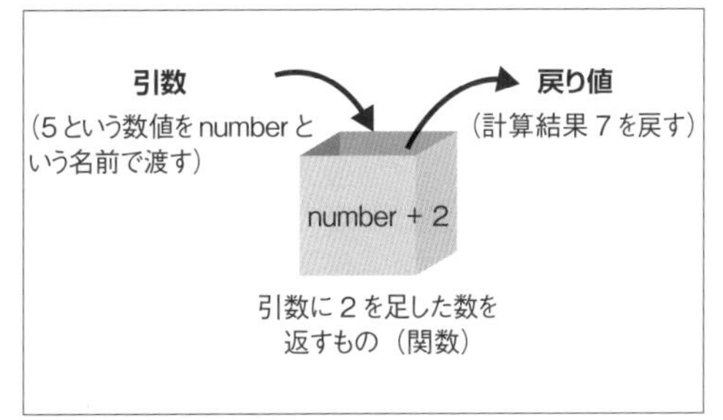

プロトコルは、struct や class が持たなければならないプロパティやメソッドが記述された取り決めです。**メソッドとは、特定の struct、class で定義されている関数**です。View 以外にも様々な機能を持ったプロトコルがあり、struct や class でプロトコルに定められているルールに準拠して実装を行います。準拠とは、あるものをよりどころとしてそれに従うという意味です。プロトコルがそのよりどころ（基準）です。複数のプロトコルに準拠することもできます。

▼ プロトコルのイメージ

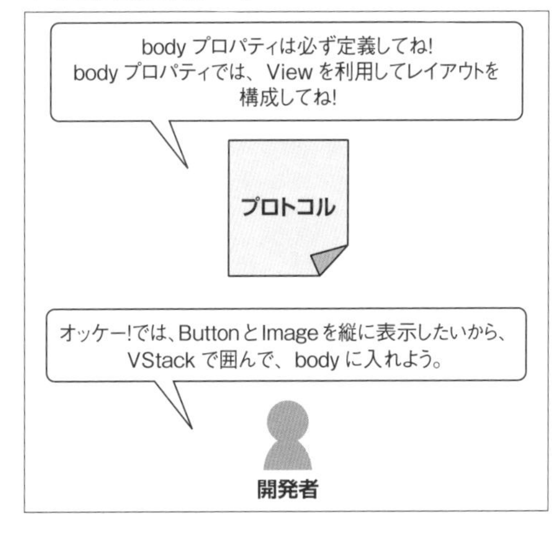

プログラミングにおける**「型」とは、値（データ）の種類をいくつかに分類して、それぞれの扱い方を決めたもの**です。

開発者がどのようなデータを使用するかをコンピュータに伝える、データの属性とも言えます。

Swift では、名前付き型と複合型の 2 種類の型があります。名前付き型とは、定義されたときに特定の名前を与えることができる型のことです。

名前付き型には、プロトコル型、クラス型、構造体型などがあります。また、数値、文字、文字列を表すデータ型もあります。

複合型とは、Swift 言語自体で定義されている名前のない型のことです。複合型には、関数型とタプル型の 2 つがあります。本書では、データ型について詳しく解説をしていきます。

その他にも、コードに記述されていない、Swift 5.1 で導入された新機能についても触れたいと思います。

他のプログラミング言語を経験されている方は、コードに「return」が無いことに気づかれると思います。言語によっては、「return」を記述して戻り値を返さなければいけませんが、**Swift 5.1 から、単一の式である関数（またはクロージャ）は暗黙で return できるようになったため、「return」の記述を省略できます。**

暗黙のリターン	明示的なリターン

<pre>8 import SwiftUI
9
10 struct ContentView: View {
11   var body: some View {
12   Image("gu")
13   .resizable()
14   .scaledToFit()
15   }
16 }</pre>
	<pre>8 import SwiftUI
	9
	10 struct ContentView: View {
	11 var body: some View {
	12 return Image("gu")
	13 .resizable()
	14 .scaledToFit()
	15 }
	16 }</pre>

必要最小限の解説ではありますが、それぞれのキーワードに触れました。プログラミング初学者の方は一気にはじめての言葉が現れて混乱されるかもしれません。

その場合は、本書を先に進めていくつかアプリを作った後に、この解説に戻ってきてください。

Point

関数とメソッドはよく似ていますが、明確な違いがあります。どちらも再利用可能なコードの塊ですが、メソッドは、struct、classの中で定義されていて、関数はそうではありません。

```
// 関数
func thisIsAFunction() {
}
// メソッド
struct Person {
    func thisIsAMethod() {
    }
}
```

Point

プログラミング学習を複雑に感じさせる要因は、似たような言葉、違いの分かりづらい言葉が多くあるのも一因です。特に、解説に日本人には慣れない横文字を利用しなければいけなく、また、英単語を訳すと普段利用しないような言葉に置き換えられるため混乱します。

したがって、その言葉の理解は後に回して、コードを書いて体験をより多くすることで消化していきましょう。

自転車に乗る方法をいくら言語化して説明しても、自転車が乗れるようにはならないのと同じで、これらの言葉をいくら詳細に説明しても理解に繋がることは少なくプログラミングができるようにはなりません。コードをたくさん書いて様々な機能を実装することが頭の中のイメージを作り理解に繋がります。

また、なぜプロトコルや構造体が必要なのか考えると、なかなか前に進みづらいです。最初は特に難しく悩むことなく、単純にプログラミング言語を作った人が決めたルールというだけで、そのルールに沿って開発していくんだなと思って頂ければ大丈夫です。

理解が深まってくると、プログラミングの歴史も踏まえて、なぜそのようなものが必要になったのか理解できるようになってきますが、最初からすべてを理解できる人はいません。ひとつひとつ気楽に前に進んできましょう。

2-7 じゃんけんの種類を表示する Text を追加しよう

では、実装を進めていきましょう。次にじゃんけんの種類を表示する Text を追加していきます。右図で赤色の矢印で示している Text を追加します。

▼ じゃんけんの種類を表示

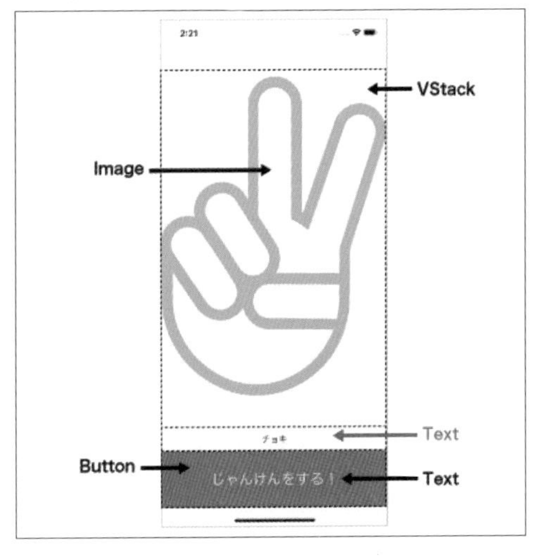

▼ VStack を追加

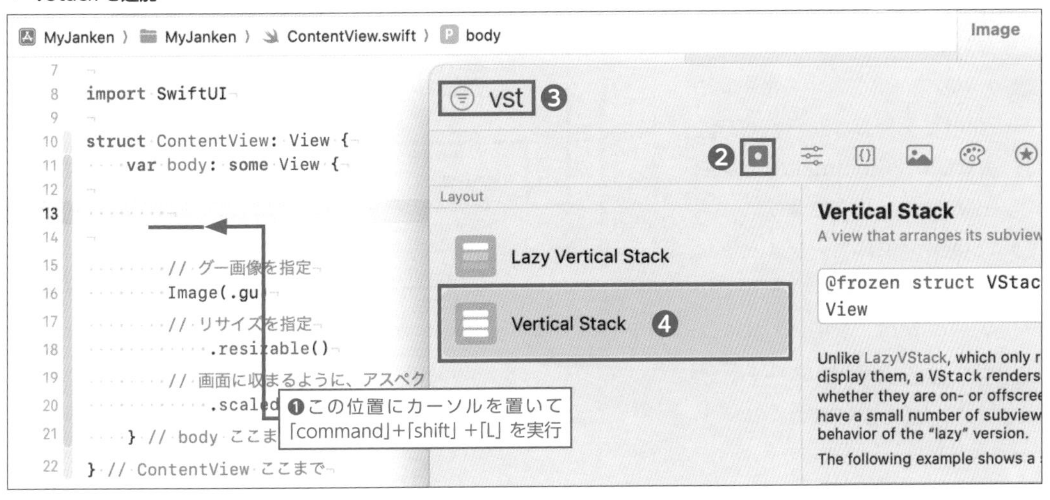

❶ の位置に VStack を追加します。 カーソルを置いて、「command」+「shift」+「L」を実行します。

[Library] が起動するので、❷ [Views library] を選択している状態で、❸ VStack を検索します。❹ [Vertical Stack] が検索できたら、enter を押して追加をします。**Canvas が表示されていないと [Views library] が表示されません。Canvas を表示してください。**

「command」+「shift」+「option」+「L」を実行して、[Library] を起動すると常時表示できます。

VStack のコードが追加できたことが確認できれば成功です。

コードを直接書く方法でも構いませんが、このようにして、[Library] から View を追加するとコードをテンプレートのように出力してくれるので、コードの追加と変更がしやすいです。ぜひ、活用してください。

▼ 追加された VStack

```
10 struct ContentView: View {
11     var body: some View {
12 
13         VStack {
14             Content
15         }
16 
17         // グー画像を指定
18         Image(.gu)
19         // リサイズを指定
20             .resizable()
21         // 画面に収まるように、アスペクト比（縦横比）を維持する指定
22             .scaledToFit()
23     } // body ここまで
24 } // ContentView ここまで
```

コードが追加される

グー画像を表示するコードを、先程追加した VStack のブロックの中に移動します。

❶ 赤枠のコードを、キーボードの [shift] を押しながら複数行を選択して、[command] と「X」を押すとカットできます。

❷ VStack の中にカーソルを置いて、あらかじめ出力されている「Content」を削除してください。「command」+「V」で先程カットしたコードをペースト（貼り付け）します。

▼ コードをカットして、ペースト

```
10 struct ContentView: View {
11     var body: some View {
12 
13         VStack {
14             Content
15         }
16 
17         // グー画像を指定
18         Image(.gu)
19         // リサイズを指定
20             .resizable()
21         // 画面に収まるように、アスペクト比（縦横比）を維持する指定
22             .scaledToFit()
23     } // body ここまで
24 } // ContentView ここまで
```

❷ VStack の中に「command」+「V」でペースト（貼り付け）

❶行選択をして「command」+「X」でカット

VStackの中にImageとTextを縦に配置をします。

赤線のコードを追加してください。

▼ Textを追加

```
10  struct ContentView: View {
11      var body: some View {
12  
13          VStack {
14              // グー画像を指定
15              Image(.gu)
16              // リサイズを指定
17                  .resizable()
18              // 画面に収まるように、アスペクト比（縦横比）を維持する指定
19                  .scaledToFit()
20              // じゃんけんの種類を指定
21              Text("グー")   追加
22          }
23      } // body ここまで
24  } // ContentView ここまで
```

▼ ブロックの数を確認

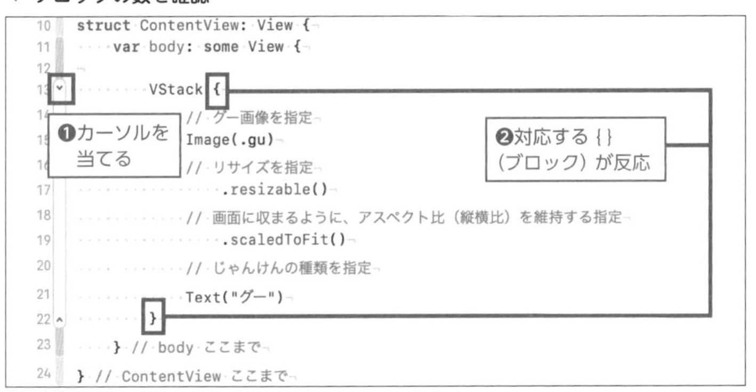

このように、VStackの中にコードが移動できているか確認してください。コードの折りたたみ機能の設定（P.53参照）をしている方は、下記の方法で、ブロックの数が合っているか、確認をしてみましょう。

❶ 縦のバーの箇所にカーソルを当てると

❷ 対応するブロックが反応するので、ブロックの数が合っているか確認をしてください。今後は、書くコードも長くなってくるので、この機能を活用して、**常にブロックが対になっているか確認しましょう。**

▼ Canvas（キャンバス）でプレビューを確認

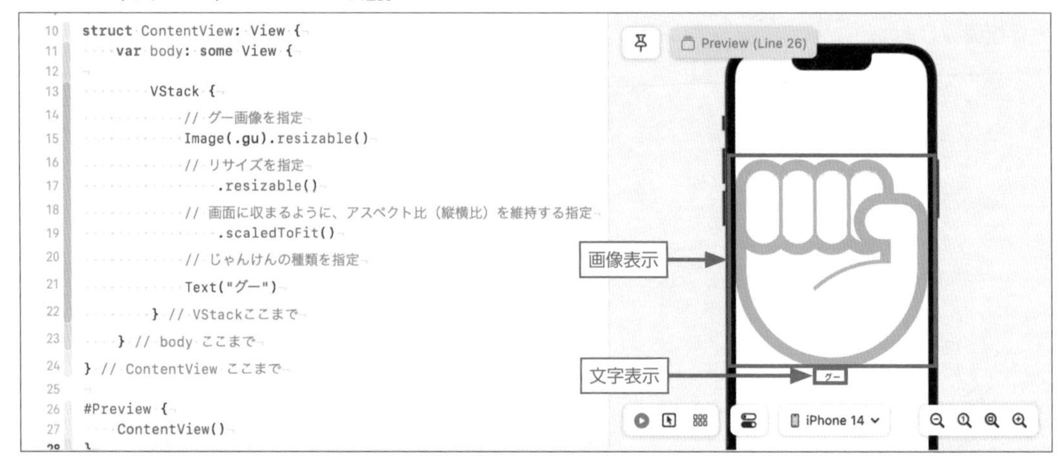

プレビューで確認してみましょう。「グー」という文字と画像が表示されていれば正常な動きです。

2-8　じゃんけんを開始する Button を追加しよう

今度は、タップしたらじゃんけんができる Button を追加します。
先程追加した、じゃんけんの種類を表示させる Text の下に追加します。

▼ Button を追加

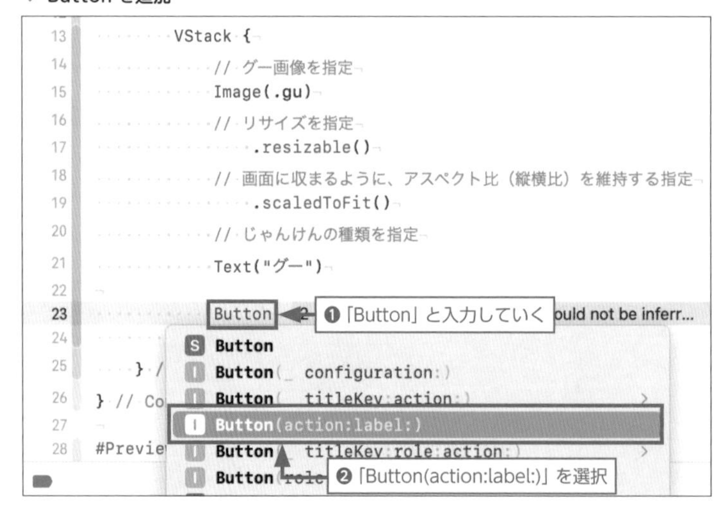

❶「Button」と入力していくと入力補完で候補が出力されます。
❷「Button(action:label:)」を選択してください。

入力補完で、Button の候補が複数表示されますが、今回は、Button のラベルを装飾（デザイン）したいので、「Button(action:label:)」を選択してください。

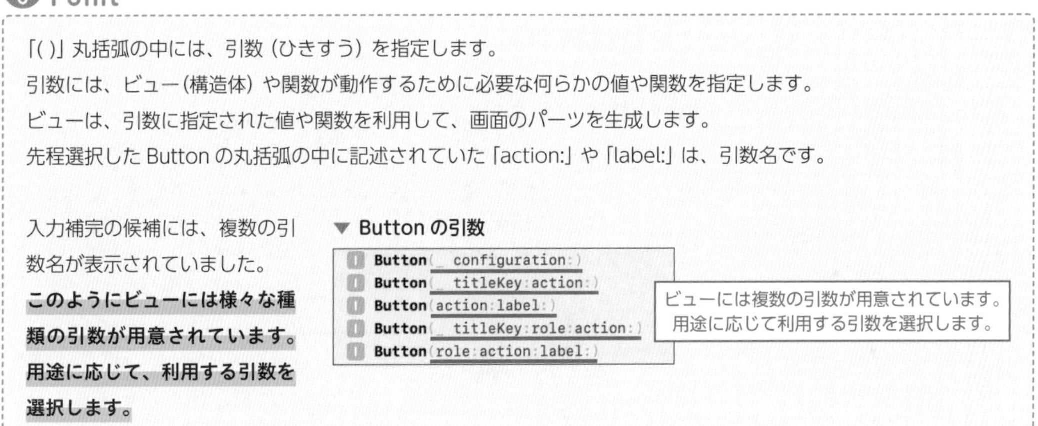

▼ Button のコードを出力

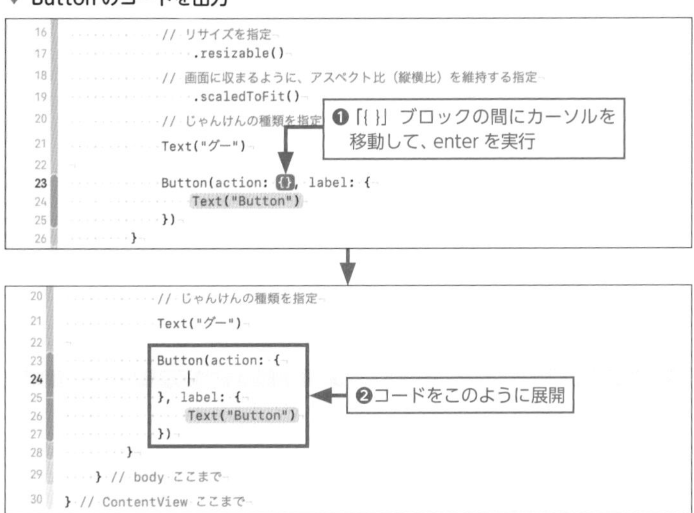

追加した Button に、タップした時の動きと表示する文字を設定します。

出力されたコードを修正していきます。

❶ 出力された「{ }」ブロックの間にカーソルを移動して、キーボードの enter を実行してください。
❷ 赤枠のように、コードを展開して、コードを書く準備をしてください。

▼ print 文と Text を追加

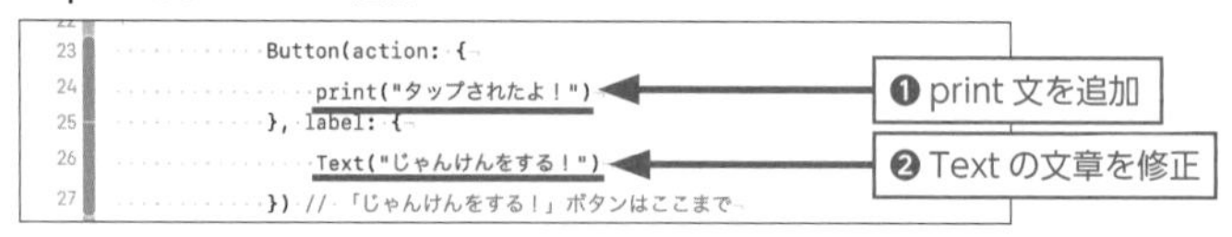

❶ Button がタップされたことを確認する print 文を追加します。

❷ Button に表示する文言を修正します。

スタックレイアウトビューの VStack（垂直：縦）の中に、Image、Text、Button の 3 つのビューが配置できました。

もう一度、「2-1 VStack（垂直：縦）、HStack（水平：横）、ZStack（奥行き）」を復習して、VStack のイメージを掴んでください。

▼ コード全体

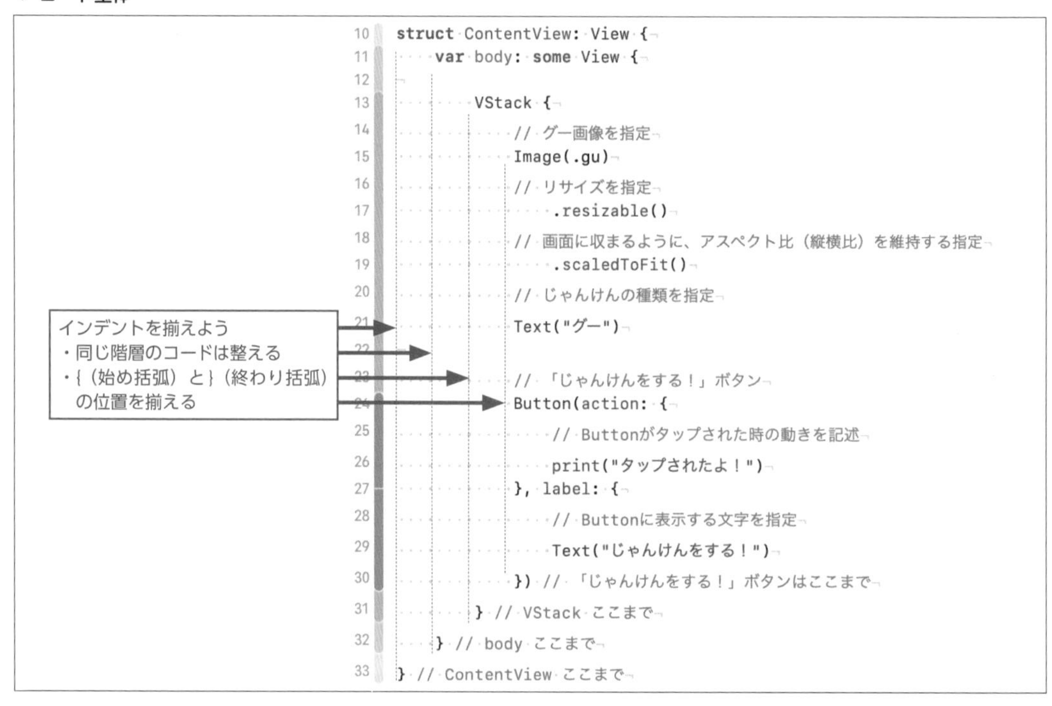

コードの全体を見てみましょう。ブロックの対応が分かるように、閉じる波括弧「}」の横にコメントを付けて分かりやすくしました。

このように、コードを書いているうちに括弧の中に括弧を入れる入れ子構造なっていることが確認できます。

対応する括弧の種類と数が合っているか確認してください。

また、文章を書くときのように、**段落の書き出し位置を字下げしてわかりやすく整えましょう。**
構造が分かりやすいコードを書くことで、可読性の高い（読みやすい）コードになります。

Point

ブロックの中にブロックが入るような入れ子構造を **「ネスト」** とも言います。入れ子構造が何重にもなるような構造は、ネストが深いと言われ、プログラミングの書き方としてはあまり良くない構造です。
実務では、どのようにすればネストが浅いコードになるかを考えながら開発をします。

追加したButtonを解説します。

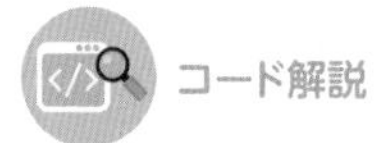


```
// ［じゃんけんをする！］ボタン
Button(action: {
    // Buttonがタップされた時の動きを記述
    print("タップされたよ！")
}, label: {
    // Buttonに表示する文字を指定
    Text("じゃんけんをする！")
}) //［じゃんけんをする！］ボタンここまで
```

action（アクション）と、表示する文字である、label（ラベル）を指定してボタンを作成します。
actionは、ユーザーがボタンをタップしたときに何かを実行するコード（メソッドまたはクロージャ）を記述します。
ここでは、「じゃんけんをする！」ボタンがタップされたことを確認するために、print文を利用して文字をデバッグエリアに出力しています。

後ほど、じゃんけんの種類をランダムに入れ替える処理と置き換えます。
表示させるViewは、今回はTextを利用していますが、Imageでアイコン等を指定することもできます。シミュレータを使って実際にデバッグエリアを確認しましょう。

▼ シミュレータ起動

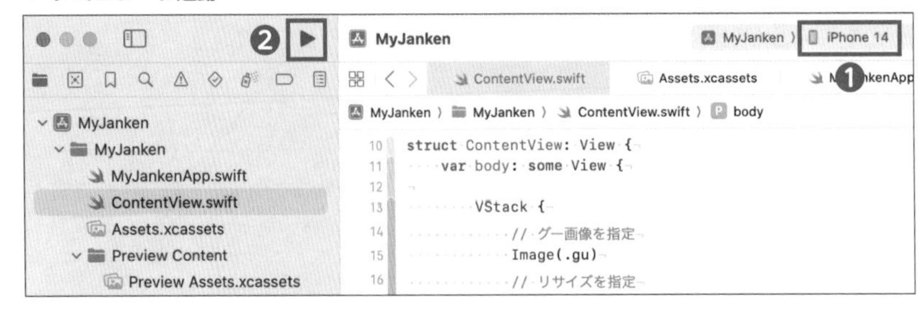

中央上のシミュレータの設定で、確認したいデバイスをクリックします。

今回は、❶「iPhone 14」を選択して、❷ ▶ Run（実行）ボタンを選択してシミュレータを起動します。

▼ じゃんけんアプリ起動

❶「じゃんけんをする！」をクリックします。

▼ Debug area（デバッグエリア）への出力を確認

❷ [Console] をクリックして有効（青色）にしてエリアを表示してください。このボタンのクリックで [Console] エリアを開閉できます。

❸「じゃんけんをする！」をクリックを検知してデバッグエリアに、print 文で指定した「タップされたよ！」が出力されます。

❹ [Debug area] をクリックすると、デバッグエリアを開閉できます。

このようにタップを検知して、指定した print 文のテキストが表示されることを確認できたら成功です！

Swift macros（スウィフトマクロ）

Swift macros が、Swift 5.9 で導入されました。
マクロとは一般的に、複数のプログラム命令を一つにまとめて再利用するための方法です。
コードを短くし、繰り返しを避け、作業の効率を上げることができます。

プロジェクト作成時にデフォルトで作成されている、プレビューを表示するコードでも、新しい「#Preview」マクロを利用して SwiftUI ビューのプレビューを作成しています。

<table>
<tr><th>Xcode 15（Swift 5.9 から）</th><th>Xcode 14（Swift 5.8.1 まで）</th></tr>
<tr><td>

```
// プレビュー描画
#Preview {
    ContentView()
} // プレビュー ここまで
```

</td><td>

```
// プレビュー描画
struct ContentView_Previews: PreviewProvider {
    static var previews: some View {
        ContentView()
    }
} // プレビュー ここまで
```

</td></tr>
</table>

Xcode14 までのコードでは、定型的なコードを都度記述する必要がありましたが、Swift macros の「#Preview」を利用すると、コードを短く簡潔に記述することが可能です。

Day 1
Lesson
3-4

じゃんけん画像を切り替えよう

このレッスンで学ぶこと

- **条件分岐（if文）、繰り返し（repeat）文を活用して、画像を切り替えましょう。**
- **宣言したプロパティの状態管理を理解しましょう。**
- **ランダムな数を発生させる方法を学びましょう。**

1 プログラムを書く前に、大きく作り方を把握しよう

アプリの動きに関するコードを書いていく際に、アプリの完成図をしっかりとイメージする必要があります。

また、プログラミングの世界では、アプリの動きや処理手順のことを、**ロジック**と言ったりもします。

開発の前に、アプリの動きを念頭に置きながら、ロジックを繋げてイメージしておくと理解が楽になるでしょう。

アプリの動きは「Day1 Lesson 3-1 完成をイメージしよう」（P.102）を確認してみてください。

このレッスンでは、プログラムは簡単な機能から作っていき、徐々に肉付けして完成させます。

次の手順でじゃんけん画像を切り替える処理を実装していきます。これからやることの全体像を把握してください。

▼ 実装する全体像

これからコードを書いていきますが、何の実装をしているのかわからなくなったら、このページに戻ってきて全体像をおさらいしてください。

では、大まかなイメージができたところで、実際にコードを書いていきましょう。

1-1　じゃんけんの種類を数字で管理する変数を追加

▼ 変数（jankenNumber）への割当

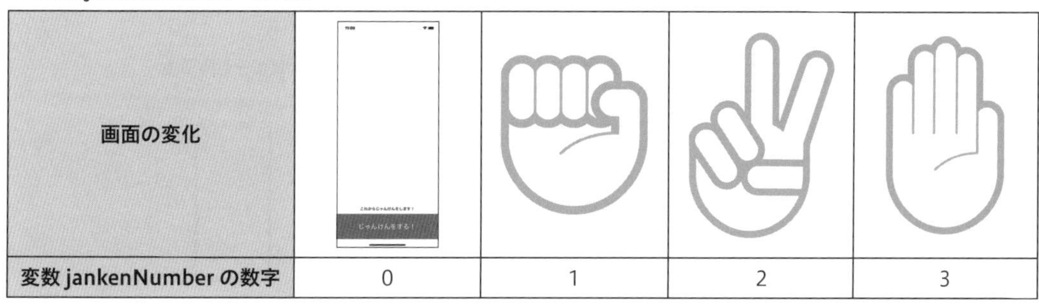

画面の変化				
変数 jankenNumber の数字	0	1	2	3

起動画面とじゃんけんの種類に、あらかじめ数字を割り当てておいて、数字によって表示させる画面を切り替えます。

その数字を入れておく箱（変数）を、今回は「jankenNumber」と名前を付けて作成します。

これからコードを追加していきますが、行番号ではなく前後のコードを目印にしてコードを追加してください。

「{ }」ブロックのどの位置にコードを記述するのかは、コードの影響範囲が変わるのでとても重要です。
正常に動かない原因になるので注意してください。

赤線のコードを追加してください。「struct ContentView: View {」の下に、かつ「var body: some View {」の上に挿入してください。

▼ じゃんけんの種類を管理する変数を追加

```
10  struct ContentView: View {
11
12      // じゃんけんの結果を格納する変数（0=初期画面、1=グー、2=チョキ、3=パー）
13      @State var jankenNumber = 0
14
15      var body: some View {
16          VStack {
17              // グー画像を指定
18              Image(.gu)
```

追加（挿入をする場所に注意）

このコードで、じゃんけんの数字を入れておく変数を作成しました。

Point

プログラミングにおける**変数とは、扱うデータを読み書きする記憶領域**のことです。
変数を用いることで、データを一定期間記憶し、必要な時に利用することができます。

コード解説　各キーワードの説明

```
@State var jankenNumber = 0
```

❶ @State　❷ var　❸ jankenNumber　❹ =　❺ 0

❶	@State（ステート）	struct で定義する変数に対しては通常、値を更新することができません。ただ、@State キーワードを変数宣言時に付与することで、変数の値を更新できるようになります。**状態変数（じょうたいへんすう）**とも呼ばれます。**状態変数の値が変更されると自動的に、body を再計算して画面を描画します。**@State は宣言したプロパティを保持している View（部品）と、その子 View からしかアクセスができません。また、@State は、Swift 5.1 で導入された新しい方法です。 ①状態変数が更新されると　→　②ビューを再描画 0　1　2 @State var jankenNumber
❷	var	**Variable（変数：へんすう）**を示すキーワードです。変数名の前に記述します。

❸	jankenNumber	数字や文字を入れておく変数の名前（変数名）です。この場合では、@State を指定しているので、「jankenNumber」は、値を更新できる状態変数名として宣言されます。変数や、状態変数名は開発者が任意に定義します。また、Swift では、取り扱うデータの種類によって、変数や定数の種類を表す**データ型**が決まります。今回は、数値の「0」を代入しているので、変数 jankenNumber のデータ型は数値を表す Int（イント）型になります。
❹	=	「=」（イコール）は代入を示します。つまり、変数「jankenNumber」に、数値「0」を入れています。「=」は、**「代入演算子」（だいにゅうえんざんし）**と言います。数学の世界では「=」は、左辺と右辺の等価を表しますが、プログラミングの世界では、値を入れる代入を意味します。
❺	0	この場合は、変数「jankenNumber」に、数値の「0」を入れるという意味になります。後ほど、「jankenNumber」が「1」の場合に「グー」を表示するコードを追加します。

Swift では変数名に、日本語や😀などの絵文字が指定できます。

ただ、半角英数字を利用するのが一般的なので、本書では、半角英数字で変数名を指定します。数字や記号は頭（最初の 1 文字目）には使用できません。

Swift では、変数を宣言する際に、データ型を指定することもできますし、省略することも可能です。

省略した場合は、**「型推論」**という機能で、変数に代入した値を元に Swift が推測して変数のデータ型を暗黙的に指定してくれます。

今回は、「0」を設定しているので、整数の値を保持できる**「Int（イント）型」**というデータ型に型推論してくれています。

Swift で扱える基本的なデータ型

プログラミングでの**データ型とは、変数や定数が格納できるデータ（値）の種類**のことです。

Swift のデータ型はたくさん用意されていますが、おもに利用するのは以下の 6 種類です。

▼ Swift の基本的なデータ型

種類	データ型	説明
整数型	Int 型	整数を扱う場合は Int 型を利用。
整数型	UInt 型	符号のない整数を扱う場合は UInt 型を利用。ただし、特別な理由のある場合を除いては、Int 型の利用を推奨。
実数型	Float 型	整数に小数値を加えた数を実数と呼ぶ。または、浮動小数点とも呼ばれる。最大有効桁数 7 桁。
実数型	Double 型	Double 型にも実数を格納できる。最大有効桁数 16 桁。Float 型と Double 型は実数を格納できますが、特別な理由のある場合を除いては、Double 型の利用を推奨。
文字型	String 型	文字列を扱う場合は、String 型を利用。
論理型	Bool 型	条件の真偽を表すデータを扱う場合は Bool 型を利用。true（真）、false（偽）

Swift では、同じデータ型の変数・定数同士でないと、計算をしたりデータをつなぎ合わせたりすることはできません。変数や定数に値を入れた際にも、このデータ型は決められていることを覚えてください。

● **データ型を明記する型宣言**

下記に、データ型を明示的に宣言をする場合の書式を記載します。

変数の型宣言書式も、@State を付けて状態変数として宣言する書式も、@State を付けるか付けないかの違いで、どちらでも同じです。

```
// 変数の宣言と値の設定の書き方
var 変数名: データ型 = 最初の値（初期値）

// 状態変数の宣言と値の設定の書き方
@State var 変数名: データ型 = 最初の値（初期値）
```

今回のコードを型宣言する場合は、下記のような記述になります。

```
// 変数の宣言と値の設定の書き方
@State var jankenNumber: Int = 0
```

また、「0」を数値ではなく文字列で変数に保持する場合は、下記のような記述になります。

```
// 変数の宣言と値の設定の書き方
@State var jankenNumber: String = "0"
```

データを、ダブルクォーテーションで囲むことで文字列を表す「String（ストリング）型」として格納ができます。

型推論にするか、型宣言をするかは、それぞれにメリットデメリットがありますが、どちらにしても統一はしましょう。

本書では、初学者を対象にしているため、比較的見やすいと思われる型推論で記述していきますが、Swift ではデータ型はとても重要です。本書を最後まで完了した方は、もう一度型宣言をしてチャレンジすると理解が深まります。

1-2　じゃんけんを表示

「じゃんけんをする！」をタップすると、「グー」→「チョキ」→「パー」という順番で、画像が切り替わるようにプログラムを変更します。

次の赤枠のコードを追加してください。

▼ if 文を追加

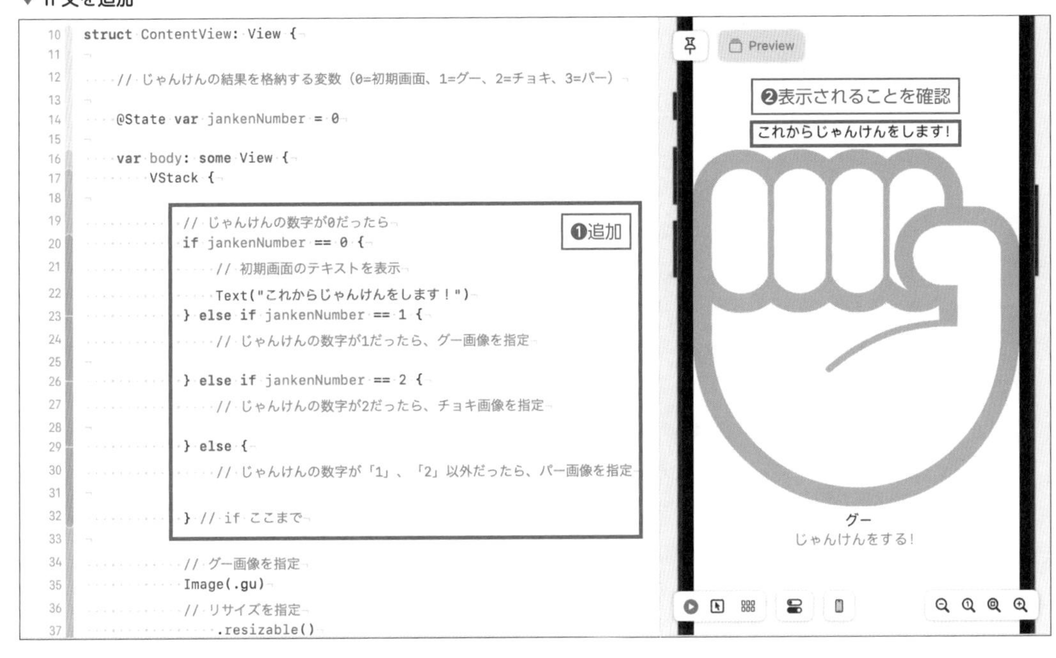

❶ 初期画面を表示する条件分岐（if 文）のコードを追加します。

コードを追加できたら、**「command」+「B」**を押してビルドして、文法をチェックをしましょう。

ビルドとは、私達が書いている Swift のコードを、コンピューターに分かる形に変換をすることです。

エラーが発生した場合は、もう一度、書籍のコードと見比べて間違いを修正してください。

❷ プレビューで、追加した Text「これからじゃんけんをします！」の文字が表示されることを確認します。

if 文を用いて何らかの条件によって実行したいコードを切り替えることができます。

 コード解説 じゃんけんの画像を切り替える条件分岐（if 文）

```
// じゃんけんの数字が0だったら
if jankenNumber == 0 {
    // 初期画面のテキストを表示
    Text("これからじゃんけんをします！")
} else if jankenNumber == 1 {
    // じゃんけんの数字が1だったら、グー画像を指定

} else if jankenNumber == 2 {
    // じゃんけんの数字が2だったら、チョキ画像を指定
```

```
} else {
    // じゃんけんの数字が「1」、「2」以外だったら、パー画像を指定

}
```

このコードは、「jankenNumber」に入っている数値で、表示するじゃんけん画像を切り替えます。実行するプログラムを、条件に応じて変更する必要があります。

jankenNumberが最初（初期値）に「0」が設定されているので、if文を用いて「jankenNumber」が「0」の場合に、true（真）の判定になり、初期画面のテキスト「これからじゃんけんをします！」を表示します。

jankenNumberが、「1」の場合は、「jankenNumber == 0」の条件がfalse（偽）と判定され、「else if jankenNumber == 1」のブロックがtrueと判定され実行されます。

「2」の場合はチョキ、「3」の場合はパーを表示しますが、今はまだコメントを記入しているだけです。実際の画像表示のコードは後ほど、追加していきます。

「==」（イコールイコール）で「等しい」という意味になります。**「==」のことを「比較演算子」**と呼びます。前述した**「=」（代入演算子）とは意味が異なる**ので注意してください。

if文と比較演算子を用いることで、2つの値を比較し、true（真）またはfalse（偽）のいずれかのBool型の比較結果を返します。

▼ if文の書式

```
// if～else if文の書き方
if 条件式 {
    // 条件が正しければ（true）実行される処理
} else if 条件式 {
    // 条件が正しければ（true）実行される処理
} else {
    // 上記のどの条件にも当てはまらない（false）場合に実行される処理
}
```

if文は、条件分岐を行う処理であり、処理の流れを制御する「制御文」の一種です。

「if 条件式」は、trueが戻されると「{ }」ブロック内の処理を実行します。条件式に一致した場合に実行させたい処理を{ }の中に記述する必要があります。

「if 条件式」で、falseが戻されると、次の処理「else if 条件式」が実行されます。どの条件にも当てはまらない場合は、「else」の{ }の中のコードが実行されます。

if文は、制御文の中で最も基本的な文なので、使えるようになっておきましょう。

比較演算子と型変換

比較演算子は、2つの値を比較するために使用される数学記号です。

ある式と別の式を比較する条件で使用されます。比較演算子も、プログラミングの基礎なのでしっかり覚えましょう。

記号	意味（比較結果）
a == b	a と b の値が等しい場合に true（真）を返し、等しくない場合は false（偽）を返します。
a != b	a と b の値が等しくない場合に true（真）を返し、等しい場合は false（偽）を返します。
a > b	a が b より大きい場合に true（真）を返し、a が b 以下の場合は false（偽）を返します。
a < b	a が b より小さい場合に true（真）を返し、a が b 以上の場合は false（偽）を返します。
a >= b	a が b 以上の場合に true（真）を返し、a が b より小さい場合は、false（偽）を返します。
a <= b	a が b 以下の場合に true（真）を返し、a が b より大きい場合は、false（偽）を返します。

注意が必要なのは、**Swift では、異なるデータ型の比較は行えません。**

今回の、jankenNumber には数値の「0」が代入されているので Int 型になり、数値の「0」と比較が行えます。

例えば、jankenNumber に、文字列の「"0"」が代入されている場合は、数値の「0」とは比較が行えません。

そのような場合は、**型変換**という処理を入れて、どちらかの型に変換して合わせる必要があります。

```
// Int型の変数と、String型の変数を比較する場合
var jankenInt = 0        // Int型
var jankenString = "0"   // String型

if jankenInt == Int(jankenString) {
    print("同じデータ型だよ")
}
```

上記のサンプルコードでは、jankenString (String 型) を、Int() で囲んで、Int 型に変換をしています。

Int 型の jankenInt とデータ型が一致して、はじめて比較を行うことができます。

次は、グーを表示するコードを、if 文の中に移動させます。

グー画像を表示するコードは既に書いてあるので、赤枠のコードを選択して、キーボードの「command」+「X」キーを押してカットします。

▼ コードをカット

```
17          // 垂直にレイアウト（縦方向にレイアウト）
18          VStack {
19              // じゃんけんの数字が0だったら
20              if jankenNumber == 0 {
21                  // 初期画面のテキストを表示
22                  Text("これからじゃんけんをします！")
23              } else if jankenNumber == 1 {
24                  // じゃんけんの数字が1だったら、グー画像を指定
25
26              } else if jankenNumber == 2 {
27                  // じゃんけんの数字が2だったら、チョキ画像を指定
28
29              } else {
30                  // じゃんけんの数字が「1」、「2」以外だったら、パー画像を指定
31
32              } // if ここまで
33
34              // グー画像を指定
35              Image(.gu)
36              // リサイズを指定
37                  .resizable()
38              // 画面に収まるように、アスペクト比（縦横比）を維持する指定
39                  .scaledToFit()
40              // じゃんけんの種類を指定
41              Text("グー")
42
43              // 「じゃんけんをする！」ボタン
44              Button(action: {
```

「command」+「X」でカット

▼ コードをペースト（貼り付け）

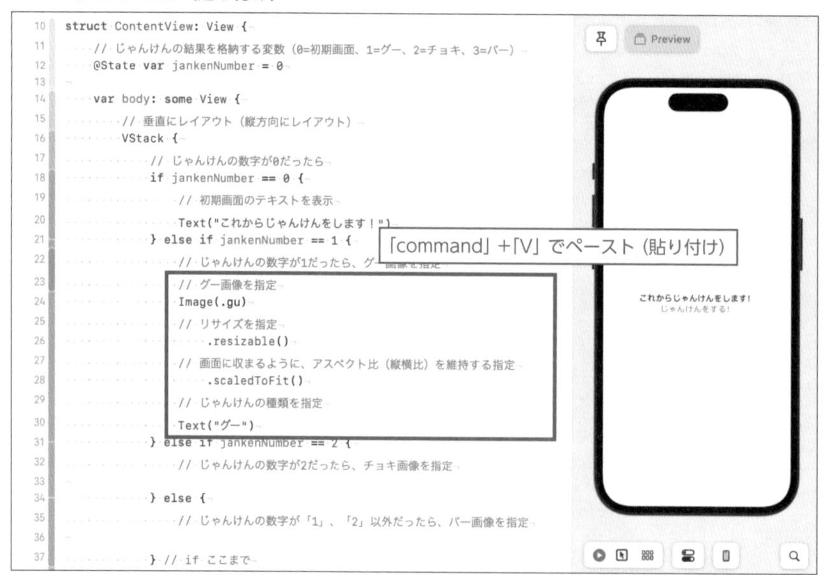

「if jankenNumber == 1」のブロックの中で、「command」+「V」でペースト（貼り付け）をしましょう。

いまは「jankenNumber」に「0」が入っているので、if 文の処理で、プレビューではグーではなく、「これからじゃんけんをします！」が表示されます。

1-3　タップすると「グー」→「チョキ」→「パー」と表示

if 文が書けたので、「じゃんけんをする！」ボタンがタップされる度に、「グー」→「チョキ」→「パー」と切り替えるために、「jankenNumber」を 1 つずつ増加させる処理を追加します。

プログラミングでは、**数字に 1 を加算することを、「インクリメント」**と言います。
青枠のコードを削除して、赤枠のコードを追加しましょう。

❶ アプリの動きを確認するために書いていた、print 文を削除します。
❷「jankenNumber」に、1 つ加算するコードを追加します。

▼ 数字をインクリメント

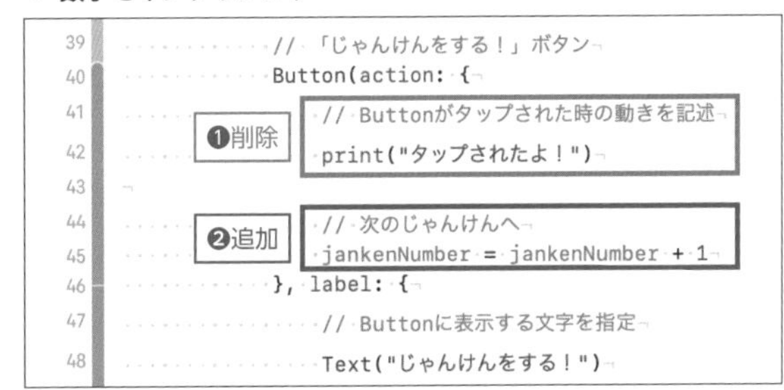

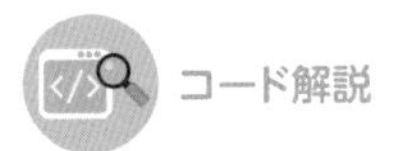
コード解説

```
// 次のじゃんけんへ
jankenNumber = jankenNumber + 1
```

Button の action の中に記述したので、Button がタップされる度に、jankenNumber は 1 ずつ増えます。最初のタップは、「0 + 1」が計算され「1」が jankenNumber に代入されます。
算数と同じで、+（プラス）が加算を示します。

▼ Canvas で、グーに切り替わることを確認

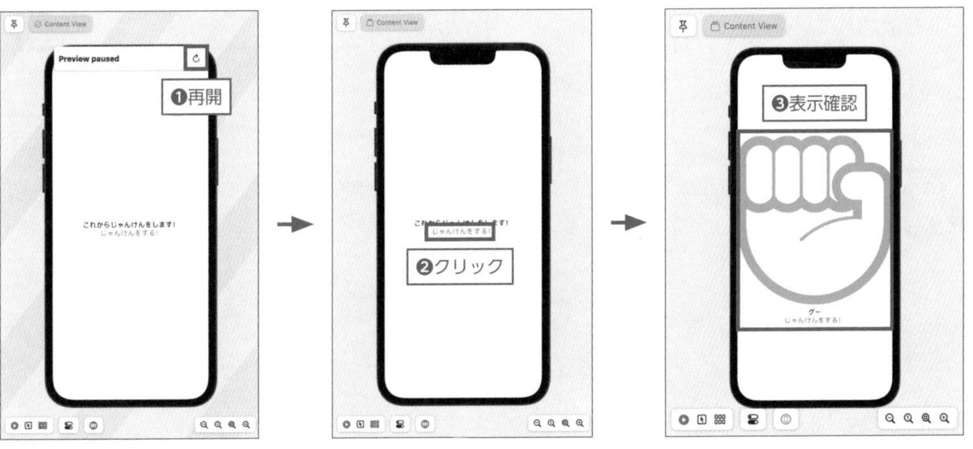

では、プレビューで確認しましょう。

❶ 自動プレビューが停止している場合は、[Preview paused] が表示されているので、をクリックして再開します。

❷「じゃんけんをする！」をクリックします。

❸ 起動画面の Text「これからじゃんけんをします！」が、グーに切り替われば成功です。

初期画面とグーを表示させることができたので、残りのチョキとパーの処理も追加しましょう。

グーのコードとの違いは、「Image」で指定するファイル名と、「Text」で指定する文字が違うだけです。

右図の赤枠のコードを追加してください。

「if jankenNumber == 2」で、「jankenNumber の値が「2」と等しいとき」を示しています。

チョキ画像と文字列「チョキ」を表示するコードを追加しています。

▼ チョキを表示するコードを追加

```
28                  // じゃんけんの種類を指定
29                  Text("グー")
30              } else if jankenNumber == 2 {
31                  // じゃんけんの数字が2だったら、チョキ画像を指定
32                  Image(.choki)
33                  // リサイズを指定
34                      .resizable()
35                  // 画面に収まるように、アスペクト比（縦横比）を維持する指定
36                      .scaledToFit()
37                  // じゃんけんの種類を指定
38                  Text("チョキ")
39              } else {
```

追加

右図の赤枠のコードを追加してください。

「jankenNumber」の値が「1」と「2」以外のときは、else に、パー画像と文字列「パー」を表示するコードを追加しています。

▼ パーを表示するコードを追加

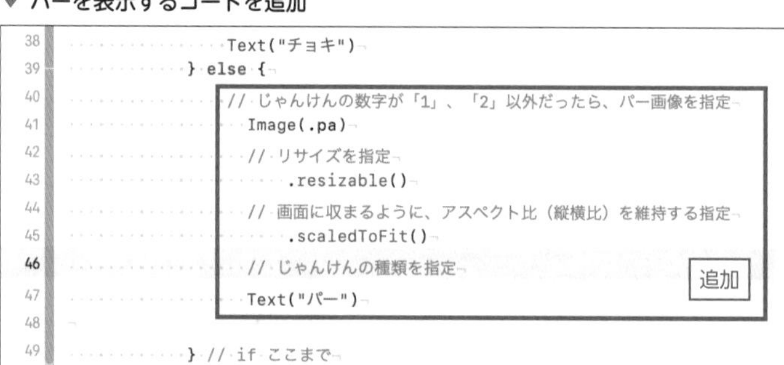

「command」+「B」でビルドが成功したら、グー画像を確認した時と同様に、Canvas のプレビューで動きを確認してみましょう。

▼ [Live Preview] で動きを確認

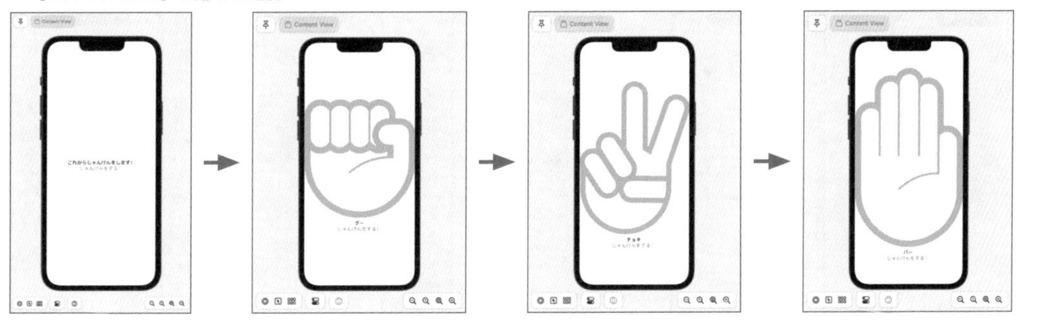

「じゃんけんをする！」ボタンをクリックする度に、「グー」「チョキ」「パー」と画像と文字が切り替われば成功です！

このように、**@State で宣言した状態変数の「jankenNumber」は、値が変わる度に自動で View を更新**してくれます。

@State は、今後頻繁に出てくるので、利用方法に慣れていきましょう。

1-4　じゃんけんの結果を「ランダム」に表示

うまく切り替わりましたが、これでは、じゃんけんの切り替わり順序はいつも一緒になってしまいます。

次からは、ランダムな数字を生成し「jankenNumber」に代入して、じゃんけんの種類をランダムに表示させるようにします。

青枠のコードを削除してください。

▼ jankenNumber に加算するコードを削除

```
51                  // 「じゃんけんをする！」ボタン
52                  Button(action: {
53                      // 次のじゃんけんへ
54                      jankenNumber = jankenNumber + 1      削除
55                  }, label: {
56                      // Buttonに表示する文字を指定
57                      Text("じゃんけんをする！")
```

赤枠のコードを追加してください。

[Live Preview] で動きを確認してみましょう。

▼ ランダムな数字（乱数）を発生させるコードを追加

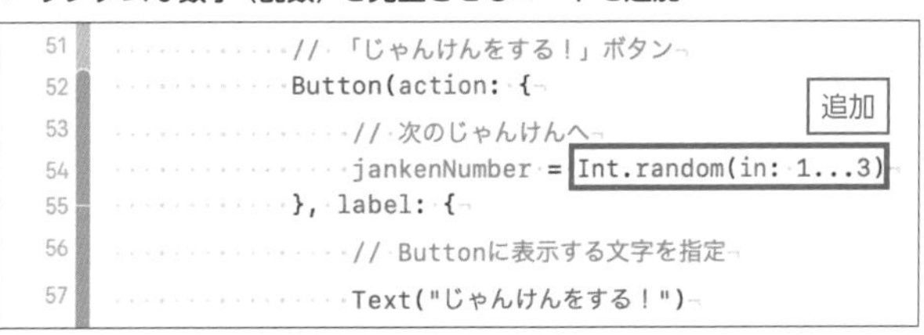

```
51                  // 「じゃんけんをする！」ボタン
52                  Button(action: {                       追加
53                      // 次のじゃんけんへ
54                      jankenNumber = Int.random(in: 1...3)
55                  }, label: {
56                      // Buttonに表示する文字を指定
57                      Text("じゃんけんをする！")
```

▼ [Live Preview] で動きを確認

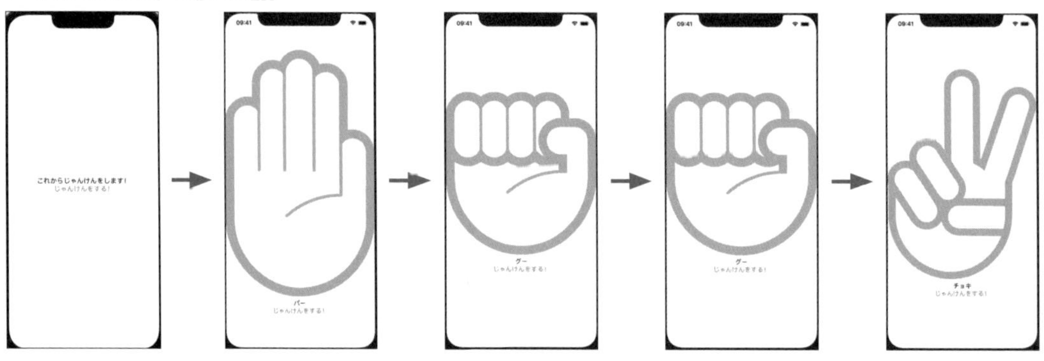

じゃんけんの結果がランダムになり、Button をタップし続けても繰り返しじゃんけんできるようになっていることを確認できたら成功です。がんばりましたね！

```
// 次のじゃんけんへ
jankenNumber = Int.random(in: 1...3)
```

ランダムな数値（予測不可能な数値）のことを、**乱数（らんすう）**と呼びます。

「Int.random」は、Int 型で用意されている、random（ランダム）メソッドを使うことを示しています。

random は、数値をランダムに算出する**メソッド（Method）**です。メソッドは、構造体・クラス等の型に紐付けられた関数です。メソッド名を利用して実行することで処理を呼び出すことができます。

今回の random メソッドの中では、乱数を計算するためにたくさんの処理が動いていますが、私たちは、random を呼び出して実行するだけで、乱数を生成させることができます。

random メソッドに指定している「in: 1...3」は**「引数」**と呼ばれます。「in:」は、引数のラベルで、引数がどんな値なのかを表しています。

random メソッドの使い方は、「random(in: 1...3)」のように、発生させたい数の範囲を引数に指定します。

ここでは、「1...3」と指定することで、1 から始まる 3 つの数字「1、2、3」の中でランダムに数値を生成しています。

Point

今回は、Int型のrandomメソッドを利用しましたが、同じ名前のメソッドでも様々な種類があります。
Int型のrandomでも、引数が1つのメソッドや、2つのメソッドもあります。
また、Bool型をランダムに発生させる、Bool.random()のように、引数のないメソッドもあります。
引数の有無、種類によって違う動きのメソッドになります。大切なことなので覚えておいてください。

Tips

範囲の記述方法「閉区間と閉区間」

Swiftでは、範囲を示す場合に「1...3」のような書き方ができます。
「1...3」のような指定は、閉区間（へいくかん）といい、両端を含む区間を意味します。
他にも、上限値や下限値を含まない指定方法等、様々な指定方法があります。

```
// 閉区間(closed range)の指定方法
Int.random(in: 下限値...上限値)

// 上限値を含まない半開区間(half open range)の指定方法
Int.random(in: 下限値..<上限値)
```

1-5　前回とは異なるじゃんけんの結果が表示されるように変更

前項のプログラムを実行し、「じゃんけんをする！」ボタンをタップすると、「グー」が続けて表示されるなど同じ結果が続き、本当にランダムに表示されているのか確信が持てなくなるかもしれません。

これは狭い範囲で乱数を作っているためで、どんなにタップを繰り返したとしても、理論的には3分の1の確率で同じ結果が表示されてしまいます。

そこで、前回と同じ結果が表示されないようにプログラムを変更します。

乱数を作ったあとに、前回の結果と同じであるかどうかを比較し、同じ場合は乱数を作り直し、結果が異なる場合のみ結果を記録するように書き換えます。

コードを書く前に、図の流れで処理をイメージしてください。

▼ 乱数の算出と繰り返し処理の流れ

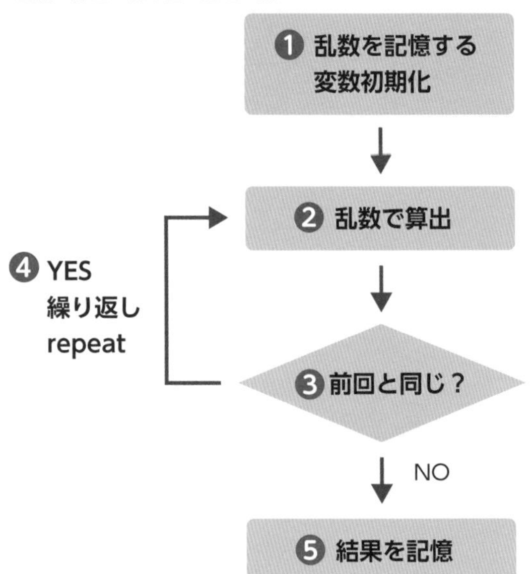

では、先程書いた乱数を発生させるコードも利用しながら、コードを修正していきましょう。

青枠のコードを削除して、赤枠のコードを追加してください。

コードが追加できたら、Canvasのプレビューで動きを確認してみましょう。

▼ 続けて同じ乱数を発生させない処理を追加

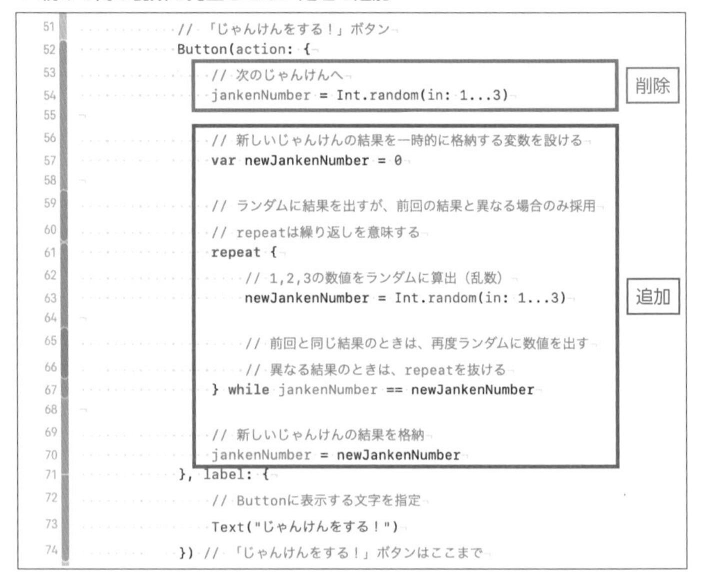

```
51            // 「じゃんけんをする！」ボタン
52            Button(action: {
53                // 次のじゃんけんへ
54                jankenNumber = Int.random(in: 1...3)
55
56                // 新しいじゃんけんの結果を一時的に格納する変数を設ける
57                var newJankenNumber = 0
58
59                // ランダムに結果を出すが、前回の結果と異なる場合のみ採用
60                // repeatは繰り返しを意味する
61                repeat {
62                    // 1,2,3の数値をランダムに算出（乱数）
63                    newJankenNumber = Int.random(in: 1...3)
64
65                    // 前回と同じ結果のときは、再度ランダムに数値を出す
66                    // 異なる結果のときは、repeatを抜ける
67                } while jankenNumber == newJankenNumber
68
69                // 新しいじゃんけんの結果を格納
70                jankenNumber = newJankenNumber
71            }, label: {
72                // Buttonに表示する文字を指定
73                Text("じゃんけんをする！")
74            }) // 「じゃんけんをする！」ボタンはここまで
```


Point

コードを追加できたら、「command」＋「B」を押してビルドしましょう。
ビルドとは、私達が書いている Swift のコードを、コンピューターに分かる形に変換をすることです。
エラーが発生した場合は、もう一度、書籍のコードと見比べて間違いを修正してください。

▼ 同じじゃんけんが続かないことを確認

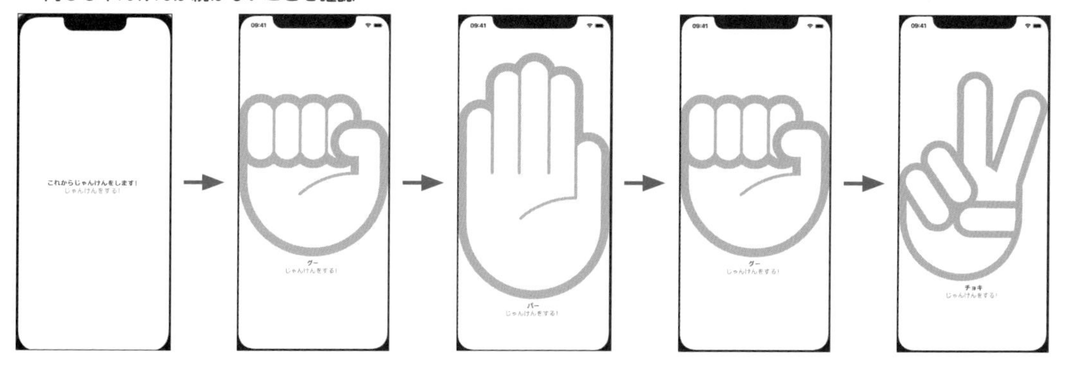

先ほどと違って、タップする度に違う種類のじゃんけんが表示できれば成功です！

コード解説　これから、さきほど追加したコードをステップごとに説明します。

```
// 新しいじゃんけんの結果を一時的に格納する変数を設ける
var newJankenNumber = 0
```

じゃんけんをランダムに出すので、ランダムに計算した結果を一時的に記憶するのが、newJankenNumber 変数です。

jankenNumber の宣言時にも説明しましたが、newJankenNumber の宣言でも**データ型**を指定していません。

「0」を代入しているので、Swift が**型推論**を行い、この変数のデータ型も数値を記憶できる**「Int 型」**で生成されています。

```
// ランダムに結果を出すが、前回の結果と異なる場合のみ採用
// repeatは繰り返しを意味する
repeat {
    // 1,2,3の数値をランダムに算出（乱数）
    newJankenNumber = Int.random(in: 1...3)

    // 前回と同じ結果のときは、再度ランダムに数値を出す
    // 異なる結果のときは、repeatを抜ける
} while jankenNumber == newJankenNumber
```

「前回と同じ結果は表示しない」ので、random 関数で乱数を算出したあとに、前回と同じ結果であるかどうかを確認する必要があります。

そして、前回と同じ結果のときには、再度、random 関数で乱数を算出します。

前回と異なる結果が出るまで、これを繰り返します。この繰り返しの処理には、**repeat（リピート）文**を利用します。

▼ **repeat 文の書式**

```
repeat {
    // 実行するコード
} while 繰り返す条件
```

repeat は繰り返し処理を行う制御文です。**「ループ処理」**とも呼ばれます。

while が「繰り返しを行う条件」を示していて、条件が一致するときは「{ }」（コードブロック）内のコードを再度実行することを覚えてください。

```
// 1,2,3の数値をランダムに算出（乱数）
newJankenNumber = Int.random(in: 1...3)
```

repeat 文の中では、random 関数で乱数を算出して、newJankenNumber 変数に結果を記憶する、ということを繰り返しています。

```
    // 前回と同じ結果のときは、再度ランダムに数値を出す
    // 異なる結果のときは、repeat を抜ける
} while jankenNumber == newJankenNumber
```

repeat 文の最後の while では、繰り返し処理を継続するのか、中断するのかを判断しています。

jankenNumber 変数には前回の結果が格納されています。newJankenNumber 変数と比較して、同じ結果である間は乱数を計算し続けます。

前回の結果と異なるときには、repeat 文での実行を中断して、次のコードを実行します。

```
// 新しいじゃんけんの結果を格納
jankenNumber = newJankenNumber
```

repeat 文を抜けたあとは、計算した乱数を今回のじゃんけんの結果として記憶します。

コードが記述できたら、シミュレータを起動して確認してください。じゃんけんの結果がランダムに表示されますが、前回とは異なる結果が表示されるようになったことを確認します。

これで、じゃんけんをランダムに表示させる機能を実装できました。

もう一度、@State キーワードを付与した状態変数の動きを確認しておきましょう。

❶ 変数に、@State を付与して状態変数として宣言をしました。

❷ Button のタップで、乱数を算出して、変数 jankenNumber に保存します。

❸ 状態変数の値が変化したことを検知します。

❹ 自動的に、body が実行され、画面の再描画を行います。

状態変数の動きを理解してください。

▼ @State を付与した状態変数の動き

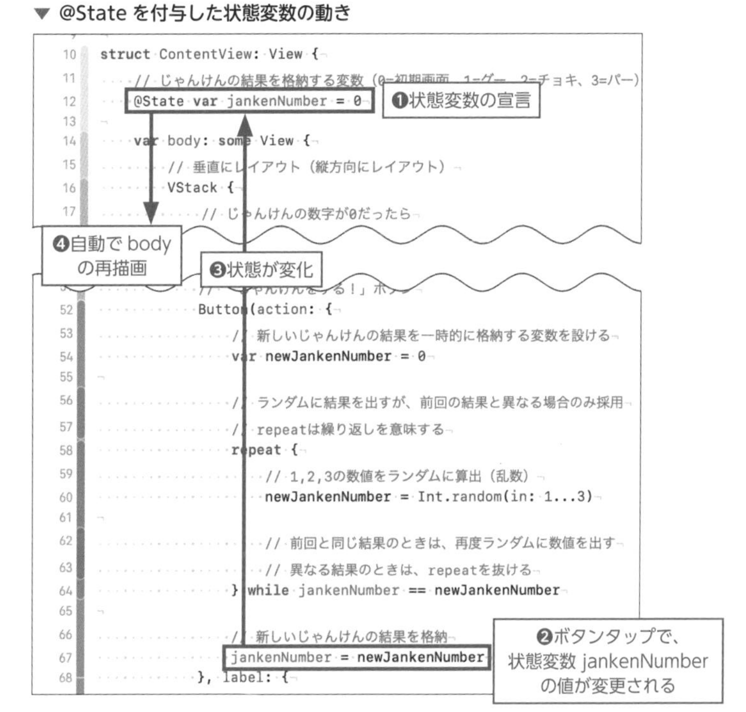

Tips

● **if 文を使いこなそう！ 条件分岐と演算子の活用**

プログラミングにおける「if 文」は、コードの流れを制御する基本的でかつとても重要な構文です。

以下のページでも詳細に解説していますので、何度も繰り返し練習をしてください。しっかり使いこなせるように練習しましょう

[Swift 入門] if 文を使いこなそう！条件分岐と演算子の活用
https://blog.code-candy.com/swift_if_basic/

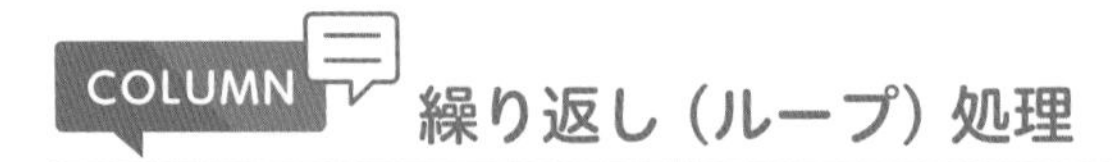

繰り返し（ループ）処理

じゃんけんアプリでは、repeat 文を用いて乱数を生成しました。

repeat 文のような、繰り返し（ループ）処理を行える文法は他にもいくつかありますが、ループ処理には、「前判定ループ」と「後判定ループ」があります。

repeat 文は、**繰り返す条件の判定を最後に行うのが特徴**で、後判定ループです。

```
repeat {
    // 実行するコード
} while 繰り返す条件
```

最低 1 回は処理が行われ、その後に条件を判定し、条件が成立している間は、繰り返し処理を実行します。

前判定ループの文法には、while 文があります。

while 文は、繰り返す条件の判定を最初に行うのが特徴で、前判定ループです。

```
while (繰り返す条件) {
    // 実行するコード
}
```

条件が成立しない場合は、一度も実行されません。

状況に応じて、前判定か、後判定のループを利用できるようにしましょう。

他にも、for-in 文という繰り返し処理もあります。Day 2 の Lesson 2-4「お菓子検索アプリを作ろう」で利用するので、その際に解説します。

1-6　View（部品）のデザインを整える

今度は、View のモディファイアを追加して、画面のデザインを整えます。
赤枠のコードを追加してください。

▼ Text にモディファイアを追加

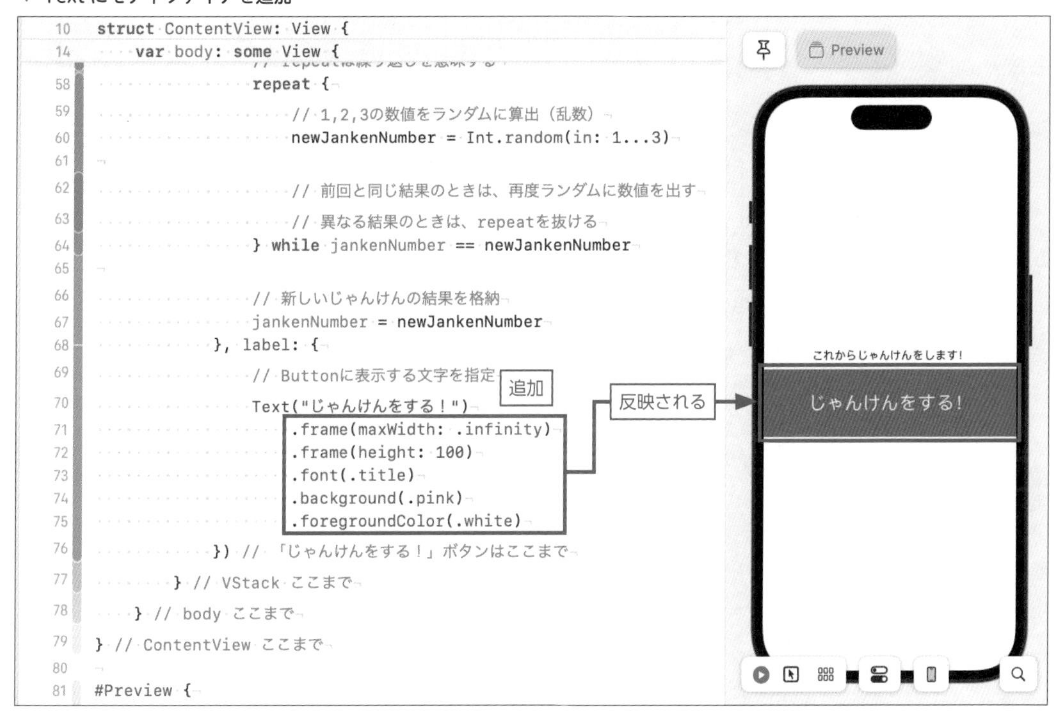

プレビューで、「じゃんけんをする！」に上記のようなデザインが適用されれば大丈夫です。

コード解説　これから、さきほど追加したコードをステップごとに説明します。

```
.frame(maxWidth: .infinity)
```

Text を画面の幅いっぱいに表示するために、frame モディファイアの引数 maxWidth に .infinity（無限大）を指定しています。
この指定で、Text を画面いっぱいに表示します。

```
.frame(height: 100)
```

Text の高さを、100px に指定しています。

```
.font(.title)
```

文字の大きさを指定しています。「.title」は、iOS が提供する組み込みのフォントサイズです。

このように、**font モディファイアに、定義済みのプロパティを指定することで、機種や文字サイズの設定の違いに応じて自動でフォントサイズを拡大、または縮小してくれます。**

```
.background(.pink)
.foregroundColor(.white)
```

SwiftUI では、すべての View に背景色を適用することができます。背景色を設定するには、background モディファイアを利用します。

文字色を設定するのは、foregroundColor モディファイアです。また、SwiftUI は、.white のように、組み込みの色を提供しています。

他にも、.green や、.yellow などがあります。

● 文字サイズについて

文字のサイズは、「.title」以外にもいくつかのサイズが用意されています。

文字のサイズ定義を使用することで、iPhone 本体の文字サイズと連動することができます。

［iPhone 本体］→［設定］→［画面表示と明るさ］→［テキストサイズを変更］でテキストサイズを変更する画面が表示されます。ここでテキストサイズを変更すると連動してアプリの文字サイズも変更されます。これを Dynamic Type 機能と呼びます。

▼ サイズ定義とその概要

サイズの定義	概要
.largeTitle	表題
.title	タイトル
.headline	見出し
.subheadline	見出し（小）
.body	本文
.callout	吹き出し
.footnote	脚注
.caption	注釈

▼ テキストサイズを変更画面

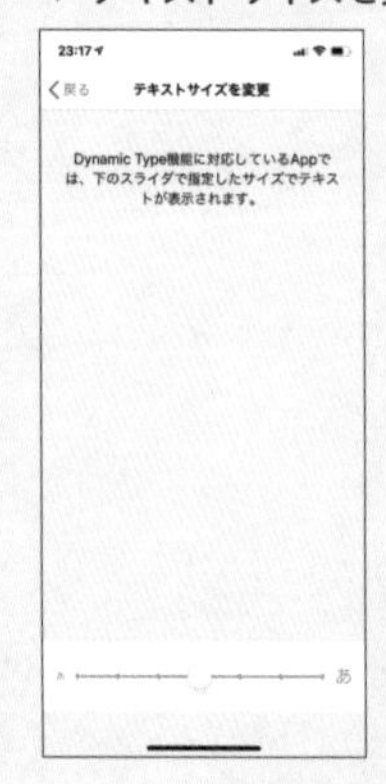

今度は、「これからじゃんけんをします！」の View と、下に配置されている View の間が近すぎるので、余白の設定を入れてみましょう。

赤枠のコードを追加してください。

▼ padding モディファイアを追加

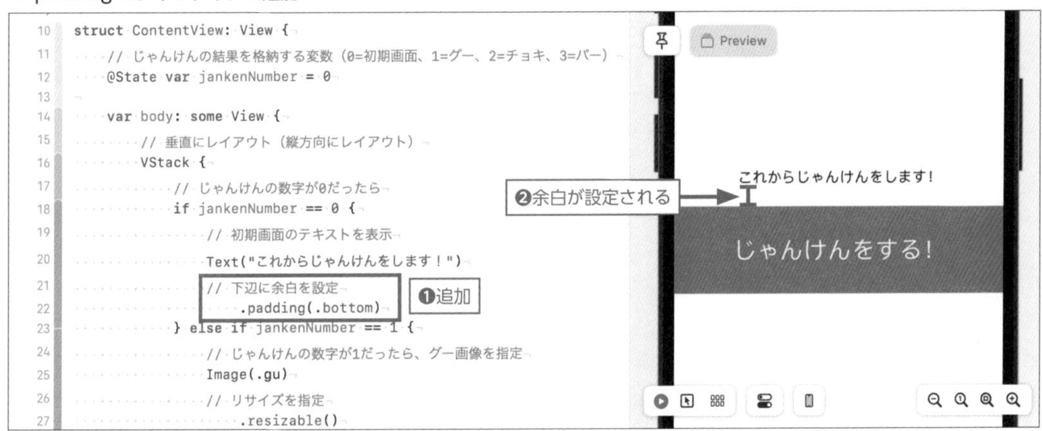

❶「これからじゃんけんをします！」を表示している Text の下辺に余白を追加しています。
❷「じゃんけんをする！」の Text との間に余白が生まれることが確認できます。

padding モディファイアを利用して、ビューの周りに余白を設定することができます。

● **余白の設定**

「.padding()」のように、引数を指定しない場合は、システムデフォルトの余白が上下左右の辺に適用されます。

「.bottom」（下）を指定すると、下辺に余白を設定してくれますし、その他にも「.top」（上）「.leading」（左）「.trailing」（右）の引数が用意されています。

View の 2 つ以上の辺に**数値を設定して余白を追加するには、EdgeInsets 構造体**を利用します。

```
.padding(EdgeInsets(top: 0, leading: 16, bottom: 80, trailing: 16))
```

上記のように、View の各辺に特定の数値の余白を追加することができます。

同じように、「グー」の Text にも設定しましょう。

赤枠のコードを追加してください。

▼「グー」Text の下部に余白を設定

```
23            } else if jankenNumber == 1 {
24                // じゃんけんの数字が1だったら、グー画像を指定
25                Image(.gu)
26                // リサイズを指定
27                    .resizable()
28                // 画面に収まるように、アスペクト比（縦横比）を維持する指定
29                    .scaledToFit()
30                // じゃんけんの種類を指定
31                Text("グー")
32                // 下辺に余白を設定
33                    .padding(.bottom)
34            } else if jankenNumber == 2 {
```

追加

次は、「チョキ」の Text への設定です。

赤枠のコードを追加してください。

▼「チョキ」Text の下部に余白を設定

```
34            } else if jankenNumber == 2 {
35                // じゃんけんの数字が2だったら、チョキ画像を指定
36                Image(.choki)
37                // リサイズを指定
38                    .resizable()
39                // 画面に収まるように、アスペクト比（縦横比）を維持する指定
40                    .scaledToFit()
41                // じゃんけんの種類を指定
42                Text("チョキ")
43                // 下辺に余白を設定
44                    .padding(.bottom)
45            } else {
```

追加

最後は、「パー」の Text へも設定します。

赤枠のコードを追加してください。

▼「パー」Text の下部に余白を設定

```
45            } else {
46                // じゃんけんの数字が「1」、「2」以外だったら、パー画像を指定
47                Image(.pa)
48                // リサイズを指定
49                    .resizable()
50                // 画面に収まるように、アスペクト比（縦横比）を維持する指定
51                    .scaledToFit()
52                // じゃんけんの種類を指定
53                Text("パー")
54                // 下辺に余白を設定
55                    .padding(.bottom)
56            } // if ここまで
```

追加

いったん、ここまで設定できたら、Canvas のプレビューでそれぞれの View の下辺に余白が設定されているか確認しましょう。

▼ 空間を広げる、Spacer（スペーサー）を追加

SwiftUI の Spacer は、空間を広げるものという意味で、自動的に利用可能なスペースを広げます。

Point

スペーサーのサイズを固定したい場合は、他の View と同じように、「.frame」に height を指定してください。

```
VStack {
    Text("グー")
    Spacer()
        .frame(height: 256)
    Text("チョキ")
}
```

例えば、これは 2 つの Text の間に 256 ポイントの Spacer を入れています。

同じように、「グー」画像と Text の間にも Spacer を追加します。

赤枠のコードを追加してください。

▼「グー」の空間を広げる

```
25              } else if jankenNumber == 1 {
26                  // じゃんけんの数字が1だったら、グー画像を指定
27                  Image(.gu)
28                  // リサイズを指定
29                      .resizable()
30                  // 画面に収まるように、アスペクト比（縦横比）を維持する指定
31                      .scaledToFit()
32                  // スペースを追加
33                  Spacer()
34                  // じゃんけんの種類を指定
35                  Text("グー")
```
追加

次は、「チョキ」画像と Text の間にも Spacer を追加します。

赤枠のコードを追加してください。

▼「チョキ」の空間を広げる

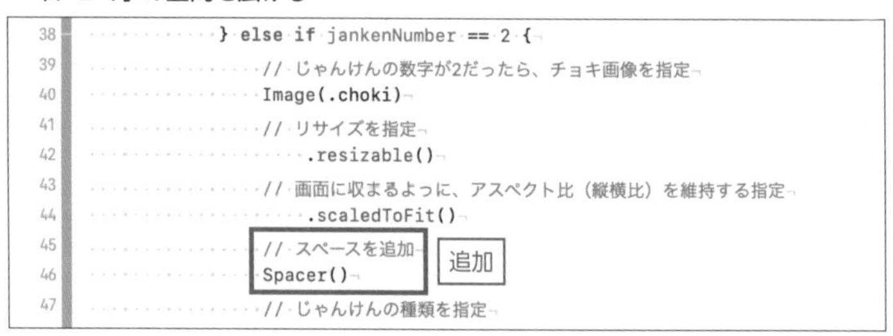

```
38            } else if jankenNumber == 2 {
39                // じゃんけんの数字が2だったら、チョキ画像を指定
40                Image(.choki)
41                // リサイズを指定
42                    .resizable()
43                // 画面に収まるように、アスペクト比（縦横比）を維持する指定
44                    .scaledToFit()
45                // スペースを追加
46                Spacer()
47                // じゃんけんの種類を指定
```


最後は、「パー」画像と Text の間にも Spacer を追加します。

赤枠のコードを追加してください。

▼「パー」の空間を広げる

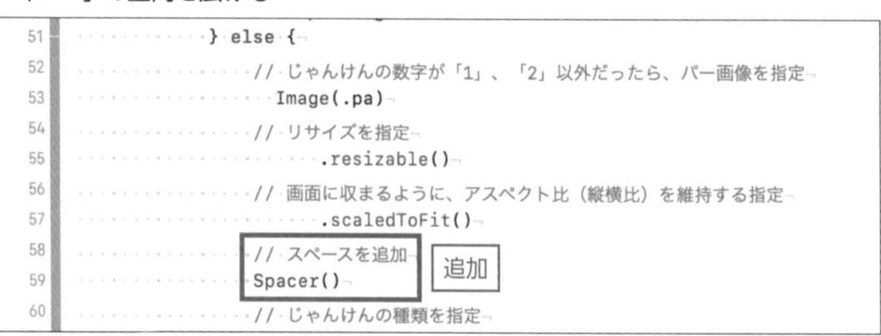

```
51            } else {
52                // じゃんけんの数字が「1」、「2」以外だったら、パー画像を指定
53                Image(.pa)
54                // リサイズを指定
55                    .resizable()
56                // 画面に収まるように、アスペクト比（縦横比）を維持する指定
57                    .scaledToFit()
58                // スペースを追加
59                Spacer()
60                // じゃんけんの種類を指定
```


おめでとうございます！これでじゃんけんアプリは完成です！

成果を公開

アプリが完成したら、アプリの動作を収録して、X（旧 Twitter）や Instagram の SNS で**「#iPhone アプリ開発集中講座」**とハッシュタグを付けて公開してみましょう。

ひとりで勉強していくのは疲れます。成果を公開してモチベーションアップに繋げることをお奨めします。

また、サンプルアプリをカスタマイズしたら公開して筆者達に教えてください。

最後に、Canvas かシミュレータを起動して動作確認をしましょう。

Point

「command」+「R」を同時に実行することでも、シミュレータを起動することができます。

▼ Live Preview（ライブプレビュー）で動作確認

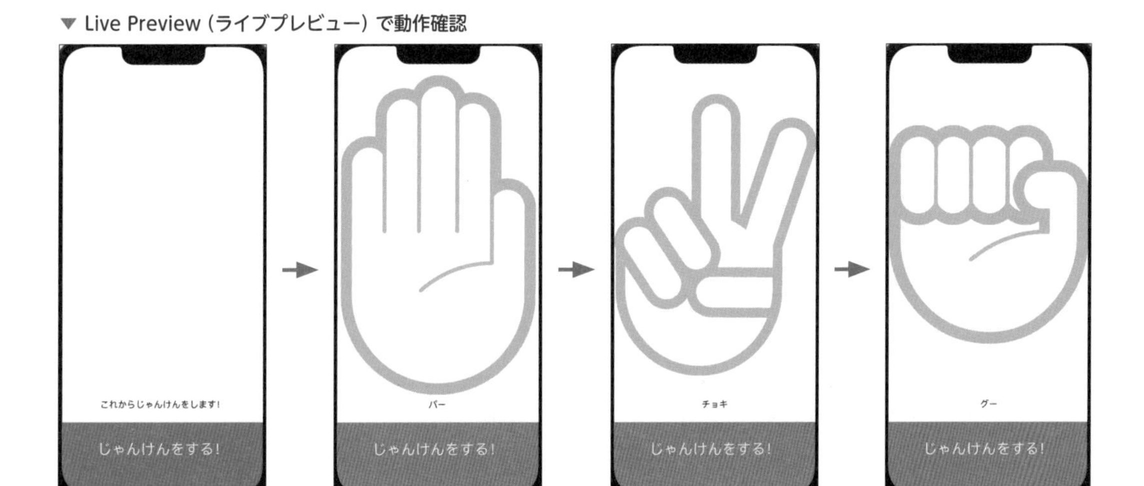

このようなレイアウトになっているでしょうか？

SwiftUI は様々な機能が追加され便利にはなっていますが、初学者には少し難しく感じるところも多々あると思います。

この章以降も様々なアプリを開発して慣れていきますので、今、全てを理解できなくても大丈夫です。

完成したこのじゃんけんアプリを、背景色や、文字色、文字サイズを変えたりして、少しずつご自身の好きなようにレイアウトやデザインを変えたりしてみてください。

書籍通りにできたら、自分なりにカスタマイズすると理解が深まります。ぜひ、色々と試してみてください。

Point

じゃんけんアプリの制作で学んだことを応用すると実際にはどのようなアプリができるのか、考えてみましょう。
市販のじゃんけんアプリでは、プログラム側がランダムにじゃんけんを出してきて、ユーザーがグー、チョキ、パーのどれかを選んで対戦するといったアプリがあります。
勝つとコインがもらえたり、アイテムがもらえたりと演出効果が加えられたアプリもあります。また、「ランダムに結果を出す」という観点だと「おみくじアプリ」なども考えられます。

お疲れさまでした。159 ページからは「ステップアップ」になります。余裕のある方はぜひ、チャレンジしてみてください。

命名規則

変数や状態変数の名前は、数字や記号は最初 1 文字目には利用できないのと、予約語（Swift で既に利用されている単語）を省いて開発者が自由に決められます。

今回は、「jankenNumber」として状態変数に名前を付けましたが、なぜ、突然「N」だけ大文字なのか、不思議に感じる方もいらっしゃるかもしれません。

変数名や関数名、メソッド名、プログラムファイル名、画像名等はルールを定めて、そのルールに沿った名前を付けるのが良いとされていて、命名規則といったりします。

プログラミングにおいて、命名規則とは、ソースコードやドキュメントの中で、変数、型、関数、その他の実体を表す名前を決める際の規則です。

今回の変数のように、最初の文字を小文字から始めて、単語の区切りの文字を大文字にする規則を、**lowerCamelCase（ローワーキャメルケース）**といいます。

逆に最初の文字を大文字から始めて、以降の単語の区切りも大文字にする規則を、**UpperCamelCase（アッパーキャメルケース）**といいます。

Swift の場合は、型、プロトコルの名前は UpperCamelCase で、それ以外は全て lowerCamelCase で指定することがガイドラインで推奨されています。

```
// lowerCamelCase（ローワーキャメルケース）の例：jankenNumber
@State var jankenNumber = 0

// UpperCamelCase（アッパーキャメルケース）の例：ContentView、View
struct ContentView: View {
      （省略）
}
```

大文字小文字はそれぞれ別の名前として区別されます。

上記を例にすると、「jankenNumber」と宣言する場合と、「JankenNumber」と宣言する場合では、別の名前として識別されます。

他にも別の法則があり、言語によって採用している規則は違いますが、どの規則を採用していても、記述的で一貫性のある名前は、ソフトウェアを読みやすく、理解しやすくします。

ちなみに、Camel は、ラクダを意味していて、その突出した大文字の「こぶ」が、一般的なラクダのこぶに似ていることから名付けられました。

下記が、Swift のガイドラインなので、興味がある方は確認してください。

「API Design Guidelines」
https://swift.org/documentation/api-design-guidelines/

Day 1

Lesson

3-5

ステップアップ

アイコンを設定しよう

このレッスンで学ぶこと

- iPhone のホーム画面に表示するためのアイコンを設定しましょう。
- アイコンの基礎知識を習得しましょう。

完成イメージ

iPhone のホーム画面にオレンジ色の「じゃんけんアプリ」のアイコンが表示されます。

ホーム画面に表示されるアイコンは、他のアプリと識別できる重要な要素です。ひと目で用途がわかるような直感的なイメージがよいでしょう。

ホームアイコンの基礎知識と、設定方法を学びます。

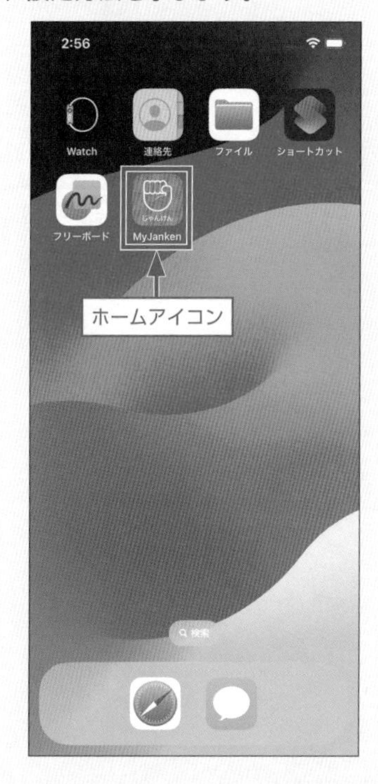

1　アイコンを設定しよう

Xcode13 までは、iPhone・iPad 等のデバイスの違いや、iOS 内での用途の違いによって、さまざまなサイズの画像をそれぞれ用意する必要がありました。

Xcode14 からは、1 つの画像からすべてのアプリアイコンサイズのバリエーションを自動的に作成することができるようになりました。

アセットカタログに 1 つの 1024×1024 ピクセルのアプリアイコンを設定することで、各デバイスのアイコンがターゲットサイズに自動的にリサイズされます。

▼ [AppIcon] のエリアを確認

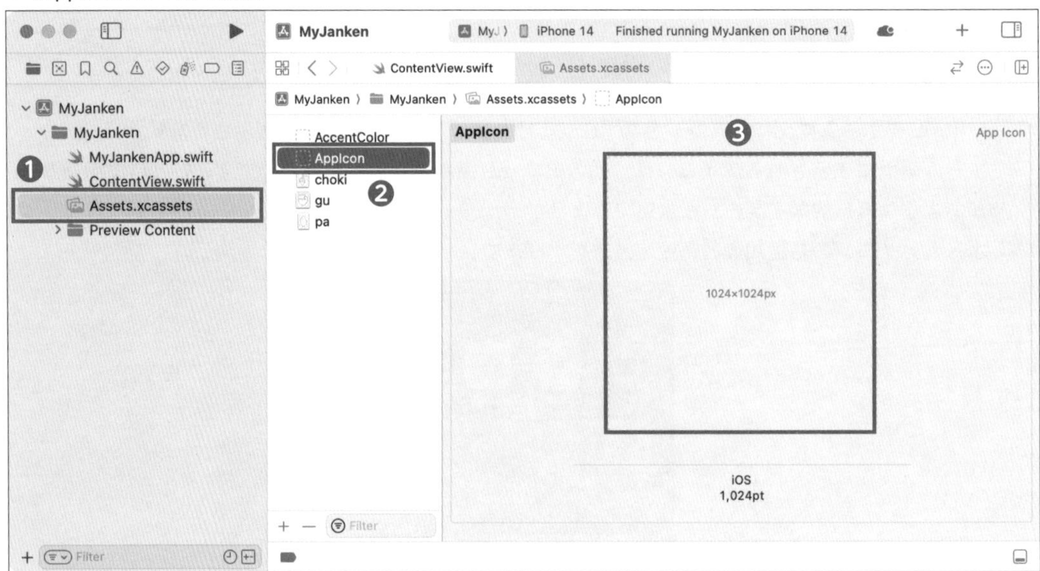

❶ [Assets.xcassets] を選択します。
❷ [AppIcon] を選択します。
❸ 赤枠のエリアに、1024×1024 ピクセルの画像を配置します。

▼「appicon.png」を配置

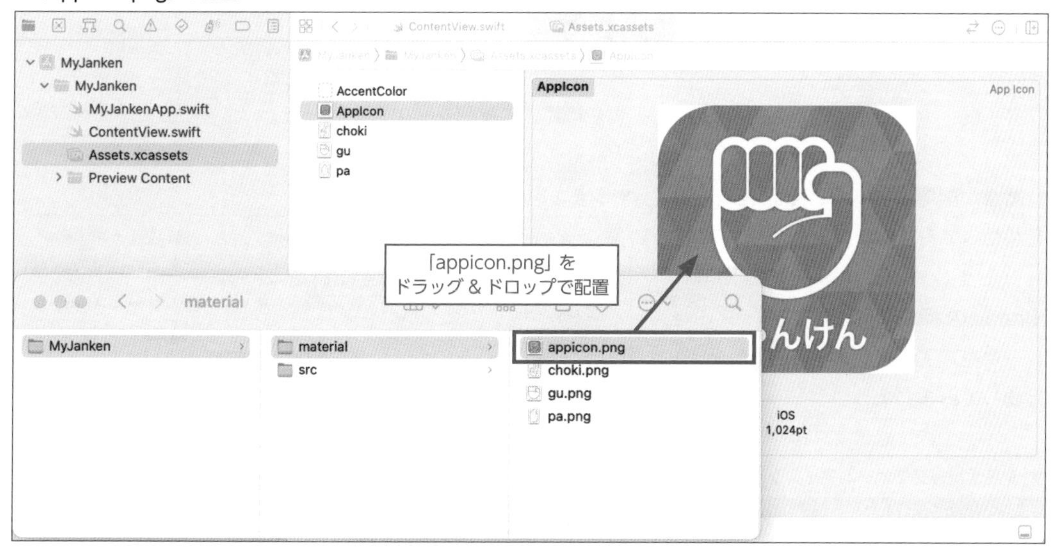

素材フォルダ「MyJanken/material」の「appicon.png」を選択して、ドラッグ＆ドロップで配置をします。

Point

▼ サイズが違う画像を配置した場合

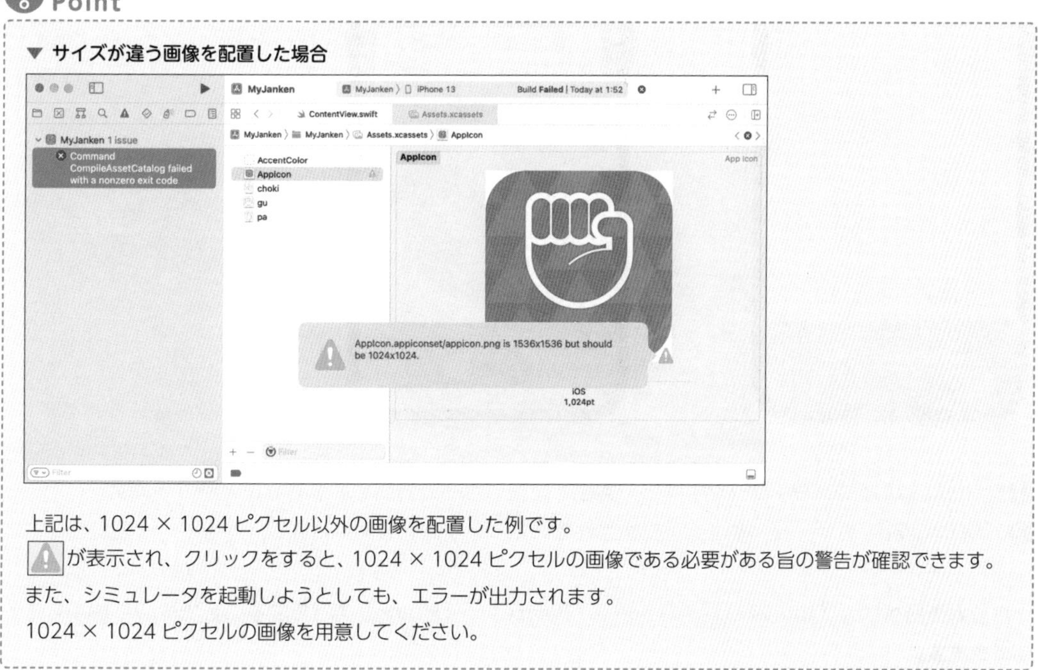

上記は、1024 × 1024 ピクセル以外の画像を配置した例です。

⚠が表示され、クリックをすると、1024 × 1024 ピクセルの画像である必要がある旨の警告が確認できます。

また、シミュレータを起動しようとしても、エラーが出力されます。

1024 × 1024 ピクセルの画像を用意してください。

2 アイコンを確認しよう

アイコンの配置ができたら、シミュレータを起動して確認をしてみましょう。

画像が配置できたら、シミュレータを起動してみましょう。

シミュレータでも、実機と同等にiPhoneの操作が行えます。シミュレータを起動して、ホームアイコンを確認してみましょう。

▼ シミュレータの起動

▼ シミュレータでホームアイコンを確認

❶ [Home] アイコンをクリックすると、実機と同様にホーム画面を表示することができます。
❷「MyJanken」のホームアイコンが反映されていることを確認してください。

ホーム画面へは、[Simulator] メニュー→ [Device] → [Home] を選択することでも切り替えることができます。

ホーム画面に、アプリアイコンが反映されていることが確認できたら成功です！

Point

シミュレータでも、実機と同様にアプリの削除を行えます。

▼ シミュレータでアプリを削除する手順

❶ [Home] アイコンをクリック

❷長押し

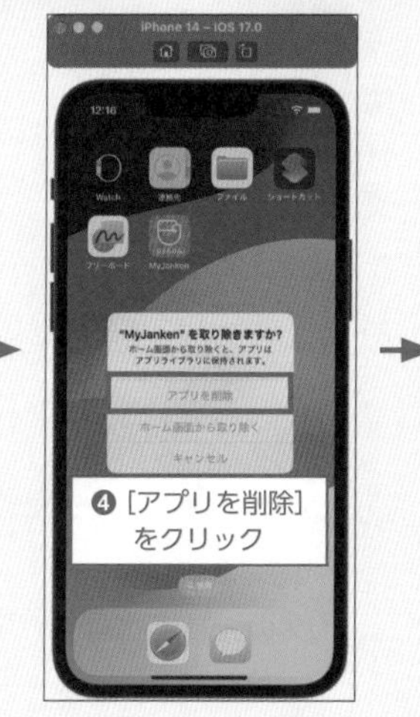

シミュレータを起動してください。

❶ [Home] アイコンをクリックします。

❷「MyJanken」を長押しします。

❸ メニューが表示されるので [アプリを削除] をクリックします。

❹「アプリを削除] をクリックします。

❺ [削除] をクリックします。これで、シミュレータでもアプリが削除できました。

COLUMN

プログラミングのスコープ

プログラミングにおいて、スコープは重要な概念です。

スコープとは、変数、定数、関数、メソッド、struct、class のアクセスできる範囲です。

定数を例にして、スコープを確認しましょう。

```
let count = 15
if count > 10 {
    let display = "10より大きいよ！"
    print(display)  // スコープ内なのでアクセス可能
}
print(display)  // スコープ外なのでエラーが発生
```

上記は、定数 count が 10 より大きければ定数 display の内容を print 文でメッセージ出力しています。

if 文の中で、定数を宣言しているので、if 文の「{ }」ブロック内ではアクセス可能ですが、if 文のブロック外ではアクセスができないので、エラーになってしまいます。

では、どうすれば、if 文の外でも定数にアクセスできるようになるでしょうか？

```
let count = 15
let display = "10より大きいよ！"
if count > 10 {
    print(display)  // スコープ内なのでアクセス可能
}
print(display)  // スコープ内なのでアクセス可能
```

if 文の外で、定数を宣言してあげると、display のスコープは、if 文の外にも広げられるので、アクセス可能になります。

この概念は、変数、関数、メソッド、struct、class でも同じです。

この概念はとても重要で、スコープの範囲を小さくするとプログラムコードの安全性が高まります。

以下のページでも詳細に解説していますので、しっかり理解をしましょう。開発に慣れてきたら、スコープを意識して影響範囲を小さく閉じるコードを書けるように意識をしてください。

［初心者向け］Swift 言語の基礎文法：スコープ（変数の有効範囲）を学ぼう！

https://blog.code-candy.com/swift_scope_basic/

Day 1 / Day 2

楽器アプリを作ろう
―音の扱い方を学ぶ―

音を扱うことができる「AVFoundation」を利用して、楽器アプリを開発します。シンバルとギターをタップすると楽器の音が流れます。

また、背景などViewを重ねるときに用いるレイアウトZStackについても習得します。

START Lesson 4-1 完成をイメージしよう

Lesson 4-2 シンバルとギターを配置しよう

GOAL Lesson 4-3 タップで音を鳴らそう

ステップアップ

Lesson 4-4

リファクタリングで見通しを改善しよう

Day 1

Lesson 4-1

完成をイメージしよう

このレッスンで学ぶこと

- 楽器アプリの機能を理解しましょう。
- 楽器アプリに必要なView（部品）を把握しましょう。

完成イメージ

これから開発する楽器アプリは、シンバルとギターをタップすることで、それぞれの音を鳴らすことができます。

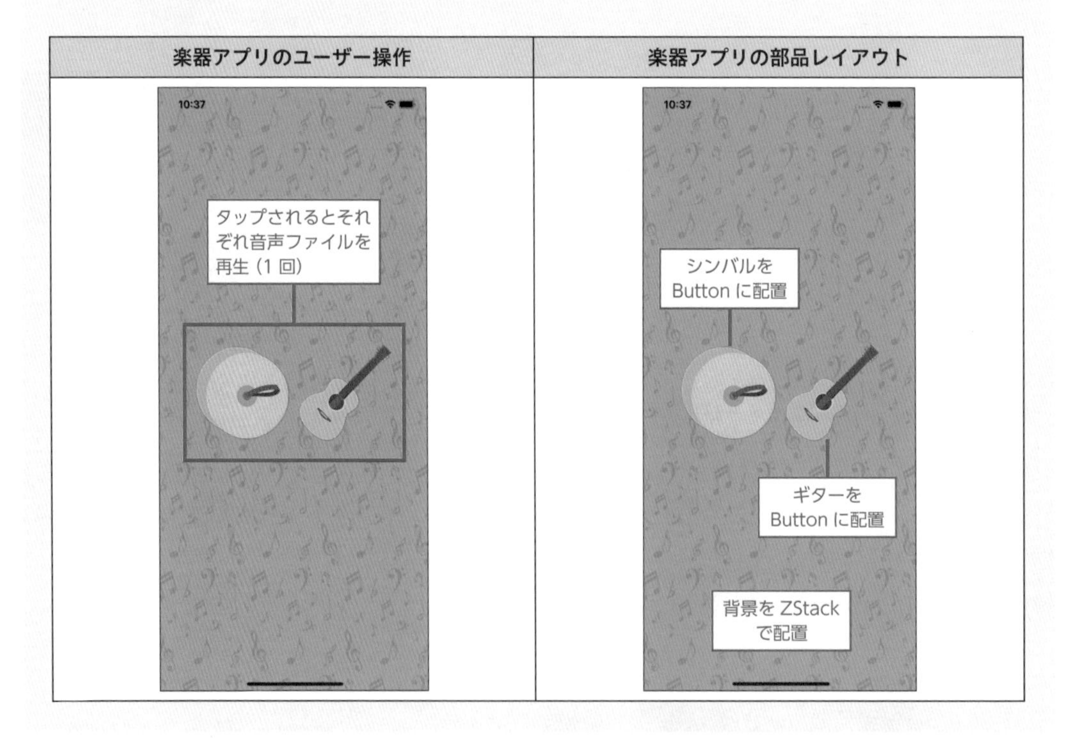

部品レイアウト

- 楽器アプリで配置される「シンバル」「ギター」はすべてButtonを利用します。
- ZStack、HStackを活用したレイアウトを体得しましょう。

Point

SwiftUIを使ったアプリでは、レイアウトの方法として3種類あります。
ZStackは奥行き方向のレイアウトを指定します。今回は、背景画像に使います。
HStackは、横方向のレイアウトを指定します。今回は、「シンバル」「ギター」のレイアウトに使います。
最後に、VStackは縦方向のレイアウトを指定しますが、今回は利用しません。
ぜひ、習得してください。

ユーザー操作

- シンバルとギターをタップすることで、一度だけ音を鳴らすことができます。

Point

iOSアプリの開発で大切なことはたくさんあります。使いやすいボタンの配置、全体的な色彩のバランス、画面のデザイン、理解しやすい画面遷移など、思いつくことはたくさんあります。いろいろな大切なことがあるなかで、音もアプリのクオリティを高める大切な要素です。たとえば、ユーザーが間違った操作をしている場合に、この操作は間違っているんだなとわかるような効果音を鳴らしたり、逆に、クイズアプリで正解した場合に正解だとわかるような音を鳴らしたりするのも効果的です。
このLessonでは、iOSアプリ開発の音の扱い方を攻略しましょう。

1 プロジェクトを作成しよう

▼ プロジェクトの作成

Choose options for your new project:

Product Name: MyMusic
Team: None
Organization Identifier: Swift-Beginners
Bundle Identifier: Swift-Beginners.MyMusic
Interface: SwiftUI
Language: Swift
Storage: None
Host in CloudKit
Include Tests

Cancel　Previous　Next

Xcode を起動して、プロジェクトを作成します。

ここでは、「Product Name」には「MyMusic」と入力します。プロジェクトの作成方法がわからない場合は、「Day1 Lesson2-4 Xcode を起動して、プロジェクトを作成しよう」(P.39) を確認してください。

本書では、[Organization Identifier] に「Swift-Beginners」と入力しています。ですが、学習の際には、別の ID にしてください。たとえば、ご自身のホームページのドメインのように、重複しにくい ID を入力してください。

Day 1 Lesson 4-2

シンバルとギターを配置しよう

このレッスンで学ぶこと

- 楽器の画像ファイルを取り込んで、Button として配置しましょう。
- ZStack、HStack を活用したレイアウトを体得しましょう。

1 レイアウトを理解しよう

1-1 HStack、ZStack とは

▼ HStack と ZStack のレイアウト例

HStack レイアウト

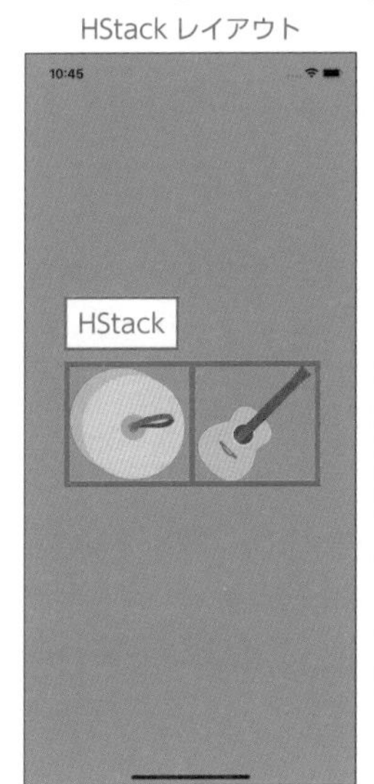

ZStack レイアウト

＋

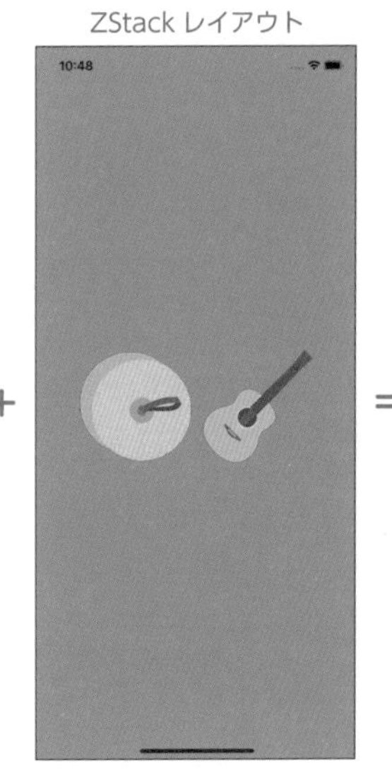

＝

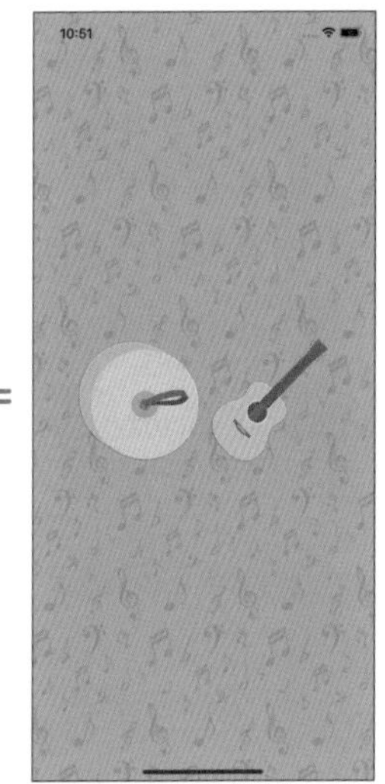

HStack は、横方向に View（部品）をレイアウトするときに用います。楽器アプリの場合、「シンバル」と「ギター」が横に並んでいるレイアウトに用いています。ZStack は、奥行き方向のレイアウトするとき用います。楽器アプリの場合は、「背景」と横に並んでいる「シンバル」、「ギター」を重ねるレイアウトに用いています。

2 パーツを配置しよう

2-1 楽器の画像と、背景画像の取り込み

では、楽器アプリを作っていきましょう。

最初に、ボタンに使うギターとシンバルの画像と背景画像を取り込みましょう。

▼ 画像ファイルの取り込み

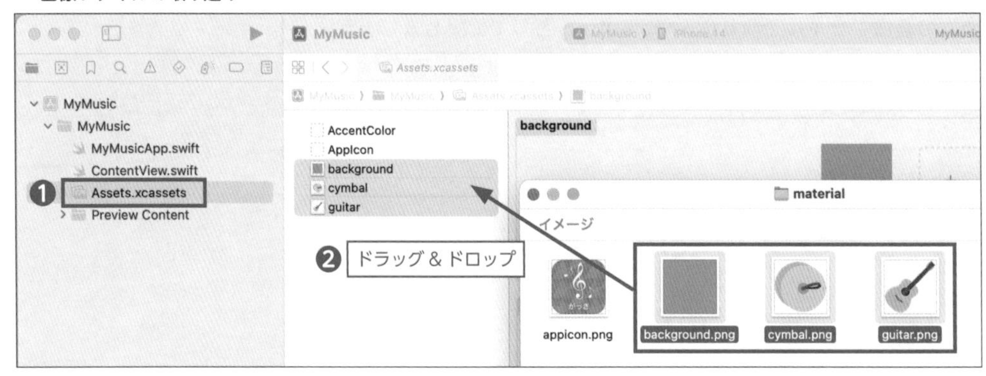

❶ Assets.xcassets を選択して、

❷ 素材フォルダ「MyMusic/material/」から「cymbal.png」「guitar.png」「background.png」を、Assets.xcassets にドラッグ＆ドロップします。
　素材フォルダは、P.107 を参考にダウンロードしてください。

「cymbal.png」がシンバルの画像、「guitar.png」がギターの画像、「background.png」が画面背景用の画像です。

▼ 画像ファイルの取り込み後の画面

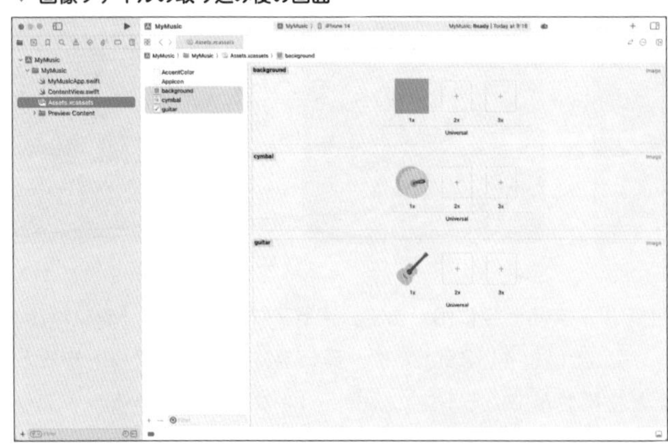

このような状態になると、画像の取り込みは成功しています。

2-2　背景画像の配置

背景画像を追加しましたので、その画像を使って背景を表示します。

▼ コードの削除

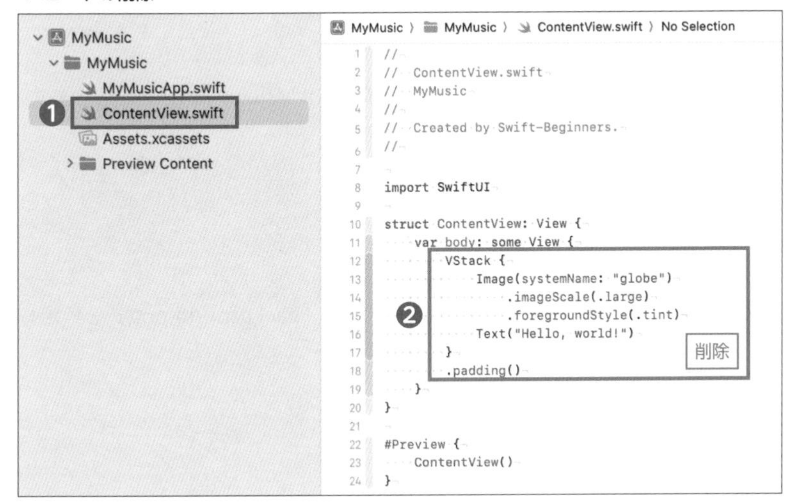

背景画像を配置します。

❶ ContentView.swift を選択します。
❷ 青枠の箇所のコードを削除してください。
❸ 赤枠の箇所のコードを入力してください。

▼ 背景画像を配置

```
//
// ContentView.swift
// MyMusic
//
// Created by Swift-Beginners.
//

import SwiftUI

struct ContentView: View {
    var body: some View {
        ZStack {
            // 背景画像を指定する
            Image(.background)
            // リサイズする
                .resizable()
            // 画面いっぱいになるようにセーフエリア外まで表示されるように指定
                .ignoresSafeArea()
            // アスペクト比（縦横比）を維持して短辺基準に収まるようにする
                .scaledToFill()
        } // ZStack ここまで
    } // body ここまで
} // ContentView ここまで
```

追加

コード解説　これから、さきほど変更したコードをステップごとに説明します。

```
ZStack {
      (省略)
} // ZStack ここまで
```

奥行き方向をレイアウトすることを宣言しています。その { } 内に配置したい View（部品）を記述します。

```
// 背景画像を指定する
Image(.background)
```

背景画像を表示します。引数にドラッグ & ドロップして取り込んだ画像「background.png」を指定しています。

```
// リサイズする
.resizable()
```

大きな画像を適切なサイズに変更し画面内に収まるように指示しています。

```
// 画面いっぱいになるようにセーフエリア外まで表示されるように指定
.ignoresSafeArea()
```

FaceID 搭載 iPhone のベゼル部分の内側（赤枠）をセーフエリアと呼びます。そのセーフエリア外まで表示範囲とする指示をしています。よって画面全体に画像が表示されるようになります。

▼ セーフエリア

```
// アスペクト比（縦横比）を維持して短辺基準に収まるようにする
.scaledToFill()
```

表示する画像のサイズ変更方法を指示しています。「.scaledToFill()」は画像の短辺基準にサイズ変更します。これにより余白がない画像が表示されます。

2-3　シンバル、ギターボタンの配置

シンバルとギターの画像を追加しましたので、その画像を使ってボタンを作ります。

赤枠のコードを追加します。

▼ シンバル、ギターボタンの配置

```
10 struct ContentView: View {
11     var body: some View {
12         ZStack {
13             // 背景画像を指定する
14             Image(.background)
15             // リサイズする
16                 .resizable()
17             // 画面いっぱいになるようにセーフエリア外まで表示されるように指定
18                 .ignoresSafeArea()
19             // アスペクト比（縦横比）を維持して短辺基準に収まるようにする
20                 .scaledToFill()
21 
22             // 水平にレイアウト（横方向にレイアウト）
23             HStack {
24                 // シンバルボタン
25                 Button {
26                     // ボタンをタップしたときのアクション
27                 } label: {
28                     // 画像を表示する
29                     Image(.cymbal)
30                 } // シンバルボタンはここまで
31 
32                 // ギターボタン
33                 Button {
34                     // ボタンをタップしたときのアクション
35                 } label: {
36                     // 画像を表示する
37                     Image(.guitar)
38                 } // ギターボタンはここまで
39             } // HStack ここまで
40         } // ZStack ここまで
41     } // body ここまで
42 } // ContentView ここまで
```

追加

コード解説　これから、さきほど変更したコードをステップごとに説明します。

```
// 水平にレイアウト(横方向にレイアウト)
HStack {
      (省略)
} // HStack ここまで
```

横方向のレイアウト指示をしています。シンバルとギターを横に並べて配置するために指示しています。

```
// シンバルボタン
Button {
    // ボタンをタップしたときのアクション
} label: {
    // 画像を表示する
    Image(.cymbal)
} // シンバルボタンはここまで
```

「Button { } label: { }」はタップすると何らかのSwiftコードを実行できるView（部品）です。最初の{ }内にSwiftコードを記述するとタップしたときに実行されます。次の「label : { }」は、ボタンに表示するView（部品）を記述します。今回は「Image()」を使ってボタンとして画像を表示しています。

「Preview paused」と表示されている場合、[Live Preview] が停止しています。
[Live Preview] を再開する場合には を選択しましょう。

▶［Live Preview］で表示を確認してみましょう。

▼［Live Preview］で確認

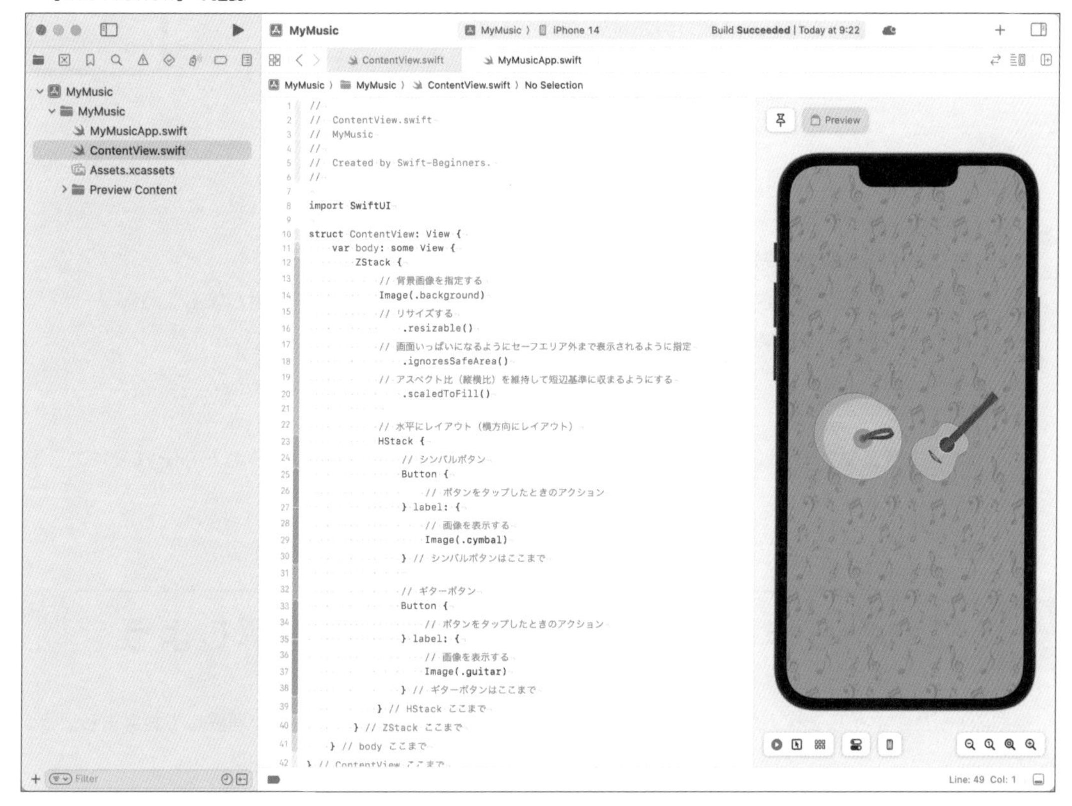

プレビューはお好きな機種で実施してください。シミュレータとプレビューで使いたい機種の追加方法は以下を参照してください。

シミュレータに別の機種を追加する方法
https://blog.code-candy.com/xcodeadddevice/

Day 1
Lesson
4-3

タップで音を鳴らそう

このレッスンで学ぶこと

- 音源ファイルを取り込み、ユーザーのアクションで再生しましょう。
- 画像やボタンがタップされたタイミングでプログラムを実行する方法を体得しましょう。
- 例外処理の仕組みを理解し、予期せぬエラーに備えましょう。

次は、楽器の音源ファイル（mp3）を取り込んで、シンバルとギターがタップされたらそれぞれの音源を鳴らすように実装します。

1 これから作るファイルとその役割を理解しよう

複数のswiftファイルを作るため、最初に各レッスンでどのような作業をするのか理解しておきましょう。

▼ swiftファイルとその役割

画面表示
タップを受け付ける
ContentView.swift

音を鳴らす
SoundPlayer.swift

SwiftUIでは、画面を表示する部品と音などのプログラムを分けて作る必要があります。

このレッスンでは音を鳴らすための機能を作ります。指定された音を鳴らすことをできるようにし、最後にタップされたときに音が鳴るようにします。

最初に、音を鳴らすための機能を作り、次にタップされたときに音を鳴らす機能を呼び出すように作ってアプリを完成させます。

それでは作りましょう。

2 音を扱う準備をしよう

音源ファイルを Xcode に取り込みます。

▼ 音源ファイルの取り込み

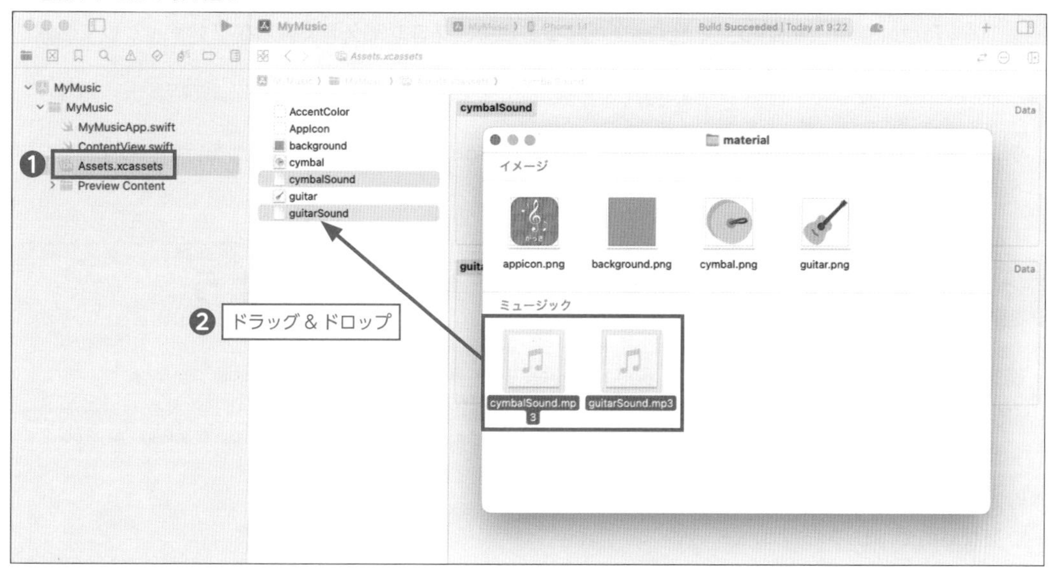

❶ Assets.xcassets を選択して、
❷ 音源ファイル（mp3）の取り込み素材フォルダ「MyMusic/material/」にある「cymbalSound.mp3」、「guitarSound.mp3」を、Assets.xcassets にドラッグ＆ドロップして、音源ファイルを取り込みます。

▼ 音源ファイル取り込み完了の確認

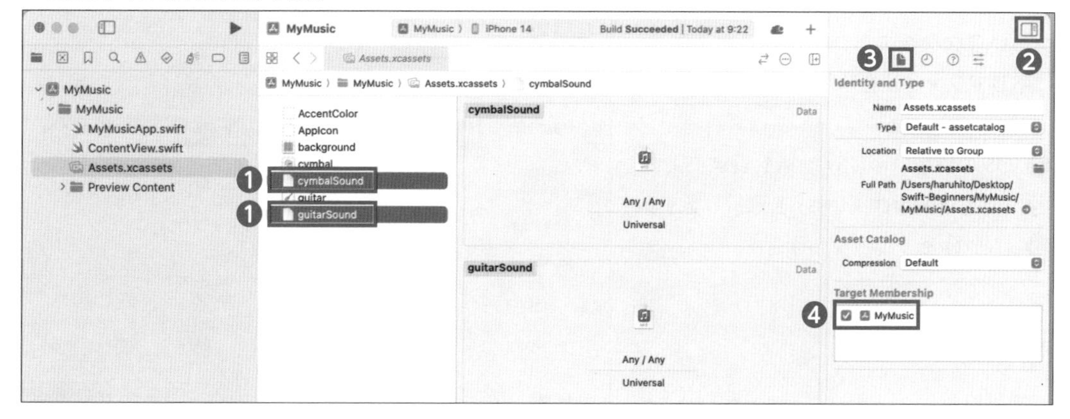

❶ 取り込んだ2つのファイルを複数選択します。command キーを押しながら選択すると複数選択できます。
❷ Xcode 画面の右上の [Inspectors] ボタンをクリックします。
❸ [Show the File inspector] をクリックします。
❹「MyMusic」にチェックがついているか確認をしてください。チェックをしていなければ、オンにしておきましょう。
この [Target Membership] でチェックが入ることで、プロジェクトで有効なファイルとして認識されるようになります。

音源ファイルが取り込めたら、次は音を鳴らすための SoundPlayer.swift の追加を行いましょう。

3 SoundPlayer.swift ファイルを追加しよう

音を鳴らすための機能を追加するために SoundPlayer.swift を作成します。

❶ [Project navigator] の MyMusic 内の適当な場所で、
❷ 右クリック、もしくは [control] キーを押しながらクリックして、サブメニューを表示します。
❸「New File...」を選択します。

▼ 新規 View のファイルを追加

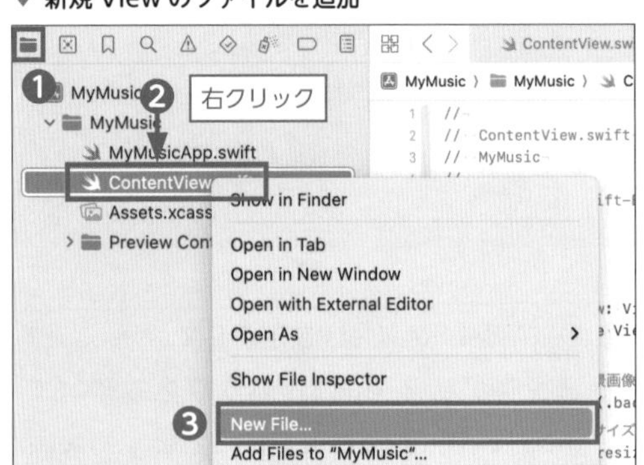

[Choose a template for your new file] 画面が表示されます。この画面では、いろいろな種類のテンプレートから用途に応じてファイルを新規作成できます。

❶ OS の種類は [iOS] を選択します。
❷ [Cocoa Touch Class] を選択します。
❸ [Next] をクリックします。

▼ [Cocoa Touch Class] を選択

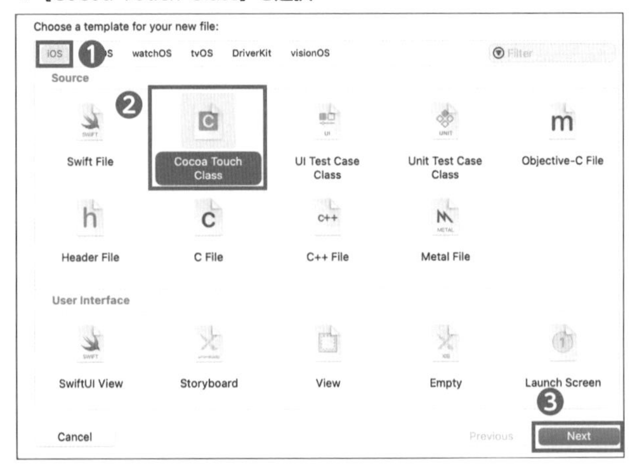

❶ クラス名として音を鳴らすための機能を追加したいので、「SoundPlayer」と入力します。
❷ 継承するクラスを選択します。ここでは基本的なクラス「NSObject」を選択します。
❸ プログラム言語は「Swift」を選択します。
❹ [Next] をクリックします。

▼ クラス名を設定

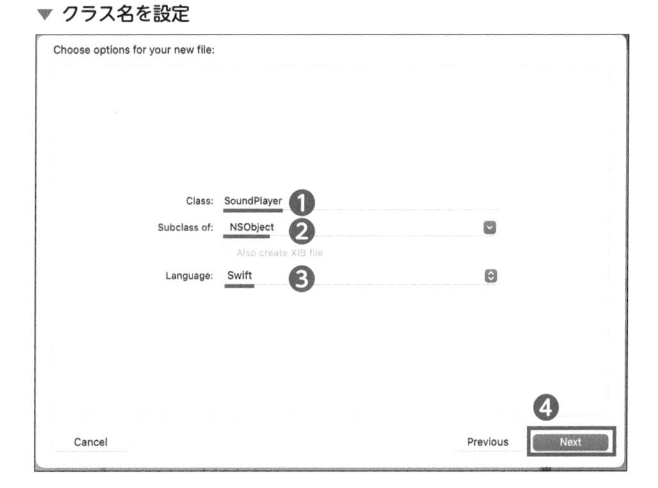

Point

NSObjectは、基本的なクラスです。クラスを新規に作成する際にはNSObjectから派生して作成します。

保存先確認画面が表示されます。そのまま [Create] をクリックします。

▼ 保存先を選択

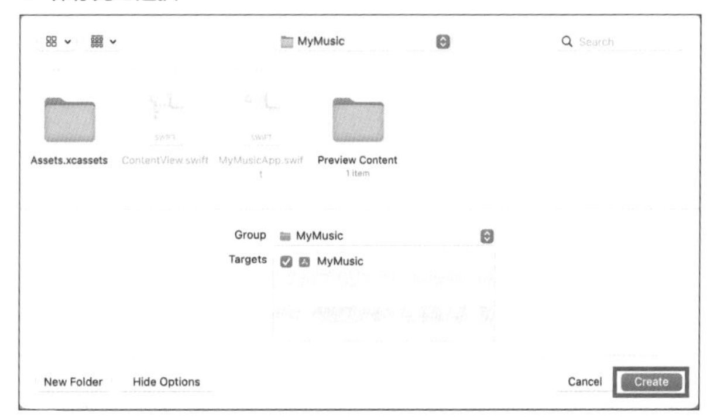

「SoundPlayer.swift」が作成されていることを確認します。

▼ 「SoundPlayer.swift」の確認

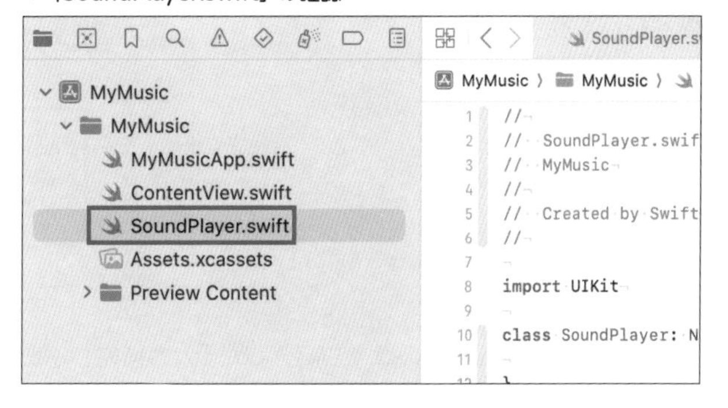

4 音を便利に扱うことができる「AVFoundation」を読み込もう

実際に音を鳴らす機能を作成していきます。最初に音を扱う準備をします。

iOS プログラムで音を扱うためには、「AVFoundation」というフレームワークを読み込んでコードを書きます。「AVFoundation」は、iOS プログラムが標準で音を扱いやすくしてくれるフレームワークです。また、AVFoundation は、音の他に画像や動画も扱いやすくしてくれます。このようなフレームワークがあるお陰で、私たちがほんの数行のコードを書くだけで、本当は複雑な機能を簡単に実装することができます。

SoundPlayer.swift を選択したあとに、以下の赤枠のコードを追加してください。

❶ SoundPlayer.swift を選択します。

❷ 赤枠の箇所のコードを追加してください。

▼ AVFoundation 取り込み指定

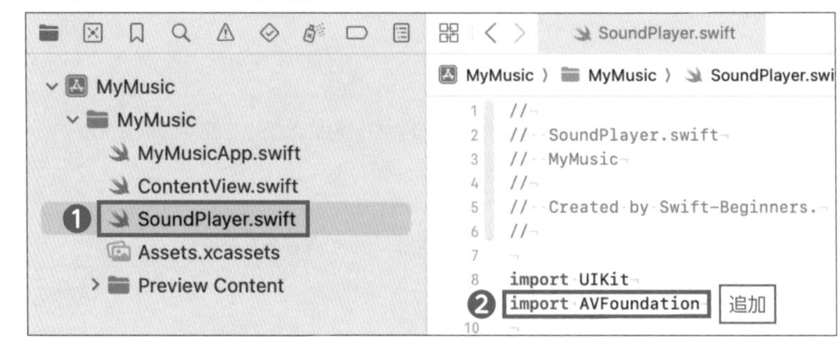

このように、フレームワークを利用するためには、import 文で指定して読み込みます。

5 シンバルを鳴らす機能を作ろう

5-1 シンバルの音源データと、シンバルのプレイヤーを宣言

シンバルを鳴らす機能を作るための準備を行います。

赤枠のコードを追加してください。

▼ シンバルの音源データ読み込みとインスタンスの宣言

```
8   import UIKit
9   import AVFoundation
10
11  class SoundPlayer: NSObject {
12      // シンバルの音源データを読み込み
13      let cymbalData = NSDataAsset(name: "cymbalSound")!.data
14
15      // シンバル用プレイヤーの変数
16      var cymbalPlayer: AVAudioPlayer!
17
18  }
```
追加

ここでも、じゃんけんの章でご紹介した「入力補完」の機能 (P.116) を使って入力してください。

コード解説　これから、さきほど追加したコードを説明します。

```
// シンバルの音源データを読み込み
let cymbalData = NSDataAsset(name: "cymbalSound")!.data
// シンバル用プレイヤーの変数
var cymbalPlayer: AVAudioPlayer!
```

NSDataAsset が、Assets.xcassets 内のファイルや画像を管理してくれるクラスです。取り込んだ音源のファイル名を指定し、ファイルの内容を取得しています。

「!」は強制アンラップを意味しています。詳細はこの Lesson の「COLUMN オプショナル型とアンラップを理解しよう」（P.194）を参考にしてください。

AVAudioPlayer を利用して、シンバルを鳴らすインスタンス変数を用意しています。

AVAudioPlayer は、音源ファイルを再生できるようにする機能です。

Point

インスタンスは、「実体（じったい）」とも言われています。クラスをインスタンス（実体）として生成することで、クラスに書かれたコードを実行できるようになります。最初はこの単語だけで難しく感じてしまうかもしれません。ただ、いまは、インスタンスを生成すればクラスの便利な機能を利用できるようになる、という認識で大丈夫です。頭で考えるより、どんどんコードを書いて慣れていきましょう。

Tips

●「変数」と「定数」

音源データの場所を保持している「cymbalData」とシンバル用のプレイヤーインスタンスを保持している「cymbalPlayer」の前に「let」と「var」を指定しています。

じゃんけんアプリでは「var」を指定して変数を作成していましたが、「let」は、はじめて出てきました。これらの違いは何でしょう？　「let」は一度値を設定したら変更できないという指定で、「定数（ていすう）」と呼ばれています。

対して「var」は値の変更が可能で、「変数（へんすう）」と呼ばれます。定数を宣言したあとに値を書き換えようとすると、Xcode はエラーを発生させて定数は変更できないことを教えてくれます。

どうして、Swift は「変数」と「定数」をきっちりと使い分けるように提案するのでしょうか？

ここでも、Swift が安全性を重視している言語だということが読み取れます。Swift は、プログラムが安全に実行できるようにさまざまな工夫がなされている言語です。プログラムの中で、変わってしまってはいけない値を明示的に宣言して、「もし変更されていればもう一度よく考えてみよう」と、Xcode がプログラマーに教えてくれます。

5-2 シンバルの音が鳴るコードを追加

シンバルを鳴らすコードを書きます。
赤枠のコードを追加してください。

▼ シンバルを鳴らすコード

```
11 class SoundPlayer: NSObject {
12     // シンバルの音源データを読み込み
13     let cymbalData = NSDataAsset(name: "cymbalSound")!.data
14     
15     // シンバル用プレイヤーの変数
16     var cymbalPlayer: AVAudioPlayer!
17     
18     func cymbalPlay() {
19         // シンバル用のプレイヤーに、音源データを指定
20         cymbalPlayer = AVAudioPlayer(data: cymbalData)
21         
22         // シンバルの音源再生
23         cymbalPlayer.play()
24     } // cymbalPlay ここまで
25 }
26 
```

追加

コード解説 これから、さきほど変更したコードをステップごとに説明します。

```
// シンバル用のプレイヤーに、音源データを指定
cymbalPlayer = AVAudioPlayer(data: cymbalData)

//シンバルの音源再生
cymbalPlayer.play()
```

書くコードはシンプルです。

最初に、シンバルの音源データを入れた変数「cymbalData」を AVAudioPlayer に渡して、「cymbalSound.mp3」の情報を cymbalPlayer に格納しています。

そして次の行で格納した cymbalPlayer の play メソッドを実行することで、音を鳴らすことができます。

▼ シンバルの例外処理実装前の画面

```
18     func cymbalPlay() {
19         // シンバル用のプレイヤーに、音源データを指定
20         cymbalPlayer = AVAudioPlayer(data: cymbalData)
21                     ⊗ Call can throw, but it is not marked with 'try' and the error is not handled
22         // シンバルの音源再生
23         cymbalPlayer.play()
24     } // cymbalPlay ここまで
25 }
26 
```

ただ、実際にコードを書くと、上記のようにエラーが発生してしまいます。エラーメッセージに「Call can throw, but it is not marked with 'try' and the error is not handled」と表示されていることが確認できます。ここでは Xcode は、try を記述しないとエラーを管理することはできない、と教えてくれています。

Swift では、エラーが発生する可能性があるクラスを利用する場合は、このようにエラーが表示されま

す。たとえば、AVAudioPlayer は、音源データが正しくないため音が鳴らない場合があります。

そのような正常な状態ではない場合のエラーが発生したときの処理を記述することができます。プログラミングの世界では、「例外処理」とも言います。例外処理を記述しておかないと、予期せぬ状態の場合にアプリが強制終了してしまったりするので、事前にそのような可能性があるクラスを利用する場合は、Xcode がこのようにエラーで知らせてくれます。

以下の赤枠のコードに修正してください。

```
11 class SoundPlayer: NSObject {
12     // シンバルの音源データを読み込み
13     let cymbalData = NSDataAsset(name: "cymbalSound")!.data
14     
15     // シンバル用プレイヤーの変数
16     var cymbalPlayer: AVAudioPlayer!
17     
18     func cymbalPlay() {
19         do {
20             // シンバル用のプレイヤーに、音源データを指定
21             cymbalPlayer = try AVAudioPlayer(data: cymbalData)
22             
23             // シンバルの音源再生
24             cymbalPlayer.play()
25         } catch {
26             print("シンバルで、エラーが発生しました！")
27         }
28     } // cymbalPlay ここまで
29 }
```

修正

コード解説　これから、追加したコードを説明します。

具体的には、音を再生させるコードを、「try」文と「do-catch」文を組み合わせて、エラーが発生した場合の処理を書いています。

```
do {
    try メソッド呼び出し
} catch {
    // エラー処理
}
```

ここでは、エラー処理として、コンソールに「シンバルで、エラーが発生しました！」と表示させます。

Point

func ではじまるキーワードは、Swift では関数を意味しています。
関数とは、何らかの結果を得るためのコードの組み合わせで、「{ }」のブロックで囲みます。

5-3　タップしたらシンバルの音が鳴るように準備しよう

シンバルをタップしたらシンバルの音が鳴るための準備をします。
以下の赤枠のコードを追加してください。

▼ 音の鳴らすための準備するコード

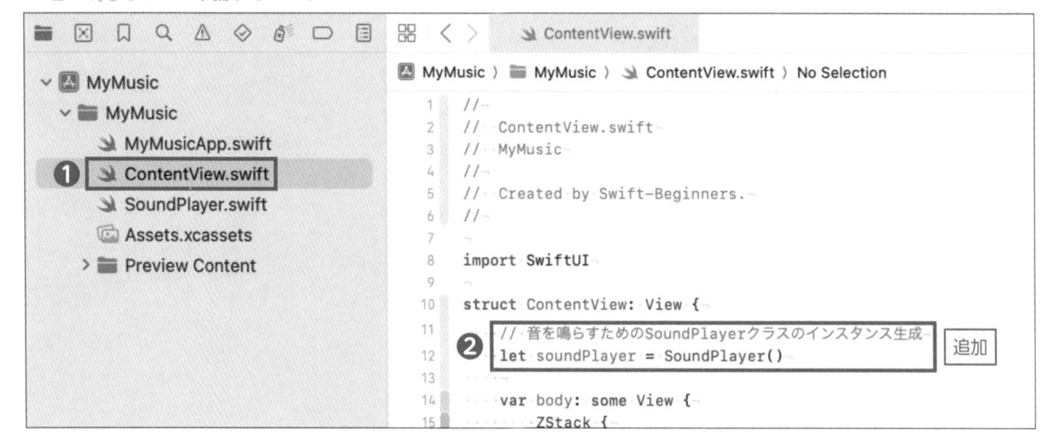

❶ ContentView.swift を選択します。
❷ 赤枠の箇所のコードを追加してください。

先ほど作成したSoundPlayerをContentViewから実行できるようにインスタンス変数を用意します。

5-4　タップしたらシンバルの音が鳴るようにしよう

シンバルをタップしたらシンバルの音が鳴るコードを実行します。

これによりシンバルが鳴るようになります。

赤枠のコードを追加してください。

▼ タップしたらシンバルが鳴るようにするコード

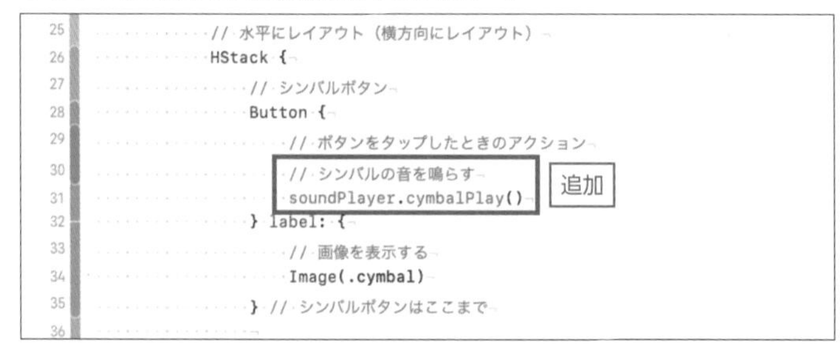

コード解説　これから、追加したコードを説明します。

// シンバルボタン

```
Button {
    // ボタンをタップしたときのアクション
    // シンバルの音を鳴らす
    soundPlayer.cymbalPlay()
} label: {
    // 画像を表示する
    Image(.cymbal)
}// シンバルボタンはここまで
```

ボタンをタップしたときのアクションに **soundPlayer.cymbalPlay()** と記述することによってSoundPlayer内のcymbalPlay()を実行します。

では [Live Preview] で、シンバルをタップしてみましょう！

▼ [Live Preview] 画面

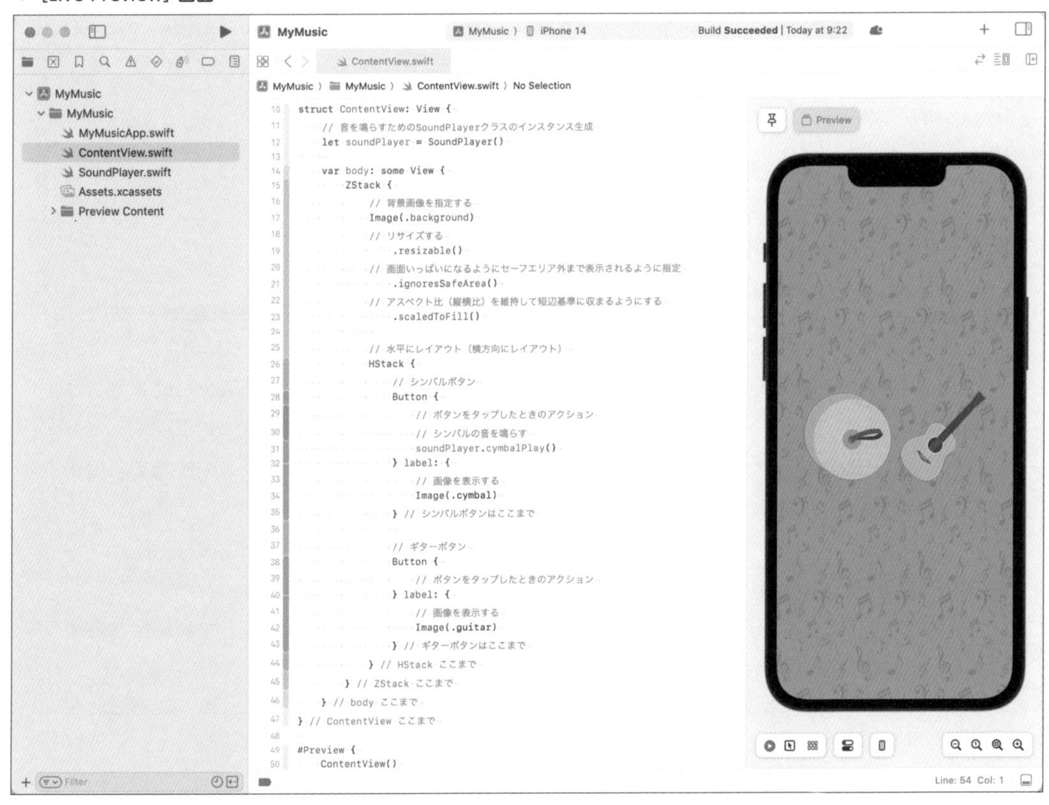

次に、ギターを鳴らす実装をしますが、実は、シンバルの手順とまったく一緒です。試しに、復習として先ほどの手順を思い出して実装をしてみるのもよいでしょう。わからなくなった場合はギターの実装手順を見ながら、一緒に復習しましょう。

COLUMN 「クラス」と「インスタンス」の関連性を知る

クラスは、いろいろな機能が集まった雛形（テンプレート）のようなものです。

クラスは、いろいろな機能が書かれたプロパティ（変数）とメソッドの集まりであり、設計書です。ただ、クラスは単なる設計書なので、そのままでは実行ができません。

実行するには、「クラス」を変数に「インスタンス」として生成する必要があります。インスタンス（実体）として生成することで、クラスの変数とメソッドを利用できるようになります。生成したインスタンスに対して操作を行うことで、さまざまな機能を利用することができます。

SoundPlayer クラスで説明すると、次のような図になります。

▼ クラスとインスタンス

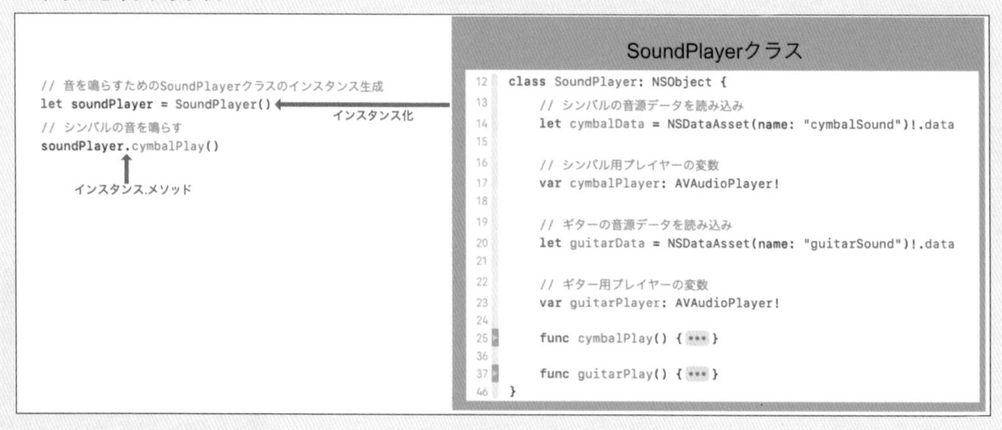

SoundPlayer クラスを、soundPlayer 変数に代入することで、インスタンスを生成することができます。

つまりは、インスタンス生成した soundPlayer 変数で、SoundPlayer クラスの機能を利用することができるようになりました。

● **インスタンス.メソッド**

クラスをインスタンス化（実体化）することで、定義していた変数やメソッドを利用できるようになるということを、しっかり覚えてください。

6 ギターを鳴らそう

6-1 ギターの音源データと、ギターのプレイヤーを宣言

ギターを鳴らすための準備を行います。
以下の赤枠のコードを追加してください。

▼ ギターの音源データ読み込みとインスタンスの宣言

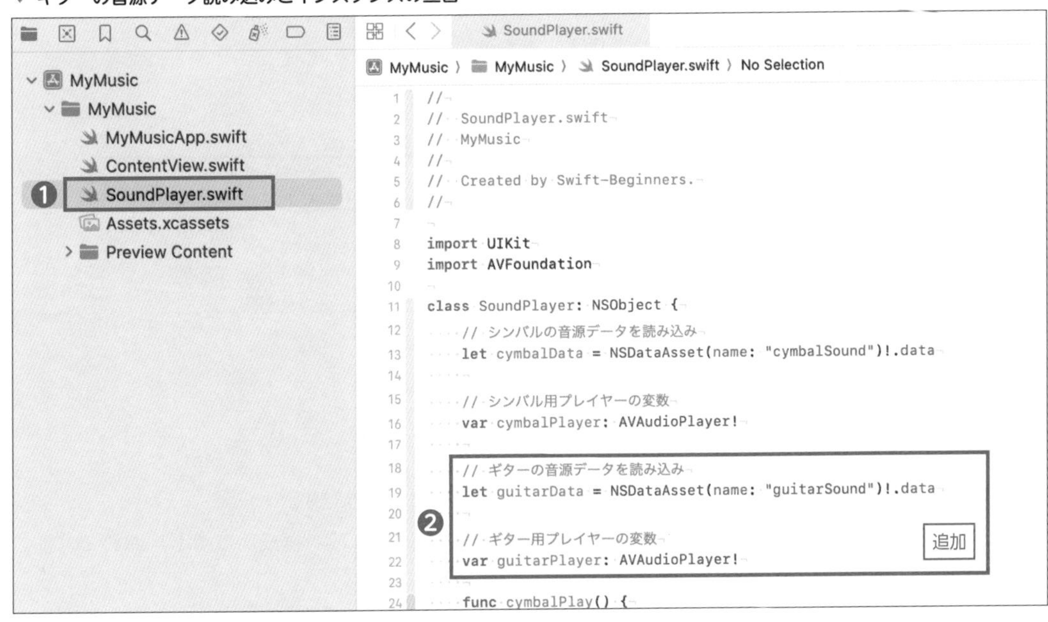

❶ SoundPlayer.swift を選択します。
❷ 赤枠の箇所のコードを追加してください。

ギターの音源データと、ギター用のインスタンス変数を追加しています。

6-2 ギターの音が鳴るコードを追加

ギターを鳴らすコードを書きます。

赤枠のコードを追加してください。ギターを鳴らすコード cymbalPlayer() の下に追加します。

シンバルのコードとの違いは関数名や変数名の名称の違いだけです。

▼ ギターを鳴らすコード

```
35
36     func guitarPlay() {
37         do {
38             // ギター用のプレイヤーに、音源データを指定
39             guitarPlayer = try AVAudioPlayer(data: guitarData)
40
41             // ギターの音源再生
42             guitarPlayer.play()
43         } catch {
44             print("ギターで、エラーが発生しました！")
45         }
46     } // guitarPlay ここまで
47 }
48
```

追加

6-3　タップしたらギターの音が鳴るようにしよう

ギターをタップしたらギターの音が鳴るコードを実行します。
これによりギターが鳴るようになります。
以下の赤枠のコードを追加してください。

▼ タップしたらギターを鳴るようにするコード

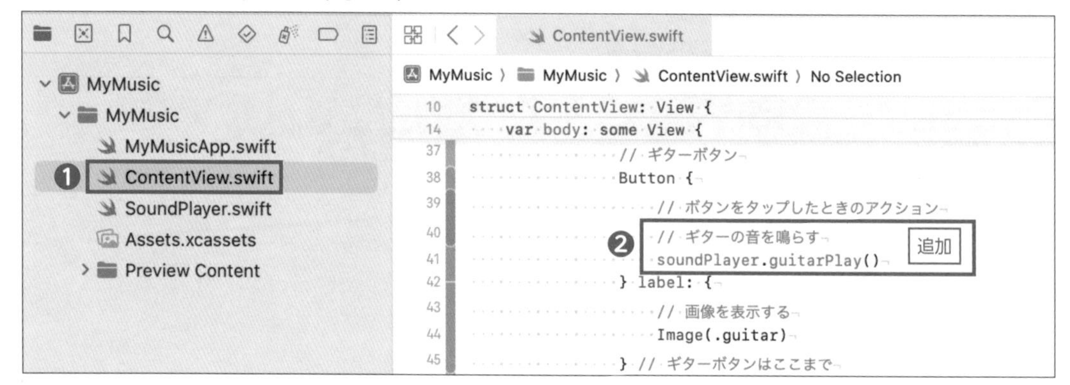

❶ ContentView.swift を選択します。
❷ 赤枠の箇所のコードを追加してください。

先ほどのシンバルのコードとの違いは呼び出すメソッド名の違いだけです。
ここまで実装して、［Live Preview］でギターをタップして音が鳴れば成功です！　おめでとうございます！
これで、Swift で音を扱うことができるようになりました！　ユーザーの操作のタイミングで音が鳴るようになりました。

お疲れ様でした！
次からは「ステップアップ」になります。余裕のある方はぜひ、チャレンジしてみてください。

ステップアップ

リファクタリングで見通しを改善しよう

このレッスンで学ぶこと

- モディファイアをまとめる方法を学びます。
- コードを見やすく、修正しやすいコードに改善しましょう。

リファクタリングとは、プログラムの機能や動作は変更せず、内部のコードを読みやすくしたり、コードの修正を行いやすくしたり、構造を改善したりすることです。

先ほど実装した楽器アプリでもわかるように、コードを書いていくと、何度も同じ（冗長な）処理を書いたり、無駄の多いコードになったりします。実際の開発でも、ある程度の機能ができた時点で、冗長な処理をまとめたり見やすいコードに改善したりと、リファクタリングを行います。

Point

リファクタリングは応用技術なので、まだ行えなくても大丈夫です。
いま、難しく感じたらこの章は飛ばして、2 周目で学んでも大丈夫です。いまはできなくても、心配無用です。

ここからは、いままでのコードを整理して、リファクタリングを体験していきましょう！
今回は、背景を表示している箇所のモディファイアを１つにまとめます。
下記の流れで、リファクタリングを進めます。

1 背景を表示するためのモディファイアを作成する

2 背景を表示している箇所を、作成したモディファイアに差し替え

では、実際にリファクタリングにチャレンジしましょう！

1 モディファイアを作成する

1-1 新規 Swift ファイルを作成する

モディファイアを作成するために新しい Swift ファイルを追加します。

❶ [Project navigator] の MyMusic 内の適当な場所で、
❷ 右クリック、もしくは [control] キーを押しながらクリックして、サブメニューを表示します。
❸「New File...」を選択します。

▼ 新規 View のファイルを追加

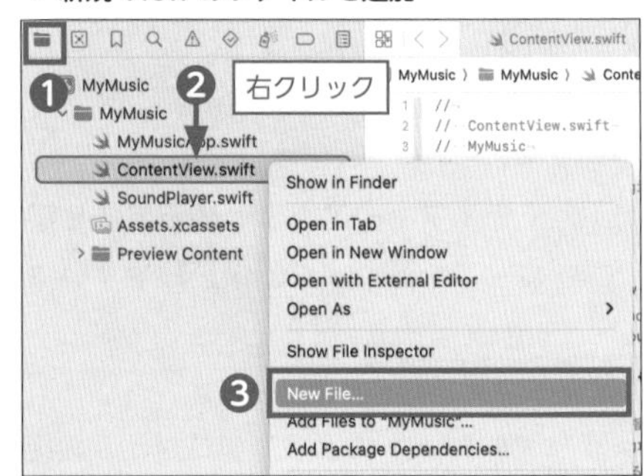

[Choose a template for your new file] 画面が表示されます。この画面では、いろいろな種類のテンプレートから用途に応じてファイルを新規作成できます。

ここでは、❶ [iOS] →❷ [Swift File] を選択して、❸ [Next] をクリックします。

▼ [SwiftUI View] を選択

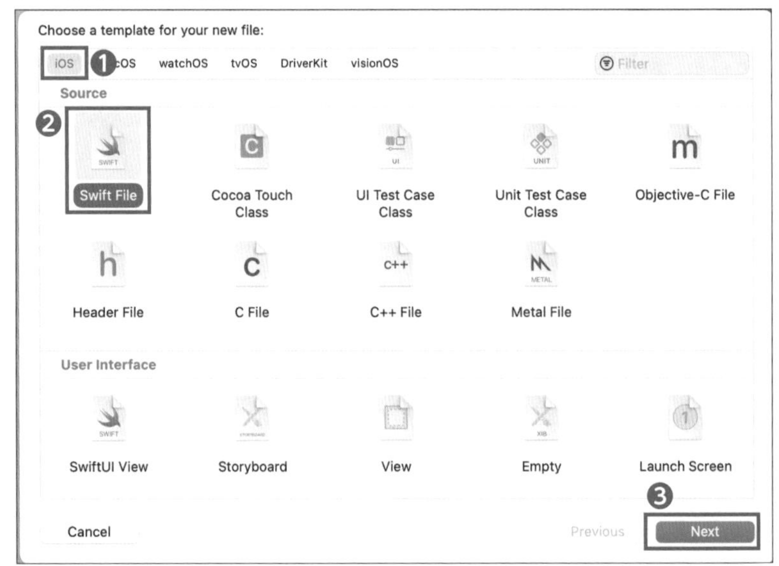

❶［Save As］に、追加するファイルの名前を入力します。

この設定は任意なので、わかりやすい名前を付けましょう。ここでは、背景を表示するViewを追加したいので、「BackgroundModifier.swift」とします。

❷［Create］をクリックします。

▼ ファイルの名前を入力

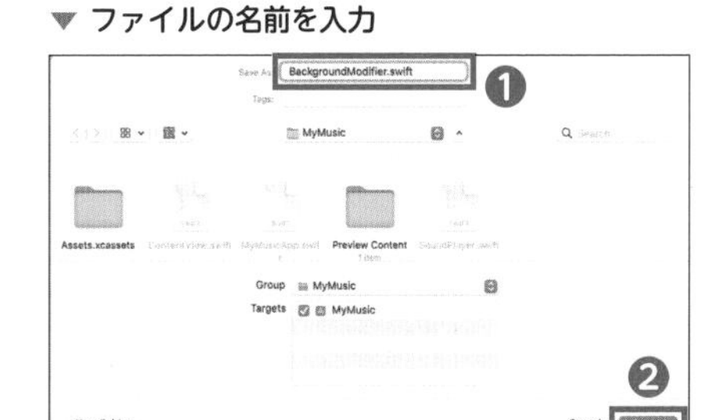

「BackgroundModifier.swift」が作成されていることを確認します。

▼「BackgroundModifier.swift」の確認

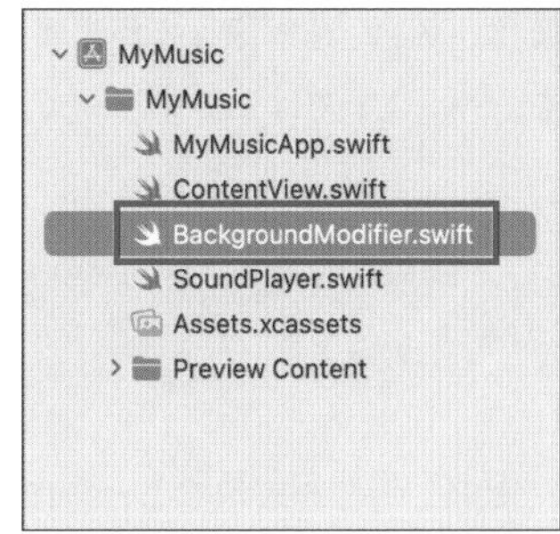

1-2　モディファイアを追加

これから背景を表示するためのモディファイアのコードを書きます。

「import Foundation」を削除してから、赤枠のコードを追加してください。

▼ モディファイアの追加

MyMusic 〉 MyMusic 〉 BackgroundModifier.swift 〉 No Selection

```
1  //
2  //  BackgroundModifier.swift
3  //  MyMusic
4  //
5  //  Created by Swift-Beginners.
6  //
7
8  import SwiftUI
9
10 extension Image {
11     func backgroundModifier() -> some View {
12         // 画像を表示するImageのインスタンス
13         self
14         // リサイズする
15             .resizable()
16         // 画面いっぱいになるようにセーフエリア外まで表示されるように指定
17             .ignoresSafeArea()
18         // アスペクト比（縦横比）を維持して短辺基準に収まるようにする
19             .scaledToFill()
20     } // backgroundModifier ここまで
21 } // Image ここまで
22
```

追加

コード解説　これから、追加したコードを説明します。

```
extension Image {
      (省略)
} // Image ここまで
```

extension（拡張）は、既存のクラス、構造体などに新しい機能を追加することができます。元のコードを変更せずに機能を追加できるのが特徴です。ここでは、画像を表示するImageの機能を拡張することを宣言しています。

```
func backgroundModifier() -> some View {
        （省略）
} // backgroundModifier ここまで
```

新たに作成するモディファイアであるbackgroundModifierを宣言しています。このメソッド（関数）では、Viewを返却しています。このようにViewの外観や動作を変更するための特別なメソッドのことを、SwiftUIではモディファイアと呼称しています。

```
// 画像を表示するImageのインスタンス
self
```

実際に画像を表示するときに使われるImageのインスタンスを指しています。
次に指定するモディファイアが適用されるImageをここで指定しています。

```
// リサイズする
.resizable()
 // 画面いっぱいになるようにセーフエリア外まで表示されるように指定
.ignoresSafeArea()
 // アスペクト比（縦横比）を維持して短辺基準に収まるようにする
.scaledToFill()
```

画像を表示するために作成したImageのインスタンスに対してのモディファイアが記述されています。
ContentViewのImageで指定したモディファイアと同じものとなります。

ここまでで、背景を表示するためのモディファイアを作成することができました。
次からは、元のコードを修正してリファクタリングをしましょう。

2 作成したモディファイア .backgroundModifier() に差し替え

では、さっそく、次のリファクタリング前のコードを、リファクタリング後のコードのように修正してみましょう。

▼ シンバルボタンのコードを削除

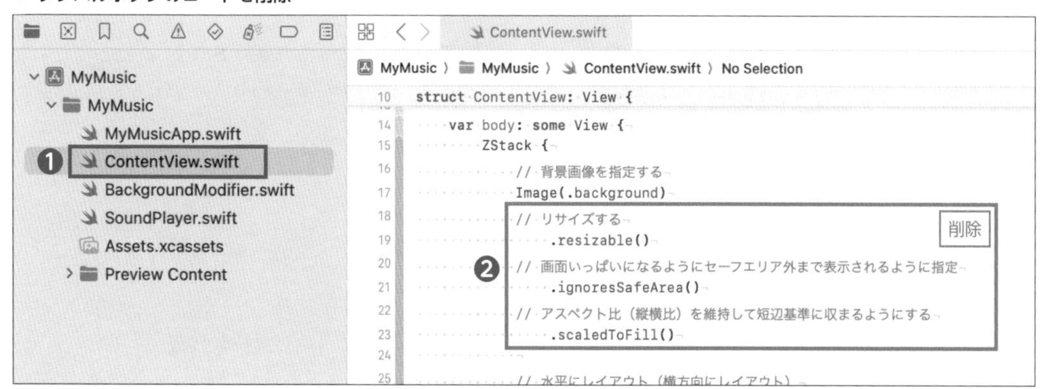

❶ ContentView.swift を選択します。
❷ 青枠のコードを削除します。

❸ そして、赤枠のコードを追加して差し替えしましょう。

▼ リファクタリングしたシンバルボタンを追加

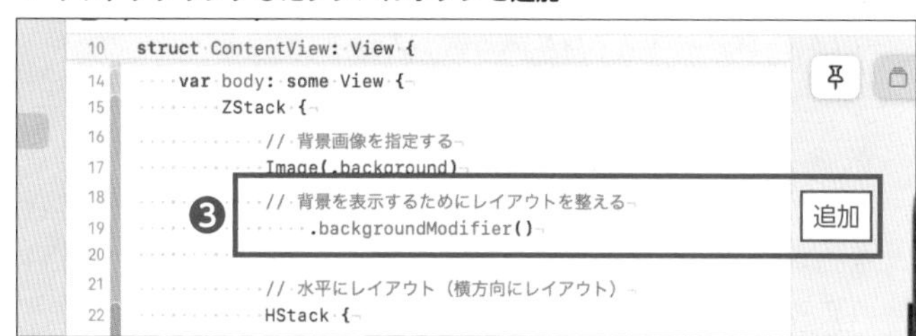

作成したモディファイア .backgroundModifier() を呼び出しています。

このように作成したモディファイアを呼び出すことによって見やすくすることができます。

これで、リファクタリングは完了です。［Live Preview］で、リファクタリング前と同じ動きが確認できたら成功です！

オプショナル型とアンラップを理解しよう

Swift では、変数の宣言時に、なにも値がない状態を許すか許さないかを、データ型で指定する必要があります。「オプショナル型」はデータ型の種類のひとつです。

```
// オプショナル変数(Int)の変数yearを宣言する
var year: Int?

// 変数yearに値がある場合には、変数unwrapYearに値を格納し{ }内が実行される
if let unwrapYear = year {
    // ここではyearに何も代入してないのでアンラップできない
    // アンラップできないので実行されない→表示されない
    print("アンラップ成功：\(unwrapYear)")
}

// 変数yearに2020を代入する
year = 2020

// 変数yearに値がある場合には、変数unwrapYearに値を格納し{ }内が実行される
if let unwrapYear = year {
    // ここではyearに2020(数値)を代入したのでアンラップできる
    print("アンラップ成功：\(unwrapYear)") // アンラップ成功：2020
}

// 変数yearを強制アンラップしてInt型にしてから2を加算する
year! += 2

// 強制アンラップした値を表示する
print("強制アンラップ：\(year!)")              // 強制アンラップ：2022
```

● オプショナル型とは

値がない状態を許すデータ型は「オプショナル型」で、変数宣言時のデータ型のあとに「?」か「!」を指定します。「?」や「!」を付けない宣言は、値がない状態を許さない「非オプショナル型」になります。一般的なオプショナル型は「?」を利用します。

「?」も「!」は両方とも値がない「nil（ニル）」を保持することが許されています。「?」で宣言したオプショナル変数を利用する場合には、アンラップが必要です。「!」で宣言したオプショナル変数を利用する場合には、アンラップをしなくても使用することができますが、開発者が値があることを保証する必要があります。

● アンラップとは

オプショナル型の変数やメソッドを、安全に取り扱う手法を「アンラップ」といいます。アンラップは値がないこと「nil（ニル）」をチェックして使う方法とチェックせずに使う方法があります。

チェックして使う方法は、「if let ～」「guard let ～」を利用します。

チェックせずに使う方法は、強制アンラップといい「!」を記述します。強制アンラップは開発者が値があるとわかっているときに使います。

Day 1 Day 2

Lesson 5

マップ検索アプリを作ろう
—MapKit とクロージャを学ぶ—

マップの表示ができる「MapKit」を利用して、マップアプリを開発します。テキストエリアにキーワードを入力すると、該当する場所を検索し、ピンを立てます。

SwiftUI での MapKit の使い方、クロージャの概念についても解説します。

START Lesson 5-1 完成をイメージしよう

Lesson 5-2 マップパーツを作成しよう

GOAL Lesson 5-3 マップ検索アプリの動作をプログラミングしよう

ステップアップ

Lesson 5-4

マップの種別（衛星写真など）を
切り替えできるようにしよう

Day 1

Lesson

5-1

完成をイメージしよう

このレッスンで学ぶこと

- マップアプリの機能を理解し、これから作るアプリの動作をイメージしましょう。
- アプリを作るために必要な部品やユーザー操作を想定します。

完成イメージ

マップ検索アプリは、検索窓でランドマークや地名などのキーワードを入力して位置情報を取得し、マップにピンを設置するアプリです。

マップ検索アプリでは、文字を入力する箇所（検索窓）とマップを表示する箇所の2つのView（部品）が必要となります。

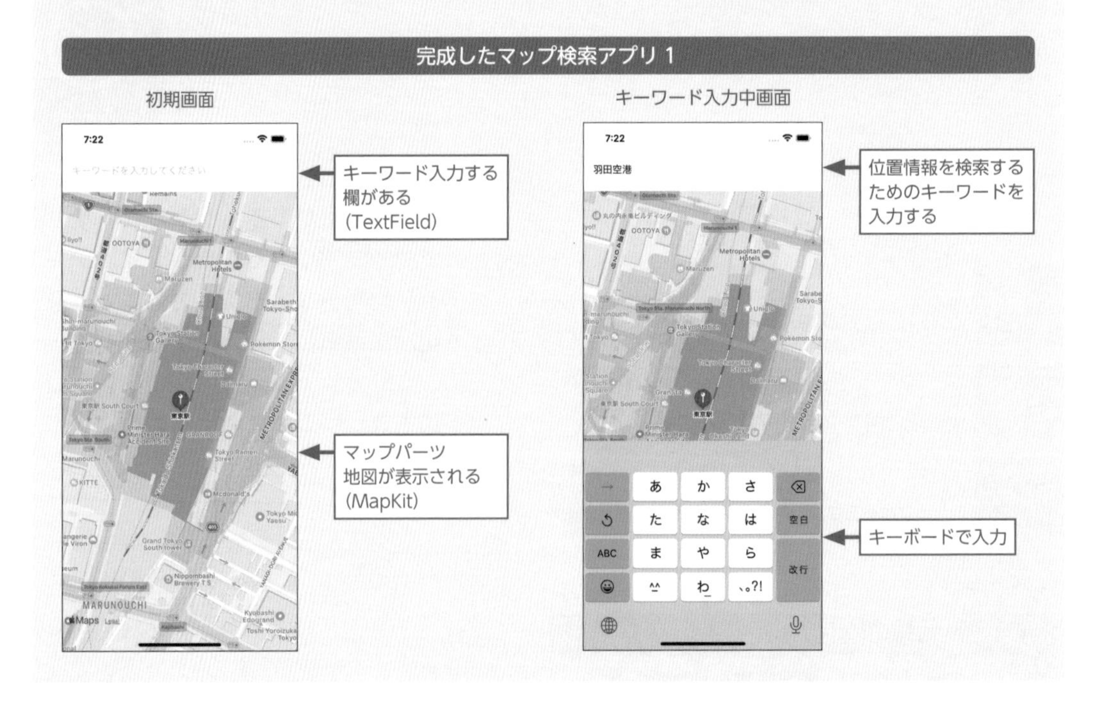

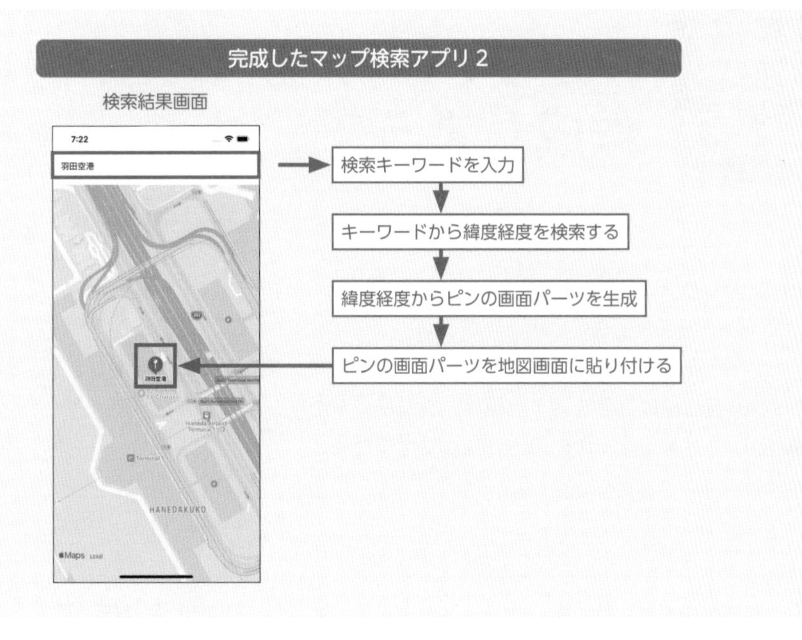

部品レイアウト

- マップを検索するために、文字を入力する TextField を用意します。
- 地図を表示するために MapKit で View を作ります。

Point

SwiftUI では、マップを表示するための View として Map が用意されているので、その Map の使い方を学びます。

ユーザー操作

- 検索窓（TextField）をタップしてキーボードを使って、地名などのキーワードを入力できます。
- 検索キーワードの入力後に、キーワードから緯度経度を検索し、結果の場所にピンが表示されます。
- ピンの下部に検索時のキーワードが表示されます。

Point

検索窓の TextField での文字入力と入力完了後（onCommit）の使い方を学びます。
検索では、クロージャという関数の利用方法を学びます。

Day 1

Lesson 5-2

マップパーツを作成しよう

このレッスンで学ぶこと

- キーワードから緯度経度を検索し、マップの上にピンを立てることを学びます。
- イベント発生後に処理を行う仕組み、クロージャを学びます。
- SwiftUI での MapKit の利用方法について学びます。

1 これから作るファイルとその役割を理解しよう

複数の swift ファイルを作るため、最初に各レッスンでどのような作業をするのか解説します。

▼ swift ファイルとその役割

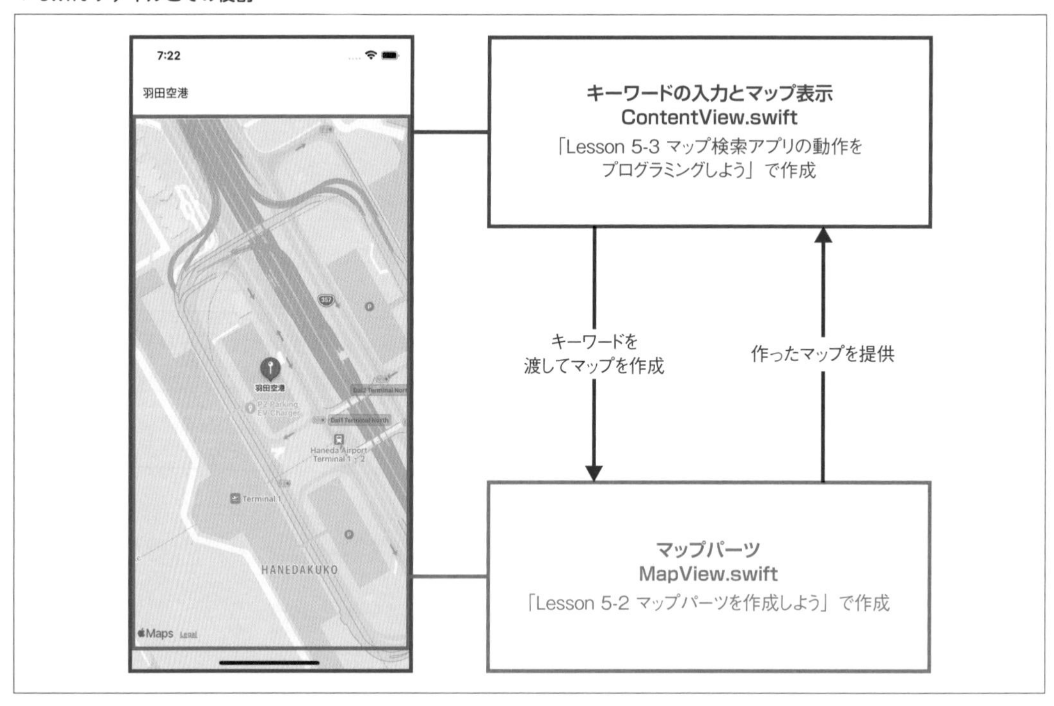

このレッスンではマップパーツ（地図を表示する部品）を作ります。役割は、指定されたキーワードで検索してマップを表示することです。マップを表示する機能を1つのファイル（MapView.swift）にまとめて構造体MapViewとして利用できるようにします。

この次のレッスンではアプリが起動されたときのメイン画面を作ります。ユーザーからテキスト入力を受けて、マップを再描画します。

最初に、マップを描画する部品を作り、あとでメインの画面を作ってアプリを完成させます。

それではMapView.swiftを作りましょう。

2 プロジェクトを作成しよう

▼ プロジェクトの作成

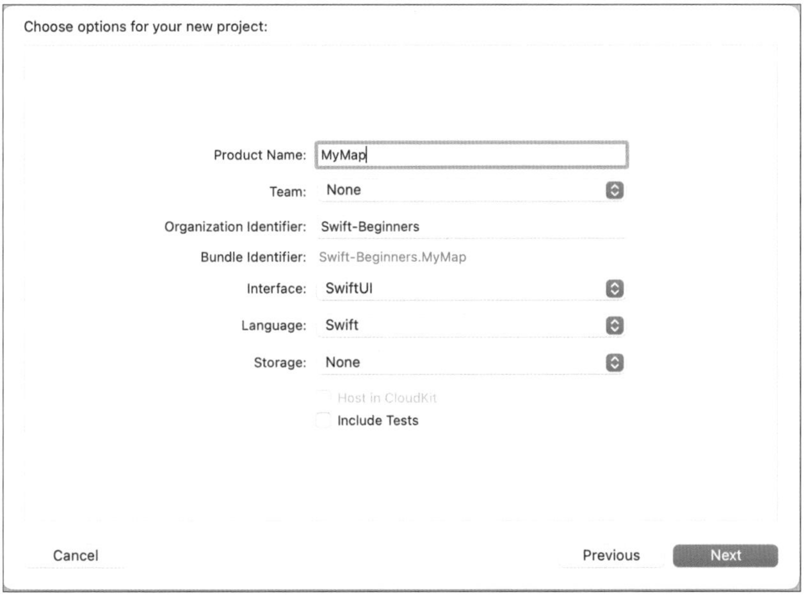

Choose options for your new project:

Product Name: MyMap
Team: None
Organization Identifier: Swift-Beginners
Bundle Identifier: Swift-Beginners.MyMap
Interface: SwiftUI
Language: Swift
Storage: None
Host in CloudKit
Include Tests

Cancel　Previous　Next

Xcodeを起動して、プロジェクトを作成しましょう。

［Product Name］には、「MyMap」と入力しましょう。

プロジェクトの作成方法や［Organization Identifier］の解説については、「Day1 Lesson2-4 Xcodeを起動して、プロジェクトを作成しよう」（P.39）を確認してください。

3 MapView.swift ファイルを追加しよう

マップパーツ（地図を表示する部品）のコードは、MapView.swift ファイルに記述します。
Xcode のプロジェクトが開いたら swift ファイルを追加します。

❶ [ContentView.swift] の上で「control」キーを押しながらクリックしてサブメニューを表示します。
❷ [New File...] を選択します。

▼ swift ファイルの追加

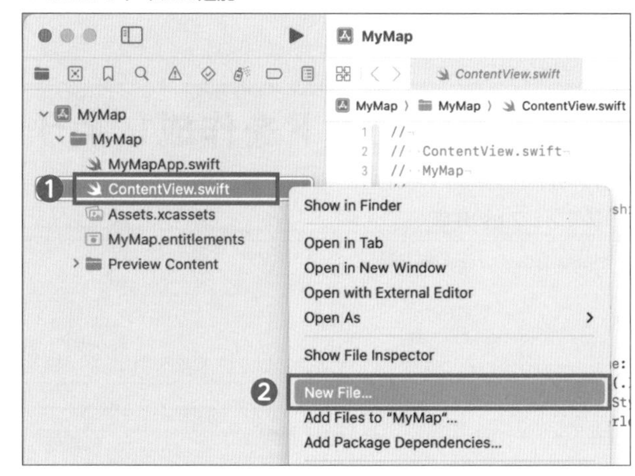

❶ OS の種類で [iOS] を選択します。
❷ [SwiftUI View] を選択します。
❸ [Next] をクリックします。

Point

作成するファイルタイプで [SwiftUI View] を選択することで「import SwiftUI」の記述が追加された swift ファイルが作成されます。

▼ SwiftUI View の選択

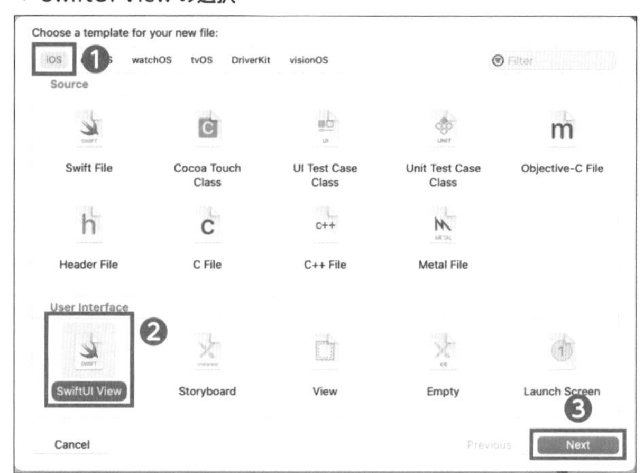

▼ MapView.swift の追加

❶［Save As:］に「MapView.swift」を入力。
❷ 保存先確認画面が表示されます。そのまま［Create］をクリックします。

新しい Swift ファイル「MapView.swift」の追加ができていることを確認しましょう。

▼ MapView.swift ファイル追加の確認

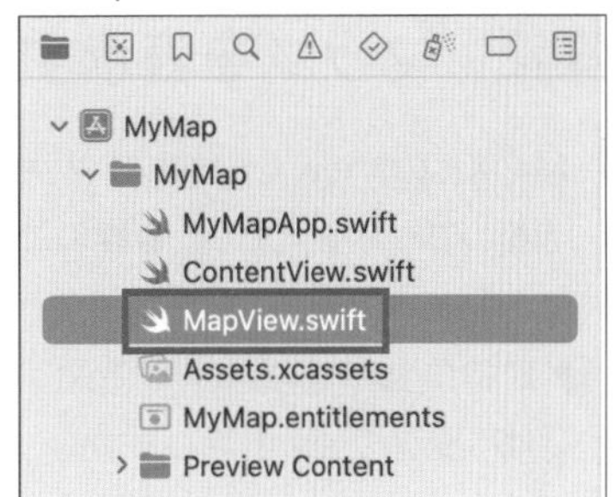

4 最初のマップを表示しよう

アプリでマップを表示するために、MapKit をインポートします。
import 文を記述することによって、フレームワークやライブラリを読み込み、その機能を利用できます。
詳しいコードの解説はあとでしますので、まずはマップを表示してみましょう。

4-1 MapKit のインポート

地図を表示するために必要なライブラリである MapKit をインポートします。

❶ 「MapView.swift」を選択してファイルを開きます。
❷ 「import MapKit」を追加します。

▼ MapKit フレームワークの追加

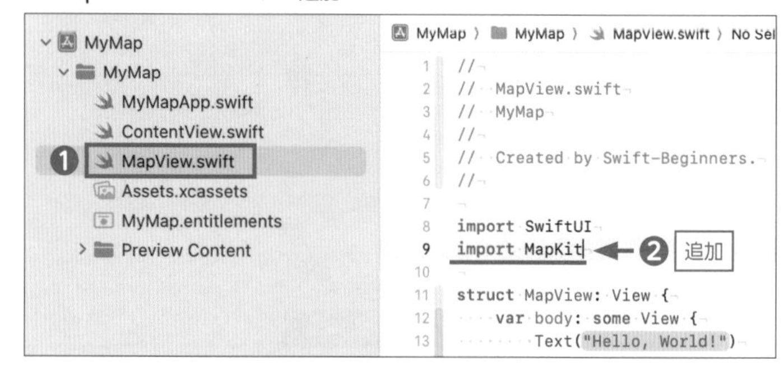

フレームワークやライブラリの中にある関数やクラスを取り込み利用するために import を使います。import はプログラムの最初に書くのが一般的です。

今回は、マップを使うために MapKit を取り込んでいます。**MapKit は、アプリ内に地図や衛星画像の表示、地図にピンを配置、住所から地図座標の検索**をすることができます。

4-2 マップを表示するためのコードの追加

MapKit の View を追加してマップを表示しましょう。
赤枠のコードを追加し、青枠のコードは削除します。

❶ 最初に表示されている Text は不要なので、削除します。

▼

```
 8  import SwiftUI
 9  import MapKit
10
11  struct MapView: View {
12      var body: some View {
13          Text("Hello, World!")   ❶ 削除
14      }
15  }
16
17  #Preview {
18      MapView()
19  }
```

❷ 最初のマップを表示するために必要な最低限のコードを追加します。赤枠のコードを追加しましょう。
「Map()」は、SwiftUI で提供されている埋め込みマップを表示するための View です。

▼ Map を追加

```
 8  import SwiftUI
 9  import MapKit
10
11  struct MapView:View {
12      var body: some View {
13          Map()   ❷ 追加
14      }
15  }
16
```

ここで、[Live Preview] でマップの表示を確認しましょう。

プレビューの操作がわからないときは、「Lesson 2-6 1-2 プレビューの確認」(P.58) に戻って確認してください。

プレビューでマップが表示されていることを確認します。さきほど追加したコードでは、画面全体に初期状態のマップが表示されます。

▼ プレビューでマップを確認

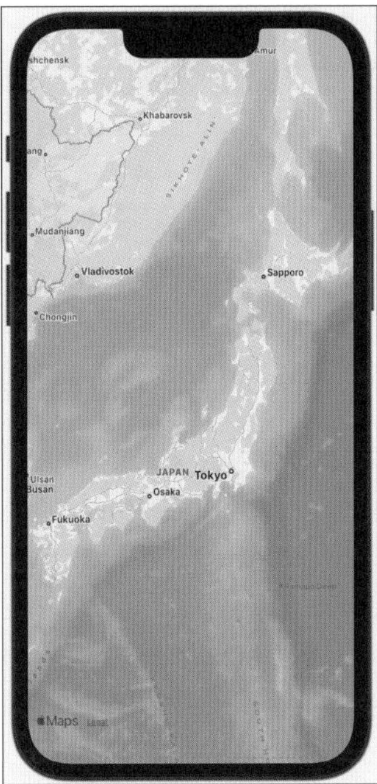

Point

SwiftUI ではパーツ（機能）ごとに Swift ファイルを作り、プレビュー機能を利用することで部分的に動作を確認することができます。このことを単体テストともいいます。
確認ができたパーツを最後にまとめて結合することで、効率的に 1 つのアプリを作ることができます。

Tips

MapKit の SwiftUI サポートの強化

Apple が開催している開発者向けイベント「WWDC23」にて、SwiftUI ベースで Map が使えるように、さらなる機能強化が発表されました。

機能強化されたポイントは次のとおりです。

- マーカー（Marker）と注釈（annotations）を使って、地図上の特定の座標にコンテンツを表示
- マップスタイル（mapStyle）を使って、リアルな地形標高を表示したり、衛星写真での表示
- MKLocalSearch を使った、マップの検索機能 など

詳細は下記のホームページでも解説していますので、参考にしてください。

【WWDC23】Meet MapKit for SwiftUI（日本語訳）
https://blog.code-candy.com/meet-mapkit-for-swiftui/

5　検索キーワードを設定し、シミュレータで動作確認しよう

マップパーツは検索キーワードからマップを表示しますので、検索キーワードを受け取る仕組みを作りましょう。

受け取る仕組みを作れたら、画面から簡易的にキーワードを渡してシミュレータで確認します。ここでマップパーツが正常に動くことを確認したのちに、次のレッスンでこのマップパーツを利用します。

5-1　定数 searchKey の追加とプレビュー機能の修正と確認

検索キーワードを保存するための定数 searchKey を追加し、プレビューでマップパーツが確認できるように修正します。

入力された文字をデバッグエリアに出力するコードを追加します。print 文で記述している「\(newValue)」の箇所の「\」（バックスラッシュ）は、「option」+「¥」キーで入力します。

赤枠のコードを追加してください。

▼ 検索キーワードの追加と確認

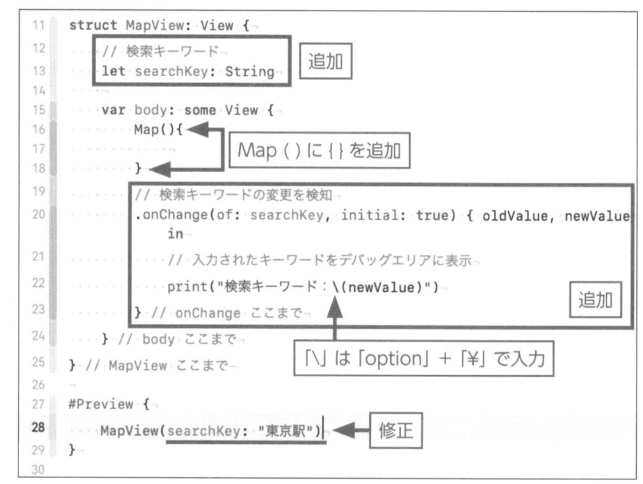


```
11  struct MapView: View {
12      // 検索キーワード
13      let searchKey: String
14  
15      var body: some View {
16          Map(){
17  
18          }
19          // 検索キーワードの変更を検知
20          .onChange(of: searchKey, initial: true) { oldValue, newValue
            in
21              // 入力されたキーワードをデバッグエリアに表示
22              print("検索キーワード：\(newValue)")
23          } // onChange ここまで
24      } // body ここまで
25  } // MapView ここまで
26  
27  #Preview {
28      MapView(searchKey: "東京駅")
29  }
30  
```

Point

「\」（バックスラッシュ）はプログラミングの世界では特別な意味を持ちます。通常の文字や記号とは異なり、なにかを制御するための命令と思ってください。

例えば、「print(" 検索キーワード：\(newValue)")」では、newValue の値を文字列に変換して、"" の文字列に埋め込むことができます。

プレビューを確認しましょう

❶ プレビューで、マップが表示されます。
❷ プレビューが表示されないときは、[Live] ボタンを押してください。
❸ デバッグエリア（Debug area）が表示されていないときは、アイコンをクリックして表示させましょう。
❹ プレビューが表示されると、デバッグエリアに print 文のログが表示されていることも確認しましょう。

▼ プレビューの表示

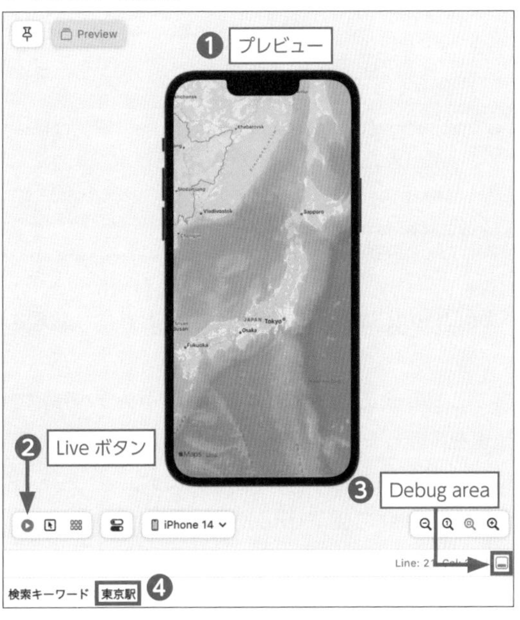

コード解説　これから、さきほど追加したコードをステップごとに説明します。

```
// 検索キーワード
let searchKey: String
```

マップパーツ（MapView）では、検索キーワードを元に位置情報を取得し地図を表示します。そのため、マップパーツを利用するときは、検索キーワードを入力値として受け取る必要があります。

定数 searchKey には検索キーワードを保存します。構造体 MapView では searchKey の値が変わることはない（状態は変化しない）ので、定数 let として宣言します。

構造体内で宣言されている変数や定数のことをプロパティと呼びます。初期値のないプロパティは構造体を利用するときに値を設定する必要があります。

構造体については、「COLUMN 構造体（struct）について」（P.229）を確認してください。

```
// マップを表示
Map(){

}
```

Map の { }（波括弧）は、クロージャを示しています。クロージャについては、「COLUMN クロージャについて」（P.217）を確認してください。このクロージャの処理は、今は空欄ですが、のちにマップに表示したいピンを指定します。

```
// 検索キーワードの変更を検知
.onChange(of: searchKey, initial: true) { oldValue, newValue in
    // 入力されたキーワードをデバッグエリアに表示
    print("検索キーワード：\(newValue)")
} // onChange ここまで
```

onChange はある値が変更されたときに、処理を実行できるモディファイアです。

ここでの onChange により、of（引数ラベル）で指定されている searchKey の値が変更されたときに、処理を実行します。実際の処理の部分は { }（波括弧）の中の in の次に書かれている print 文です。ここでの記述はクロージャになっています。

引数 initial の値が true になっていますので、この View が最初に表示されたときにも action が実行されます。

newValue が、searchKey の変更後の値です。ここではプレビューのときに「東京駅」がセットされていますので、newValue にも「東京駅」がセットされ、print でデバッグエリアに出力されています。

▼ onChange モディファイアの引数

番号	引数名	内容
第一引数	of value	of がラベルで、value が引数名。action の実行を判断するための値。この値が変化したら action を実行する。ラベルについては、「COLUMN メソッドの引数ラベルと引数ラベルの省略「_（アンダースコア）」について」（P.390）を参照。
第二引数	initial	この View が最初に表示されたときに action を実行するかを指定できる。true にすると、View が表示されたときにも action が実行される。
第三引数	action	value が変更されたときに実行される action。クロージャで処理を書くことができる。ここではクロージャの省略記法のために、引数名 action の名前が省略されている。
第四引数	oldValue	value が変更される前の値がセットされている。
第五引数	newValue	value が変更された後の値がセットされている。

```
#Preview {
    MapView(searchKey: "東京駅")
}
```

このプレビューを利用して、マップパーツである構造体 MapView の動作を確認します。MapView では、「let searchKey: String」でプロパティが宣言されています。そのためMapViewを利用するときは初期値を設定する必要があります。その初期値が「searchKey: "東京駅"」です。

5-2　仮の検索キーワードを設定して、シミュレータで確認

▼ ContentView.swiftを選択

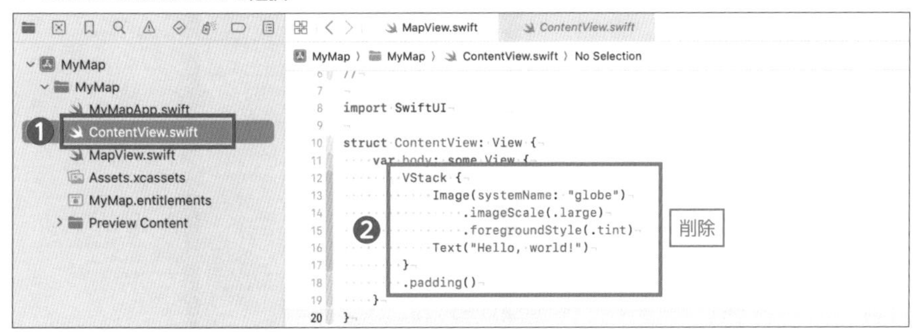

❶ [ContentView.swift] を選択します。

❷ bodyの「{ }」の中にある、VStack、ImageとTextのViewを削除します。コードを削除するとエラーが表示されることがあります。あとでコードを追加することで、エラーが解消されますので、そのまま学習をすすめてください。

赤枠のコードを追加してください。

まずは、MapViewの引数に、検索キーワードを固定の文字列で指定して、MapViewに値を引き渡せるか確認をしましょう。

今後、入力フィールドのTextFieldとMapViewを垂直にレイアウトをしたいので、あらかじめVStackでMapViewを囲んでおきます。

▼ マップを表示

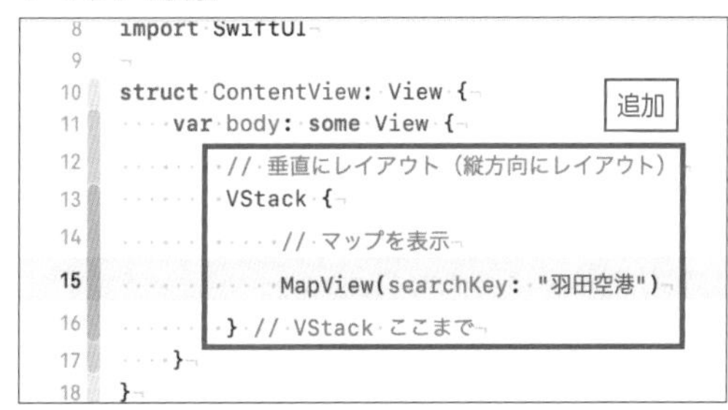

▼ シミュレータを起動

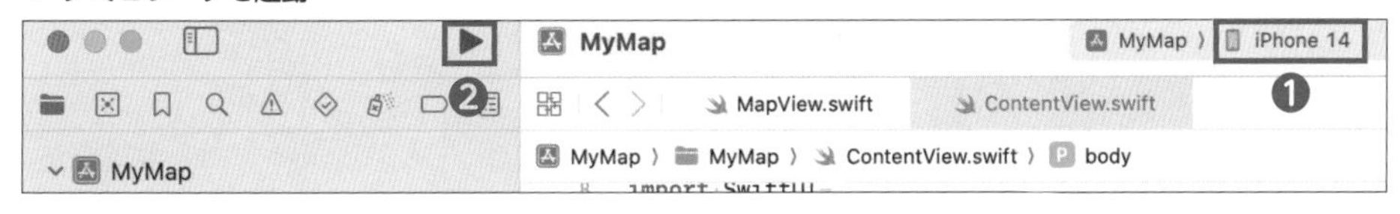

❶ お好きなデバイスを選択してください。

❷ [Run] をクリックして、シミュレータを起動します。

▼ デバッグエリアに出力

MapView の引数 searchKey に指定した文字列がデバッグエリアに出力されていることが確認できれば、キーワードの引き渡しと受け取りは成功しています。

コード解説　これから、さきほど追加したコードをステップごとに説明します。

```
struct ContentView: View {
    var body: some View {
        // 垂直にレイアウト（縦方向にレイアウト）
        VStack {
            // マップを表示
            MapView(searchKey: "羽田空港")
        }
    }
}
```

アプリ起動時に描画される ContentView で、MapView を呼び出しています。
「searchKey: " 羽田空港 "」を指定をして、MapView に固定の検索キーワードを引き渡しています。

5-3　シミュレータでプログラムが実行される順番

ここで、シミュレータでアプリを起動してからどの順番でプログラムが実行されていくのか確認していきましょう。

アプリを起動すると最初に「MyMapApp.swift」が実行されます。今は、プロジェクト名が「MyMap」なので、「MyMapApp.swift」ですが、例えば楽器アプリの場合は、「MyMusicApp.swift」が最初に実行されます。

▼ アプリ起動時に最初に実行されるファイル

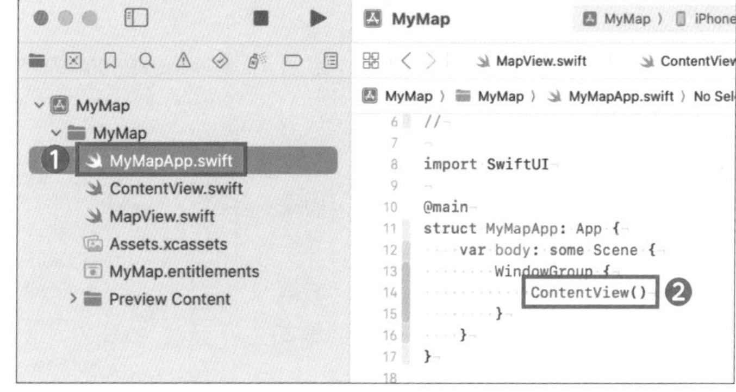

❶ 「MyMapApp.swift」を選択してファイルを開きます。
❷ ContentViewを実行していることが確認できます。

「MyMapApp.swift」から起動された、ContentViewを確認してみましょう。

❶ 「ContentView.swift」を選択してファイルを開きます。
❷ ContentViewの中では、MapViewが実行されていることが確認できます。

▼ ContentViewで、MapViewを呼び出し

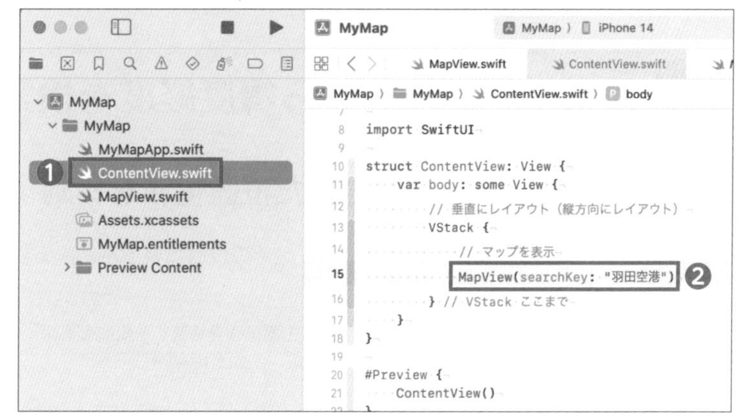

次に ContenteView から実行された MapView のプログラムが動く順番を整理しましょう。MapView.swift を開いて一緒に確認しましょう。

図の番号はプログラムが動く順番です。

❶ ContentView から MapView が実行されると、「struct MapView: View { }」が実行されます。

❷ searchKey プロパティには、「羽田空港」がセットされます。

❸ onChange モディファイアで、引数 initial が true のため、View が表示されるときに❹が実行されます。

❹ print 文でデバッグエリアに「検索キーワード：羽田空港」と出力します。

❺ SwiftUI の Map を使ってデフォルトのマップを表示します。

▼ マップパーツのプログラムが動く順番

MyMap 〉 MyMap 〉 MapView.swift 〉 No Selection

```
8   import SwiftUI
9   import MapKit
10
11  ❶ struct MapView: View {
12      // 検索キーワード
13  ❷   let searchKey: String
14
15      var body: some View {
16          // マップを表示
17  ❺       Map(){
18
19          }
20          // 検索キーワードの変更を検知
21  ❸       .onChange(of: searchKey, initial: true) { oldValue, newValue in
22              // 入力されたキーワードをデバッグエリアに表示
23  ❹           print("検索キーワード：\(newValue)")
24          } // onChange ここまで
25      } // body ここまで
26  } // MapView ここまで
27
28  #Preview {
29      MapView(searchKey: "東京駅")
30  }
31
```

6 検索キーワードから緯度経度を検索しよう

6-1 キーワードから取得した位置情報を格納する変数を宣言しよう

検索キーワードから位置情報を取得します。その位置情報を格納する変数を宣言しましょう。

MapView.swift を開いて、赤枠のコードを追加しましょう。

CLLocationCoordinate2D は、緯度経度の情報を格納できるデータ型（構造体）です。CLLocationCoordinate2D() で初期化することで、位置座標オブジェクトを作成しています。あとで、検索キーワードから取得した位置情報を、このオブジェクトに保存します。

▼ 位置情報を格納する変数を追加

```
9   import MapKit
10
11  struct MapView: View {
12      // 検索キーワード
13      let searchKey: String
14      // キーワードから取得した緯度経度
15      @State var targetCoordinate = CLLocationCoordinate2D()
16
17      var body: some View {
18          // マップを表示
19          Map(){
20
21          }
22          // 検索キーワードの変更を検知
```

追加

6-2　位置情報を検索し、緯度経度の値を確認しよう

検索キーワードから位置情報を取得し、緯度経度情報をデバッグエリアに表示します。

赤枠のコードを追加しましょう。

追加したコードは、検索キーワードから位置情報を取得し、緯度経度情報をデバッグエリアに表示するものです。printで記述している「\(targetCoordinate)」の「\」(バックスラッシュ)は「option」+「¥」で入力できます。

▼ 位置情報を格納する変数を追加

```
22         // 検索キーワードの変更を検知
23         .onChange(of: searchKey, initial: true) { oldValue, newValue in
24             // 入力されたキーワードをデバッグエリアに表示
25             print("検索キーワード：\(newValue)")
26 
27             // 地図の検索クエリ（命令）の作成
28             let request = MKLocalSearch.Request()
29             // 検索クエリにキーワードの設定
30             request.naturalLanguageQuery = newValue
31             //  MKLocalSearchの初期化
32             let search = MKLocalSearch(request: request)
33 
34             // 検索の開始
35             search.start { response, error in
36                 // 結果が存在するときは、1件目を取り出す
37                 if let mapItems = response?.mapItems,
38                    let mapItem = mapItems.first {
39 
40                     // 位置情報から緯度経度をtargetCoordinateに取り出す
41                     targetCoordinate = mapItem.placemark.coordinate
42 
43                     // 緯度経度をデバッグエリアに表示
44                     print("緯度経度：\(targetCoordinate)")
45                 } // if ここまで
46             } // search.start ここまで
47         } // onChange ここまで
```

追加

シミュレータで、ここまでで入力したプログラムの動きを確認します。

▼ デバッグエリアでの緯度経度情報の確認

デバッグエリアに緯度経度情報が表示されます。「CLLocationCoordinate2D」に入っている「latitude」が緯度、「longitude」が経度です。これで正常に位置情報が取得できていることがわかります。

コード解説　これから、さきほど追加したコードをステップごとに説明します。

```
// 地図の検索クエリ（命令）の作成
let request = MKLocalSearch.Request()
```

MKLocalSearch は、マップベースの検索を開始し、結果を処理するためのオブジェクトです。Request() オブジェクトは、文字列に基づいてマップの場所を検索する場合に作成します。あとで、入力されたテキストをこのオブジェクトに設定すると、検索処理が開始されます。

```
// 検索クエリにキーワードの設定
request.naturalLanguageQuery = newValue
```

naturalLanguageQuery プロパティに、検索したい文字列をセットします。onChange モディファイアにより、newValue には、検索するキーワードがセットされています。

```
//  MKLocalSearchの初期化
let search = MKLocalSearch(request: request)
```

検索を実行するためのオブジェクトを作成しています。request には、検索のリクエスト情報が格納されています。

```
// 検索の開始
search.start { response, error in
     （省略）
} // search.start ここまで
```

start メソッドで検索を開始します。位置情報の取得が完了したときに、in からの処理が実行されます。このときに、引数の response には取得した位置情報が格納され、error には取得時のエラーが格納されます。これは「クロージャ」という機能を使っています。詳しくはあとで説明します。

キーワードからの検索では、ひとつの場所を特定できないときは、複数の位置情報がAppleのサーバーから送られてくるときがあります。mapItemsも複数の検索結果が格納されている可能性があるために、配列で管理されています。

▼ 取得した位置情報（mapItems）のイメージ

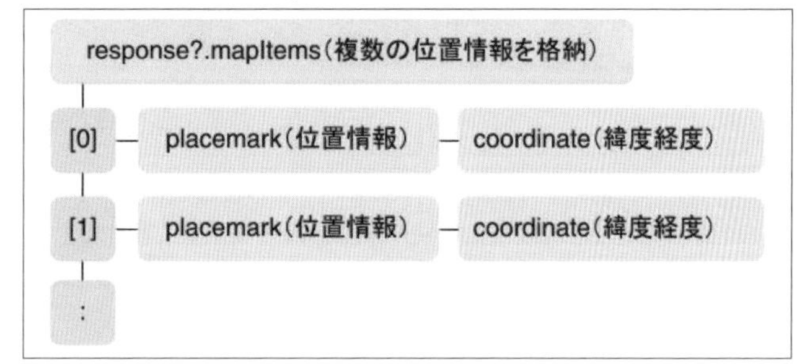

これから response?.mapItems から情報を取り出しますが、上のイメージ図を参考にして解説を読みすすめてください。

```
// 結果が存在するときは、1件目を取り出す
if let mapItems = response?.mapItems,
   let mapItem = mapItems.first {
     （省略）
} // if ここまで
```

if let 文では、複数個のオプショナル型（nil を許容しているデータ型）の値を使いたいときは「,」（カンマ）で区切って、記述を並べることができます。複数個のオプショナル型をアンラップするときは、すべてのアンラップが成功すれば true となり、if let の { }（ブロック）が実行されます。

if let 文では複数の条件がカンマで区切られていますので、これから 1 つずつ条件を確認しましょう。

```
let mapItems = response?.mapItems
```

mapItems には検索した結果の位置情報が含まれています。該当する位置情報がない場合は nil となるため、if let 文で確認する必要があります。

右辺の response?.mapItems は、mapItems が nil でない場合は、左辺の mapItems に代入されます。そして、if let 文の条件が true となり、次の条件に進みます。

```
let mapItem = mapItems.first
```

if let 文で 2 つ目の条件です。1 つ目でアンラップできた変数 mapItems は 2 つ目以降の条件でも使うことができます。ここでは、配列の 1 つ目（first）のデータがもっとも目的に近い情報であると仮定して取得しています。「.first」を使うことによって先頭の配列を取り出すことができます。「.first」で取得でき

る値もオプショナル型なので、アンラップして取り出します。

配列については「COLUMN 配列（Array）について」（P.218）で解説していますので、参考にしてください。

mapItemはアンラップされているので、必ず位置情報が格納されている変数です。

```
// 位置情報から緯度経度をtargetCoordinateに取り出す
targetCoordinate = mapItem.placemark.coordinate
```

placemarkには、その位置に関する住所、地名などの様々な情報が格納されています。placemarkにcoordinateプロパティを指定することで、緯度経度が取得できます。

```
// 緯度経度をデバッグエリアに表示
print("緯度経度：\(targetCoordinate)")
```

緯度経度情報targetCoordinateを、デバッグエリアに表示させます。デバッグエリアに出力される情報をわかりやすくするために、printでは「"緯度経度：\(targetCoordinate)"」と記述しています。デバッグエリアには「緯度経度：CLLocationCoordinate2D(latitude: 35.5505418, longitude: 139.7845459)」のように、変数の値が文字列に埋め込まれるようにして出力されます。

6-3　緯度経度の検索結果を使ってピンを置こう

取得した緯度経度情報を使って、ピンをマップ上に置きます。そして、ピンが画面の中心にくるようにマップを移動します。

赤枠のコードを追加しましょう。

「position: $cameraPosition」は、Mapの()（丸括弧）の中に追加します。「Marker(searchKey, coordinate: targetCoordinate)」は、Mapの{}（波括弧）の中に追加します。

▼ マップの移動とピンの配置

```
10
11  struct MapView: View {
12      // 検索キーワード
13      let searchKey: String
14      // キーワードから取得した緯度経度
15      @State var targetCoordinate = CLLocationCoordinate2D()
16      // 表示するマップの位置
17      @State var cameraPosition: MapCameraPosition = .automatic
18
19      var body: some View {
20          // マップを表示
21          Map(position: $cameraPosition) {
22              // マップにピンを表示
23              Marker(searchKey, coordinate: targetCoordinate)
24          }
25          // 検索キーワードの変更を検知
26          .onChange(of: searchKey, initial: true) { oldValue, newValue in
27              // 入力されたキーワードをデバッグエリアに表示
28              print("検索キーワード：\(newValue)")
```

追加

Map ( ) に追加

追加

　取得した緯度経度情報を使って、画面に表示させるマップの位置とサイズを作成します。

　赤枠のコードを追加しましょう。

▼ 表示するマップの領域を作成

```
39                // 結果が存在するときは、1件目を取り出す
40                if let mapItems = response?.mapItems,
41                   let mapItem = mapItems.first {
42
43                    // 位置情報から緯度経度をtargetCoordinateに取り出す
44                    targetCoordinate = mapItem.placemark.coordinate
45
46                    // 緯度経度をデバッグエリアに表示
47                    print("緯度経度：\(targetCoordinate)")
48
49                    // 表示するマップの領域を作成
50                    cameraPosition = .region(MKCoordinateRegion(
51                        center : targetCoordinate,
52                        latitudinalMeters: 500.0,
53                        longitudinalMeters: 500.0
54                    ))
55                } // if ここまで
56            } // search.start ここまで
57        } // onChange ここまで
```

追加

　コードを入力したら、シミュレータとプレビューの両方で確認してみましょう。シミュレータでは「羽田空港」、プレビューでは「東京駅」にピンが配置されています。

▼ シミュレータとプレビューの表示

コード解説　これから、さきほど追加したコードをステップごとに説明します。

```
// 表示するマップの位置
@State var cameraPosition: MapCameraPosition = .automatic
```

　MapCameraPosition はマップ内のカメラの位置を記述する構造体です。ここでの「カメラ」は、ユーザーからのマップの見え方のことを示しています。View の中でマップをどのような位置で表示するのかを設定します。初期値は「.automatic」で、見え方をシステムに委ねています。

cameraPositionの変化によって、マップを再描画させたいので状態変数として宣言しています。

```
// マップを表示
Map(position: $cameraPosition) {
    （省略）
}
```

Mapの引数positionを利用することで、カメラの位置を指定することができます。状態変数cameraPositionは、あとでキーワードの検索結果を利用して、カメラの位置（マップの位置）を設定します。cameraPositionの値が変化すると、Mapが再描画されます。

```
// マップにピンを表示
Marker(searchKey, coordinate: targetCoordinate)
```

Mapが描画されるときに、ピン（マーカー）を配置します。searchKeyには、検索キーワードがセットされています。targetCoordinateには、検索キーワードの緯度経度がセットされています。

▼ 構造体Markerのinitの引数

番号	引数名	内容
第一引数	title	titleは引数、引数のラベルは省略されている。ピンの下に配置する文字列。ピンのタイトルとして使える。
第二引数	coordinate	ピンを表示するための緯度経度の情報。

```
// 表示するマップの領域を作成
cameraPosition = .region(MKCoordinateRegion(
    center : targetCoordinate,
    latitudinalMeters: 500.0,
    longitudinalMeters: 500.0
))
```

「.region」は、カメラの位置（マップの位置）を作成するための、MapKitのメソッドです。regionメソッドは、MKCoordinateRegionをデータ型にもつ値を指定します。MKCoordinateRegionは、緯度と経度を中心とした長方形の地理的領域を示す構造体です。

centerに、targetCoordinateをセットしています。targetCoordinateには、検索キーワードから取得した緯度経度が含まれていますので、検索した結果が中心に配置されるようにマップを移動します。

latitudinalMeters、longitudinalMetersは、マップの粒度を示します。「500.0」をセットすると、中心から500メートル範囲が、Viewに収まるように表示されます。

▼ 構造体 MKCoordinateRegion の init の引数

番号	引数名	内容
第一引数	center centerCoordinate	center がラベルで、centerCoordinate が引数名です。新しい座標領域の中心点。
第二引数	latitudinalMeters	中心点から南北軸に沿った距離を指定する。距離の単位はメートル。
第三引数	longitudinalMeters	中心点から東西軸に沿った距離を指定する。距離の単位はメートル。

クロージャについて

クロージャ（closure）とは、特定の条件が満たされたときに自動で実行する仕組みです。クロージャは、変数や関数の引数などに代入して、処理の塊として引き渡すことができます。

クロージャの基本書式

```
// クロージャの基本書式
{ (引数名: 引数のデータ型) -> 戻り値のデータ型 in
    // 実行したい処理
    return 戻り値
}
```

クロージャでは「in」の次に実行したい処理を書きます。

クロージャのシンプルな例

基本書式に当てはめて、次のようにクロージャを定義できます。Int 型の引数を受け取り、引数に 2 を掛け算して返却するシンプルなクロージャです。

```
// 基本書式に則ったクロージャの定義
// 変数にクロージャを代入するパターン
let sampleClosure = { (number: Int) -> Int in
    return number * 2 // 引数に2を掛けて返す
}
print(sampleClosure(5)) // 10 と出力される
```

クロージャは柔軟な省略記法があり、とてもよく使われます。クロージャについての詳細な解説は、下記のホームページに記載しています。参考にしてください。

【Swift 入門】クロージャとは｜使い方や省略形について

https://blog.code-candy.com/swift_closure_basic/

配列（Array）について

1　配列とは

よく似た変数をバラバラで利用するよりも、まとめて管理ができたほうが便利です。

▼ 配列の例

```
var fruits1 = "リンゴ"
var fruits2 = "ミカン"
var fruits3 = "パイナップル"

// 配列でまとめる
var fruits = ["リンゴ", "ミカン", "パイナップル"]
```

配列を使うことで、文字列、数値などの任意の数のデータをまとめて管理でき、データの取得や変更がとても簡単にできます。

2　配列の宣言

▼ 配列の宣言

```
var 配列名 = [値1, 値2, 値3, …]
```

var または let で宣言します。変数のときと同様に var で宣言した場合は、後で変更ができます。let で宣言した場合は定数になり、後で変更はできません。

[]（ブランケット）で配列に設定する値を記述します。値の 1 つ 1 つは「,」（カンマ）で区切ります。この値を配列では**要素**と呼びます。

配列にも文字列型や数値型などのデータ型があります。

▼ 配列のデータ型

```
var number1 = [2, 5, 6, 9]             // 自動的にInt型の配列になる
var number2: [Int] = [2, 5, 6, 9]      // 明示的にInt型の配列を指定

var moji1: [String] = []            // 文字を格納できるString型、空の配列
var moji2 = ["朝", "昼", "夜"]      // 自動的にStrint型の配列になる
```

Swift はデータ型を自動的に推論します。配列の要素から適切なデータ型を設定します。データ型は明示的に指定することもできます。

3　配列の要素（値）の取得

配列の要素を取得するには、[]（ブランケット）と**添字**（そえじ）を使います。添字は配列に格納されたデータの順番を示す番号で、0から始まることに注意してください。

▼ **要素の取得**

```
var season = ["春", "夏", "秋", "冬"]
print(season[0])    // "春"を出力
print(season[3])    // "冬"を出力
print(season[4])    // エラーになる
```

配列seasonは要素数が4つです。添字が0から始まるために、3の「"冬"」が最後の値になります。要素の数を超えてアクセスするとエラーになります。

4　配列の要素（値）の追加と削除

配列に新しく要素を追加する場合は、appendメソッドを利用して要素を追加します。appendメソッドでは配列の最後に要素を追加します。

▼ **要素の追加**

```
var season = ["春", "夏"]
season.append("秋")
season.append("冬")
print(season)          // ["春", "夏", "秋", "冬"]を出力
```

配列の要素を削除する場合は、removeメソッドを利用します。removeメソッドでは引数に添字を指定することで、その添字の要素のみを削除することができます。要素の削除が完了すると、その要素が空になるのではなく、後の要素が1つ前に移動して格納されます。

▼ **要素の削除**

```
var season = ["春", "夏", "秋", "冬"]
season.remove(at:0)     // "春"を削除
print(season)           // ["夏", "秋", "冬"]を出力
```

5　配列の要素（値）の変更

配列の要素を変更したいときは、取得のときと同様に [] （ブランケット）と添字を使います。配列の要素を変更すると、以前の値は上書きされてしまいます。

▼ 要素の変更

```
var season = ["春", "夏", "秋", "冬"]
season[0] = "Spring"
season[1] = "Summer"
season[2] = "Autumn"
season[3] = "Winter"
print(season[0])    // "Spring"を出力
print(season[3])    // "Winter"を出力
```

配列の要素を変更するときも、要素の数を超えてアクセスするとエラーになりますので、注意してください。

6　配列のプロパティ

配列のプロパティを利用すると配列の情報が取得できます。配列操作では、よく利用されますので、使い方に慣れておきましょう。

▼ 配列のプロパティ

```
var season = ["春", "夏", "秋", "冬"]
print(season.first)    // 1つ目の要素「"春"」を出力
print(season.last)     // 最後の要素「"冬"」を出力
print(season.count)    // 要素の総数「4」を出力
```

season.first は season[0] と同じです。同じ要素「" 春 "」を取得できます。
season.last は season[3] と同じです。同じ要素「" 冬 "」を取得できます。

Day 1

Lesson

5-3

マップ検索アプリの動作をプログラミングしよう

このレッスンで学ぶこと

- TextField を使って、マップ検索画面の作り方を学びます。
- 地図を表示する部品（MapView.swift）を使ってマップを表示する方法を学びます。

1 検索キーワードを入力する TextField を作ろう

前のレッスンではマップを表示するマップパーツ（MapView.swift）を作りました。このレッスンでは検索キーワードをマップパーツに指定し、該当するマップを表示します。まずは、検索キーワードを取得するために、検索したい場所が入力できる TextField を作りましょう。

Point

検索キーワードのように、1 行や数単語の入力機能を作りたいときは、まずは TextField で実装することを検討しましょう！

1-1 検索キーワードの入力が完了したときの処理

検索窓（TextField）で、文字の入力が完了したときの処理を作ります。

確認のために、print で入力された文字をデバッグエリアに出力します。

ContentView.swift を選択しましょう。以下の赤枠のコードを追加して、赤線のコードを修正しましょう。固定文字列の「羽田空港」を変数 displaySearchKey に差し替えます。

▼ TextField で入力が完了した処理 (ContentView.swift)

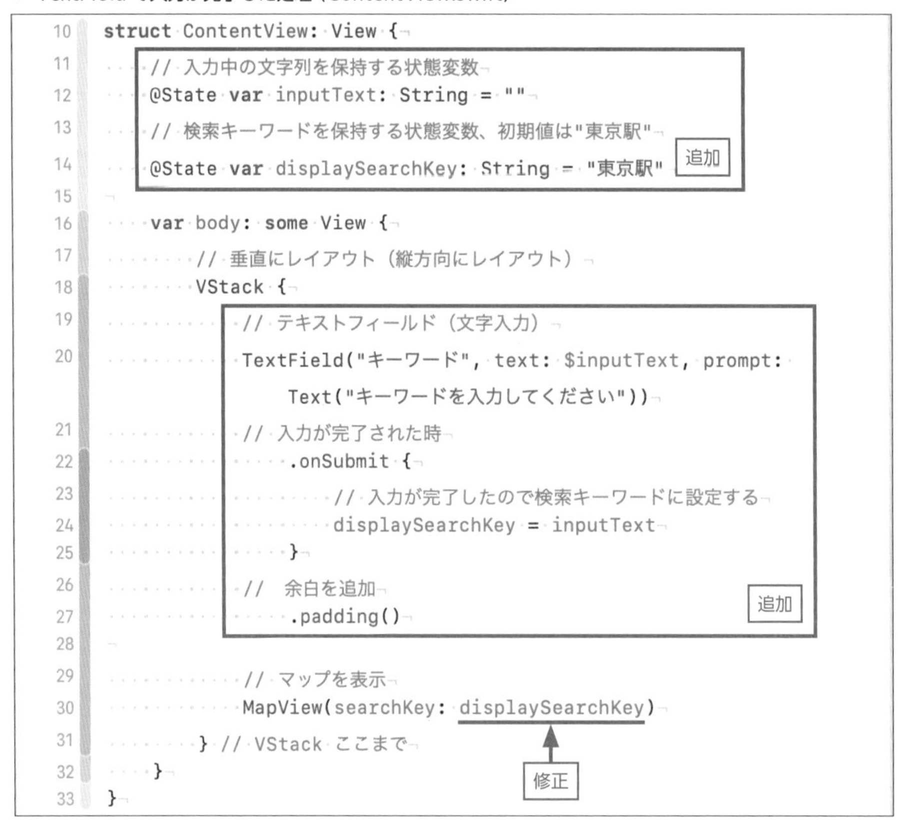

```swift
10 struct ContentView: View {
11     // 入力中の文字列を保持する状態変数
12     @State var inputText: String = ""
13     // 検索キーワードを保持する状態変数、初期値は"東京駅"
14     @State var displaySearchKey: String = "東京駅"
15 
16     var body: some View {
17         // 垂直にレイアウト（縦方向にレイアウト）
18         VStack {
19             // テキストフィールド（文字入力）
20             TextField("キーワード", text: $inputText, prompt:
                   Text("キーワードを入力してください"))
21             // 入力が完了された時
22                 .onSubmit {
23                     // 入力が完了したので検索キーワードに設定する
24                     displaySearchKey = inputText
25                 }
26             //  余白を追加
27                 .padding()
28 
29             // マップを表示
30             MapView(searchKey: displaySearchKey)
31         } // VStack ここまで
32     }
33 }
```


追加と修正ができたら、シミュレータを起動してプログラムの動きを確認します。

❶ お好きなデバイスを選択してください。

❷ 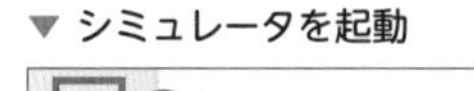 [Run] をクリックしてシミュレータを起動します。

▼ シミュレータを起動

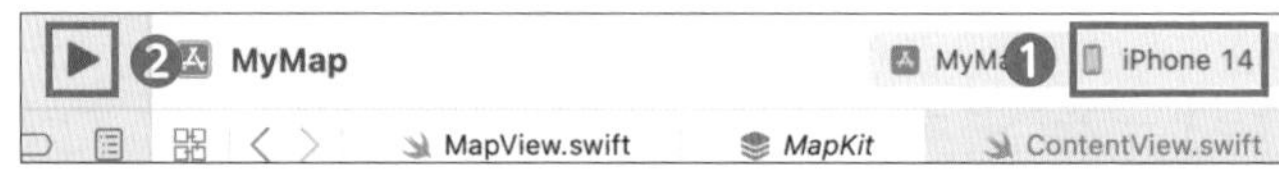

初期設定では、シミュレータで日本語を入力できない場合があります。日本語入力できない場合は、日本語キーボードの設定をしましょう。

検索キーワードに日本語を入力するための設定を行っておきます。実機の設定と同様にシミュレータの設定をすることができます。

❶ [Home] をクリックします。[Settings]（設定）アイコンが表示されていなければ、スワイプして探してください。

❷ シミュレータの [Settings] をクリックします。

▼ [Home]（ホーム）を表示

▼ シミュレータの設定

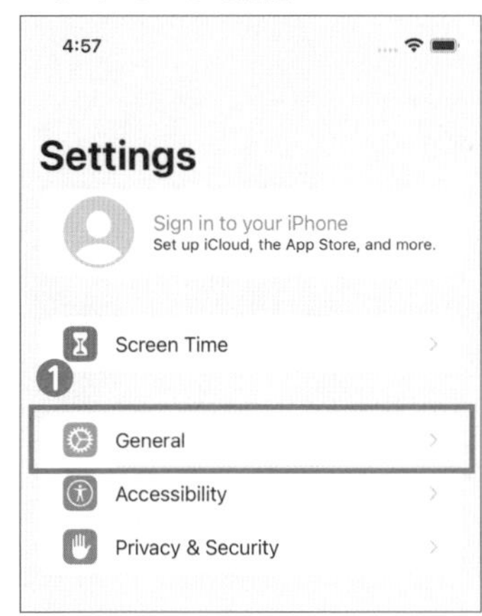

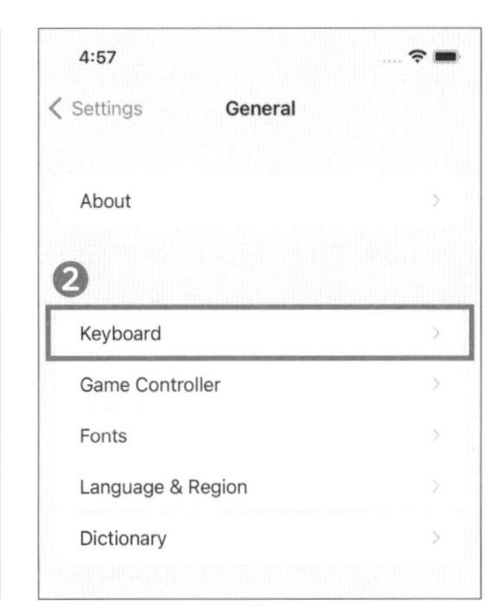

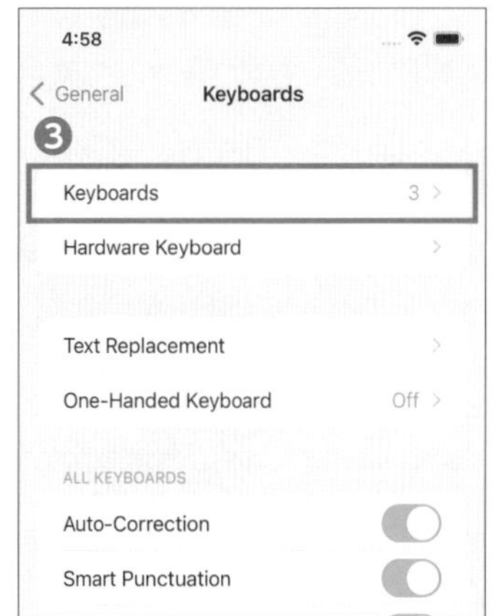

❶ [General]（一般）をクリックします。

❷ [Keyboard] をクリックします。

❸ [Keyboards] をクリックします。

日本語キーボードを追加します。

▼ 日本語キーボードの追加

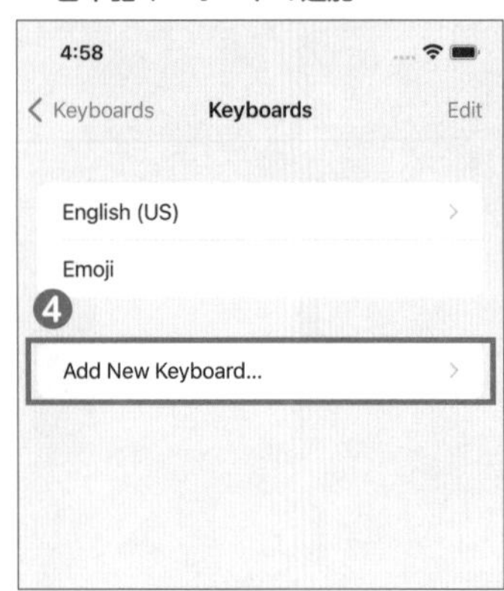

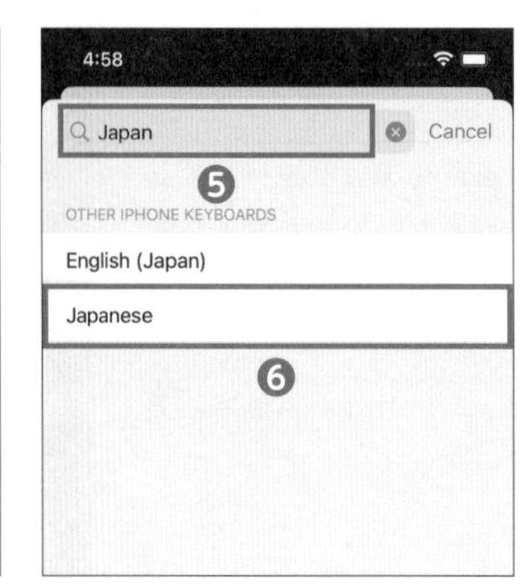

❹ [Add New Keyboard] をクリックします。
❺ 各言語用のキーボードが検索できます。[Japan] と入力して、検索をしましょう。
❻ [Japanese] が日本語キーボードです。クリックします。
❼ [Kana] と [Romaji] どちらでもお好きな入力方法を選択してください。ここでは [Kana] と [Romaji] の2つを選択しています。
❽ [Done] をクリックして確定します。

ここまで設定ができたら、再度シミュレータの ▶ [Run] を実行してアプリを起動してください。すでにアプリが起動している場合は、Xcodeで「Replace "MyMap"?」というポップアップが表示されます。そのときは「Replace」ボタンを押して、アプリを置き換えてください。

▼ キーボードの表示方法

❶ TextFieldにカーソルを当てて、キーボードが表示されない場合は、❷を設定してください。
❷ [I/O] → [Keyboard] → [Toggle Software Keyboard] をクリックしてください。

▼ キーワードで検索

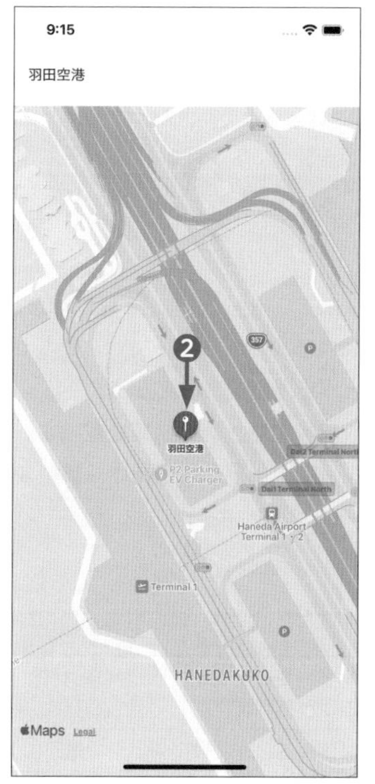

❶ 入力フィールドに、キーワードを入力します。入力後に「改行」をタップします。
❷ キーワードで検索された位置にピンが表示されます。

コード解説　これから、さきほど追加したコードをステップごとに説明します。

```
// 入力中の文字列を保持する状態変数
@State var inputText: String = ""
```

inputText は、TextField で入力中の文字列が保存される状態変数です。

状態変数として宣言している理由は、TextField では入力するたびにその値を使用して変更を反映したいからです。そのため、TextField と連携するときは状態変数が必要になります。

```
// 検索キーワードを保持する状態変数、初期値は"東京駅"
@State var displaySearchKey: String = "東京駅"
```

入力が完了した文字列を保存するための変数です。displaySearchKey で保存している文字列を検索キーワードとして利用します。初期値として「東京駅」をセットします。マップアプリが起動すると、「東京駅」が中心に表示されます。

```
// テキストフィールド（文字入力）
TextField("キーワード", text: $inputText, prompt: Text("キーワードを入力してください"))
```

TextField は画面に入力項目を作ります。

1 つ目の引数は、多言語対応で使われるタイトルキーです。アクセシビリティ機能を有効にした時に利用されることがあります。適切なタイトルを設定しましょう。

2 つ目の引数は、入力中の文字列を保存するための状態変数です。状態変数を指定するときは先頭に $ マークをつけます。TextField の入力に変化があるたびに、状態変数 inputText の内容も変化します。

3 つ目の引数は、プレースホルダー（入力欄に表示するメッセージ）です。

▼ TextField View のイニシャライザの引数

番号	引数名	内容
第一引数	なし	テキストフィールドの目的を説明するタイトルで、アクセシビリティ機能を有効にした場合に利用されることがあります。
第二引数	text	入力中の文字を保存する状態変数です。$ を先頭につけて状態変数を指定します。
第三引数	prompt	プレースホルダー用の文字列です。

```
// 入力が完了された時
    .onSubmit {
        // 入力が完了したので検索キーワードに設定する
        displaySearchKey = inputText
    }
```

TextField に、.onSubmit モディファイアを付与することで、ユーザが入力をして改行を行ったタイミングで「{ }」ブロック内のコードが実行されます。

キーワードの入力が完了したときに、状態変数 inputText から状態変数 displaySearchKey へコピーします。displaySearchKey の状態が変化する（入力が完了した）タイミングで View を更新することができます。

```
// 余白を追加
    .padding()
```

入力した文字が見えやすいように、TextField の内側に余白を設定しています。

```
// マップを表示
MapView(searchKey: displaySearchKey)
```

MapView の引数 searchKey に検索キーワードが格納されている displaySearchKey を指定します。

2 入力されたデータの流れを確認しよう

ContentView.swift からの MapView の利用と、MapView.swift での宣言の関係を次の図にまとめました。

❶ MapView.swift で構造体（struct）として宣言されている MapView を利用します。この構造体の中でマップが生成されます。

❷ 状態変数の displaySearchKey を指定することで、検索キーワードが変化するたびに、マップの検索が実行されてマップが更新されます。TextField で指定した状態変数 inputText と違って、「$」を指定しないのは、状態変化の通知が一方通行だからです。マップパーツ（MapView）で検索キーワードの状態が変わることはありません。そのため、MapView では searchKey を通常の定数（プロパティ）で宣言しています。

▼ MapView の利用と宣言

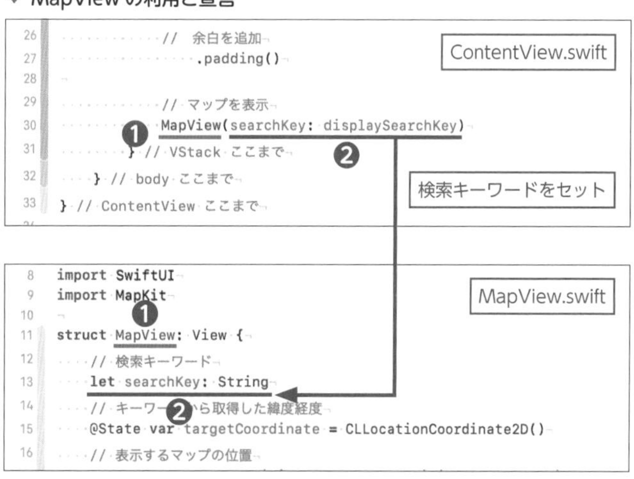

Point

Xcode は、変更内容を自動的に保存します。ファイルの保存を気にせずに、作業を進めてください。

文字入力し、最後に「改行」をタップすると、入力された文字に応じた位置にピンが置かれます。ピンの下にタイトルが表示されることも確認しましょう。

シミュレータの場合、言語設定がデフォルトが英語になっているため、表示された住所や施設名に英語と日本語が混在して表示されています。

シミュレータでも実機でも言語を切り替えることができます。切り替える方法は、「COLUMN マップアプリの地名や施設名の日本語表示について」(P.252) に掲載しています。

▼ シミュレータで確認

お疲れ様でした！　これでマップ検索アプリは完成です。

次のレッスンからは「ステップアップ」になります。余裕のある方はぜひ、チャレンジしてみてください。

Tips

Xcode のショートカットキーを使いこなす

ショートカットキーを使うと、キーボードの組み合わせで機能を実行することができます。このショートカットキーが使えると、Xcode の操作がとても効率よくなります。

コメントアウトは「Command ⌘ + /」、シミュレータの起動は「Command ⌘ + R」、ビルドは「Command ⌘ + B」、クリーンビルドは「Command ⌘ + Shift ⇧ + K」などです。

上記以外にも、たくさんのショートカットキーがあります。
詳細は下記のホームページでも解説していますので、参考にしてください。

今日から使える Xcode の便利なショートカットカテゴリ別 22 選
https://blog.code-candy.com/xcode_shortcut/

構造体（struct）について

SwiftUI では構造体（struct）は重要であるため、基本の解説をします。難しく感じた方は、本書の学習を終えてからこのページを学習するとより理解が深まります。

1　構造体を利用する目的

Swift だけでなく、他のプログラミング言語でも構造体は利用されています。

そもそも、構造体を利用する目的はなんでしょうか？

カテゴリが良く似ているデータをバラバラに利用するよりも、1 つにグルーピングして管理・利用したほうが便利です。

例えば、個人の名前と年齢を管理したい場合は、次のような構造体 Person を作り、必要な要素をグルーピングして使うと便利です。

▼ 構造体の定義と使い方の例

```
// 名前と年齢を管理する構造体
struct Person {
    var lastName: String
    var firstName: String
    var age: Int
}

// 名前、年齢の設定
var myPerson = Person(lastName: "山田", firstName: "太郎", age: 22)
print("名前: \(myPerson.lastName) \(myPerson.firstName)") // 名前: 山田太郎
print("年齢: \(myPerson.age) 歳")                          // 年齢: 22 歳
```

2　構造体の定義、プロパティ、メソッド

構造体は変数や、定数、関数などを 1 つの型名でまとめることができます。

▼ 構造体の定義

```
struct 型名 {
    変数（プロパティ）
    定数（プロパティ）
    関数（メソッド）
}
```

▼ 構造体のプロパティとメソッド

```
// 名前を管理する構造体
struct Person {
    // プロパティ
    var lastName: String
    var firstName: String
    // 氏名を作成するメソッド
    func shimei() -> String {
        return lastName + firstName
    }
}

// 名前の設定
var myPerson = Person(lastName: "山田", firstName: "太郎")
print("氏名: \(myPerson.shimei())") // 氏名: 山田太郎
```

特に、構造体で使われる変数、定数のことをプロパティといいます。プロパティ（property）は、物体の特性・特質を意味する言葉です。

関数のことをメソッドと呼びます。メソッド（method）は、方法、方式を意味する言葉です。

3　構造体のインスタンスとイニシャライザ

構造体を定義したときはテンプレート（雛形）であって、まだ使用できません。**構造体を使えるようにして値が保存できる状態にすることをインスタンス生成といいます**。

構造体のインスタンスを生成するときに、初期化のための手続きのことをイニシャライザ（initializer）といいます。

▼ 構造体のインスタンスとイニシャライザ

```
// 名前と年齢を管理する構造体
struct Person {
    var lastName: String
    var firstName: String
    var age: Int
}

// 名前、年齢の設定（インスタンス生成とイニシャライザ）
var myPerson = Person(lastName: "山田", firstName: "太郎", age: 22)
```

Person のインスタンスを生成するときに、引数で初期値をセットしています。
イニシャライザの方法には、イニシャライザの定義と全項目イニシャライザがあります。

3-1　イニシャライザの定義（init）

イニシャライザを作るときは init というキーワードを使います。イニシャライザの定義には、次のルールがあります。

- init 以外のキーワードを利用することはできない
- init のコードブロック { } には初期化のための手続きを記述
- init のコードブロック { } 内では、構造体のプロパティに自由にアクセス可能
- 複数個のイニシャライザを定義することが可能

▼ イニシャライザの定義（init）

```
// 簡単な加算
struct SimplePlus {
    var plus: Int
    var message: String
    // 1つ目のイニシャライザ。加算のみ
    init(number1: Int, number2: Int) {
        plus = number1 + number2
        message = ""
    }
    // 2つ目のイニシャライザ。メッセージで式を出力
    init(number1: String, number2: String) {
        plus = Int(number1)! + Int(number2)!
        message = "\(number1) + \(number2) = \(plus)"
    }
}

var answer1 = SimplePlus(number1: 1, number2: 2)
print(answer1.plus)              // 3
var answer2 = SimplePlus(number1: "1", number2: "2")
print(answer2.message)           // 1 + 2 = 3
```

同じイニシャライザ（init）ですが、引数の数や型によって複数定義できます。それぞれの引数に合致したイニシャライザが実行されます。

3-2　SwiftUI の TextField のイニシャライザ

マップ検索アプリで使用している TextField ですが、これも構造体であり、イニシャライザを使っています。

▼ **マップ検索アプリで使用している TextField**

```
var body: some View {
    VStack {
        TextField("キーワード", text: $inputText, prompt: Text("キーワードを
入力してください"))
    }
}
```

公式ドキュメントで確認してみましょう。

▼ **公式ドキュメントへの手順**

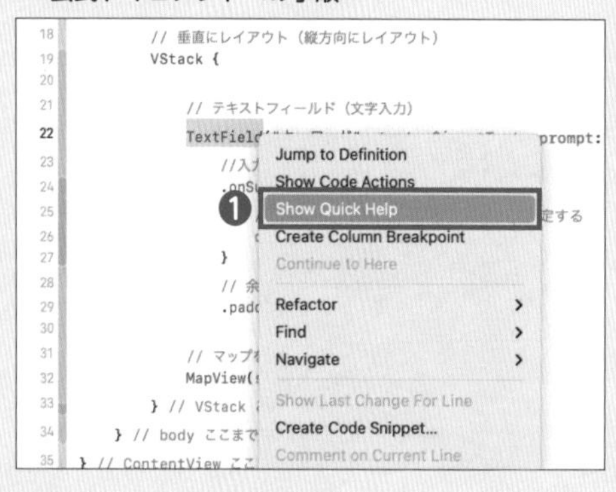

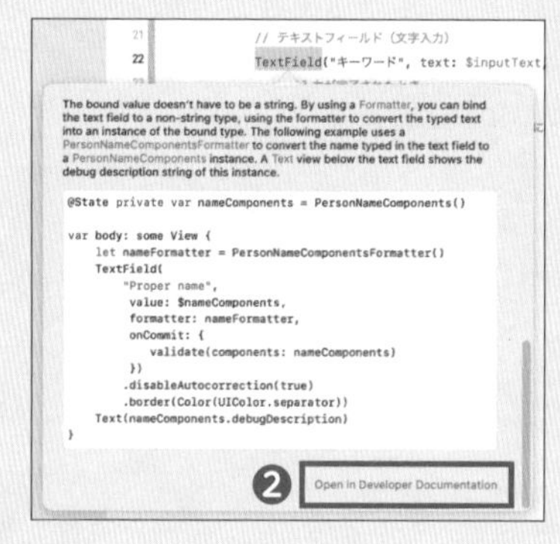

❶ TextField を選択して control キー＋クリックでサブメニューを表示します。［Show Quick Help］を選択します。

❷ 表示された［Quick Help］を下方向にスクロールして右下の［Open in Developer Documentation］を選択します。

▼ **公式ドキュメントでの init**

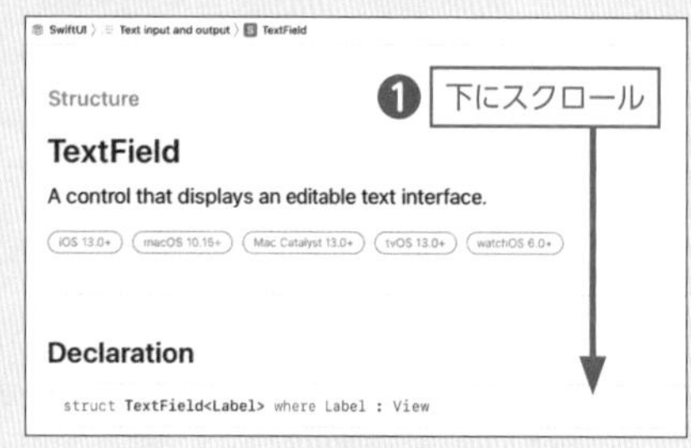

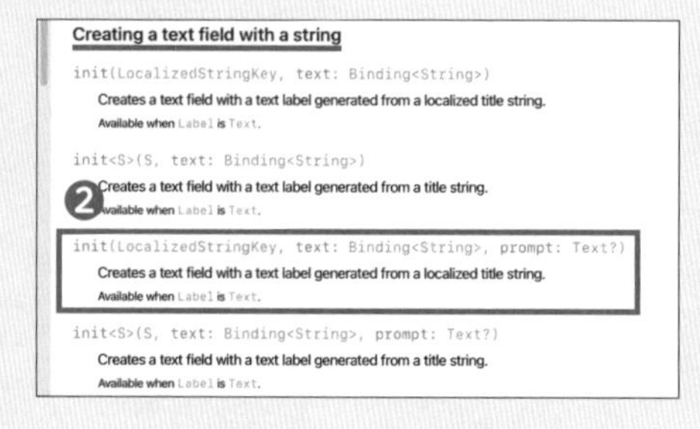

❶ ドキュメントを下にスクロールして、[Creating a text field with a string] のカテゴリを探します。
❷ 使用できる init キーワードでのイニシャライザが掲載されています。利用用途に応じて、複数の init が用意されているのがわかります。今回、使用している init は上から 3 つ目です。

TextField も複数のイニシャライザ (init) を持っていて、TextField を最初に記述するときに初期化してインスタンスを作成しています。SwiftUI で使用している Image、Text、Button などの View も同じです。

3-3　全項目イニシャライザ

イニシャライザの定義 (init) の省略形です。

構造体で個々のプロパティの値を指定してインスタンスを生成する初期化方法を全項目イニシャライザ (memberwise initializer) といいます。このときは init キーワードを省略できます。

全項目イニシャライザには、次のルールがあります。

- 構造体で初期値を設定していないプロパティは、インスタンス生成時に初期値の設定が必要
- 構造体で初期値を設定しているプロパティは、インスタンス生成時の初期値の設定を省略可能
- 引数はプロパティが宣言されている順番で指定

▼ 全項目イニシャライザ

```
// age のみ初期値あり
struct Person {
    var lastName: String
    var firstName: String
    var age: Int = 18
}

// インスタンス生成のときに初期値を設定する
var myPerson1 = Person(lastName: "山田", firstName: "太郎", age: 22)
var myPerson2 = Person(lastName: "山田", firstName: "太郎") // age は省略可能
```

4　格納型プロパティ（stored property）と計算型プロパティ（computed property）

構造体の変数・定数はプロパティと呼びましたが、Swiftではさらに2つのプロパティに区別できます。

▼ プロパティの種類と機能の比較

プロパティの種類	特徴	宣言時のキーワード	型名の省略
格納型プロパティ（stored property）	変数や定数が値を保持する機能を提供するプロパティ。値を保持するのが目的なので格納型（stored）と呼ばれる。	var もしくは let	可能
計算型プロパティ（computed property）	値の参照と更新の機能を手続きで構成するプロパティ。関数のように計算する機能を持たすことができることから計算型（computed）と呼ばれる。	var のみ	不可能

格納型プロパティは、従来の変数と定数が構造体内部で使えることを意味しますので理解できると思います。

計算型プロパティについて解説します。

4-1　計算型プロパティ（computed property）

宣言時のキーワードはvarのみが使えます。これは値が常に一定とは限らないからです。

参照した結果の値を計算する部分をget節（ゲッタ：getter）、指定された値を使って更新する部分をset節（セッタ：setter）と呼びます。

▼ 計算型プロパティの定義

```
var プロパティ名: データ型 {
    get {
        プロパティの値を返す文
    }
    set(引数) {
        プロパティの値を更新する文
    }
}
```

get節をgetキーワードで記述し、set節をsetキーワードで記述します。

set節の引数を省略した場合は、**newValue**という引数名がデフォルトで利用できます。

▼ 計算型プロパティの使用例

```
// 名前を管理する構造体
struct Person {
    // プロパティ
    var lastName: String
    var firstName: String
    // 計算型プロパティ
    var shimei: String {
        get {
            lastName + firstName
        }
        set {
            // set で引数を省略すると newValue という引数名で使える
            lastName = newValue
        }
    }
}

// 名前の設定
var myPerson = Person(lastName: "山田", firstName: "太郎")
print("名前: \(myPerson.shimei)") // 名前: 山田太郎
// "田中" をセットする
myPerson.shimei = "田中"
print("名前: \(myPerson.shimei)") // 名前: 田中太郎
```

4-2　計算型プロパティの省略記法

読み込み専用プロパティを定義する場合は、get 節だけを使って、set 節は使いません。そのため、set 節を省略することが可能です。そして、get 節にも省略記法があり、省略後はまったく異なる形になるため注意が必要です。

次の計算型プロパティの省略前後では形が異なりますが、同じ意味になります。

▼ 計算型プロパティの省略前

```
struct Person {
    var lastName: String
    var firstName: String
    // 計算型プロパティ省略前
    var shimei: String {
        get {
            lastName + firstName
```

```
        }
    }
}
```

▼ 計算型プロパティの省略後

```
struct Person {
    var lastName: String
    var firstName: String
    // 計算型プロパティ省略後
    var shimei: String {
        lastName + firstName
    }
}
```

次の箇所が省略されています。

- get 節のみの場合は、get キーワードとその { } を省略可能

4-3 ContentView.swift の body プロパティの解説

新規プロジェクトを SwiftUI で作成したときに、最初に body プロパティのコードが記述されています。この body プロパティは計算型プロパティです。

```
import SwiftUI

struct ContentView: View {
    // body は計算型プロパティ
    var body: some View {
        (省略)
    }
}
```

body プロパティでは、set 節と get キーワードが省略されています。

body プロパティのデータ型は some View です。some キーワードはデータ型を Swift に推論してもらうために指定されていて、View プロトコルに関連したデータ型という意味です。

COLUMN クラス（Class）について

クラスも構造体とよく似ています。

Swift では構造体での記述が推奨されていて、どうしても必要な場合にクラスで記述をします。

1　クラスと構造体の違い

クラスと構造体は良く似ていますが、違いもいくつかあります。

初学者は、**値型と参照型の違い**を理解することが重要です。

1-1　構造体は値型、クラスは参照型

Swift はインスタンスによるデータの管理方法が値型と参照型の 2 種類があります。

構造体、列挙型、整数型、文字列型などは、すべて値型です。そして、クラスは参照型です。

1-2　Swift のコードで値型と参照型を確認

構造体が値型であることを、次のコードで確認しましょう。

▼ **構造体は値型**

```
// 名前を管理する構造体
struct Person {
    var lastName = "山田"
}

var myPerson1 = Person()
var myPerson2 = myPerson1
myPerson1.lastName = "田中"
myPerson2.lastName = "鈴木"
print(myPerson1.lastName)  // 田中　と出力される
print(myPerson2.lastName)  // 鈴木　と出力される
```

myPerson1 でインスタンスが生成された後は、myPerson2 に myPerson1 をコピーします。その後に、myPerson1 と myPerson2 でそれぞれ異なる値をセットします。その後に、データを出力しても myPerson1 は myPerson2 の影響を受けていないことが確認できます。

▼ **構造体は値型**

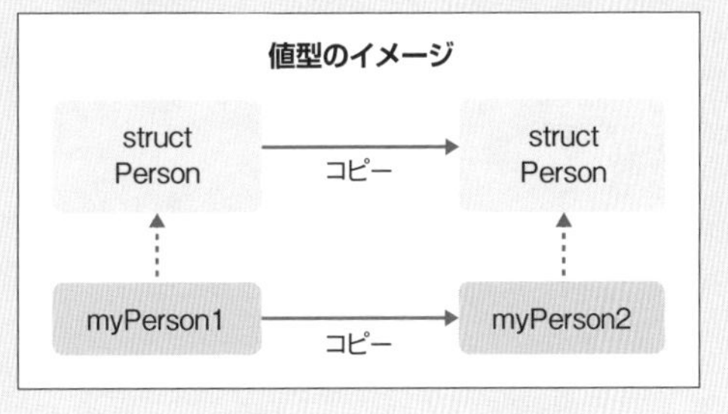

つまり、myPerson1、myPerson2が使用する構造体Personは別々のものとして扱われていることが確認できます。

次にクラスが参照型であることを、次のコードで確認しましょう。

▼ クラスは参照型

```
// 名前を管理するクラス
class Person {
    var lastName = "山田"
}

var myPerson1 = Person()
var myPerson2 = myPerson1
myPerson1.lastName = "田中"
myPerson2.lastName = "鈴木"
print(myPerson1.lastName)  // 鈴木 と出力される
print(myPerson2.lastName)  // 鈴木 と出力される
```

「myPerson2.lastName = "鈴木"」でセットすると、「myPerson1.lastName」も「"鈴木"」に変更されています。参照型は同じものを共有していることが確認できます。

▼ クラスは参照型

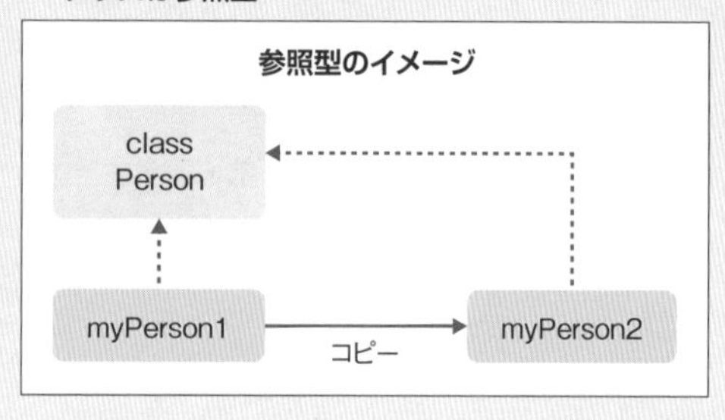

Day 1 Lesson 5-4

ステップアップ

マップの種類（衛星写真など）を切り替えできるようにしよう

このレッスンで学ぶこと

- マップの種類の切り替え方法を学びます。
- マップの種類を列挙型を使って管理する方法を学びます。

完成イメージ

前のレッスンで作ったマップ検索アプリをカスタマイズしながら学習をすすめます。

このレッスンでは、マップの種類を標準以外に、衛星写真や衛星写真＋交通機関ラベルに切り替えできるようにします。

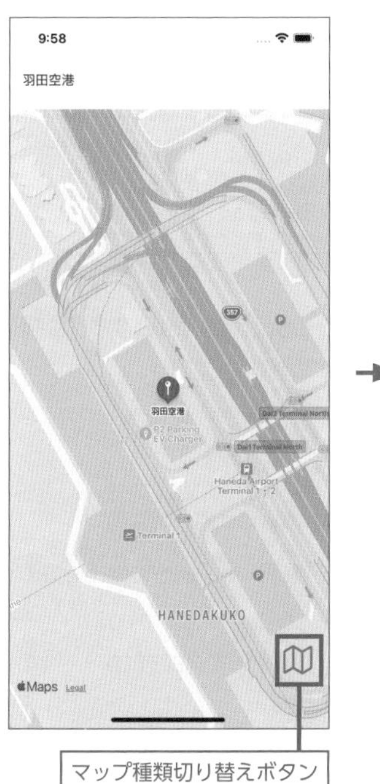

マップ種類切り替えボタン

画面の右下に設置した［マップ種類切り替えボタン］をタップすることで、マップの種類が切り替わります。

1 マップの種類を切り替える処理の実装をしよう

「マップ種類切り替えボタン」を追加して、ボタンがタップされたらマップ種類が切り替えできるようにします。

1-1　マップの種類を管理する列挙型を宣言

前のレッスンで作ったマップ検索アプリの［MapView.swift］を選択して、エディタを表示します。

▼［MapView.swift］の選択

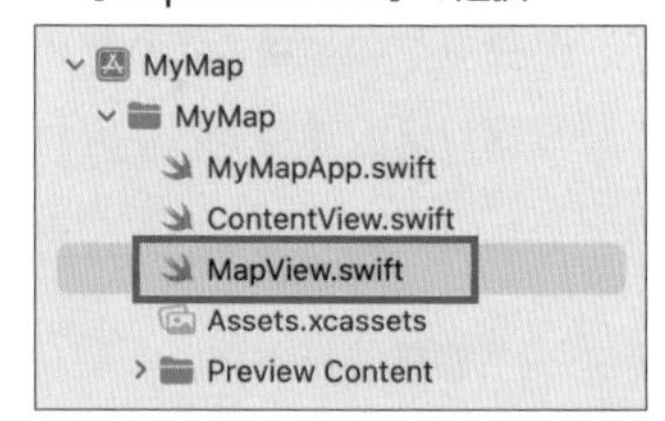

赤枠のコードを追加しましょう。

マップの種類を管理するために、列挙型（enum：イナム）を宣言します。発生するマップの種類をパターンとして設定します。列挙型では、case 文で使用したいパターンを宣言します。ここで列挙型を宣言しておくことで、マップの種類を選びやすくかつ設定しやすくなります。

▼列挙型の追加

```
7
8   import SwiftUI
9   import MapKit
10
11  // 画面で選択したマップの種類を示す列挙型
12  enum MapType {
13      case standard    // 標準
14      case satellite   // 衛星写真
15      case hybrid      // 衛星写真+交通機関ラベル
16  }
17
18  struct MapView: View {
19      // 検索キーワード
20      let searchKey: String
21      // キーワードから取得した緯度経度
22      @State var targetCoordinate = CLLocationCoordinate2D()
```


列挙型 MapType を追加する場所に注意してください。「struct MapView」の上に追加しています。この場所に追加することで、「struct MapView」内でも「struct ContentView」内でも利用することができます。

Point

enum（列挙型）は、設定する候補が決まっているときに使うと便利です。アプリでは、分類や区分のようにあらかじめ選択肢が決まっているときがあります。いくつかの選択肢をデータとして管理したいときには、enum の利用を検討してみましょう！

1-2　マップの種類を格納する変数の宣言

前のレッスンで作ったマップ検索アプリの［ContentView.swift］を選択して、エディタを表示します。

▼ ContentView.swift の選択

MyMap
MyMap
MyMapApp.swift
ContentView.swift
MapView.swift
Assets.xcassets
MyMap.entitlements

赤枠のコードを追加しましょう。

選択したマップの種類を格納するための状態変数 displayMapType を宣言します。MapType はさきほど宣言したマップ種類を管理している列挙型です。列挙型 MapType の列挙ケース「.standard」は標準マップを示しています。

▼ マップの種類を格納する状態変数を追加

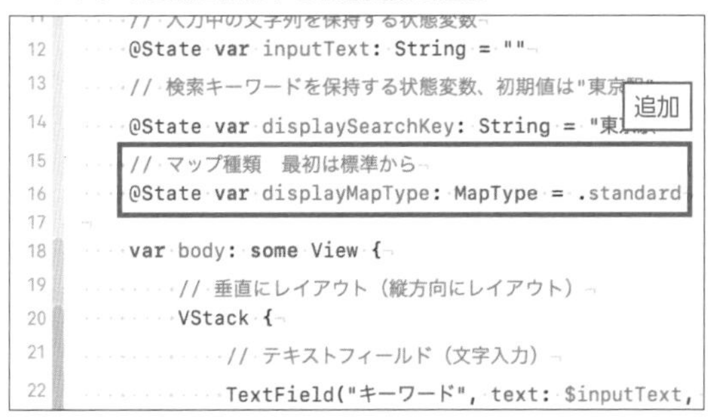

Point

列挙型を利用するメリットとして、コードを入力するときに入力補完が働くことが挙げられます。事前に列挙型で発生するパターンを宣言することで、使うときには入力補完のリストから選ぶだけでよいです。

今回の displayMapType は、データ型を列挙型の MapType で宣言しています。初期値をセットするときに「.」（ドット）を入力すると、MapType で設定することができる候補がリストされます。ここで表示される候補は、MapType の case 文で宣言したものです。
このように入力ミスを防止できて、効率的にアプリを作ることができます。

▼ 列挙型の入力補完

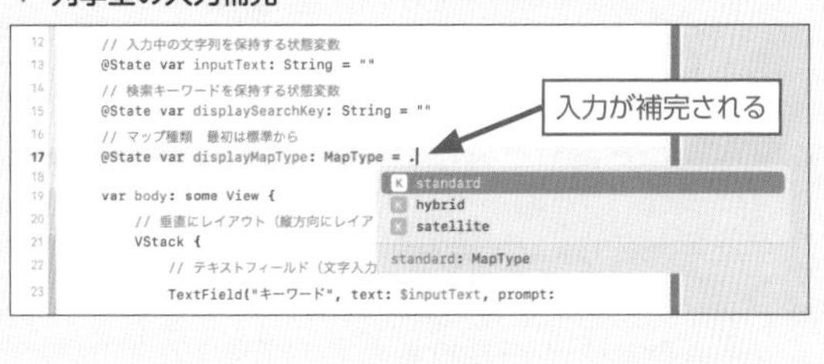

Tips

列挙型

列挙型は特定の意味をもつ集合を作成して、1つのデータ型として扱うことができます。

▼ 書式：列挙型の宣言

```
enum 列挙型名 {
    case 値名
    case 値名
     ・・・
}
```

▼ 書式：列挙型の値の取得

```
var 変数名 = 列挙型名.値名
```

▼ 書式：列挙型の値の取得（列挙型名の省略）

```
var 変数名 = .値名
```

列挙型の例として、フルーツ（Fruits）を作り、簡単な解説をコメントで追加しました。

```
// 列挙型は enum キーワードを使う
enum Fruits {
    case apple      // case で要素を列挙する
    case orange     // case で指定する要素を列挙ケースともいう
    case banana
}
// データ型として使える
let myLikes1: Fruits = Fruits.apple
// 「Fruits」は省略して「.（ドット）」から記述できる
let myLikes2: Fruits = .orange
print(myLikes1)     // apple と出力される
print(myLikes2)     // orange と出力される
```

1-3　ZStackを追加

「マップ種類切り替えボタン」をマップの上に配置したいので、ZStackでViewの重なりを定義します。

赤枠のコードのように変更しましょう。MapViewを囲うようにして、ZStackを追加します。

マップの上に「マップ種類切り替えボタン」を配置するために、ZStackでViewを重ね合わせます。

「alignment: .bottomTrailing」を指定すると画面の右下を基準に配置されます。

▼ ZStackでViewの重なりを定義

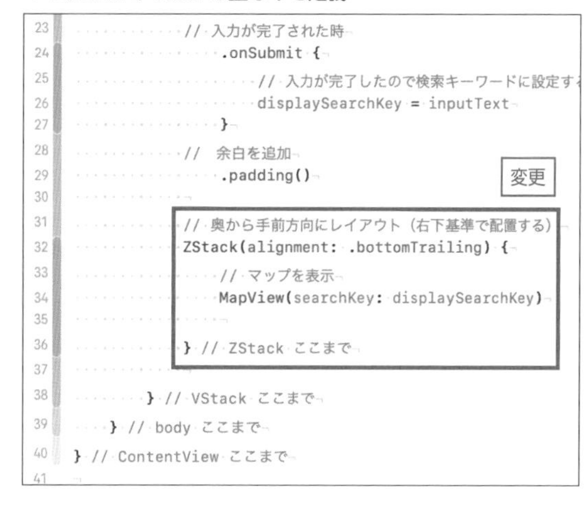

Point

ZStackはViewの重ね合わせを表現したいときに使います。今のViewの上に別の画像やボタン、Viewを配置したいときには、積極的に使いましょう！

1-4　マップ種類切り替えボタンの追加

「マップ種類切り替えボタン」を追加します。ボタンをタップしたときに、マップ種類を変更します。

以下の赤枠のコードを追加しましょう。

▼ マップ種類切り替えボタンの追加

```
28             //  余白を追加
29                 .padding()
30
31             // 奥から手前方向にレイアウト（右下基準で配置する）
32             ZStack(alignment: .bottomTrailing) {
33                 // マップを表示
34                 MapView(searchKey: displaySearchKey)
35
36                 // マップ種類切り替えボタン                          追加
37                 Button {
38                     // 標準  → 衛星写真 → 衛星写真+交通機関ラベル
39                     if displayMapType == .standard {
40                         displayMapType = .satellite
41                     } else if displayMapType == .satellite {
42                         displayMapType = .hybrid
43                     } else {
44                         displayMapType = .standard
45                     }
46                 } label: {
47                     // マップアイコンの表示
48                     Image(systemName: "map")
49                         .resizable()
50                         .frame(width: 35.0, height: 35.0)
51                 } // Buttonここまで
52                 // 右の余白を20空ける
53                 .padding(.trailing, 20.0)
54                 // 下の余白を30空ける
55                 .padding(.bottom, 30.0)
56
57             } // ZStack ここまで
```

コード解説 これから、さきほど追加したコードをステップごとに説明します。

if 文を使って、現在表示しているマップの種類に応じて、次に表示すべきマップの種類に値を書き換えています。

if 文を確認してみましょう。

```
// 標準  → 衛星写真 → 衛星写真+交通機関ラベル
if displayMapType == .standard {
    displayMapType = .satellite
} else if displayMapType == .satellite {
    displayMapType = .hybrid
} else {
```

```
        displayMapType = .standard
    }
```

displayMapTypeはMapTypeの列挙型です。指定できるマップ種類はあらかじめ決められています。

displayMapTypeが「.standard」（標準の地図）が指定されていたときは、次の種類として「.satellite」（衛星写真）に書き換えています。

このように、if文で判断して書き換えることで、.standard（標準）→.satellite（衛星写真）→.hybrid（衛星写真+交通機関ラベル）の順に、マップの種類を切り替えることができます。

状態変数displayMapTypeが変化すると関連するViewが更新されるため、マップも更新されます。

列挙型MapTypeのマップ種類の定義を次の表に整理しました。

▼ マップ種類の定義一覧

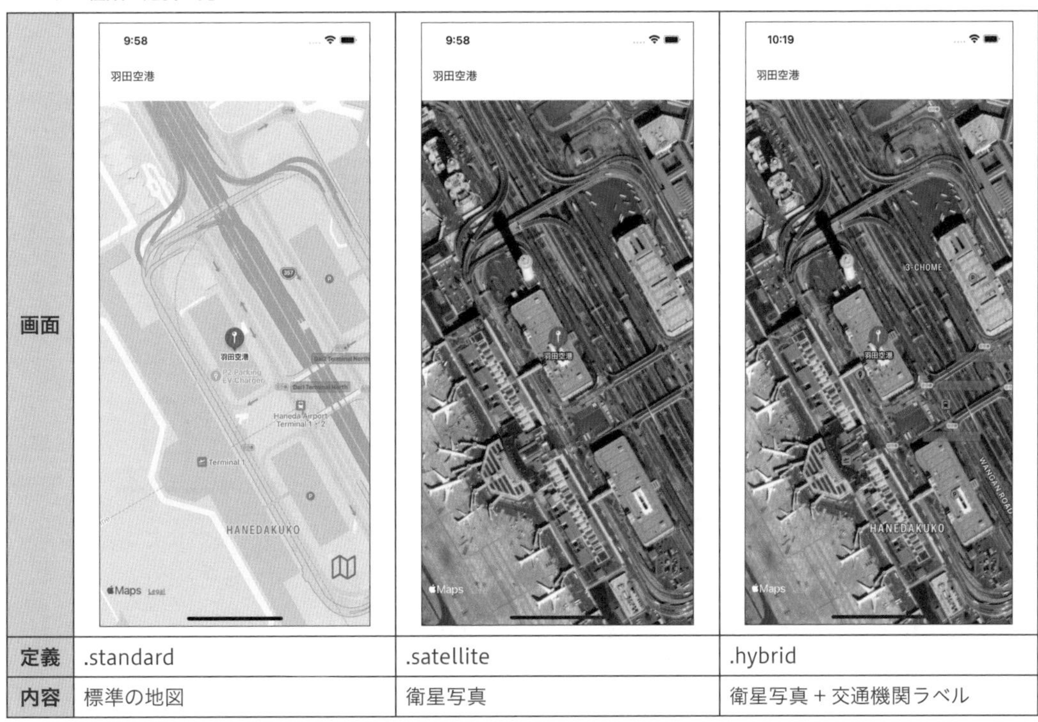

画面			
定義	.standard	.satellite	.hybrid
内容	標準の地図	衛星写真	衛星写真＋交通機関ラベル

```
// マップアイコンの表示
Image(systemName: "map")
    .resizable()
    .frame(width: 35.0, height: 35.0)
```

マップ種類切り替えボタンのアイコンを作成します。
Image(systemName: "map") を指定するとマップアイコンを表示できます。

Image(systemName:) で指定できるアイコンは、Xcodeで使えるアイコンセットです。アプリ内のボタンやツールバー、アラートなど様々な場所で利用することができます。

初期状態でアイコンは小さいため、サイズを変更します。.resizable() で画像をリサイズしつつ .frame() を使用すると、枠（フレーム）を作成して、枠内いっぱいにアイコンを拡大して表示することができます。

▼ マップ種類切り替えボタン

●「SF Symbols」の利用

Image(systemName:) で利用できるアイコン（シンボル）は、「SF Symbols」と呼ばれ、サンフランシスコのシステムフォントと統合できるように設計されたシンボルです。

▼ SF Symbols アプリ

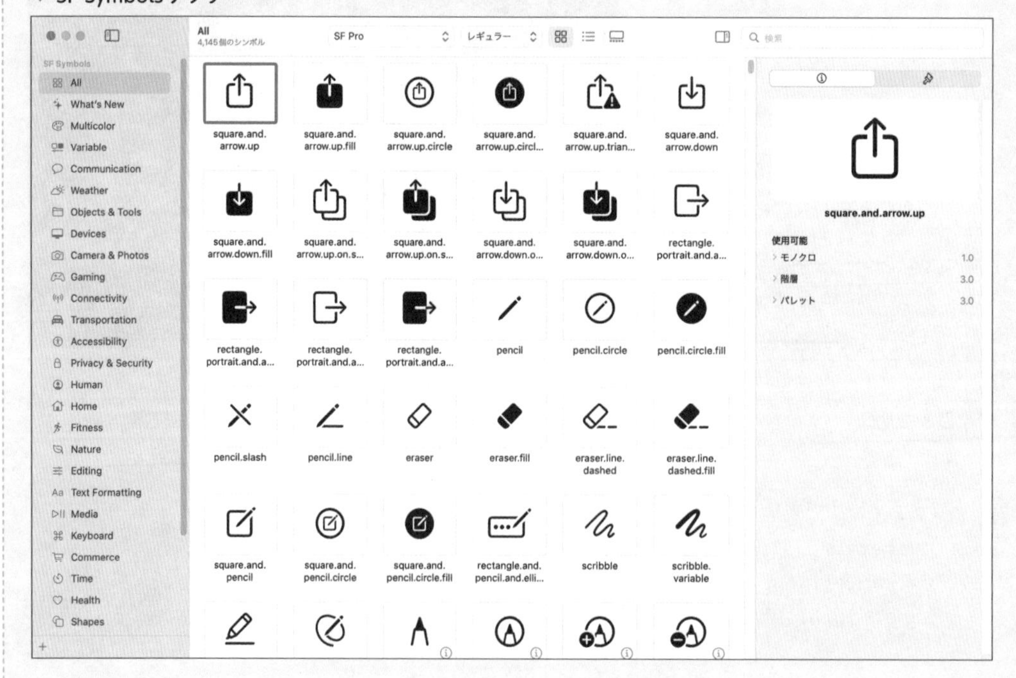

SF Symbolsアプリをダウンロードすると使用できるシンボルを一覧で確認することができます。
次のリンク先からSF Symbolアプリをダウンロードします。

https://developer.apple.com/sf-symbols/

1-5　MapViewの引数を変更

MapViewにマップの種類を渡せるように引数も変更します。

赤線のコードのように追加しましょう。コード変更後に「Extra argument 'mapType' in call」とエラーが表示されます。これはマップを表示するMapViewに、追加した引数mapTypeを受け取るコードを書いていないためです。

のちにMapViewのプロパティを設定することでエラーが解消されますので、そのまま学習を進めてください。

▼ MapViewにmapTypeの引数を追加

```
28            // 余白を追加
29                .padding()
30
31            // 奥から手前方向にレイアウト（右下基準で配置する）
32            ZStack(alignment: .bottomTrailing) {
33                // マップを表示
34                MapView(searchKey: displaySearchKey, mapType: displayMapType)
35
36                // マップ種類切り替えボタン
37                Button {
38                    // 標準 → 衛星写真 → 衛星写真+交通機関ラベル
39                    if displayMapType == .standard {
40                        displayMapType = .satellite
41                    } else if displayMapType == .satellite {
42                        displayMapType = .hybrid
43                    } else {
44                        displayMapType = .standard
45                    }
46                } label: {
```

追加

2　マップパーツ（MapView）をマップ種類の切り替えに対応させよう

指定されたマップ種類に切り替えができるように、マップパーツ（MapView）を変更します。

2-1　マップ種類を保存する変数を宣言

［MapView.swift］を選択します。

▼ MapView.swiftの選択

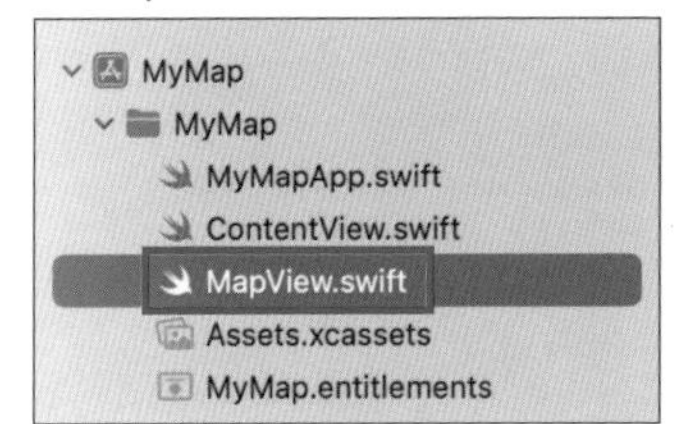

赤枠のコードを追加しましょう。

マップパーツ（MapView）が、マップ種類（列挙型 MapType）を受け取るためのプロパティmapTypeを宣言します。このプロパティを追加することで、ContentViewのMapViewを呼び出す際に発生していた「Extra argument 'mapType' in call」というエラーが解消されます。ここでMapViewの#PreViewの箇所で、「Missing argument for parameter 'mapType' in call」というエラーが新しく発生します。あとでエラーを修正しますので、このまま作業を進めてください。

▼ マップ種別の変数

```
15        case hybrid      // 衛星写真+交通機関ラベル
16    }
17
18    struct MapView: View {
19        // 検索キーワード
20        let searchKey: String
21        // マップ種類
22        let mapType: MapType
23
24        // キーワードから取得した緯度経度
25        @State var targetCoordinate = CLLocationCoordinate2D()
26        // 表示するマップの位置
27        @State var cameraPosition: MapCameraPosition = .automatic
28
29        var body: some View {
```

追加

2-2 マップ種類を表示されているマップにセット

このマップアプリ用に作ったマップ種類（mapType）から、SwiftUIのMapに指定するmapStyleを作成します。

赤枠のコードを追加しましょう。

コードを追加する場所に注意してください。追加するmapStyleは、構造体MapViewのプロパティとして追加しますので、「var body: some View {」の上に追加しましょう。

▼ 表示するマップのスタイル

```
24        // キーワードから取得した緯度経度
25        @State var targetCoordinate = CLLocationCoordinate2D()
26        // 表示するマップの位置
27        @State var cameraPosition: MapCameraPosition = .automatic
28        //表示するマップのスタイル
29        var mapStyle: MapStyle {
30            switch mapType {
31            case .standard:
32                return MapStyle.standard()
33            case .satellite:
34                return MapStyle.imagery()
35            case .hybrid:
36                return MapStyle.hybrid()
37            }
38        }
39
40        var body: some View {
41            // マップを表示
42            Map(position: $cameraPosition) {
43                // マップにピンを表示
44                Marker(searchKey, coordinate: targetCoordinate)
45            }
```

追加

次に、SwiftUIのMapにマップの種類を指定します。Mapでは、mapStyleモディファイアを使います。

赤枠のコードを追加しましょう。「Map{ }」の続きに「.mapStyle」を追加します。

▼ Mapにmapstyleを指定

```
40    var body: some View {
41        // マップを表示
42        Map(position: $cameraPosition) {
43            // マップにピンを表示
44            Marker(searchKey, coordinate: targetCoordinate)
45        }
46        // マップのスタイルを指定
47        .mapStyle(mapStyle)
48        // 検索キーワードの変更を検知
49        .onChange(of: searchKey, initial: true) { oldValue, newVa
50            // 入力されたキーワードをデバッグエリアに表示
51            print("検索キーワード：\(newValue)")
52
```

追加

コード解説　これから、さきほど追加したコードをステップごとに説明します。

```
//表示するマップのスタイル
var mapStyle: MapStyle {
    (省略)
}
```

mapStyleは計算型プロパティです。「var mapStyle: MapStyle」のMapStyleはSwiftUIのMapに指定できるマップのスタイルを示すデータ型です。計算型プロパティは、なにかしらの処理を実施してから値が決定するプロパティのことです。ここでは、マップ種類（mapType）の値に応じて、のちにSwiftUIのMapに指定するmapStyleを決定しています。

計算型プロパティについては、「COLUMN 構造体（struct）について」（P.229）で解説していますので、参考にしてください。

```
switch mapType {
case .standard:
    (省略)
case .satellite:
    (省略)
case .hybrid:
    (省略)
}
```

mapTypeには、「マップ種類切り替えボタン」をタップしたときの次のマップ種類が保存されています。そして、mapTypeは列挙型であるために、設定されている値をswitch文にて1つずつチェックすることができます。

例えば、mapTypeに「.standard」が設定されている場合は、「case .standard:」で書かれているコードを実行して、switch文を終了します。次の「case .satellite:」は、実行されないことに注意してください。

```
return MapStyle.standard()
```

「case .standard:」は、このマップアプリで標準のマップが選択されていたときに実行するコードです。
「MapStyle.standard()」は、標高、地点、交通特性を含む標準的なマップスタイルを作成します。

```
return MapStyle.imagery()
```

「case .satellite:」は、このマップアプリで衛星写真のマップが選択されていたときに実行するコードです。
「MapStyle.imagery()」は、標高特性を持つ衛星画像に基づいてマップスタイルを作成します。

```
return MapStyle.hybrid()
```

「case .hybrid:」は、このマップアプリで衛星写真+交通機関のマップが選択されていたときに実行するコードです。
「MapStyle.hybrid()」は、標高特性を持つ衛星画像と標高、地点、交通特性を含むハイブリッドなマップスタイルを作成します。

```
// マップのスタイルを指定
.mapStyle(mapStyle)
```

mapStyleは、Mapのスタイルをカスタマイズするために追加するモディファイアです。mapStyleの引数には構造体MapStyleを指定します。MapStyleの設定に応じたスタイルで、Mapを描画します。

2-3　プレビュー機能での変更とシミュレータでの確認

プロパティmapTypeが追加されたので、プレビュー機能で利用しているMapViewの引数も変更します。

プレビュー機能で表示しているMapViewにmapTypeの引数を追加することで、「Missing argument for parameter 'mapType' in call」というエラーが消えます。このように初期値が必要になるプロパティが追加変更されると、それを利用しているプレビューがエラーになることがありますが、あとで修正することで、エラーの解消をしていきます。

以下の赤い下線部のコードを追加しましょう。

これでカスタマイズは終了です。

プレビューでは検索キーワードで日本語入力ができませんので、シミュレータを起動して、ここまで入力したプログラムの動きを確認します。

完成イメージを確認して、マップ種類切り替えボタンをタップするとマップの種類が切り替わることを確認しましょう。

▼ プレビュー機能の修正

```
77                     ))
78                 } // if ここまで
79             } // search.start ここまで
80         } // onChange ここまで
81     } // body ここまで
82 } // MapView ここまで
83 
84 #Preview {
85     MapView(searchKey: "東京駅", mapType:.standard)
86 }
87 
```

追加

Point

プレビュー機能では、TextFieldへの日本語入力ができません。今後、バージョンアップに伴い改善されるとは思いますが、日本語入力が必要な場合は、シミュレータや実機で確認してください。

マップアプリの地名や施設名の日本語表示について

マップアプリの地名や施設名を、日本語で表示する手順（ローカライズ設定）を説明します。

Xcode でのアプリの日本語表示設定

Xcode のローカライズの設定と、iOS デバイス自体の言語設定が必要です。ローカライズは、iOS デバイスの言語設定によって、アプリで表示する言語を切り替える設定です。デフォルトでは英語に設定されていますので、日本語の設定を追加します。

❶ プロジェクトを選択します。
❷ ［PROJECT］と［TARGETS］が表示されていないときは、［project and target list］を選択して表示します。

▼ PROJECT の表示

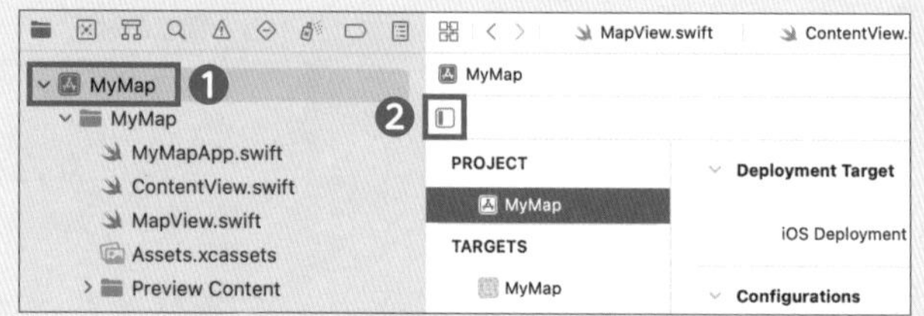

❶ プロジェクトを選択します。
❷ ［Localizations］の［＋］をクリックします。
❸ 「Japanese(ja)」を選択します。

▼ Localizations の追加

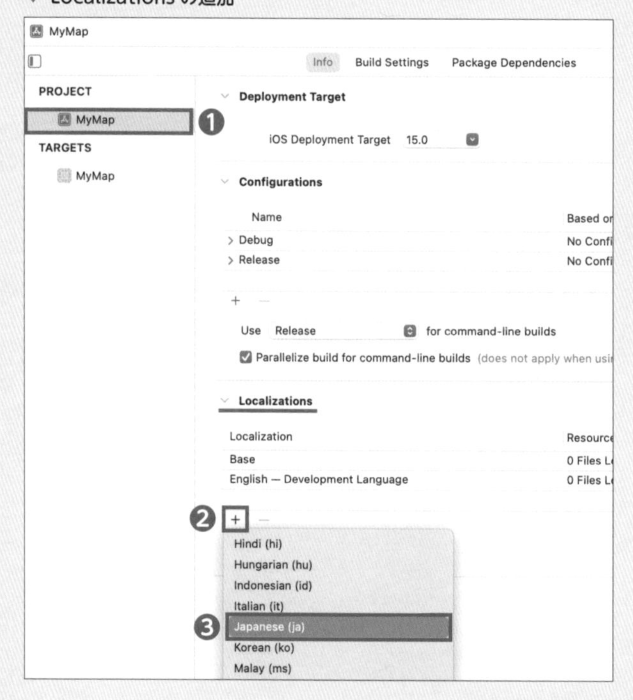

❶［Localizations］に［Japanese］が追加されていることを確認します。
❷［Japanese］を選択した状態で、［Set Default］をクリックします。
❸［Default］列で、［Japanese］にチェックマークが移動したことを確認しましょう。

▼ Localizationの設定後

シミュレータの日本語表示設定

シミュレータでも実機での操作と同じく、日本語表示設定ができます。シミュレータでの操作方法を、一緒に確認しましょう。

マップアプリのシミュレータを起動すると、まだ英語表記であることが確認できます。ここでは、iPhoneのシミュレータで説明をしますが、実機でも同様の手順で日本語表示が可能です。

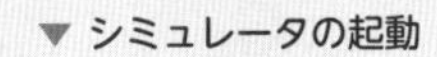
▼ シミュレータの起動

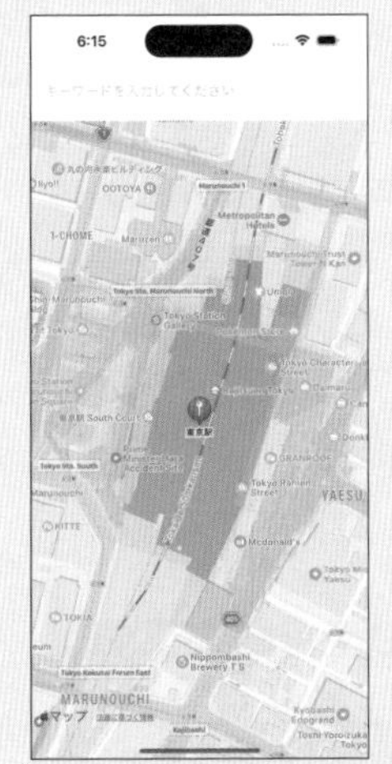

シミュレータを起動している状態で、❶［Device］→❷［Home］をクリックします。

▼ シミュレータで、ホーム画面に移動

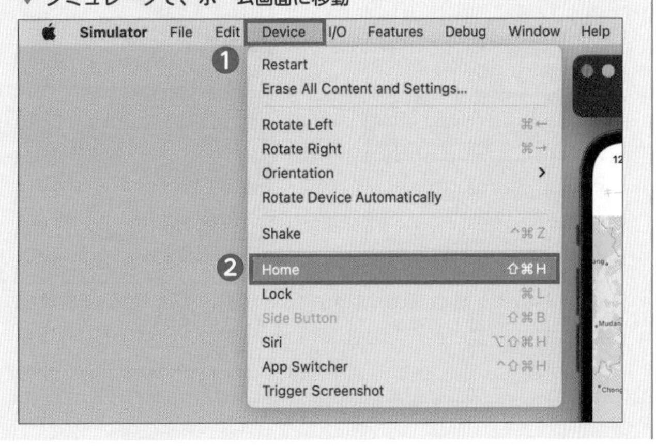

▼ シミュレータのホーム画面

実機と同様にホーム画面が表示されます。[Settings] をクリックします。

▼ Settings

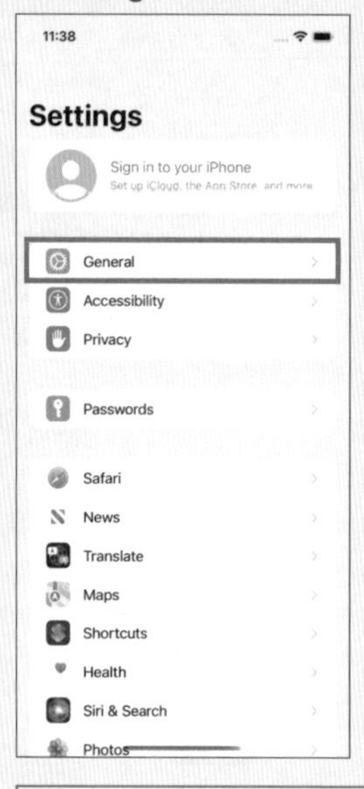

[General] をクリックします。お持ちの iPhone で日本語表示になっている場合に、[一般] と表示されている項目のことです。

▼ Language & Region

[Language & Region] をクリックします。

▼ 言語設定切り替え後

❶ [日本語] を一番上に移動します。
❷ [Continue] をクリック。

▼ ホーム画面

英語で表記されていた文言が、日本語に切り替わっていることが確認できます。

▼ マップアプリ起動

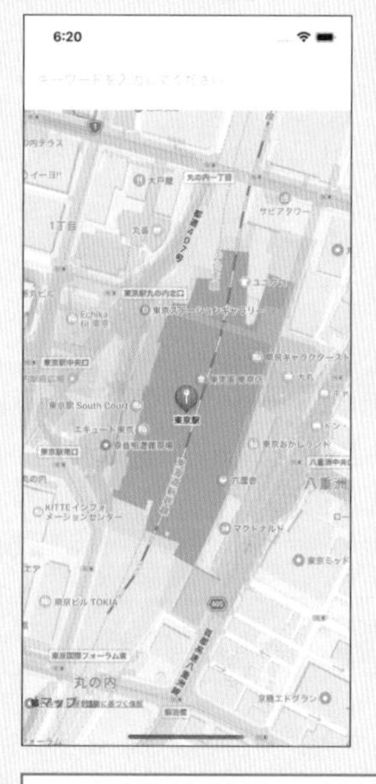

マップアプリを起動して、日本語表記に切り替わっていれば成功です。

Day 1 Day 2

Lesson 1

タイマーアプリを作ろう
―画面遷移とデータの永続化―

START Lesson 1-1 完成をイメージしよう

Lesson 1-2 タイマー画面と秒数設定画面を作ろう

GOAL Lesson 1-3 タイマー処理と設定した秒数を保存しよう

ステップアップ

Lesson 1-4 タイマー終了後にアラートを表示しよう

いままで単一画面で完結するアプリを作ってきましたが、この章では画面遷移の方法を学びます。

また、設定画面で選択した秒数をタイマー画面で利用できるように、設定画面でデータを保持しておく必要があるので、その方法も学びましょう。

Day 2

Lesson 1-1

完成をイメージしよう

このレッスンで学ぶこと

- タイマー画面と、終了時間（秒数）を設定する画面の動きを確認します。
- 2 つの画面で画面遷移を行い、共通のデータ（秒数）を利用するアプリのイメージをしてください。

完成イメージ

今回は 2 つの画面を作成し、画面遷移を行います。

タイマー画面では、「スタート」「ストップ」ボタンと、カウントダウンの秒数を表示させるテキストも配置します。

「スタート」ボタンでカウントダウンを開始・再開し、「ストップ」ボタンでカウントダウンを一時停止できます。

そして、「秒数設定」をタップすることで、終了時間（秒数）を設定できる画面に遷移します。

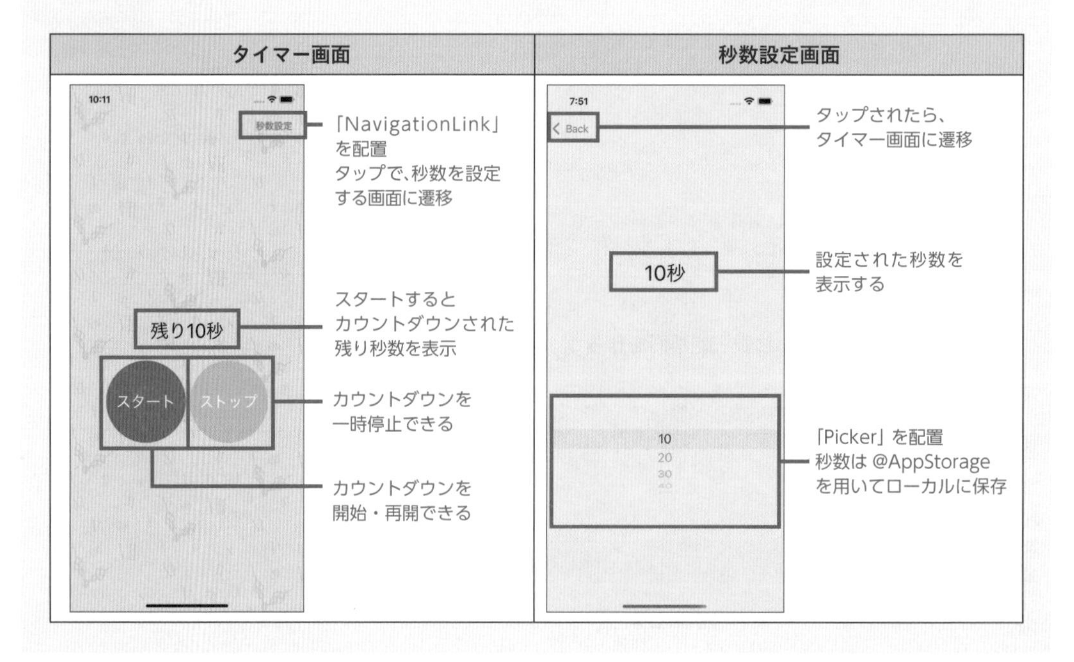

画面遷移は、iOS16から利用できるようになった、NavigationStackを利用して実装します。設定画面では、カウントダウンを開始する秒数を、「Picker」を配置して設定できるようにします。「< Back」ボタンをタップすると、タイマー画面に戻ります。

また、タイマー画面と設定画面で、カウントダウンする秒数を保持する必要があるので、@AppStorageを利用したデータの保存方法も学びます。

タイマー画面（1画面目）

部品レイアウト

- 「Text」パーツに秒数設定画面で選択された秒数を表示します。初期表示は、10秒に設定します。
- カウントダウンを開始・停止する「スタート」「ストップ」ボタンを配置します。
- 「スタート」「ストップ」ボタンは、「clipShape」を用いて円形のボタンにします。
- 秒数設定画面に遷移するためのボタンとして「NavigationLink」を配置します。

Point

複数の画面を階層的に管理してくれる、NavigationStack（iOS16以降で利用可）を利用して画面遷移を実装します。

ユーザー操作

- タイマー画面が表示されるときに「.onAppear」が実行されて変数の値を初期値にします。
- 「スタート」「ストップ」ボタンをタップしてカウントダウンを開始・停止・再開します。
- 「秒数設定」をタップすることで、秒数の設定画面に遷移します。

Point

カウントダウンする秒数を、タイマー画面と秒数設定画面で共通して利用する必要があるので、アプリ内でデータを保存（永続化）できる@AppStorageの利用方法を学びます。

秒数設定画面（2画面目）

部品レイアウト

- カウントダウンする秒数を、「Picker」パーツを配置して設定できるようにします。
- 「Text」パーツを利用して現在設定されている秒数を表示できるようにします。

Point

いくつかの選択肢の中から1つ選択できる「Picker」を利用します。

ユーザー操作

- 「10秒」から「60秒」までの表示されている秒数のいずれかを選択します。
- NavigationStackによって自動的に「< Back」ボタンが表示されます。タップして、タイマー画面に戻ります。

Point

カウントダウンする秒数を、タイマー画面と秒数設定画面で共通して利用する必要があるので、アプリ内でデータを保存（永続化）できる@AppStorageの利用方法を学びます。

1 プロジェクトを作成しよう

Xcodeを起動して、プロジェクトを作成します。

ここでは、「Product Name」には「MyTimer」と入力します。プロジェクトの作成方法がわからない場合は、「Day 1 Lesson 2-4 Xcodeを起動して、プロジェクトを作成しよう」（P.39）を確認してください。

▼ プロジェクトの作成

Day 2 Lesson 1-2

タイマー画面と秒数設定画面を作ろう

このレッスンで学ぶこと

- **NavigationStackを利用して、ふたつの画面を遷移する方法を学びます。**
- **円形のボタンを作成する方法を学びます。**

1 これから作るファイルと画面を理解しよう

複数のSwiftファイルを作るため、最初にSwiftファイルと画面の対応を確認します。

▼ Swiftファイルと画面の対応表

タイマー画面をContentView.swiftで作成し、秒数設定画面はSettingView.swiftで作成します。各画面とSwiftファイルの関連を意識して学習を進めましょう。

2 NavigationStack で画面遷移してみよう

NavigationStack は、階層的な画面遷移を管理する機能です。次から 2 つの画面を NavigationStack を用いて画面遷移できるようにします。また、画面遷移先には自動的に戻るボタンが追加されます。

2-1　秒数設定画面を追加しよう

新たに秒数設定画面を追加します。

❶ [Project navigator] の MyTimer 内の適当な場所で、
❷ 右クリック、もしくは [control] キーを押しながらクリックして、サブメニューを表示します。
❸「New File...」を選択します。

▼ 設定画面用のファイルを追加

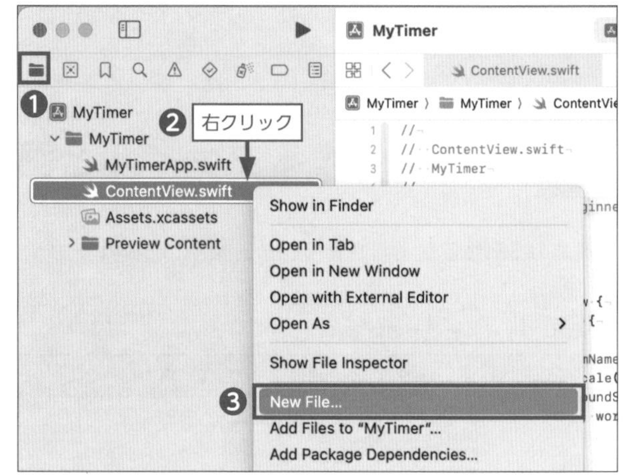

[Choose a template for your new file] 画面が表示されます。この画面では、いろいろな種類のテンプレートから用途に応じてファイルを新規作成できます。

ここでは、❶ [iOS] →❷ [SwiftUI View] を選択して、❸ [Next] をクリックします。

▼ [SwiftUI View] を選択

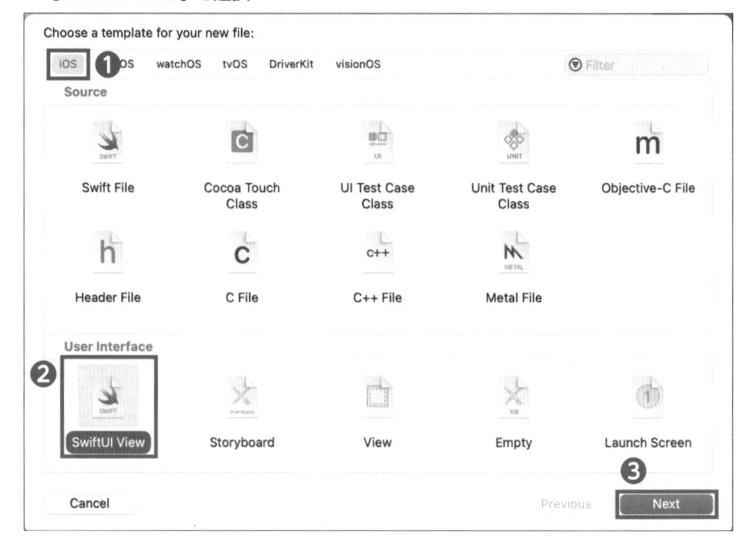

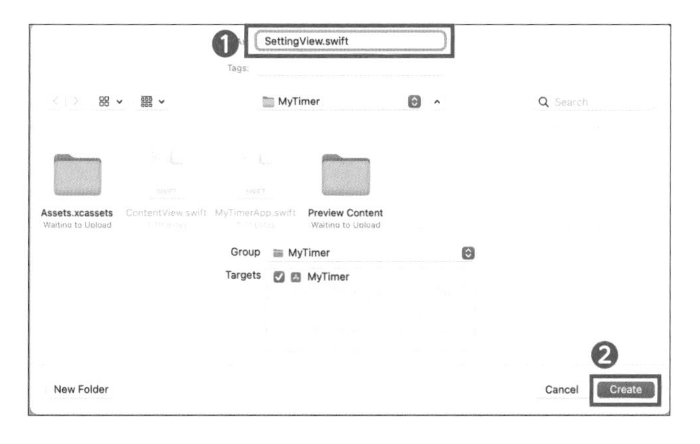

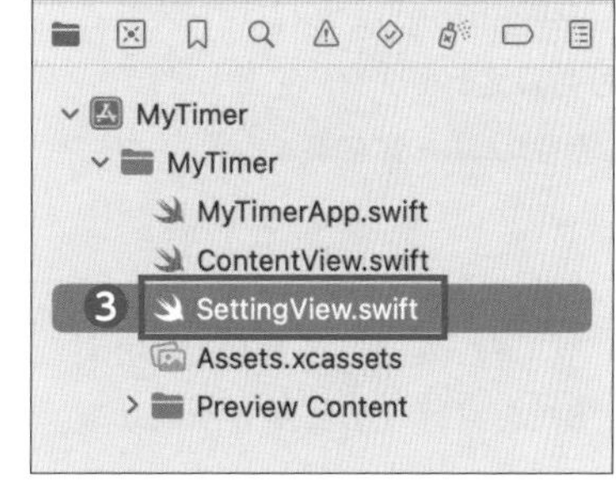

❶ [Save As] に、追加するファイルの名前を入力します。この設定は任意なので、わかりやすい名前を付けましょう。ここでは、設定画面の View を追加したいので「SettingView.swift」とします。
❷ [Create] をクリックします。
❸ 「SettingView.swift」が作成されていることを確認します。

2-2　画面遷移できるようにしてみよう

タイマー画面（ContentView）から秒数設定画面（SettingView）に遷移できるようにします。
最初に入力されているコードで、不要なコードを削除します。

❶ ContentView.swift を選択します。
❷ 青枠の箇所のコードを削除してください。

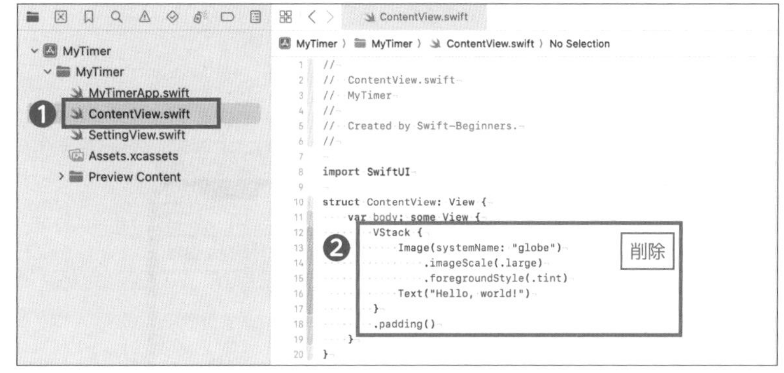

Point

本書では学習しやすいように、Xcode でエディタの行番号を掲載しています。行番号は編集段階やコード修正でズレることがありますので、目安として使用してください。

NavigationStackにテキストと「秒数設定」ボタンを追加します。

赤枠のコードを追加してください。

コードが書けたら「command」+「B」を実行してビルドが成功するかチェックをして、エラーが出力されたら間違いを訂正してください。

プレビュー機能で動きを確認してみましょう。

▼ 画面遷移を実装

```
 9  
10  struct ContentView: View {
11      var body: some View {
12          NavigationStack {
13              VStack {
14                  Text("タイマー画面")
15              } // VStack
16              // ナビゲーションにボタンを追加
17              .toolbar{
18                  // ナビゲーションバーの右にボタンを追加
19                  ToolbarItem(placement: .topBarTrailing) {
20                      // ナビゲーション遷移
21                      NavigationLink {
22                          SettingView()
23                      } label: {
24                          // テキストを表示
25                          Text("秒数設定")
26                      } // NavigationLink ここまで
27                  } // ToolbarItem ここまで
28              } // .toolbar ここまで
29          } // NavigationStack ここまで
30      } // body ここまで
31  } // ContentView ここまで
32  
33  #Preview {
```

追加

プレビュー下部のデバイス選択で確認したいデバイスを選択します。

今回は❶「iPhone 14」を選択して、❷プレビューが一時停止している場合は、[Resume]をクリックしてプレビューを再開させてください。

▼ プレビューするデバイスを設定

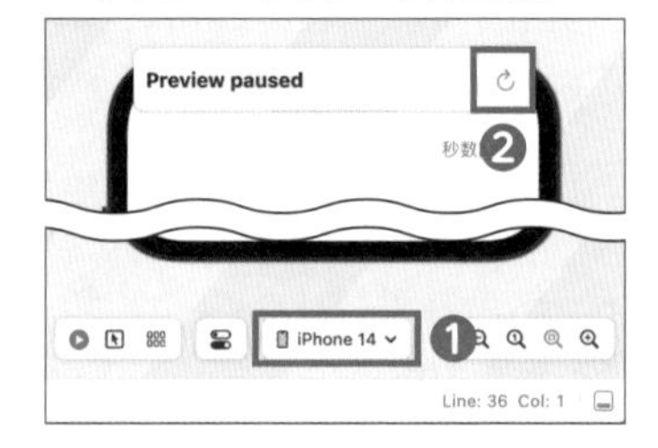

プレビューの「秒数設定」ボタンをクリックすると、秒数設定画面が表示されます。今回は、秒数設定画面は初期画面のままなので「Hello, World!」と表示されます。

また、秒数設定画面の上部にある「< Back」をクリックするとタイマー画面に戻ることが確認できます。

▼ 画面遷移をプレビューで確認

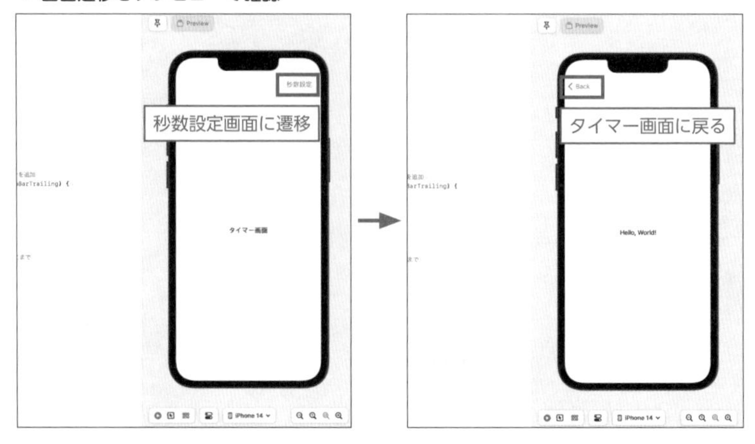

コード解説　これから、さきほど変更したコードをステップごとに説明します。

```
NavigationStack {
     (省略)
} // NavigationStack ここまで
```

NavigationStackの先頭の画面であることを宣言しています。「{ }」内に画面デザインを記述し、VStack/HStack/ZStackのいずれかを記述する必要があります。今までは画面のデザインは「var body: some View { }」の中に記述しましたが、**NavigationStackでは「NavigationStack { }」の中に記述することに注意してください。**

```
VStack {
     (省略)
} // VStack ここまで
```

「VStack」は、縦方向のレイアウトを指示します。「{}」内に画面デザインを記述します。

```
Text("タイマー画面")
```

「Text」は、文字を表示します。今回は、画面遷移がわかりやすいように画面名を表示します。

```
// ナビゲーションにボタンを追加
.toolbar {
    // ナビゲーションバーの右にボタンを追加
    ToolbarItem(placement: .topBarTrailing) {
        // ナビゲーション遷移
        NavigationLink {
            SettingView()
        } label: {
            // テキストを表示
            Text("秒数設定")
        } // NavigationLink ここまで
    } // ToolbarItem ここまで
} // .toolbar ここまで
```

「.toolbar」は「NavigationStack」でのボタン配置を指示するモディファイアです。

「ToolbarItem」は、ボタンとボタンの配置を指定します。「ToolbarItem」の引数placementに、ボタンを配置する位置を指定します。今回は「.topBarTrailing」と指定して、ナビゲーションバーの右端に配置します。

「NavigationLink」は画面遷移を指示します。最初の引数である「{SettingView()}」は、クロージャになっており遷移先を指定します。今回は、設定画面（SettingView）に遷移します。２つ目の引数（label:）では、表示するボタンデザインを指示します。今回は、「Text」を用いて画面に「秒数設定」と表示します。

これで、画面遷移する機能を実装することができました。

次より画面デザインを作ります。

iPhoneの画面を常に縦方向で固定する方法

iPhoneを横向きに傾けたとしても、画面は縦方向で固定したいことがあります。

次の手順で、縦方向に固定できます。

▼ 縦方向 (Portrait) の設定

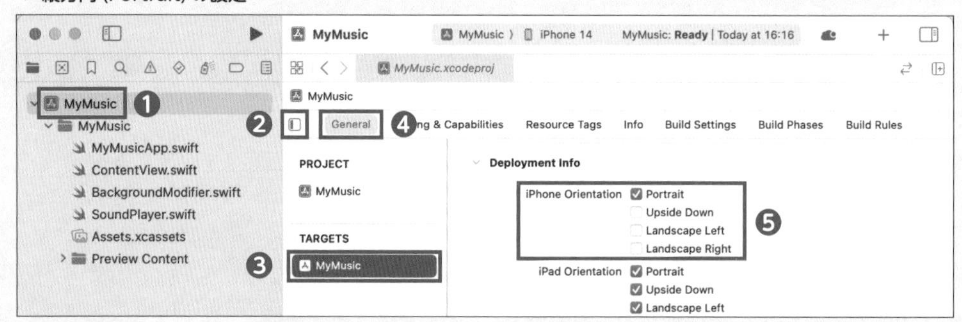

❶ プロジェクトを選択します。
❷ [PROJECT] と [TARGETS] が表示されていないときは、 ボタンをクリックして表示させます。
❸ [TARGETS] の [MyMusic] を選択します。
❹ [General] を選択します。
❺ [DeploymentInfo] カテゴリの [iPhone Orientation] の「Portrait」のみをチェックします。
※「Portrait」以外はチェックしない。

Orientationの内容は、以下の表を確認してください。

▼ Orientationの日本語訳

Orientation	画面の表示方向 (ホームボタンの位置)
Portrait	縦方向 (下)
Upside Down	縦方向 (上)
Landscape Left	横方向 (左)
Landscape Right	横方向 (右)

[Landscape Left] や [Landscape Right] のみチェックすることで横方向に固定することもできます。

Tips

ToolbarItem でのアイテムの配置方法

ナビゲーションバーに配置するアイテムは、ToolbarItem の placement で場所を指定します。

```
.toolbar {
    ToolbarItem(placement: 配置する場所) {
        配置するアイテム
    }
}
```

placement では、次の 2 パターンの指定方法があります。

❶ Positional placements（ポジショナルプレイスメント）

追加するアイテムを、正確な位置を指定して配置します。

▼ placement で指定できる「Positional placements」の例

プロパティ	解説
.bottomBar	アイテムを下部のツールバーに配置します。
.topBarLeading	アイテムをナビゲーションバーの左端に配置します。
.topBarTrailing	アイテムをナビゲーションバーの右端に配置します。

❷ Semantic placements（セマンティックプレイスメント）

追加するアイテムの配置の「意味合い」を指定して、周囲のコンテンツの状態から適切な配置を決定します。

▼ placement で指定できる「Semantic placements」の例

プロパティ	解説
.automatic	周囲のコンテンツの状態からアイテムを自動的に配置します。
.navigation	ユーザーがコンテキスト間を移動できるナビゲーションアクションを配置します。iOS、iPadOS、および tvOS では、ナビゲーションアイテムはナビゲーションバーの左端に表示されます。

3 タイマー画面の View（部品）を配置しよう

3-1 タイマー画面の素材を取り込む

タイマー画面で利用する背景画像を取り込みます。

▼ 画像の取り込み

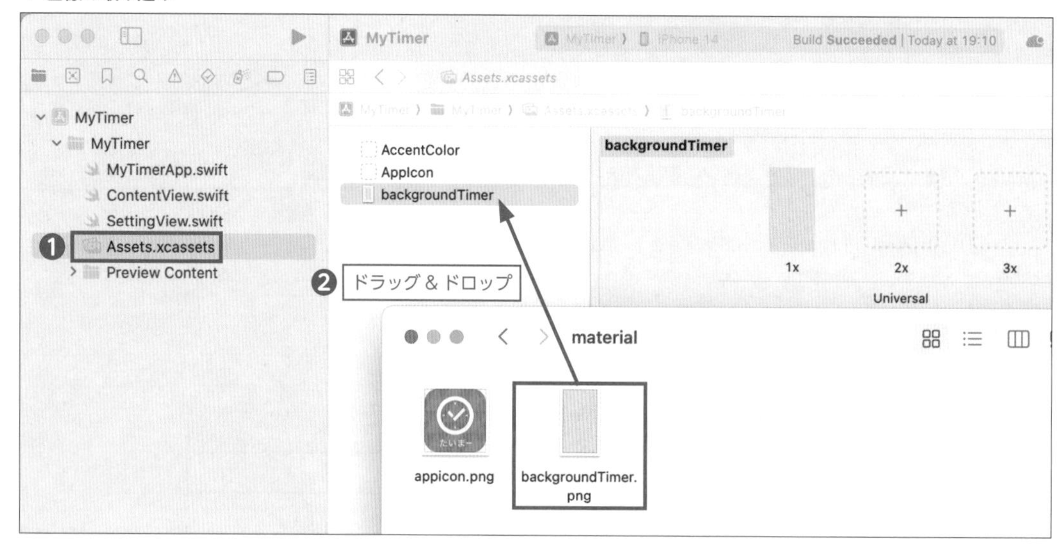

❶ Assets.xcassets を選択して、
❷ 素材フォルダ「MyTimer/material/」から「backgroundTimer.png」を、Assets.xcassets にドラッグ＆ドロップします。
素材フォルダは、P.107 を参考にダウンロードしてください。

▼ 画像の取り込み完了

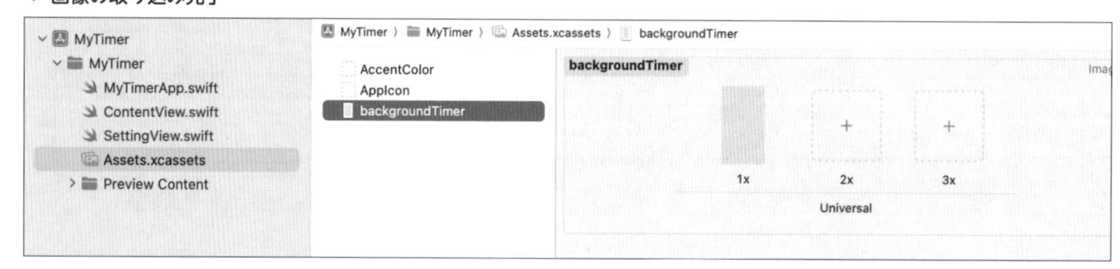

このような状態になっていれば、取り込み完了です。

取り込んだ画像を削除したい場合は、画像を選択して「delete」キーで削除できます。

3-2　タイマー画面の色の定義を追加する

Xcodeにはデフォルトで基本の色が用意されています。そのままデフォルトの色を利用してもいいですが、色を自分で作ること（定義すること）もできます。

自分で色に名前を付けて定義をしておくと、コード上でその名前で色を指定することができます。

そのため、あとで修正するときに定義を修正するだけで、まとめて修正できるようになります。

今回は、自分で色の定義をする方法を学びます。

色の定義ではライトモード（Light mode）とダークモード（Dark mode）の2つを定義します。2つのモードはiOSの設定に応じて自動で切り替わります。2つのモードに関しては「Day1 Lesson2-7 アプリの動きを確認する方法を学ぼう」の「3-6 iOSのダークモード」（P.98）を確認してください。

色を定義するときは、Assets.xcassetsで色の定義をします。

これからスタートボタン、ストップボタンで利用する色を定義します。

「スタート」ボタンで使用する色の定義を追加します。この後、「スタート」ボタンを配置するときに利用します。

❶［+］を選択し、
❷［Color Set］を選択します。
❸［Name］に「start」と入力します。
❹［Any Appearance］を選択します。［Any Appearance］で定義した色がライトモードで使われます。
❺［Input Method］のリストボックスから「8-bit(0-255)」を選択します。
❻［Red］に「216」、［Green］に「80」、［Blue］に「128」と入力します。

▼「スタート」ボタンの色の定義の追加

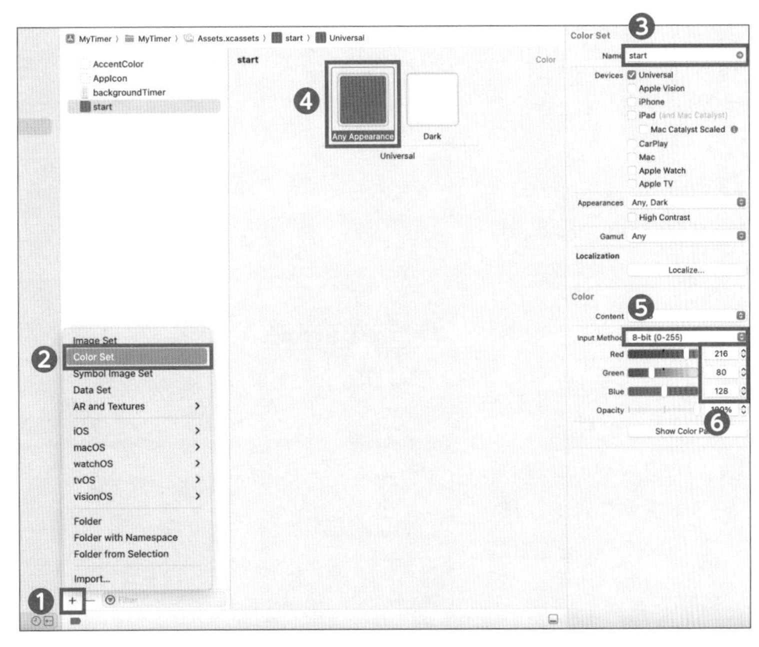

❼［Dark］を選択します。［Dark］で定義した色がダークモードで使われます。
❽［Input Method］のリストボックスから「8-bit(0-255)」を選択します。
❾［Red］に「152」、［Green］に「0」、［Blue］　に「128」と入力します。

▼「スタート」ボタンの色の定義の追加 2

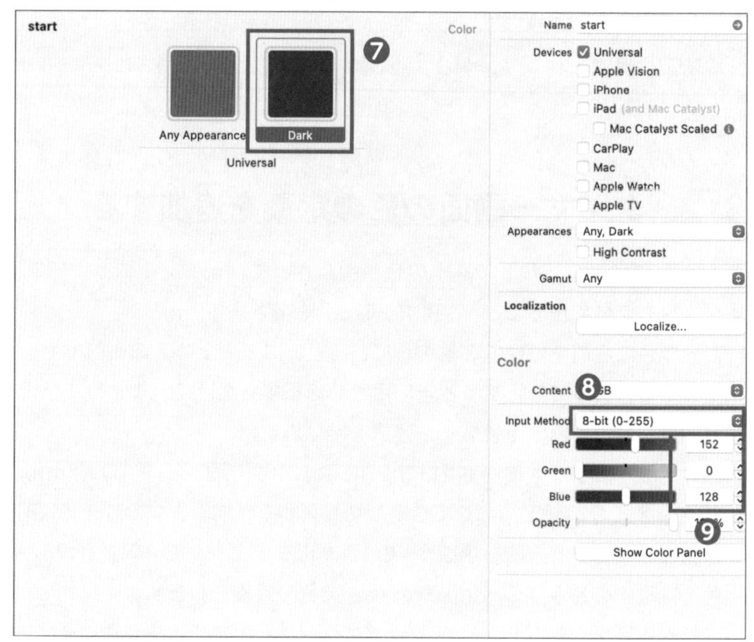

「ストップ」ボタンで使用する色の定義を追加します。この後、「ストップ」ボタンを配置するときに利用します。

❶［+］を選択し、
❷［Color Set］を選択します。
❸［Name］に「stop」と入力します。
❹［Any Appearance］を選択します。
❺［Input Method］のリストボックスから「8-bit(0-255)」を選択します。
❻［Red］　に「184」、［Green］に「184」、［Blue］に「184」と入力します。

▼「ストップ」ボタンの色の定義の追加

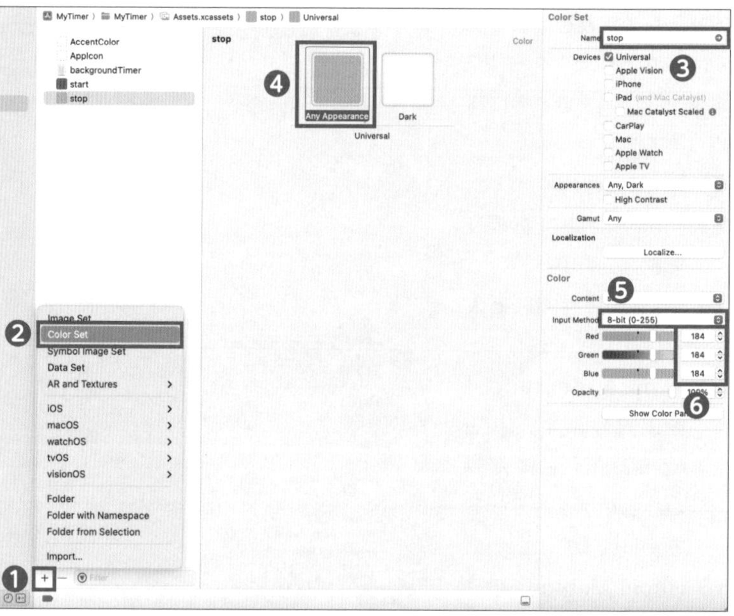

❼ [Dark] を選択します。

❽ [Input Method] のリストボックスから「8-bit(0-255)」を選択します。

❾ [Red]に「128」、[Green]に「128」、[Blue] に「128」と入力します。

▼「ストップ」ボタンの色の定義の追加 2

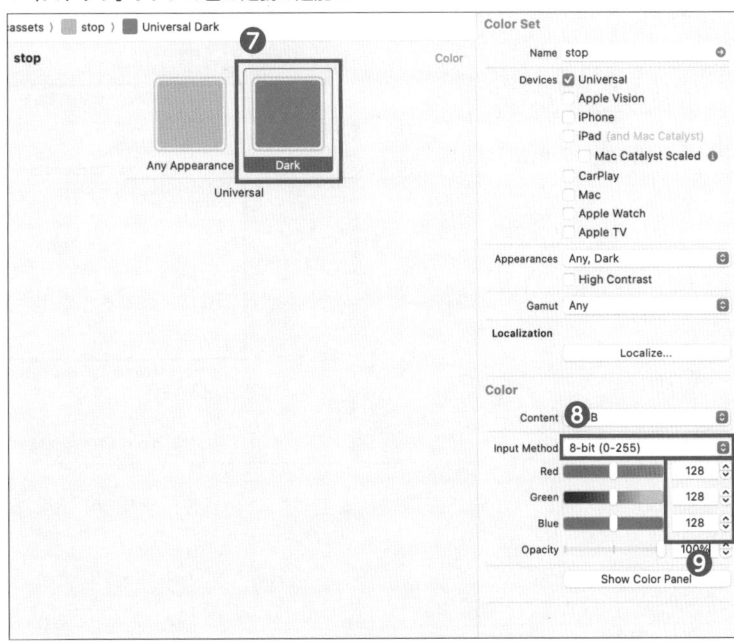

3-3　タイマー画面の背景を配置する

タイマー画面に背景画像を配置します。

画面遷移を確認するためにコーディングした VStack を削除します。

▼ VStack を削除

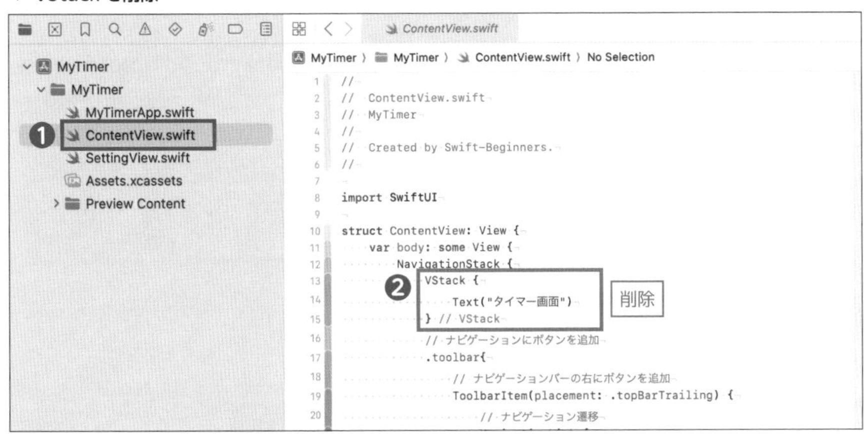


```
//
//  ContentView.swift
//  MyTimer
//
//  Created by Swift-Beginners.
//

import SwiftUI

struct ContentView: View {
    var body: some View {
        NavigationStack {
            VStack {
                Text("タイマー画面")
            } // VStack
            // ナビゲーションにボタンを追加
            .toolbar{
                // ナビゲーションバーの右にボタンを追加
                ToolbarItem(placement: .topBarTrailing) {
                    // ナビゲーション遷移
```

❶ ContentView.swift を選択します。

❷ 青枠の箇所のコードを削除してください。

背景画像を配置します。赤枠のコードを追加してください。追加する場所に注意してください。NavigationStack{...}の中の「.toolbar」の上に追加します。

▼ 背景画像を配置

```
10 struct ContentView: View {
11     var body: some View {
12         NavigationStack {
13             // 奥から手前方向にレイアウト
14             ZStack {
15                 // 背景画像
16                 Image(.backgroundTimer)
17                 // リサイズする
18                     .resizable()
19                 // セーフエリアを超えて画面全体に配置する
20                     .ignoresSafeArea()
21                 // アスペクト比（縦横比）を維持して短辺基準に収まるようにする
22                     .scaledToFill()
23             } // ZStack ここまで
24             // ナビゲーションにボタンを追加
25             .toolbar{
26                 // ナビゲーションバーの右にボタンを追加
27                 ToolbarItem(placement: .topBarTrailing) {
```

追加（13〜23行目）

コード解説　これから、さきほど変更したコードをステップごとに説明します。

```
ZStack {
      （省略）
} // ZStack ここまで
```

奥行き方向をレイアウトすることを宣言しています。その{ }内に配置したいView（部品）を記述します。

```
// 背景画像
Image(.backgroundTimer)
```

背景画像を表示します。引数にドラッグ＆ドロップして取り込んだ画像「backgroundTimer.png」を指定します。

```
// リサイズする
.resizable()
```

大きな画像を適切なサイズに変更し画面内に収まるように指示します。

```
// セーフエリアを超えて画面全体に配置する
.ignoresSafeArea()
```

FaceID搭載iPhoneのベゼル部分の内側をセーフエリアと呼びます。そのセーフエリア外まで表示範囲とする指示をします。よって画面全体に画像が表示されるようになります。

```
// アスペクト比（縦横比）を維持して短辺基準に収まるようにする
.scaledToFill()
```

表示する画像のサイズ変更方法を指示します。画像の短辺基準にサイズ変更します。これにより余白がない画像が表示されます。

3-4　タイマー画面の残り時間を表示するTextを配置する

タイマーの残り時間を表示するTextを配置します。
以下の赤枠のコードを追加してください。

▼ Textの配置

```
13            // 奥から手前方向にレイアウト
14            ZStack {
15                // 背景画像
16                Image(.backgroundTimer)
17                // リサイズする
18                    .resizable()
19                // セーフエリアを超えて画面全体に配置します
20                    .ignoresSafeArea()
21                // アスペクト比（縦横比）を維持して短辺基準に収まるようにする
22                    .scaledToFill()
23                // 垂直にレイアウト（縦方向にレイアウト）
24                // View（部品）間の間隔を30にする
25                VStack(spacing: 30.0) {
26                    // テキストを表示する
27                    Text("残り10秒")
28                    // 文字のサイズを指定
29                        .font(.largeTitle)
30                } // VStack ここまで
31            } // ZStack ここまで
```

追加

コード解説　これから、さきほど変更したコードをステップごとに説明します。

```
// 垂直にレイアウト（縦方向にレイアウト）
// View（部品）間の間隔を30にする
VStack(spacing: 30.0) {
    // テキストを表示する
    Text("残り10秒")
    // 文字のサイズを指定
        .font(.largeTitle)
} // VStack ここまで
```

秒数を表示するTextの下に「スタート」「ストップ」ボタンを配置するため「VStack」を用いてレイアウトを指示します。「spacing: 30.0」は各々のView（部品）の間隔を指示します。

「Text("残り10秒")」は画面のTextに表示させます。

ダブルクォーテーション「"」で文字を囲むと、文字列の値になります。

「.font(.largeTitle)」は文字のサイズを指示します。

3-5 タイマー画面の「スタート」ボタンを配置する

「スタート」ボタンを配置します。

赤枠の箇所のコードを追加してください。

▼ スタートボタンの配置

```
23                // 垂直にレイアウト（縦方向にレイアウト）
24                // View（部品）間の間隔を30にする
25                VStack(spacing: 30.0) {
26                    // テキストを表示する
27                    Text("残り10秒")
28                    // 文字のサイズを指定
29                        .font(.largeTitle)
30                    // 水平にレイアウト（横方向にレイアウト）
31                    HStack {
32                        // スタートボタン
33                        Button {
34                            // ボタンをタップしたときのアクション
35                        } label: {
36                            // テキストを表示する
37                            Text("スタート")
38                            // 文字のサイズを指定
39                                .font(.title)
40                            // 文字色を白に指定
41                                .foregroundStyle(Color.white)
42                            // 幅と高さを140に指定
43                                .frame(width: 140, height: 140)
44                            // 背景を設定
45                                .background(Color.start)
46                            // 円形に切り抜く
47                                .clipShape(Circle())
48                        } // スタートボタンはここまで
49                    } // HStack ここまで
50                } // VStack ここまで
51            } // ZStack ここまで
52            // ナビゲーションにボタンを追加
```

追加

コード解説　これから、さきほど変更したコードをステップごとに説明します。

```
// 水平にレイアウト(横方向にレイアウト)
HStack {
      (省略)
} // HStack ここまで
```

「スタート」ボタンと次に追加する「ストップ」ボタンを横並びにレイアウトするため「HStack」を用いてレイアウトを指示します。

```
Button {
    // ボタンをタップしたときのアクション
} label: {
    Text("スタート")
    // 文字サイズを指定
        .font(.title)
    // 文字色を白に指定
        .foregroundStyle(Color.white)
    // 幅と高さを140に指定
        .frame(width: 140, height: 140)
    // 背景を設定
        .background(Color.start)
    // 円形に切り抜く
        .clipShape(Circle())
} // スタートボタンはここまで
```

「スタート」ボタンのソースコードを詳しく確認します。

「スタート」と表示するために「Text」を用いています。「Text」にモディファイアで装飾を指示します。

「.font(.title)」は、文字のサイズを指示します。

「.foregroundStyle(Color.white)」は、文字色を指定します。ここでは「Color」構造体の定義「.white」を文字色として指定します。

「.frame(width: 140, height: 140)」は、幅と高さを指定します。円形ボタンにするため幅と高さを同じ値を指定します。

「.background(Color.start)」は、「Text」の背景色を指定します。「3－2　タイマー画面の色の定義を追加する」(P.267) で追加した色の定義を利用しています。

.background(Color.start) の「.start」は、色の定義をしたときの定義した名称を指定します。ここで定義した名称を指定することで、色の定義が変更されたときに、コードの修正をしなくても色が変更されます。

また、ライトモード・ダークモードへの対応もこのコード 1 行で実現されます。

「.clipShape(Circle())」は、円形に切り抜くことを指示します。

これらを組み合わせることによって円形のボタンが表示されます。

3-6　タイマー画面の「ストップ」ボタンを配置する

「ストップ」ボタンを配置します。

赤枠の箇所のコードを追加してください。

さきほど追加した「スタート」ボタンの下に「ストップ」ボタンを追加します。「ストップ」ボタンも「スタート」ボタンとほぼ同じコードです。

プレビューで下記のように表示が確認できれば成功です。

▼ ストップボタンの配置

```
46                    // 円形に切り抜く
47                        .clipShape(Circle())
48                } // スタートボタンはここまで
49                // ストップボタン
50                Button {
51                    // ボタンをタップしたときのアクション
52                } label: {
53                    // テキストを表示する
54                    Text("ストップ")
55                    // 文字のサイズを指定
56                        .font(.title)
57                    // 文字色を白に指定
58                        .foregroundStyle(Color.white)
59                    // 幅と高さを140に指定
60                        .frame(width: 140, height: 140)
61                    // 背景を設定
62                        .background(Color.stop)
63                    // 円形に切り抜く
64                        .clipShape(Circle())
65                } // ストップボタンはここまで
66            } // HStack ここまで
```

追加

▼ レイアウト完成

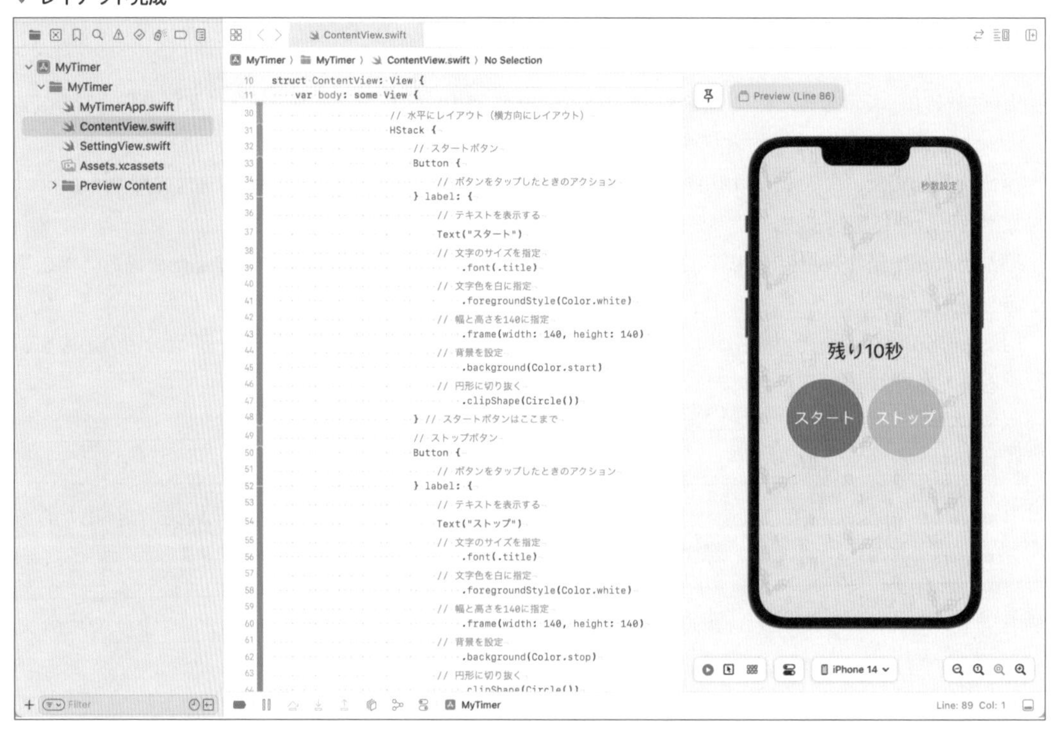

色の設定は、ライトモードとダークモードそれぞれに設定をしました。

ダークモードの配色も確認してみましょう。

Canvasのプレビューでは、簡単にライトモードとダークモードを切り替えて確認をすることができます。

❶ [Device Settings] をクリックします。
❷ [Color Scheme] のスイッチをクリックして ON 状態にします。
❸ [Light appearance]（ライトモード）もしくは [Dark appearance]（ダークモード）で確認したいモードを変更できます。
❹ ダークモードでの配色が確認できます。

▼ プレビューでダークモードの確認

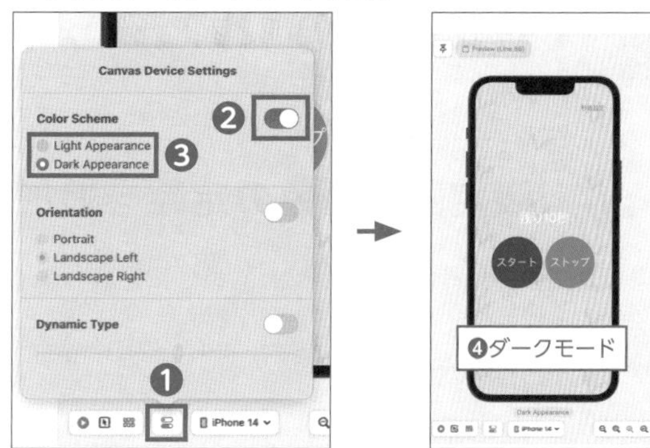

Tips

シミュレータでのライトモード・ダークモード切り替え

ライトモードとダークモードの確認はシミュレータでも行えますが、実機での設定とは違いがあります。

▼ シミュレータでのダークモードへの切り替え

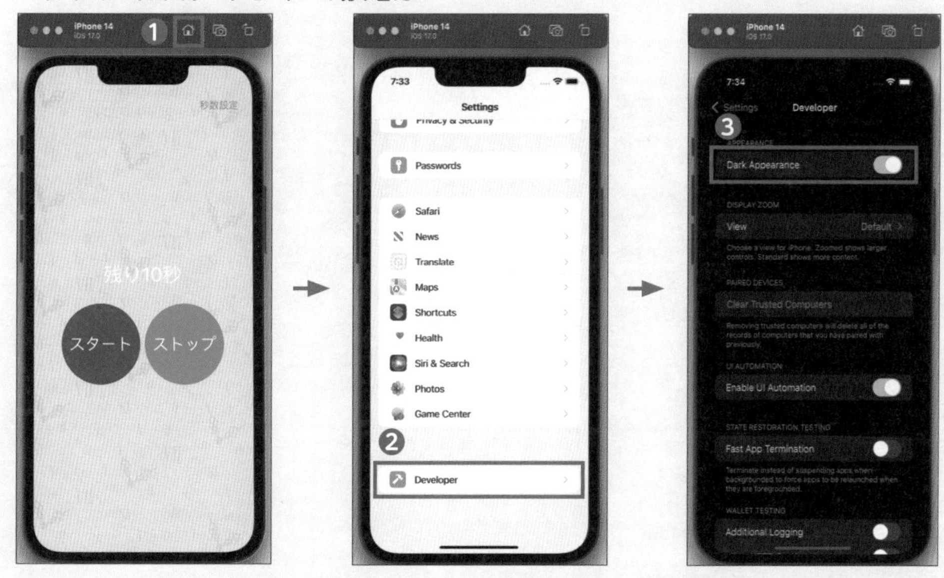

❶ シミュレーターを起動して、[Home] をクリックします。
❷ 実機と同様に [設定（Settings）] を起動して、[デベロッパ（Developer）] をクリックします。
❸ [ダークの外観モード（Dark Appearance）] が OFF の状態が、ライトモードです。ON に変更することで、シミュレータ上でもダークモードに切り替わります。

設定を切り替えたら、ホーム画面に戻ってタイマーのアプリを再起動するか、シミュレータを再起動することで、それぞれの配色が確認できます。

4 設定画面の UI パーツを配置しよう

4-1　設定画面の色の定義を追加する

設定画面の背景色を Assets.xcassets に定義します。

▼ 背景の色の定義の追加

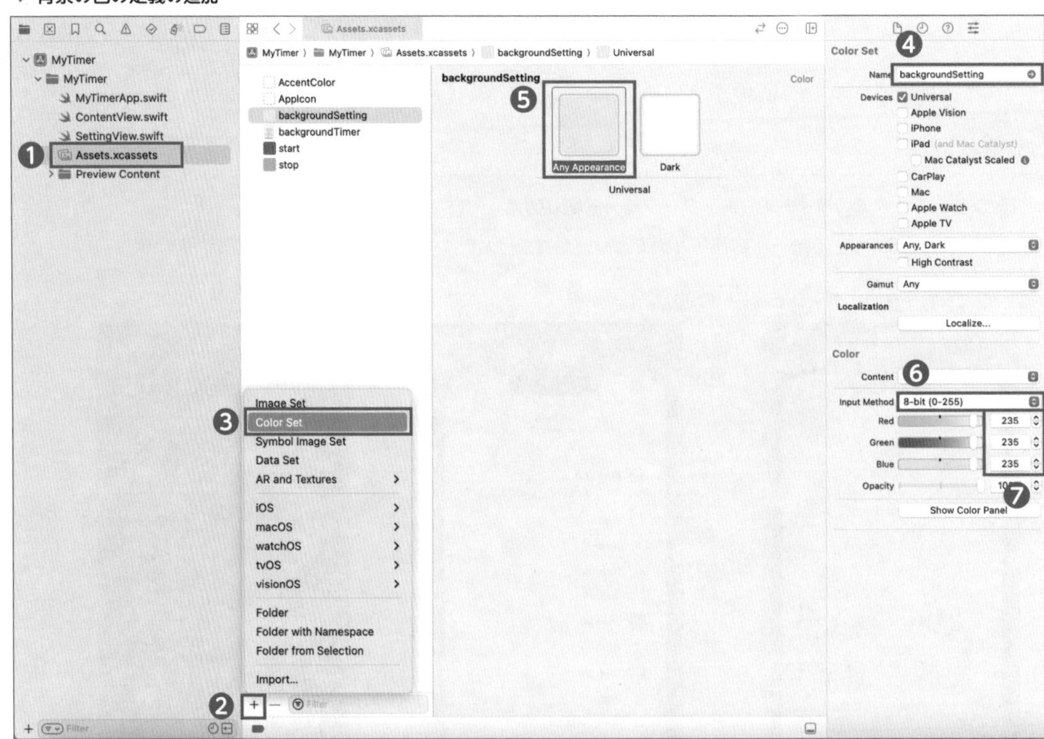

❶ Assets.xcassets を選択して、
❷ ［+］を選択し、❸［Color Set］を選択します。
❹ ［Name］に「backgroundSetting」と入力します。
❺ ［Any Appearance］を選択します。
❻ ［Input Method］のリストボックスから「8-bit(0-255)」を選択します。
❼ ［Red］に「235」、［Green］に「235」、［Blue］に「235」と入力します。

❽ [Dark] を選択します。
❾ [Input Method] のリストボックスから「8-bit(0-255)」を選択します。
❿ [Red] に「200」、[Green] に「200」、[Blue] に「200」と入力します。

▼ 背景の色の定義の追加 2

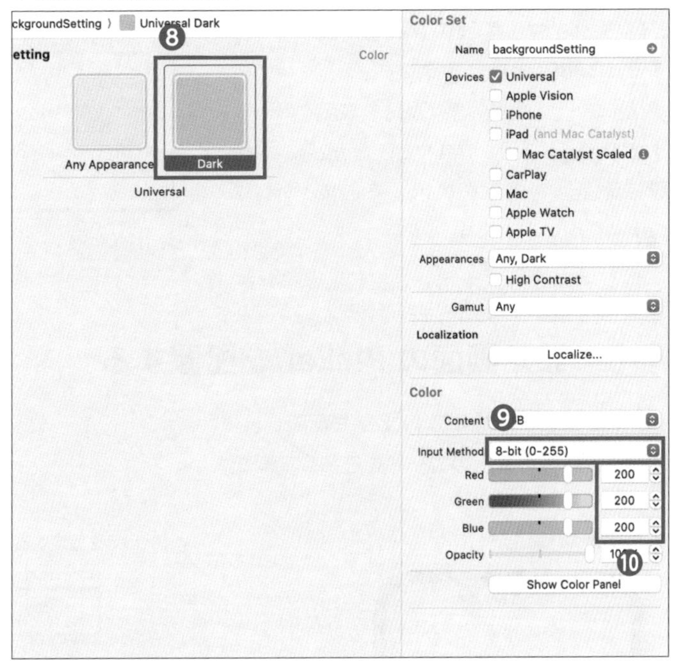

4-2　設定画面の背景を配置する

設定画面に背景色を表示するようにします。

▼ コードの削除

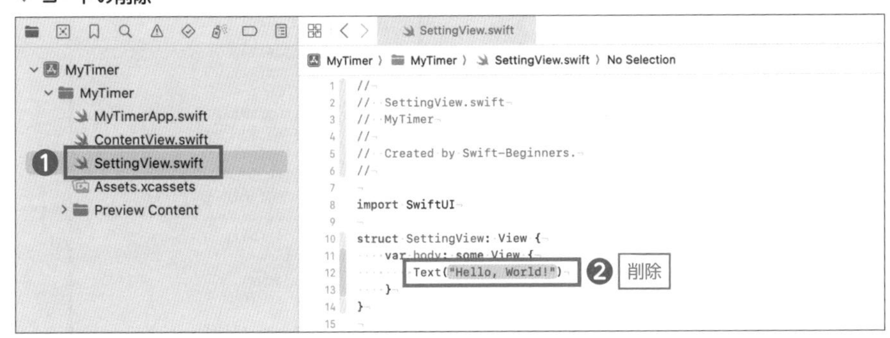

❶ SettingView.swift を選択します。
❷ 青枠の箇所のコードを削除してください。

赤枠のコードを追加してください。「3-3 タイマー画面の背景を配置する」(P.269) とほぼ一緒です。

タイマー画面は、背景画像を表示する **Image** を用いていましたが、設定画面は背景色を表示するので **Color** を用いています。

▼ 背景画像を配置

```
10 struct SettingView: View {
11     var body: some View {
12         // 奥から手前方向にレイアウト
13         ZStack {
14             // 背景色表示
15             Color.backgroundSetting
16             // セーフエリアを超えて画面全体に配置します
17                 .ignoresSafeArea()
18         } // ZStack ここまで
19     } // body ここまで
20 } // SettingView ここまで
```

追加

4-3　設定画面の Picker を配置する

秒数を選択するために Picker を配置します。

以下の赤枠の箇所のコードを追加してください。

▼ Picker の画面表示

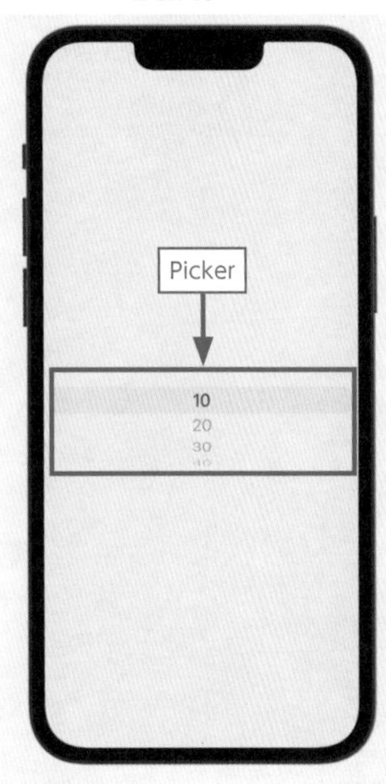

▼ Picker を設定するコード

```
10 struct SettingView: View {
11     // 秒数設定
12     @State var timerValue = 10
13     var body: some View {
14         // 奥から手前方向にレイアウト
15         ZStack {
16             // 背景色表示
17             Color.backgroundSetting
18             // セーフエリアを超えて画面全体に配置します
19                 .ignoresSafeArea()
20 
21             // 垂直にレイアウト（縦方向にレイアウト）
22             VStack {
23                 // Pickerを表示
24                 Picker(selection: $timerValue) {
25                     Text("10")
26                         .tag(10)
27                     Text("20")
28                         .tag(20)
29                     Text("30")
30                         .tag(30)
31                     Text("40")
32                         .tag(40)
33                     Text("50")
34                         .tag(50)
35                     Text("60")
36                         .tag(60)
37                 } label: {
38                     Text("選択")
39                 }
40                 // Pickerをホイール表示
41                 .pickerStyle(.wheel)
42             } // VStack ここまで
43         } // ZStack ここまで
44     } // body ここまで
45 } // SettingView ここまで
46 
47 #Preview {
48     SettingView()
49 }
```

追加

追加

コード解説　これから、さきほど変更したコードをステップごとに説明します。

```
@State var timerValue = 10
```

「timerValue」は選択されている秒数を保持するために状態変数を定義します。ここでは初期値は「10」にします。

この後、秒数を表示するTextを上に配置したいので「VStack」を用いてレイアウト指示します。

```
Picker(selection: $timerValue) {
    Text("10")
        .tag(10)
    Text("20")
        .tag(20)
    Text("30")
        .tag(30)
    Text("40")
        .tag(40)
    Text("50")
        .tag(50)
    Text("60")
        .tag(60)
} label: {
    Text("選択")
}
```

Pickerの第一引数で状態変数timerValueが使われています。**timerValueにはtagの値が設定されていて、tagと連動します**。

Pickerで値が選択されると、選択されたtagの値がtimerValueへセットされます。また、timerValueの値が更新されたときは、その値をもつtagの項目がPickerに表示されます。

双方向に状態の変化を連動するために、Pickerの引数で状態変数を指定します。

▼ 引数とクロージャの意味

番号	ラベル名	内容
第一引数	selection	Pickerの現在選択されているtagの値を格納する変数を設定。@Stateで宣言された変数を用いる必要があります。
クロージャ	{ }	Pickerの候補リストで表示したい内容を、ここで記述します。
クロージャ	label	Pickerを説明するラベルが設定できます。アクセシビリティ機能を有効にした際に利用されることがあります。

```
Text("10")
  .tag(10)
```

Pickerのリスト表示するViewを生成しています。

「Text("10")」は表示するView、「.tag(10)」は選択されたときに第一引数（selection）に設定される値を表しています。Pickerに表示するViewを列挙することによりリスト表示されます。

```
// Pickerをホイール表示
.pickerStyle(.wheel)
```

PickerのpickerStyleモディファイアを指定すると、デザインを変更できます。「.wheel」を指定すると、Pickerがホイールデザインで選択できるようになります。

「.wheel」以外にも複数のデザインがあり、「.segmented」と指定すると、ラジオボタングループで表示され、「.menu」と指定するとタップ時にサブメニューが表示されて選択できるようになります。

4-4　設定画面の選択している秒数表示のTextを配置する

選択している秒数を表示するTextを配置します。

以下の赤枠の箇所のコードを追加してください。

▼ SpacerとTextの配置の配置

```
18            // セーフエリアを超えて画面全体に配置します
19                .ignoresSafeArea()
20
21            // 垂直にレイアウト（縦方向にレイアウト）
22            VStack {
23                // スペースを空ける
24                Spacer()
25                // テキストを表示する
26                Text("\(timerValue)秒")
27                // 文字のサイズを指定
28                    .font(.largeTitle)
29                // スペースを空ける
30                Spacer()
31                // Pickerを表示
32                Picker(selection: $timerValue) {
33                    Text("10")
```

追加

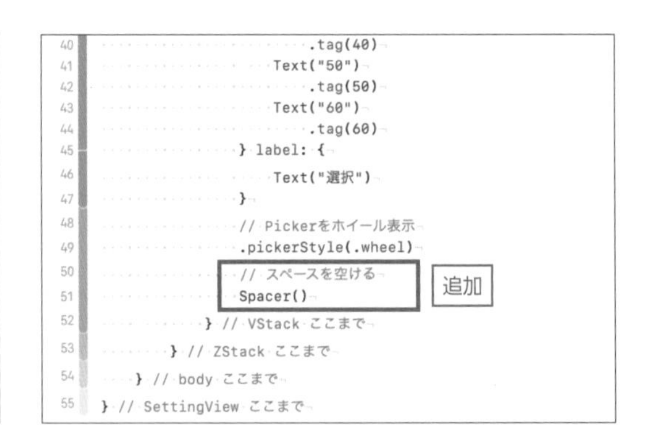

コード解説　これから、さきほど変更したコードをステップごとに説明します。

```
// スペースを空ける
Spacer()
```

「Spacer()」は各々のView（部品）の間に空白を挿入するために指示します。

```
// テキストを表示する
Text("\(timerValue)秒")
    // 文字サイズを指定
    .font(.largeTitle)
```

「Text()」には設定された秒数を表示するように指示します。

このように表示されていれば大丈夫です。

▼ レイアウト完成

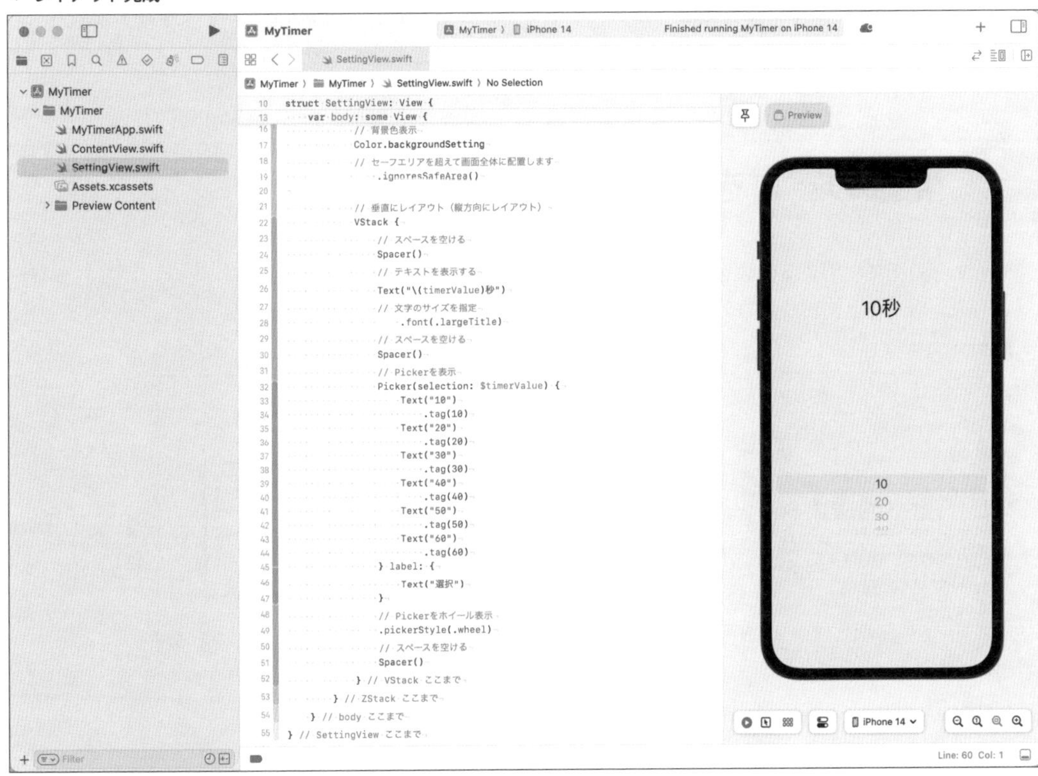

次からは、各View（部品）に対応するコードを書きます。

Day 2

Lesson 1-3

タイマー処理と設定した秒数を保存しよう

このレッスンで学ぶこと

- 定期的に処理を実行できる、Timer クラスを利用してカウントダウン処理を実装します。
- 複数の画面にまたがって、共通の値を保持して利用する方法を学びます。
- 関数を用いて、ソースコードを整理します。
- View のライフサイクルを処理するモディファイアである「.onAppear」について学びます。

1 変数の宣言を追加しよう

タイマー画面で利用する変数を宣言します。

▼ 変数の宣言追加

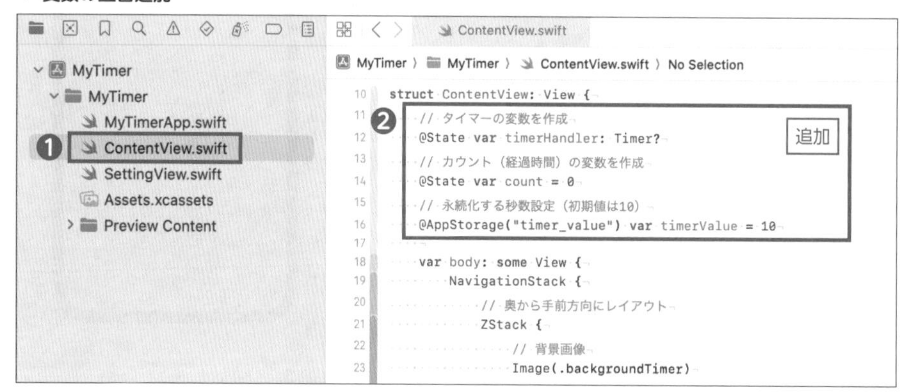


```
10 struct ContentView: View {
11     // タイマーの変数を作成
12     @State var timerHandler: Timer?
13     // カウント（経過時間）の変数を作成
14     @State var count = 0
15     // 永続化する秒数設定（初期値は10）
16     @AppStorage("timer_value") var timerValue = 10
17 
18     var body: some View {
19         NavigationStack {
20             // 奥から手前方向にレイアウト
21             ZStack {
22                 // 背景画像
23                 Image(.backgroundTimer)
```

❶ ContentView.swift を選択します。
❷ body の上に赤枠のコードを追加してください。

コード解説 これから、さきほど変更したコードをステップごとに説明します。

必要な3つの変数を宣言します。定期実行をさせるTimerクラスのインスタンス、カウント（経過時間）を保持する変数、秒数設定を取得できる変数を宣言します。

```
// タイマーの変数を作成
@State var timerHandler: Timer?
```

Timer型の「timerHandler」という変数を作成します。

Timerクラスを利用すると、指定した時間になんらかの処理を実行したり、定期的に繰り返し処理を行うことができます。

```
// カウント(経過時間)の変数を作成
@State var count = 0
```

経過時間を保持する変数「count」を作ります。今回は「0」を設定しますが、このように変数の宣言時に値をセットすることを**「初期化」**と言います。また、countに設定した「0」を**「初期値」**と呼びます。

```
// 永続化する秒数設定（初期値は10）
@AppStorage("timer_value") var timerValue = 10
```

設定したタイマーの時間を取得する変数を作ります。

これまでの変数とは異なり「@AppStorage」と先頭に記述されていることがわかります。

「@AppStorage」は、データを永続化するUserDefaultsから値の読み込みを行います。

Point

UserDefaultsは、アプリで利用する値を保存する機能です。
アプリを停止して、再度、起動させたときに、UserDefaultsを利用して保存していた値を利用します。
データを保存して復元できるようにすることを「データの永続化」と言います。
UserDefaultsはキーと記録したい値を指定することで、そのキーを使って自由に値を取り出したり、書き換えたりすることができます。

▼ AppStorage と UserDefaults の関係

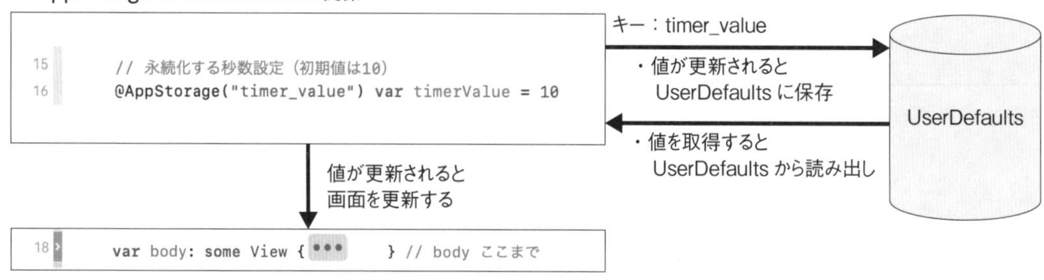

書式

```
@AppStorage(キー) 変数宣言 = 初期値
```

宣言をすると自動的に UserDefaults から指定のキーの値を取得し宣言された変数に値が設定されます。

変数の値を書き換えると、自動的に UserDefaults の指定したキーに保存されます。

UserDefaults に指定のキーで値が保存されていない場合には、初期値が宣言された変数に値が設定されます。

▼ 変数 timerValue の更新フロー

@AppStorage を使った変数の値の変化を図にしました。上記の図のように値が変化することを理解してください。

2 経過時間を処理する関数を作成しよう

SwiftUIでは、いくつかの処理をわかりやすいように関数を使い部品化することができます。

タイマーの経過時間を計算する関数「countDownTimer」を作成します。あとで経過時間の計算が定期実行できるようにスケジューリングしますので、そのときに「countDownTimer」を実行します。

赤枠のコードを追加します。

▼ 経過時間を処理する関数

```
88              } // .toolbar ここまで
89          } // NavigationStack ここまで
90      } // body ここまで
91
92      // 1秒毎に実行されてカウントダウンする
93      func countDownTimer() {
94          // count(経過時間)に+1指定していく
95          count += 1
96
97          // 残り時間が0以下のとき、タイマーを止める
98          if timerValue - count <= 0 {
99              // タイマー停止
100             timerHandler?.invalidate()
101         }
102     } // countDownTimer ここまで
103 } // ContentView ここまで
104
105 #Preview {
106     ContentView()
```

追加

コード解説 これから、さきほど変更したコードをステップごとに説明します。

```
// count(経過時間)に+1していく
count += 1
```

経過時間（count）に1秒足します。「+= 1」と書くことで、このコードが実行されるたびに、経過時間（count）に「1」を足すという意味になります。Timerのスケジュール機能を利用して、1秒ごとに呼び出されますので、countには1秒ごとに1が足されます。

```
// 残り時間が0以下のとき、タイマーを止める
if timerValue - count <= 0 {
    // タイマー停止
    timerHandler?.invalidate()
}
```

残り時間「0」で、タイマーを停止します。

残り時間は設定したタイマーの時間から経過時間を引くことで求めます。

残り時間が「0」以下になった場合、timerHandler?.invalidate()でタイマーを停止します。

3 タイマーを開始する関数を実装しよう

スタートボタンを押すとタイマーがスタートします。タイマーをスタートさせる関数「startTimer」をここで作成します。この関数は、スタートボタンをタップしたときに実行できるように、あとでスタートボタンのアクションに追加します。

経過時間を処理する関数の下に赤枠のコードを追加してください。

▼ タイマーを開始する関数

```
97          // 残り時間が0以下のとき、タイマーを止める
98          if timerValue - count <= 0 {
99              // タイマー停止
100             timerHandler?.invalidate()
101         }
102     } // countDownTimer ここまで
103
104     // タイマーをカウントダウン開始する関数
105     func startTimer () {
106         // timerHandlerをアンラップ
107         if let timerHandler {
108             // もしタイマーが、実行中ならスタートしない
109             if timerHandler.isValid == true {
110                 // 何も処理しない
111                 return
112             }
113         }
114
115         // 残り時間が0以下のとき、count(経過時間)を0に初期化する
116         if timerValue - count <= 0 {
117             // count(経過時間)を0に初期化する
118             count = 0
119         }
120
121         // タイマーをスタート
122         timerHandler = Timer.scheduledTimer(withTimeInterval: 1, repeats: true) { _ in
123             // タイマー実行時に呼び出される
124             // 1秒毎に実行されてカウントダウンする関数を実行する
125             countDownTimer()
126         }
127     } // startTimer ここまで
128 } // ContentView ここまで
```

追加

 コード解説　これから、さきほど変更したコードをステップごとに説明します。

```
// timerHandlerをアンラップ
if let timerHandler {
    // もしタイマーが、実行中だったらスタートしない
    if timerHandler.isValid == true {
        // 何も処理しない
        return
```

```
    }
}
```

タイマーが実行中かどうかチェックします。「if let」を利用して、timerHandler をアンラップすることで、timerHandler に値がある場合（タイマーがスタートしているとき）のみ、timerHandler.isValid で、タイマーが実行中かどうかを調べています。

タイマーが実行中の場合は､「return」を実行することで、その後のプログラムは実行せずに終了します。

Point

アンラップに関しては、「COLUMN オプショナル型とアンラップを理解しよう」（P.194）で解説していますので、復習してみてください。

```
// 残り時間が0以下のとき、count(経過時間)を0に初期化する
if timerValue - count <= 0 {
    // count(経過時間)を0に初期化する
    count = 0
}
```

残り時間が 0 以下のときは、経過時間（count）を初期化します。タイマー開始時に残り時間が 0 秒以下の時は、初めからカウントダウンを開始するようになります。

```
// タイマーをスタート
timerHandler = Timer.scheduledTimer(withTimeInterval: 1, repeats: true) { _ in
    // タイマー実行時に呼び出される
    // 1秒毎に実行されてカウントダウンする関数を実行する
    countDownTimer()
}
```

タイマーをスタートします。Timer クラスの scheduledTimer は、一定間隔で処理を実行します。タイマー時間が満了するとクロージャ内の処理が実行されます。今回の場合は、１秒に１回実行され、経過時間を処理する（countDownTimer）が実行されます。

Timer.sheduledTimer のインスタンスである「timerHandler」でタイマーのスケジュールを管理します。スケジュールを停止したいときにも「timerHandler」を使います。

また、in の前の「_」（アンダーバー）は、クロージャの引数の省略を意味します。

「scheduledTimer」メソッドは Timer 型のオブジェクトを引数として利用することができますが、今回は利用しないので省略をしています。

このメソッドでは、3 つの引数を渡します。

▼ sheduledTimer メソッドの引数とクロージャの意味

番号	引数名	内容
第一引数	withTimeInterval	タイマーを実行させる間隔を設定。単位は「秒」で、0.0001 秒（0.1 ミリ秒）まで指定できるが、今回は「1.0 秒」を設定
第二引数	repeats	繰り返しを指定。true（繰り返し）か false（1 回のみ）を指定。今回は繰り返し実行したいので「true」を設定
第三引数	block（省略）	タイマー実行時に呼び出されるトレイリングクロージャ。

● クイックヘルプを表示する

どうすれば、利用したいメソッドに対して、どんな引数を設定すればよいのか、またはそのメソッドの戻り値は何であるか、という事がわかるのでしょうか？

インターネットで調べる方法もありますが、Xcode で調べることもできます。

Xcode が提供しているクラスを利用するときに、どんな引数（Parameters）を設定すればよいのかは、次の手順で調べることができます。

❶ メソッド名にカーソルを当てて「option」キーを押すと、「?」マークが表示されます。

❷「?」にマウスカーソルが変化した状態でクリックすると、英語ですが、引数を調べることができます。

他のメソッドも調べてみてください。

英語な苦手な方も、英語の勉強だと思って、少しずつでもよいので取り組んでみてください。

▼ クイックヘルプの表示

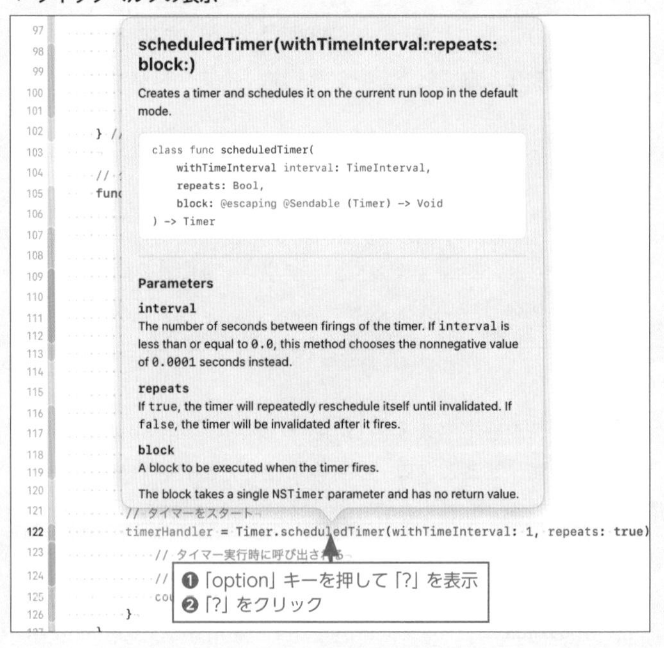

4 スタートボタンがタップされたらタイマーを開始しよう

スタートボタンのアクションにタイマーを開始するコードを書きます。

赤枠のコードを追加してください。

タイマーのカウントダウンを開始する関数「startTimer」は作成ずみですので、スタートボタンがタップされたときに実行できるようにアクションに追加します。

▼ スタートボタンをタップしたときの処理

```
37                  // 水平にレイアウト（横方向にレイアウト）
38                  HStack {
39                      // スタートボタン
40                      Button {
41                          // ボタンをタップしたときのアクション
42                          // タイマーをカウントダウン開始する関数を呼び出す
43                          startTimer()
44                      } label: {
45                          // テキストを表示する
46                          Text("スタート")
```

追加

5 タイマーを停止する処理を実装しよう

ストップボタンのアクションにタイマーを停止するコードを書きます。

赤枠のコードを追加してください。

タイマーを停止させる処理を、「ストップ」ボタンがタップされたときに実行されるactionクロージャの中に追加します。

▼ タイマーを停止する処理

```
55                              // 円形に切り抜く
56                              .clipShape(Circle())
57                      } // スタートボタンはここまで
58                      // ストップボタン
59                      Button {
60                          // ボタンをタップしたときのアクション
61                          // timerHandlerをアンラップ
62                          if let timerHandler {
63                              // もしタイマーが、実行中だったら停止
64                              if timerHandler.isValid == true {
65                                  // タイマー停止
66                                  timerHandler.invalidate()
67                              }
68                          }
69                      } label: {
70                          // テキストを表示する
71                          Text("ストップ")
```

追加

コード解説　これから、さきほど変更したコードをステップごとに説明します。

```
// timerHandlerをアンラップ
if let timerHandler {
  // もしタイマーが、実行中だったら停止
  if timerHandler.isValid == true {
    // タイマー停止
    timerHandler.invalidate()
  }
}
```

タイマーが実行中かチェックし、タイマーを停止します。「if let」文を利用して timerHandler をアンラップします。そして、Timer クラスの invalidate メソッドを実行して、タイマーを停止します。

6 残り時間を表示しよう

残り時間が画面に表示されるように修正します。

赤枠のコードを変更してください。

▼ 残り時間をカウントダウンするように修正

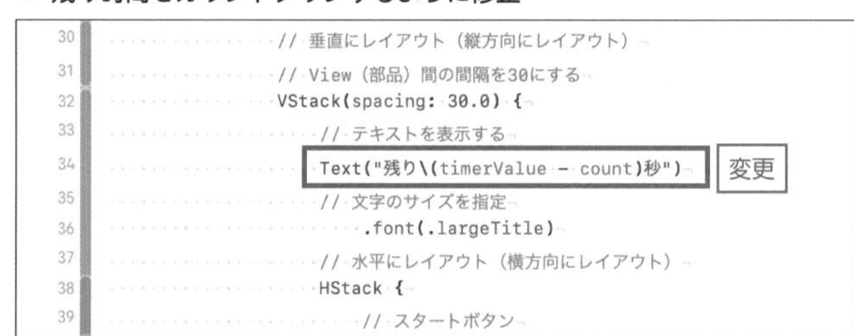


```
Text("残り\(timerValue - count)秒")
```

残り時間を計算して画面に表示します。残り時間は、秒数設定（timerValue）から経過時間（count）を引くことによって求めることができます。

文字列の中に定数や変数を埋め込む場合は、「"\(定数または変数)"」と指定します。

Point

「\」はバックスラッシュと呼びます。英語キーボードには「\」はありますが、日本語キーボードでは「option」キーを押しながら「¥」キーを一緒に押すことで入力できます。

7 秒数設定画面から戻ってきたら、設定した秒数で画面を更新しよう

タイマー設定画面から戻ってきたときに経過時間を初期化します。

赤枠のコードを追加してください。

このViewが表示されるときに実行される「.onAppear」に追加します。

ここでは、経過時間をリセットして、タイマーの表示を更新します。

▼ 画面切り替えのタイミングで実行

```
82                         } // ストップボタンはここまで
83                     } // HStack ここまで
84                 } // VStack ここまで
85             } // ZStack ここまで
86             // 画面が表示されるときに実行される
87             .onAppear {
88                 // カウント（経過時間）の変数を初期化
89                 count = 0
90             } // .onAppear ここまで
91             // ナビゲーションにボタンを追加
92             .toolbar{
93                 // ナビゲーションバーの右にボタンを追加
94                 ToolbarItem(placement: .topBarTrailing) {
```

追加

コード解説　これから、さきほど変更したコードをステップごとに説明します。

「.onAppear」は、ContentViewが表示されるときに実行されます。
「.onAppear」の中のコードを確認していきます。

```
// カウント(経過時間)の変数を初期化
count = 0
```

経過時間を初期化します。秒数設定画面から戻ってきたときに、経過時間を初期化しておかないと、このあとに実行するタイマーの表示を更新する際に、設定したタイマーの時間より経過時間が大きい場合があります。そこで「0」で初期化を行い、設定したタイマーの時間を超えないようにします。

これで、タイマー画面の実装は完成です。

Tips

●「onAppear」と「onDisappear」について

SwiftUIには、「onAppear」と「onDisappear」の2つの画面表示に関するアクションが用意されています。

2つのそれぞれの実行されるタイミングは次の通りです。

モデファイア	解説
onAppear	画面が表示されるときに実行
onDisappear	画面が消えるときに実行

8 シミュレータでカウントダウンを確認しよう

ここで、タイマー画面をシミュレータで起動して、カウントダウンできるかどうかを確認してみましょう。

Xcodeの左上のシミュレータの設定で、確認したいデバイスを選択します。

今回は❶「iPhone 14」を選択して、❷実行ボタンをクリックして、シミュレータを起動します。

▼ シミュレータ起動

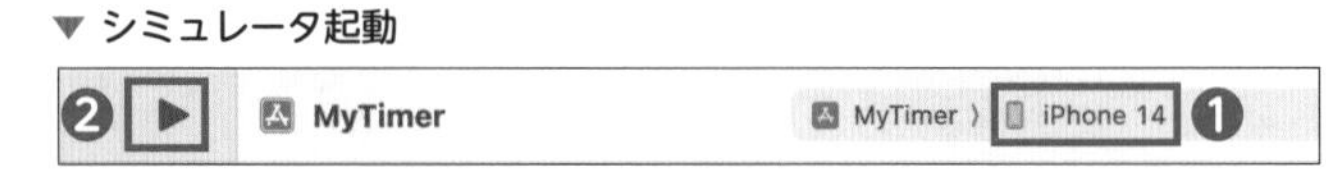

シミュレータの「スタート」ボタンをクリックして、「残り10秒」と表示されたTextのカウントダウンが始まり、「ストップ」ボタンでタイマーが停止できれば成功です。

また、再度「スタート」ボタンをクリックすることで、カウントダウンが再開されることを確認してください。

これで、タイマー画面でカウントダウンする機能を実装することができました。カウントダウンが「0」になった場合も、タイマーが停止するか確認してみてください。

次は、秒数設定画面を作ります。

▼ タイマー画面をシミュレータで確認

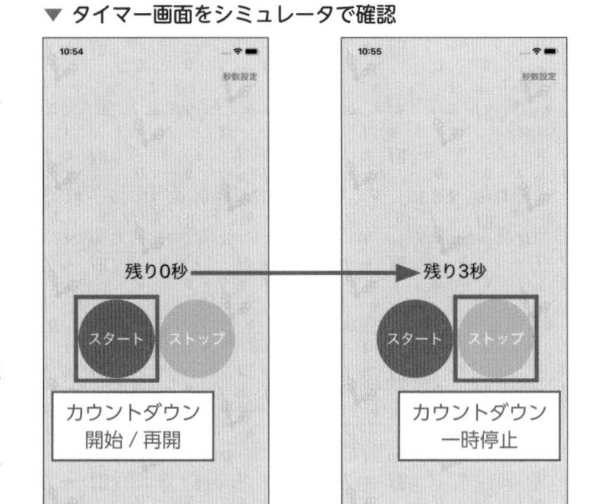

Point

ショートカットキーでもシミュレータを起動できます。「command」+「R」を同時に入力することで、シミュレータが起動します。

9 設定したタイマーの時間を保存できるようにしよう

設定したタイマーの時間を「@AppStorage」を用いて保存できるようにします。

▼ 変数の宣言追加

❶ SettingViewを選択します。
❷ bodyの上のコードを赤枠のように変更してください。

タイマー画面でも「@AppStorage」を使い、設定したタイマーの時間を取得していましたね。

「@AppStorage」は、データを永続化するUserDefaultsから値を読み込みます。「@AppStorage」を使った変数を宣言すると自動的にUserDefaultsから指定のキーの値を取得し、宣言された変数に値が設定されます。変数の値を書き換えると自動的にUserDefaultsに指定のキーで保存をします。UserDefaultsに指定のキーで値が保存されていない場合には、初期値が宣言された変数に値が設定されます。

「timer_value」は、設定したタイマー時間を書き換えたり、取得したりするときに使用するキーです。タイマー画面と共通で設定したタイマー時間の値を利用したいので、設定画面でも文字列の「timer_value」をキーとして宣言します。

Point

「メモリ」はコンピューター（iOSデバイス）で情報を記憶している装置のひとつですが、一時的な記憶なのでアプリを閉じたりすると情報が消えてしまいます。データを「永続化」するということは、アプリを閉じて再度起動しても記憶していた情報を覚えている状態を指します。情報を保存していつでも読み出せるアプリを作るには、「@AppStorage(UserDefaults)」などを利用してデータを永続化する必要があります。

Canvasのプレビューか、シミュレータを起動してアプリの動きを確認してください。
完成イメージと同じ動きになっていれば、タイマーアプリは完成です！おめでとうございます！
次は、ステップアップで、アラートの使い方を学びます。ぜひ、チャレンジしてください。

Day 2 ステップアップ

Lesson 1-4

タイマー終了後にアラートを表示しよう

このレッスンで学ぶこと

- アラートの表示する方法を学びます。
- ダイアログのカスタマイズ方法を学びます。

完成イメージ

タイマーアプリのステップアップ編では、タイマー終了時にダイアログを表示させてみます。

ダイアログを表示するには、Alert を利用します。Alert の使い方が理解できると、ユーザーにさまざまなタイミングで通知を示すことができるようになります。

それでは、実装しましょう。

▼ カスタマイズ完成図

1 状態変数の宣言を追加しよう

アラート表示の有無を管理する状態変数を追加します。

▼ 状態変数の宣言追加

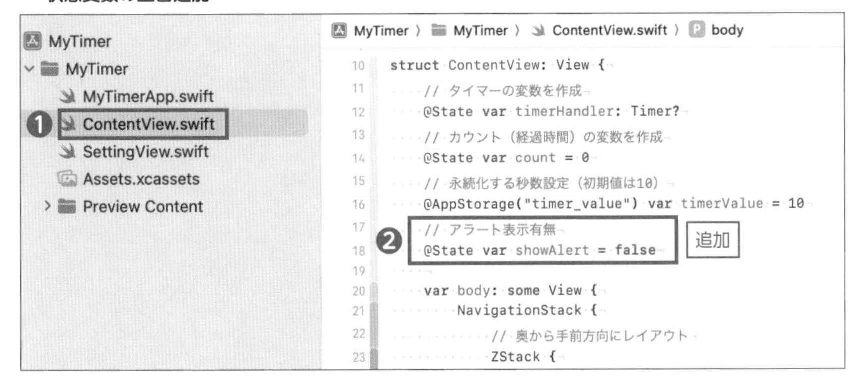

❶ ContentView.swift を選択します。
❷ body の上に赤枠のコードを追加してください。

アラートの表示有無を管理する状態変数を用意します。初期値は非表示を意味する false にします。

2 アラート表示タイミングで変数を書き換えよう

残り時間が0秒になったタイミングで、アラート表示の有無を管理する状態変数を書き換えします。

赤枠のコードを追加してください。

アラートを表示したいタイミングで状態変数 showAlert を true にします。

今回は、残り0秒になる箇所で状態変数 showAlert を true に書き換えします。

▼ アラートを表示するために変数を書き換え

```
109     // 1秒毎に実行されてカウントダウンする
110     func countDownTimer() {
111         // count(経過時間)に+1指定く
112         count += 1
113 
114         // 残り時間が0以下のとき、タイマーを止める
115         if timerValue - count <= 0 {
116             // タイマー停止
117             timerHandler?.invalidate()
118 
119             // アラート表示する
120             showAlert = true
121         }
122     } // countDownTimer ここまで
123 
124     // タイマーをカウントダウン開始する関数
125     func startTimer () {
```
追加

3 アラート表示をしよう

アラート表示の有無を管理する状態変数が書き換わったときにアラートを表示するようにします。

▼ アラートを表示する

```
93              // ナビゲーションにボタンを追加
94              .toolbar{
95                  // ナビゲーションバーの右にボタンを追加
96                  ToolbarItem(placement: .topBarTrailing) {
97                      // ナビゲーション遷移
98                      NavigationLink {
99                          SettingView()
100                     } label: {
101                         // テキストを表示
102                         Text("秒数設定")
103                     } // NavigationLink ここまで
104                 } // ToolbarItem ここまで
105             } // .toolbar ここまで
106             // 状態変数showAlertがtrueになったときに実行される
107             .alert("終了", isPresented: $showAlert) {
108                 Button("OK") {
109                     // OKをタップしたときにここが実行される
110                     print("OKタップされました")
111                 }
112             } message: {
113                 Text("タイマー終了時間です")
114             } // .alert ここまで
115         } // NavigationStack ここまで
116     } // body ここまで
117 
118     // 1秒毎に実行されてカウントダウンする
```

追加

赤枠のコードを追加してください。

コード解説　これから、さきほど変更したコードをステップごとに説明します。

```
// 状態変数showAlertがtrueになったときに実行される
.alert("終了", isPresented: $showAlert) {
    // （中略）
} message: {

    Text("タイマー終了時間です")

} // .alert ここまで
```

変数showAlertがtrueになると、アラートが表示され、ダイアログのタイトルとして「終了」、メッセージとして「タイマー終了時間です」が表示されます。

```
Button("OK") {
    // OKをタップしたときにここが実行される
    print("OKタップされました")
}
```

アラートの View を記述しています。

今回は、Button を表示させてタップがされたことが確認できるように print 文を記述しました。

ユーザーがアラートのアクションの 1 つをタップすると、システムは isPresented で指定された Bool 値を自動的に false に変更しアラートを終了します。

Point

Button の記述方法もいくつかあります。

下記は、今まで記載してきた方法で、action（アクション）と label（ラベル）を指定します。
label のブロック { } で、Button の装飾を行います。

```
Button {
    // ボタンをタップしたときのアクション
} label: {
    // ボタンの動作の目的を説明するビュー
}
```

Button の装飾が Text だけで良い場合は、下記のような書式で記述が可能です。

```
Button("ボタンの動作の目的を説明する文言") {
    // ボタンをタップしたときのアクション
}
```

このように構造体やクラスは、複数の書式（イニシャライザ）が用意されています。
目的に応じたイニシャライザを選択して記述をしていきます。

これで、完成です。プレビュー、もしくはシミュレータを起動して、動作を確認してみましょう。

COLUMN デバッガを使ってみよう

デバッグの方法を学ぶ

最後に、デバッグの方法を学びます。「デバッグ」という言葉をはじめて聞く方もいらっしゃるかもしれませんね。

プログラムの誤りを見つけて、取り除くことをデバッグと言います。プログラムの誤りは、**バグ（虫）**と呼ばれていて、最近ではプログラマーでなくても耳にする機会が増えてきているのではないでしょうか。また、デバッグをやりやすく支援するツールのことを**「デバッガ」**と言います。デバッガでは具体的には、実行中のプログラムを気になる場所で一時停止させたり、そのときの変数の中身を確認できたりします。また、1行ずつコードを実行しながら、各変数の値を確認したりもできます。

プログラマーは、プログラミングをしている最中に、デバッガを利用して変数の値に間違いがないか確認し、間違いがあればプログラムを正しく動作するように修正します。実は、プログラミングをする中で、デバッグするという作業は多く発生します。

Xcodeでも、便利なデバッガが利用できます。ここでは、カウントダウン用の変数の値を確認したり、ログを出力させたりしながら、デバッガの利用方法を学びます。

ブレークポイントを追加

デバッガを利用してプログラムを一時停止させるには、「ブレークポイント」をコードに設定します。Xcodeで、ブレークポイントの追加は簡単にできます。止めたいコードをクリックするだけです。実際にやってみましょう。

▼ブレークポイントの追加

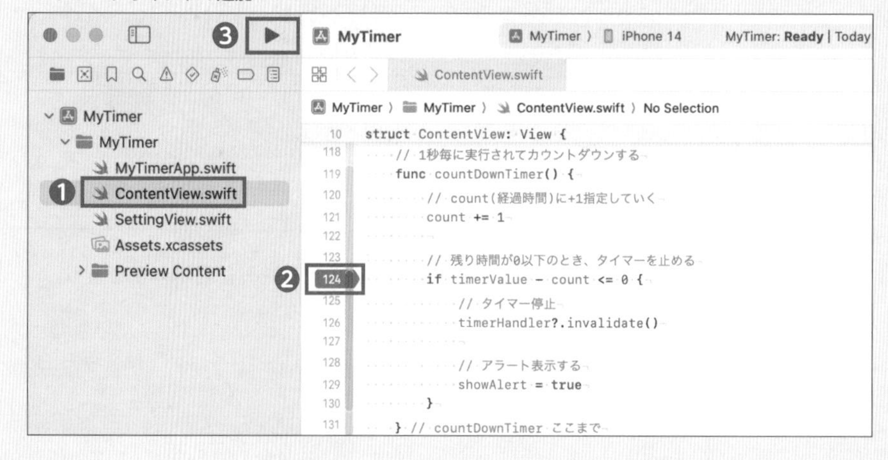

❶ ContentView.swift を選択します。
❷ 今回は、時間経過の処理を行う、countDownTimer メソッドの中にある if 文のところをクリックして、ブレークポイントを追加してみましょう。
このキャプチャでは行数が表示されていますが、環境設定を行っていなければ表示されません。設定方法は「Day 1 Lesson 2-5 Xcode をより使いやすくするための設定をしよう」(P.50) を参照してください。
クリックすると、❷の青い帯のような印が付きます。この状態で、シミュレータを起動して「スタート」ボタンをクリックすると、このブレークポイントでプログラムが停止します。
❸ [RUN] ボタンをクリックしてシミュレータを起動します。

ブレークポイントの変数を確認

タイマーアプリ のタイマー画面にある「スタート」ボタンをタップしてみましょう。

▼「スタート」ボタンをクリック

❶ 先ほど追加したブレークポイントを設定した行の色が変わり、プログラムが一時停止していることが確認できます。この状態の、各変数の値を確認できます。
❷ このデバッグエリアで、あとで解説する「po」コマンドを用いることにより各値を確認できます。

Point

▼ デバッグエリアの表示切り替え

もし、デバッグエリアが表示されなくなったりした場合には、❶❷❸ボタンを操作することにより表示非表示の切り替えができます。

▼ 各変数の値を確認

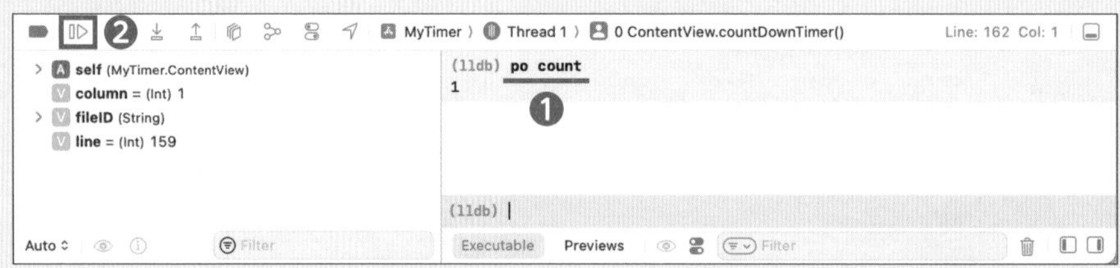

❶ ここでは、カウント（経過時間）を入れている変数「count」の値を確認するため「po count」と入力してみると、「1」が入っていることがわかります。

❷ をクリックすると、プログラムを再開できます。

▼「count」がカウントアップしている状態を確認

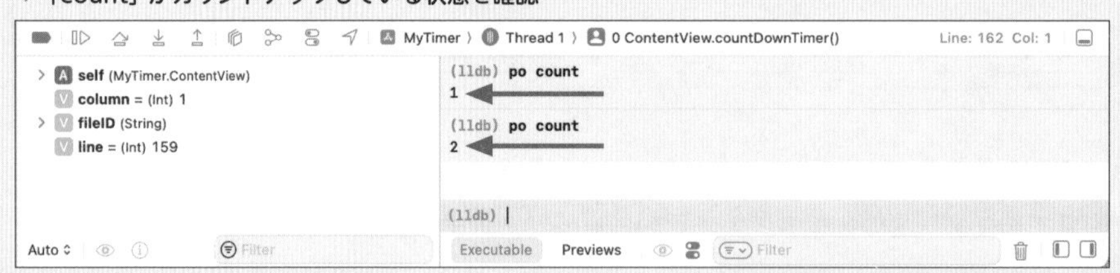

今回ブレークポイントを追加した、countDownTimer メソッドは、scheduledTimer のクロージャから定期的に実行されるため、「スタート」ボタンをクリックしてから、設定秒数の回数分呼び出されます。プログラムを再開しても、また同じコードで停止するので、「count」がカウントアップしている状態を確認できます。

デバッグエリアのツールバーを確認します。

❶ [Deactivate breakpoints] はブレークポイントの有効・無効を切り替えます。
❷ [Continue program execution] は、一時停止したプログラムを再開します。
❸ [Step over] は、1 行ずつプログラムを実行します。
❹ [Step into] はメソッドの中に入ります。
❺ [Step out] はメソッドから出ることができます。
❸❹❺で、ステップ実行を行えます。

▼ デバッグエリアのツールバー

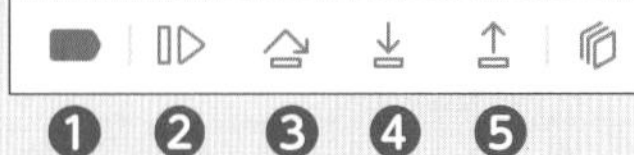

ステップ実行とは、プログラムを 1 行ずつ実行したり、複数行ごとに手動で実行しながら値を確認したりできる、デバッグの手法のことです。

❶ [Debug View Hierarchy] をクリックします。
❷ このエリアで、ブレークポイントで停止したときのレイアウトやViewの重なりと配置を確認できます。
❸ プレビューされている画面をマウスでクリックしながらドラッグすると、Viewの重なりが立体的に確認できます。
❹ [Debug View Hierarchy] を解除してプログラムの実行が再開します。

▼ 各 View の値を確認

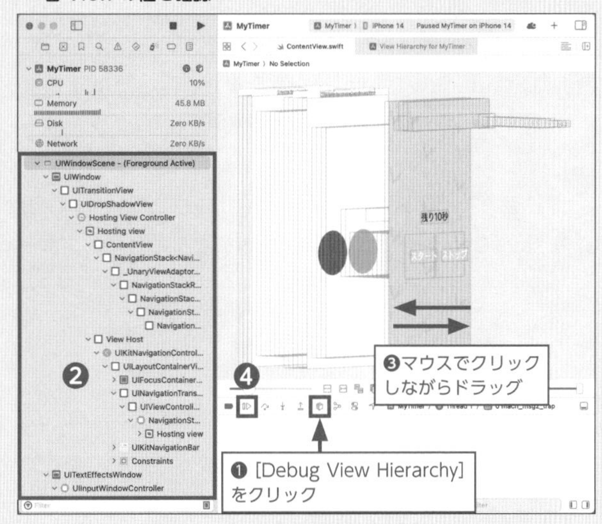

Point

知らない間にマウスでクリックしてしまって、ブレークポイントが付いてしまう場合があります。シミュレータで実行して「動かないな？」と思ったら、ブレークポイントが付いていないか確認してみてください。

ブレークポイントの無効化と削除

▼ ブレークポイントの無効化

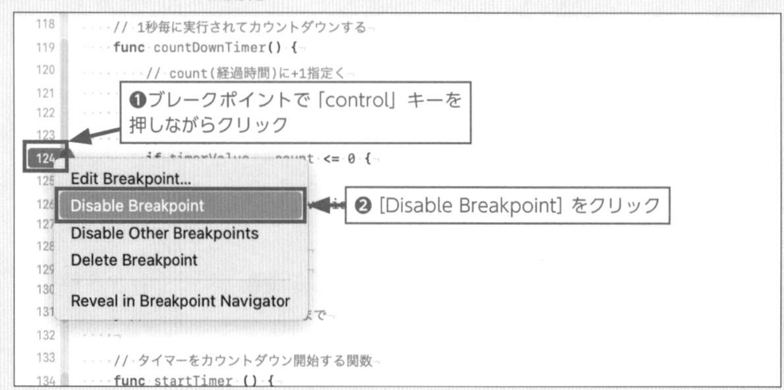

❶ ブレークポイントを設定している青い帯のところで「control」キーを押しながらクリックします。
❷ [Disable Breakpoint] を選択すると青い帯が薄くなります。帯が薄く表示されている状態は、デバッグポイントが無効状態なので、プログラムは一時停止しません。

同じ手順で「Enable Breakpoint」に設定を戻せば、再度有効化に変更できます。
また、「Delete Breakpoint」を選択することで、ブレークポイントを削除できます。

Tips

● **デバッガの使い方の解説**

下記のホームページでも詳細に、解説していますので、併せて参考にしてください。

【デバッグ】Swift の print 文と Xcode のブレークポイント、po コマンドの活用
https://blog.code-candy.com/xcode_debug_print/

Day 1 Day 2

Lesson **2**

カメラアプリを作ろう［前半］
―カメラとSNS投稿―

Lesson 2-1
完成をイメージしよう

Lesson 2-2
撮影画面を作成しよう

Lesson 2-3
最初の選択画面を作成してカメラを起動しよう

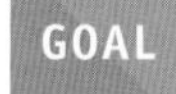

Lesson 2-4
シェア画面を作成してアプリを完成させよう

ステップアップ

Lesson 2-5

フォトライブラリーから
写真を取り込めるようにしよう

カメラを利用することができる「UIImagePickerController」と、カメラロールへの保存やSNSへの投稿ができる「ShareLink」を利用して、カメラアプリを開発します。

Day 2

Lesson 2-1

完成をイメージしよう

このレッスンで学ぶこと

- カメラを起動して、SNS に投稿するまでの動きをイメージしましょう。
- カメラアプリを作るために必要な部品（View）や画面の遷移を確認しましょう。

完成イメージ

カメラアプリでは、「カメラを起動する」ボタンをタップするとカメラが起動し撮影ができます。撮影した写真は画面に表示されます。「SNS に投稿する」ボタンをタップすると、画面に表示されている写真をシェアするための画面を表示します。

部品レイアウト

- 「カメラを起動する」ボタン、「SNS に投稿する」ボタンという 2 つのボタンを配置します。
- アプリ起動直後の「選択画面」、カメラが使える「撮影画面」、シェアができる「シェア画面」の 3 つの画面が必要です。
- カメラで撮影した写真を表示する View も作ります。

Point

SwiftUI での、UIImagePickerController・ShareLink の利用方法を学びます。また、1 つの Swift ファイルに複数の画面を作るのではなく、画面ごとに Swift ファイルをわけて作ります。

ユーザー操作

- 「カメラを起動する」ボタンをタップ後に起動したカメラで撮影します。
- 「SNS に投稿する」ボタンをタップすると画像を共有できるアプリ一覧が表示され、SNS に投稿することができます。「Save Image」をタップすればカメラロールにも保存できます。

Point

アプリからプライバシーに関する情報へアクセスするためには、ユーザーの許可を得る必要があります。
カメラの撮影時には、アプリがユーザーからカメラの使用許可を得る必要があります。また、SNS 投稿時に「Save Image」をタップして写真を保存するときにも、ユーザーに許可を得る必要があります。それぞれ、許可を得る方法を学びます。

カメラの起動は UIImagePickerController クラスを使います。delegate メソッドを使って、撮影後の写真を画面に表示できます。

写真などを他のアプリと共有するときに便利な ShareLink も使用します。

Tips

SNS への投稿が失敗する場合

シェア画面から Twitter などの SNS への投稿が失敗する場合があります。

失敗する原因は画像サイズです。SNS では投稿できる画像サイズが決められています。

SNS への投稿が失敗する場合は、「COLUMN カメラアプリで撮影した写真の画像サイズ調整」（P.380）を参考に画像をリサイズする処理を追加してください。

Day 2

Lesson

2-2

撮影画面を作成しよう

このレッスンで学ぶこと

- カメラを操作する、UIImagePickerController の利用方法を学びます。
- SwiftUI の Binding や Coordinator の使い方を学びます。

1 プロジェクトを作成しよう

▼ プロジェクトの作成

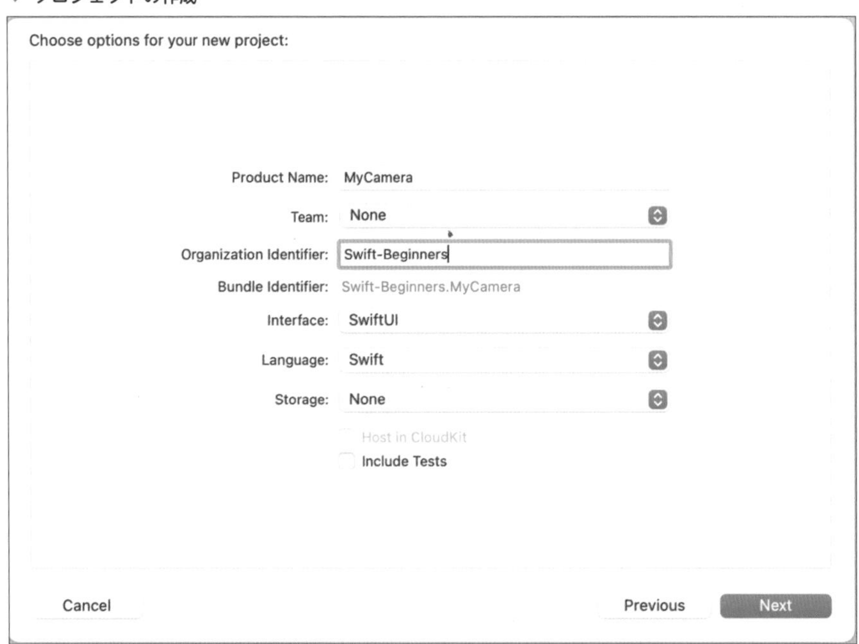

Xcode を起動して、プロジェクトを作成します。[Product Name] には、「MyCamera」と入力しましょう。

プロジェクトの作成方法がわからない場合は、「Day 1 Lesson 2-4 Xcode を起動して、プロジェクトを作成しよう」(P.39) を確認してください。

2 作成する画面と swift ファイルの関係を理解しよう

1 つのファイルに複数の画面の機能を作ると複雑になります。今回のカメラアプリでは 1 つの画面ごとに 1 つの Swift ファイルを作ることで、シンプルに学びやすくします。

複数の画面とファイルが登場しますので、最初に全体像を解説します。これから作成する画面と Swift ファイルとの関係を確認しましょう。

▼ 作成する画面と swift ファイル

このレッスンで「撮影画面」を作ります、ファイル名は「ImagePickerView.swift」です。

「撮影画面」を利用しながら、次のレッスンで「選択画面」を作ります、ファイル名は「ContentView.swift」です。

最後に「シェア画面」を作ります、ファイル名は「ContentView.swift」です。これで完成です。

3 撮影画面を作成しよう

1 つの swift ファイルを作り、その中に「撮影画面」に必要な機能を追加します。

3-1 UIImagePickerController とは

カメラを利用するために本レッスンでは「UIImagePickerController」を利用します。UIImagePickerController は、カメラから画像を簡単に取得することができます。カメラでは撮影した写真を瞬時に取得できます。

UIImagePickerController は UIKit で提供されている機能です。

SwiftUI では UIImagePickerController のような UIKit の機能を利用するには、**Coordinator（コーディネーター）**を使います。コーディネーターの利用方法も学びます。

▼ UIImagePickerController とは

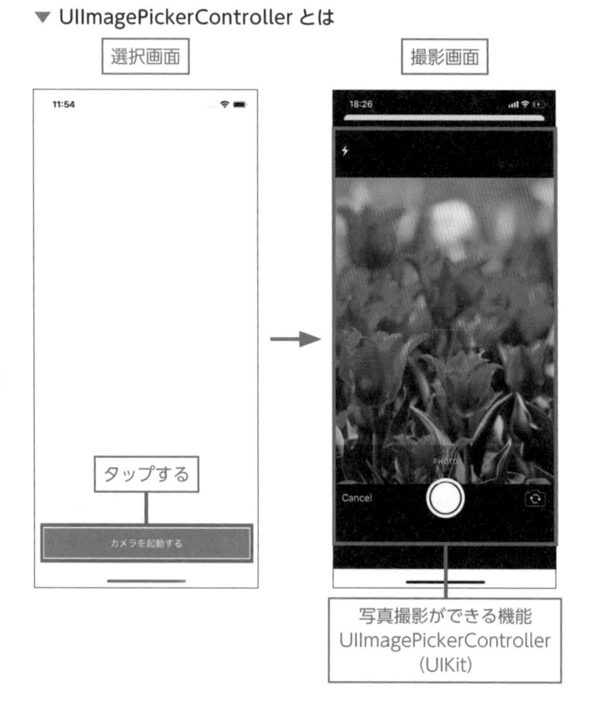

Tips

UIKit（ユーアイキット）について

UIKit は、iOS および tvOS App の開発に必要な中核となるコントロール群です。これらのコントロールを使って、コンテンツを画面に表示し、その画面を操作して、システムと相互に連携して管理します。アプリはその基本的な動作に UIKit を利用します。

例えば、UIKit の UIView は画面表示を管理するクラスです。マップアプリで使用した MKMapView も UIView を継承して拡張されたマップ用の View です。

また、UIImagePickerController は UIKit の ViewController で提供される機能です。

3-2　ImagePickerView.swift ファイルの作成

「ImagePickerView.swift」ファイルを作成します。

▼「ImagePickerView.swift」ファイルの作成

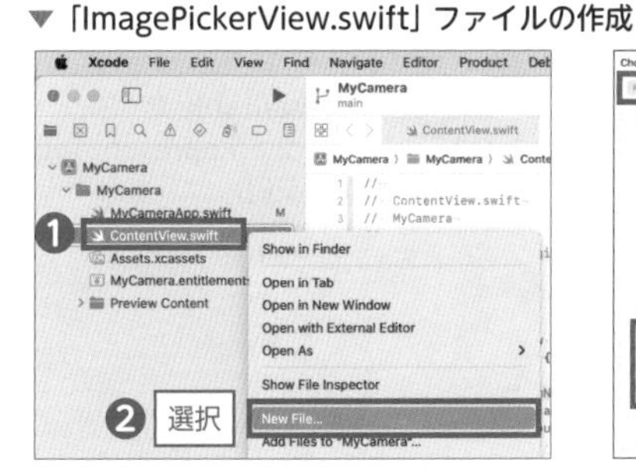

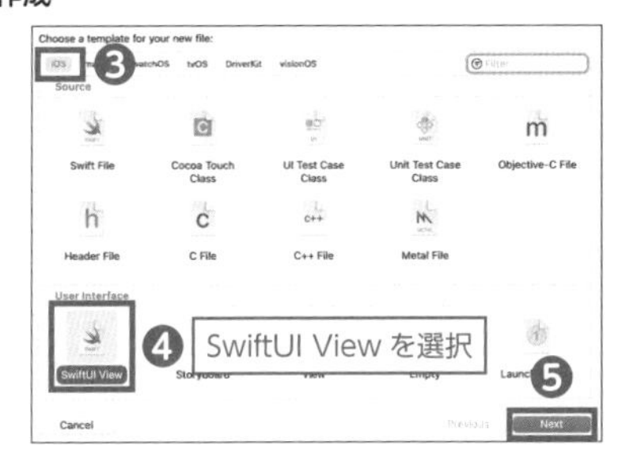

❶ [ContentView.swift] の上で「control」キーを押しながらクリックしてサブメニューを表示します。
❷ メニューから [New File...] を選択します。
❸ ファイルの種類を選択する画面で、[iOS] を選択します。
❹ [SwiftUI View] を選択します。
❺ [Next] をクリックします。
❻ 作成するファイル名に「ImagePickerView.swift」を入力します。
❼ [Create] をクリックしてプロジェクトと同じディレクトリにファイルを作成します。

3-3　UIViewControllerRepresentable プロコトルの利用

UIImagePickercontroller を SwiftUI で利用するために、UIViewControllerRepresentable プロコトルを使います。

❶「View」を「UIViewController Representable」に変更します。コード変更後にエラーが表示されます。のちにコードを追加するとエラーが解消されますので、そのまま学習をすすめてください。
❷「body」は不要なため削除します。
❸「#Preview { ... }」は不要なため削除します。

▼ UIViewControllerRepresentable プロコトルの設定

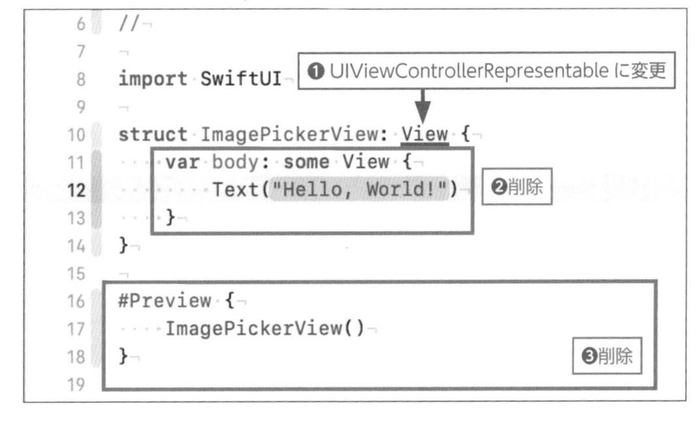

UIImagePickerControllerは、SwiftUIでは対応されていないために、そのままでは利用できません。UIImagePickerControllerはUIKitのUIViewControllerの機能として提供されています。SwiftUIでUIViewControllerを使うためには、UIViewControllerRepresentableプロコトルを利用します。UIViewControllerRepresentableを整理したのが、次のイメージ図です。

UIKitのUIViewControllerは、UIViewControllerRepresentableを介して使うことで、SwiftUIと連携できるようになります。このように実装することで、UIViewControllerで検知できる各種イベントやユーザー操作を、SwiftUIにも伝えることができるようになります。

▼ UIViewRepresentableとUIViewControllerRepresentableの役割（イメージ図）

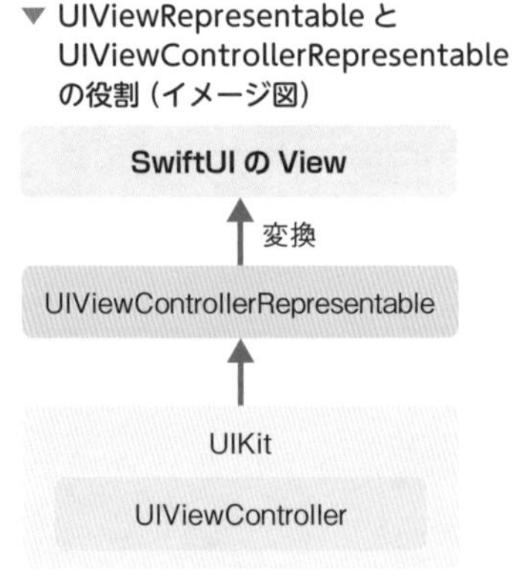

「import SwiftUI」でSwiftUIフレームワークを読み込むとUIKitフレームワークも自動的にimportされます。そのため個別でUIKitをimportする必要はありません
UIKitのUI部品（View）は、SwiftUIのViewに置き換えが進められています。SwiftUIで置き換えがされていないUIKitは、今回のようにUIViewControllerRepresentableプロトコルなどでラップして利用します。

3-4　他の画面と状態を共有するためのBindingを宣言

「撮影画面」は、「選択画面」へカメラで撮影した写真と、撮影画面を閉じるためのフラグを渡します。以下の赤枠のコードを追加しましょう。

▼ Bindingの宣言

コード解説　これから、さきほど追加したコードをステップごとに説明します。

@Binding は @State（状態変数）を定義した View と他の View との間で双方向にデータ連動ができるようにする構造体です。

次の「Lesson 2-3 最初の選択画面を作成してカメラを起動しよう」で作る ContentView.swift と ImagePicker View.swift のどちらかで変更があったときに、関係しているお互いの View を更新します。

▼ @Binding と @State のデータ連動

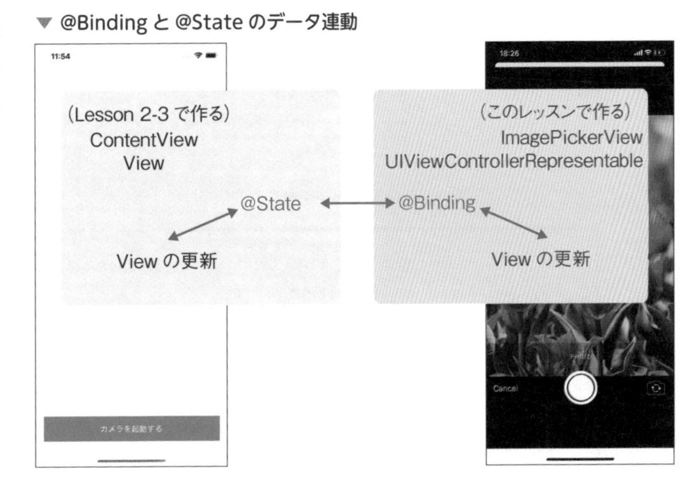


```
// UIImagePickerController（写真撮影）が表示されているかを管理
@Binding var isShowSheet: Bool
```

撮影画面の表示状態を管理します。撮影が終了したときやキャンセルボタンが押されたときに「false」を設定して画面を閉じます。

```
// 撮影した写真を格納する変数
@Binding var captureImage: UIImage?
```

「UIImage」クラスは画像を管理するクラスです。主に画面に表示される画像や外部から取り込んだ画像を管理するために使用されます。

撮影後の写真を共有するために captureImage を UIImage 型で宣言します。撮影画面で撮影した写真が保存されます。

また、最初は写真がない状態から開始します。初期値が nil となるため、nil を許容する「?」を付与してオプショナル型で宣言をしています。

3-5　UIKit の delegate を利用するために Coordinator を利用

SwiftUI では、従来の UIKit の delegate（デリゲート）を使うために、Coordinator（コーディネーター）と呼ばれる機能を利用します。

delegateは、処理が完了したときに通知されるための仕組みです。delegateに関しては、「COLUMN delegateについて」（P.320）の説明も確認してください。

以下の赤枠のコードを追加しましょう。追加するコードが長いので、3つに分けて掲載します。

▼ Coordinatorクラスの追加

```
10 struct ImagePickerView: UIViewControllerRepresentable {        Type 'ImagePicker\
11     // UIImagePickerController(写真撮影)が表示されているかを管理
12     @Binding var isShowSheet: Bool
13     // 撮影した写真を格納する変数
14     @Binding var captureImage: UIImage?
15
16     // Coordinatorでコントローラのdelegateを管理
17     class Coordinator: NSObject, UINavigationControllerDelegate, UIImagePickerControllerDelegate {
18         // ImagePickerView型の定数を用意
19         let parent: ImagePickerView
20
21         // イニシャライザ
22         init(_ parent: ImagePickerView) {
23             self.parent = parent
24         }
25     } // Coordinatorここまで
26 } // ImagePickerViewここまで
```

追加

▼ imagePickerControllerメソッドの追加

```
21         // イニシャライザ
22         init(_ parent: ImagePickerView) {
23             self.parent = parent
24         }
25
26         // 撮影が終わったときに呼ばれるdelegateメソッド、必ず必要
27         func imagePickerController(_ picker: UIImagePickerController, didFinishPickingMediaWithInfo info:
               [UIImagePickerController.InfoKey : Any]) {
28
29             // 撮影した写真をcaptureImageに保存
30             if let originalImage = info[UIImagePickerController.InfoKey.originalImage] as? UIImage {
31                 parent.captureImage = originalImage
32             }
33             // sheetを閉じる
34             parent.isShowSheet.toggle()
35         }
36     } // Coordinatorここまで
```

追加

▼ imagePickerControllerDidCancelメソッドの追加

```
33             // sheetを閉じる
34             parent.isShowSheet.toggle()
35         }
36
37         // キャンセルボタンが選択されたときに呼ばれるdelegateメソッド、必ず必要
38         func imagePickerControllerDidCancel(_ picker: UIImagePickerController) {
39             // sheetを閉じる
40             parent.isShowSheet.toggle()
41         }
42     } // Coordinatorここまで
43 } // ImagePickerViewここまで
```

追加

コード解説　これから、さきほど追加したコードをステップごとに説明します。

```
// Coordinatorでコントローラのdelegateを管理
class Coordinator: NSObject,
                   UINavigationControllerDelegate,
                   UIImagePickerControllerDelegate {
      (省略)
} // Coordinatorここまで
```

▼ Coordinator (コーディネーター) の役割

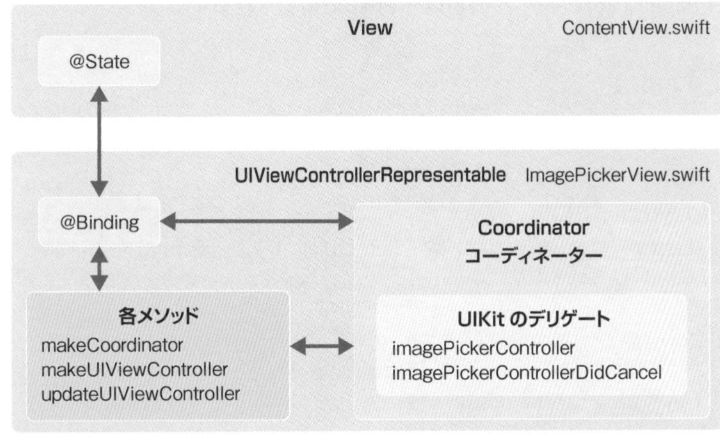

Coordinator（コーディネーター）を宣言しています。

Coordinatorの宣言のときに、機能を実現するためにプロトコル等を追加しています。

UIImagePickerControllerDelegateは、UIImagePickerControllerで発生したユーザー操作をdelegateで検知できるようにします。あとで解説する、imagePickerController、imagePickerControllerDidCancelといったdelegateメソッドが使用できるようになります。

NSObject、**UINavigationControllerDelegate**は、UIImagePickerControllerDelegateを使用する際に必要になるプロトコルです。

上図のmakeCoordinator、makeUIViewController、updateUIViewControllerの3つのメソッドは、まだ登場していませんが、このあとで追加します。

Coordinatorは英訳では「調整する人」「進行役」という意味どおり、UIKitのdelegateをラップする（包み込む）ことで、SwiftUIの他の機能と連携できるようにします。

```
// ImagePickerView型の定数を用意
let parent: ImagePickerView
```

Coordinatorクラスのインスタンス生成（最初に使用する）のときに、Coordinatorを利用する「親」を指定します。Coordinatorの中で「親」の値を直接編集できるようにすることで利用しやすくします。ここでの「親」は「struct ImagePickerView {}」のことです。

そのため、「親」を格納する定数parentには、構造体ImagePickerViewのデータ型を指定します。

```
// イニシャライザ
init(_ parent: ImagePickerView) {
    self.parent = parent
}
```

Coordinator のインスタンス生成のときに使うイニシャライザです。このイニシャライザを使うときに、引数 parent に「親」が指定されます。

「self.parent = parent」の、「self.parent」は「let parent: ImagePickerView」で宣言した、parent のことです。右の「parent」がイニシャライザの引数です。Coordinator の「親」である、「ImagePickerView」が「self.parent」に格納されます。

Point

イニシャライザ（initializer）は構造体やクラスのインスタンス生成の際に、初期化のために使用する手続きのことです。

init キーワードを指定することで、イニシャライザであることを明示的にしています。

構造体のイニシャライザについては、「COLUMN 構造体（struct）について」（P.229）で解説しています。

```
// 撮影が終わったときに呼ばれるdelegateメソッド、必ず必要
func imagePickerController(
    _ picker: UIImagePickerController,
    didFinishPickingMediaWithInfo info:
    [UIImagePickerController.InfoKey : Any]) {
     （省略）
}
```

撮影が終了したときに通知され、特定のメソッドが実行されます。これを「delegate メソッド」と呼びます。delegate メソッドのメソッド名はあらかじめ決められています。UIImagePickerController で撮影が終わったあとや写真が選択されたときに通知されるのが imagePickerController メソッドです。

▼ imagePickerController メソッドの引数

番号	引数名	内容
第一引数	picker: UIImagePickerController	カメラ撮影を行う画面（UIImagePickerController オブジェクト）を格納。アンダースコア（_）はラベル名の省略
第二引数	info: [UIImagePickerController.InfoKey : Any]	撮影した写真の情報を格納。didFinishPickingMediaWithInfo はラベル

```
// 撮影した写真をcaptureImageに保存
if let originalImage =
    info[UIImagePickerController.InfoKey.originalImage]
        as? UIImage {
    parent.captureImage = originalImage
}
```

infoには、カメラで撮影した写真の情報が格納されています。infoに**UIImagePickerController.InfoKey.originalImage**キーを指定すると、カメラで撮影した写真が取得できます。

▼ 撮影した写真の取得とUIImage型への型変換（キャスト）

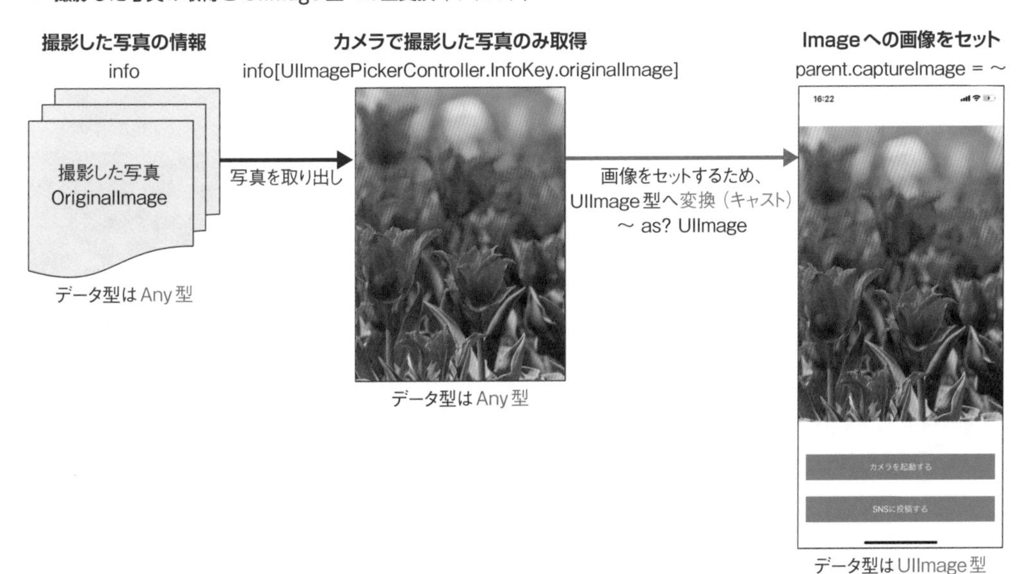

info[UIImagePickerController.InfoKey.originalImage]は、データ型がAnyです。Anyは、いろいろなデータが格納できるデータ型です。Anyについては「Tips SwiftのAny型とObjective-Cのid型」（P.342）でも解説しています。

変数captureImageの型はUIImage型です。Swiftでは代入するデータ型を揃える必要があります。**揃えることを「型変換」（キャスト）**と呼びます。また、**下位の型に変換することをダウンキャスト**とも言います。最後の「as? UIImage」は、Any型をUIImage型へ変換する文法になります。UIImage型へのダウンキャストに失敗すると「as?」にて、nilが返却されるため、if letのブロックは実行されません。

UIImage型へ変換することにより、info［UIImagePickerController.InfoKey.originalImage］はUIImage型に変化し、captureImageへ代入することができるようになります。

```
// sheetを閉じる
parent.isShowSheet.toggle()
```

撮影が終わったあとは、撮影画面を閉じる必要があります。状態変数 isShowSheet に「false」を設定することで撮影画面（sheet）を閉じます。

```
// キャンセルボタンが選択されたときに呼ばれるdelegateメソッド、必ず必要
func imagePickerControllerDidCancel(
    _ picker: UIImagePickerController) {
    // sheetを閉じる
    parent.isShowSheet.toggle()
}
```

UIImagePickerController の delegate メソッドです。カメラ撮影するときに表示される「Cancel」ボタンをタップすると実行されます。

状態変数 isShowSheet に「false」を設定して、撮影画面を閉じます。

▼ キャンセルボタン

3-6　Coordinator クラスと UIViewControllerRepresentable プロトコルに必要なメソッドの追加

Coordinator クラスを利用するには、**makeCoordinator** メソッドが必要です。

UIViewControllerRepresentable プロトコルでは、**makeUIViewController**、**updateUIViewController** の 2 つのメソッドを追加する必要があります。

この 3 つのメソッドで撮影画面（カメラ）の作成、更新、終了を管理します。

以下の赤枠のコードを追加しましょう。次の 3 つのコードを続けて追加してください。

▼ makeCoordinator の追加

```
38            // sheetを閉じる
39            parent.isShowSheet.toggle()
40        }
41    } // Coordinatorここまで
42
43    // Coordinatorを生成、SwiftUIによって自動的に呼び出し
44    func makeCoordinator() -> Coordinator {
45        // Coordinatorクラスのインスタンスを生成
46        Coordinator(self)
47    }
48 } // ImagePickerViewここまで
```

追加

▼ makeUIViewController の追加

```
46            Coordinator(self)
47        }
48
49        // Viewを生成するときに実行
50        func makeUIViewController(context: Context) -> UIImagePickerController {
51            // UIImagePickerControllerのインスタンスを生成
52            let myImagePickerController = UIImagePickerController()
53            // sourceTypeにcameraを設定
54            myImagePickerController.sourceType = .camera
55            // delegate設定
56            myImagePickerController.delegate = context.coordinator
57            // UIImagePickerControllerを返す
58            return myImagePickerController                          追加
59        }
60    } // ImagePickerViewここまで
```

▼ updateUIViewController の追加

```
57            // UIImagePickerControllerを返す
58            return myImagePickerController
59        } // makeUIViewControllerここまで
60
61        // Viewが更新されたときに実行
62        func updateUIViewController(_ uiViewController: UIImagePickerController, context: Context) {
63            // 処理なし
64        } // updateUIViewControllerここまで                          追加
65    } // ImagePickerViewここまで
```

UIViewControllerRepresentable に必要な 3 つのメソッドが追加できたら、「command」 + 「B」を実行してエラーが解消されるか確認をしてください。

コード解説　これから、さきほど追加したコードをステップごとに説明します。

```
// Coordinatorを生成、SwiftUIによって自動的に呼び出し
func makeCoordinator() -> Coordinator {
    // Coordinatorクラスのインスタンスを生成
    Coordinator(self)
}
```

先ほど生成した Coordinator クラスのインスタンスを利用できるようにします。

「**makeCoordinator**()」は、UIViewControllerRepresentable プロトコルで定義されているメソッドで SwiftUI が自動的に呼びだして実行します。

self は、構造体 ImagePickerView のことです。この「Coordinator()」の引数は、Coordinator の「親」である「struct ImagePickerView{}」を渡すために使います。

return が省略されていて、「return Coordinator(self)」と書いても同じ意味です。

```
// Viewを生成するときに実行
func makeUIViewController(context: Context) ->
    UIImagePickerController {
     (省略)
}
```

SwiftUIはViewを生成するタイミングで、自動的に「**makeUIViewController**()」メソッドを呼び出します。このタイミングでカメラの起動に必要なUIImagePickerControllerのインスタンスを生成します。

```
// UIImagePickerControllerのインスタンスを生成
let myImagePickerController = UIImagePickerController()
```

UIImagePickerControllerクラスのインスタンスである、myImagePickerControllerオブジェクトを生成します。

myImagePickerControllerオブジェクトを使って、撮影画面のオプションを設定します。

```
// sourceTypeにcameraを設定
myImagePickerController.sourceType = .camera
```

sourceTypeでは、写真の取得先を指定します。「.camera」を指定することで、カメラから写真を取得できます。

```
// delegate設定
myImagePickerController.delegate = context.coordinator
```

delegateを利用するために、通知先を指定しています。**通知先とは「どこにdelegateメソッドがあるのか？」を知らせるために指定する必要があります。**UIImagePickerControllerのdelegateメソッド（imagePickerControllerメソッドなど）はCoordinatorクラスの中で定義されています。

```
// UIImagePickerControllerを返す
return myImagePickerController
```

カメラの起動に必要なUIImagePickerControllerを返して、カメラ撮影ができるように指示します。

```
// Viewが更新されたときに実行
func updateUIViewController(
    _ uiViewController: UIImagePickerController,
    context: Context)
{
    // 処理なし
}
```

SwiftUIのViewが更新されたときに実行されます。今回はなにもしません。

UIImagePickerController について

UIImagePickerController についてもう少し理解してみましょう。UIImagePickerController とは、iOS デバイスに搭載されているカメラを使って写真や動画を撮影できる機能が提供されているクラスです。

```
//UIImagePickerControllerのインスタンスを作成
let myImagePickerController = UIImagePickerController()
// sourceTypeにcameraを設定
myImagePickerController.sourceType = .camera
// mediaTypesに動画を設定
myImagePickerController.mediaTypes = [UTType.movie.identifier]
// cameraDeviceにrearを設定
myImagePickerController.cameraDevice = .rear
// cameraFlashModeにautoを設定
myImagePickerController.cameraFlashMode = .auto
// delegate設定
myImagePickerController.delegate = context.coordinator
```

上記のようにカメラを使用するときは、カメラの動きを指示するオプションを設定します。

UIImagePickerController のインスタンスにどんなプロパティがあるのかをまとめました。プロパティと設定する値、設定内容は、以下の表を確認してください。

▼ UIImagePickerController のプロパティ

プロパティ	設定する値	設定内容
sourceType	.camera	カメラを起動
mediaTypes	[UTType.image.identifier]	写真を選択
	[UTType.movie.identifier]	動画を選択
	[UTType.image.identifier] [UTType.movie.identifier]	写真と動画を両方選択
cameraDevice	.rear, .front	インカメラ（.front）かアウトカメラ（.rear）のどちらを利用するかを指定
cameraFlashMode	.off, .on, .auto	iPhone の背面にある LED フラッシュの利用について指定

UTType.image.identifier、UTType.movie.identifier を利用する場合には、UniformTypeIdentifiers フレームワークを import する必要があります。

「import UniformTypeIdentifiers」と記述してください。

delegate について

delegate（デリゲート）とは、あるクラスで行いたい処理の一部を他のクラスに任せたり、任せた処理を指定したクラスに通知する仕組みです。

delegate の仕組みを最初は難しく感じるかもしれませんが、登場するものを把握して、具体的に流れを追っていくと必ず理解できます。

登場するものは、3 つあります。

- **通知を依頼するクラス**
- **通知を依頼する、依頼されるクラスを取り持つプロトコル**
- **通知が依頼されるクラス**

カメラアプリで使用した UIImagePickerController を例に解説します。

通知を依頼される UIImagePickerController クラスに、プロトコル（UIImagePickerControllerDelegate）が用意されています。

プロトコルの役割は、通知を依頼するクラスと依頼されるクラスの間を取り持って、処理の状況をどのメソッドに通知するのかを教えてくれます。

▼ UIImagePickerController の delegate の仕組み

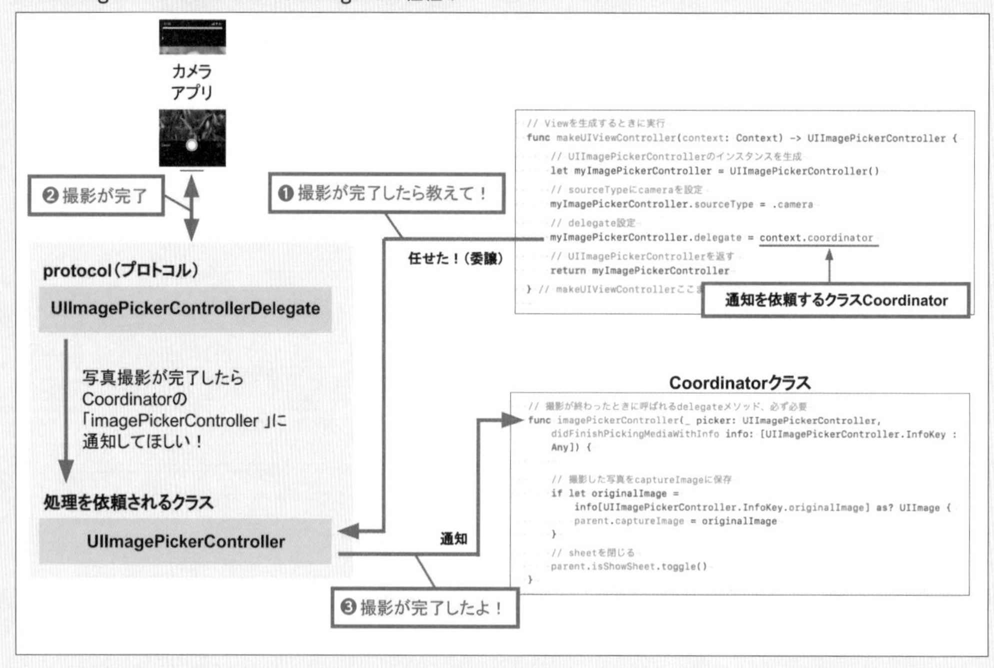

▼ delegateで使うプロトコル・クラスの解説

役割	プロトコル・クラス	解説
通知を依頼するクラス	Coordinator	❶ UIImagePickerControllerクラスから作ったインスタンスのmyImagePickerControllerに対して、「myImagePickerController.delegate = context.coordinator」と記述することで、delegateの通知先をCoordinatorクラスに設定
通知を依頼する、依頼されるクラスを取り持つプロトコル	UIImagePickerControllerDelegate	❷カメラアプリで撮影が完了したときに通知先が「Coordinator」であることを「UIImagePickerController」に教える
通知を依頼されるクラス	UIImagePickerController	❸撮影が完了したので、imagePickerControllerメソッドに通知（呼び出し）をする

もう少し具体的に見ていくと、UIImagePickerControllerクラスには、UIImagePickerControllerDelegateプロトコルに準拠したCoordinatorクラスのインスタンスを、delegateというプロパティに設定しているだけです。

そしてUIImagePickerControllerDelegateプロトコルでは、imagePickerControllerメソッドと、imagePickerControllerDidCancelメソッドの定義しかしていません。

imagePickerControllerメソッド自体の処理は、通知先のクラスである「Coordinator」で記述します。このような仕組みを、「デリゲートパターン」と言います。

「どうしてこんな複雑な仕組みにするの？」と疑問に感じるかもしれませんが、通知を依頼されるクラスは通知先を知らなくてもよいので、汎用的に利用できる、というぐらいの認識で大丈夫です。いまは難しく考えず、delegateとは、アプリで操作された内容とタイミングを通知してくれて、私たちが行いたい処理を実装できる仕組みと覚えておいてください。imagePickerControllerのようなある特定の操作で実行されるメソッドを、「delegateメソッド」と言います。他にもいろいろなタイミングで実行されるdelegateメソッドがあります。UIImagePickerControllerで通知されるdelegateメソッドは、次の表を参照してください。

▼ UIImagePickerControllerのdelegateメソッド

delegateメソッド	呼び出しタイミング
imagePickerController(_:didFinishPickingMediaWithInfo:)	ユーザーが静止画または動画を選択したときに呼び出される
imagePickerControllerDidCancel(_:)	ユーザーが操作をキャンセルしたときに呼び出される

Day 2

Lesson

2-3

最初の選択画面を作成してカメラを起動しよう

このレッスンで学ぶこと

- アプリがユーザーから、カメラの使用許可を得る方法を学びます。
- 撮影画面をsheetモディファイアで表示する方法を学びます。
- 撮影画面（ImagePickerView.swift）と連携する方法を学びます。

1 カメラの使用をユーザーに許可してもらおう

アプリからプライバシーに関する情報へアクセスする場合には、アプリの利用者に使用許可の確認画面を表示して、許可を得る必要があります。カメラを利用するときにも、どのような目的で使用するのかを利用者へ示したあとに許可を得てアクセスします。

利用者から許可を得るための確認画面を表示するには、Xcodeで事前に設定を行う必要があります。

▼ カメラ使用許可の確認

1-1 プロジェクト設定からプロパティリストを表示

カメラへのアクセスに対するプライバシーは、プロパティリスト（plist）で設定します。

▼ プロジェクト設定からプロパティリストを表示

❶ 「MyCamera」プロジェクトを開きます。
❷ [project and targets list] ボタンをクリックして、[PROJECT] と [TARGETS] を表示します。
❸ [TARGETS] の下の「MyCamera」を選択します。
❹ [Info] を選択すると、[Custom iOS Target Properties]（プロパティリスト）が表示されます。

1-2　カメラのプロパティを設定する行を追加

▼ プロパティ行の追加

Custom iOS Target Properties

Key	Type	Value
Bundle name	String	$(PRODUCT_NAME)
Bundle identifier	String	$(PRODUCT_BUNDLE_IDENTIFIER)
InfoDictionary version	String	6.0
> Supported interface orientations (iPhone)	Array	(3 items)
Bundle version	String	$(CURRENT_PROJECT_VERSION)
Application supports indirect input events	Boolean	YES
> Application Scene Manifest	Dictionary	(1 item)
Application requires iPhone environment	Boolean	YES
Executable file	String	$(EXECUTABLE_NAME)
Bundle OS Type code	String	$(PRODUCT_BUNDLE_PACKAGE_TYPE)
> Launch Screen	Dictionary	(1 item)
Development localization	String	$(DEVELOPMENT_LANGUAGE)
> Supported interface orientations (iPad)	Array	(4 items)
Bundle version string (short)	String	$(MARKETING_VERSION)

[Custom iOS Target Properties]（プロパティリスト）の [Key] 項目で一番下のプロパティにマウスカーソルを移動すると、「+」が表示されます。ここで「+」をクリックします。

1-3　追加した行にプロパティと値を設定

▼ プロパティと値を入力

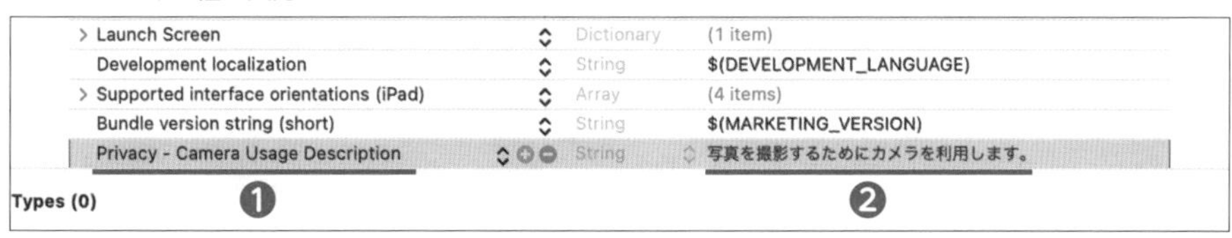

Key に❶「Privacy - Camera Usage Description」を選択し、Value に利用目的の説明を示すテキストとして❷「写真を撮影するためにカメラを利用します。」と入力します。ここで入力したテキストが確認画面に表示されます。

以上の設定で、カメラにアクセスした際に確認画面が表示され、ユーザーが「OK」を押すとカメラが使えるようになります。

● プロパティリストについて

Xcode の［Custom iOS Target Properties］では、プロパティリスト（plist）と呼ばれている情報が設定できます。プロパティリストは、アプリの稼働に必要な設定情報を管理しています。

プロパティリストは、Key、Type、Value という項目で構成されます。

▼ プロパティリストの項目

Custom iOS Target Properties

Key ❶	Type ❷	Value ❸
Bundle name	String	$(PRODUCT_NAME)
Bundle identifier	String	$(PRODUCT_BUNDLE_IDENTIFIER)
InfoDictionary version	String	6.0
> Supported interface orientations (iPhone)	Array	(3 items)
Bundle version	String	$(CURRENT_PROJECT_VERSION)
Application supports indirect input events	Boolean	YES
> Application Scene Manifest	Dictionary	(1 item)
Application requires iPhone environment	Boolean	YES

▼ プロパティリストの解説

項目名	解説
❶ Key	設定の項目名です。プログラムでいうところの変数名に該当
❷ Type	Key の型です。プログラムでいうところのデータ型に該当
❸ Value	設定する値です。プログラムでいうところの変数に代入する値に該当

Point

プロパティリストで値を設定する際は、入力補完を活用してください。

「Priv」まで入力すると、入力補完によって「Privacy」系の Key がリストに表示されます。うまく活用して、入力ミスを軽減しましょう。

▼ 入力補完

Bundle version string (short)
Pri
Privacy - Calendars Usage Description
Privacy - Camera Usage Description
Privacy - Contacts Usage Description
Privacy - Desktop Folder Usage Description
Privacy - Documents Folder Usage Description
Privacy - Downloads Folder Usage Description

2 「カメラを起動する」ボタンを作成しよう

選択画面を作っていきましょう。最初に「カメラを起動する」ボタンを作ります。

❶ 「ContentView.swift」ファイルを選択します。
❷ 青枠の箇所のコードを削除します。
❸ 青枠の箇所のコードを削除します。

▼ ContentView.swift を選択と、不要なコードの削除

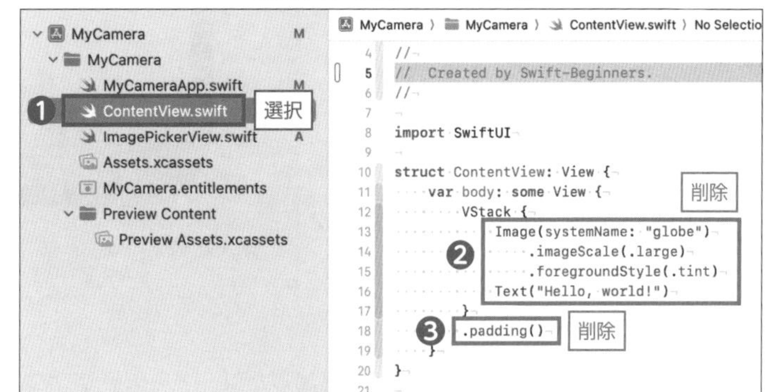

赤枠のコードを追加しましょう。

VStack{ } の中にコードを追加しますので、追加する場所に注意してください。

▼「カメラを起動する」ボタンの追加

```
struct ContentView: View {
    var body: some View {
        VStack {
            // スペース追加
            Spacer()
            // 「カメラを起動する」ボタン
            Button {
                // ボタンをタップしたときのアクション
            } label: {
                // テキスト表示
                Text("カメラを起動する")
                // 横幅いっぱい
                    .frame(maxWidth: .infinity)
                // 高さ50ポイントを指定
                    .frame(height: 50)
                // 文字列をセンタリング指定
                    .multilineTextAlignment(.center)
                // 背景を青色に指定
                    .background(Color.blue)
                // 文字色を白色に指定
                    .foregroundStyle(Color.white)
            } // 「カメラを起動する」ボタンここまで
        } // VStackここまで
    } // bodyここまで
} // ContentViewここまで
```

追加

ここでプレビューで確認します。
プレビューの使い方は「1-2 プレビューの確認」(P.58) を参照してください。

お好きなデバイスでプレビューを確認してください。

iPhone の画面を下にスクロールして、「カメラを起動する」ボタンが表示されていることを確認します。

▼ プレビューで確認

コード解説　これから、さきほど追加したコードをステップごとに説明します。

```
// 縦方向にレイアウト
VStack {
      (省略)
}
```

プロジェクト作成時に既にあるコードです。「カメラを起動する」ボタンと後で作成する「SNS に投稿する」ボタンを縦に並べてレイアウトします。VStack の中にボタンを作ることで縦並びの配置になります。

```
// 「カメラを起動する」ボタン
Button {
    // ボタンをタップしたときのアクション
} label: {
      (省略)
} // 「カメラを起動する」ボタンここまで
```

ボタンを作成するには、アクションとテキストラベルを指定します。アクションは、ユーザーがボタンをタップしたときに実行する処理で、クロージャで指定します。
テキストラベルは、ボタンのアクションを説明する表示用のラベルです。

```
// テキスト表示
Text("カメラを起動する")
    // 横幅いっぱい
    .frame(maxWidth: .infinity)
    // 高さ50ポイントを指定
    .frame(height: 50)
    // 文字列をセンタリング指定
    .multilineTextAlignment(.center)
    // 背景を青色に指定
    .background(Color.blue)
    // 文字色を白色に指定
    .foregroundStyle(Color.white)
```

「カメラを起動する」ボタンで表示する文字や外観をデザインします。数行ずつコードを確認しましょう。

```
// テキスト表示
Text("カメラを起動する")
```

ボタンに表示するテキストを表示するTextViewです。Viewの外観や振る舞いのモディファイア（modifier）を指定してカスタマイズします。

モディファイア（modifier）については、「COLUMN モディファイア（modifier）の適用順番について」（P.336）を確認してください。

```
// 横幅いっぱい
.frame(maxWidth: .infinity)
// 高さ 50 ポイントを指定
.frame(height: 50)
```

frameモディファイアは、指定されたサイズで枠（フレーム）を作成して、その中にViewを表示します。

「maxWidth: .infinity」で、画面に収まる範囲で横幅いっぱいに広げます。

「height: 50」で、高さ50ポイントのボタンを作ります。

```
// 文字列をセンタリング指定
.multilineTextAlignment(.center)
```

ボタンに表示するテキストを中央寄せにします。

```
// 背景を青色に指定
.background(Color.blue)
// 文字色を白色に指定
.foregroundStyle(Color.white)
```

ボタンの背景を青色にして文字を白色に設定しています。

3 カメラが利用できるか確認しよう

故障などの理由でカメラを利用できない場合があります。
そのため、カメラが利用できるのかを判定して、利用できない場合の対応を記述します。
カメラが利用できるできないの条件の分岐には、「if 文」を使います。

書式

```
if 条件式 {
    // 条件が正のときに実行
} else {
    // それ以外のときに実行
}
```

「カメラを起動する」ボタンをタップされたときに、カメラが利用可能であるかをチェックします。
以下の赤枠のコードを追加しましょう。
追加する場所に注意してください。「カメラを起動する」ボタンの action に追加します。

UIImagePickerController.isSourceTypeAvailable(.camera) でカメラが利用できるのかを判定できます。引数に「.camera」を渡すことで、カメラが利用できるのかを判定できます。

▼ カメラチェックのコード

```
10  struct ContentView: View {
11      var body: some View {
12          VStack {
13              // スペース追加
14              Spacer()
15              // 「カメラを起動する」ボタン
16              Button {
17                  // ボタンをタップしたときのアクション
18                  // カメラが利用可能かチェック
19                  if UIImagePickerController.isSourceTypeAvailable(.camera) {
20                      print("カメラは利用できます")
21                  } else {
22                      print("カメラは利用できません")
23                  }
24              } label: {
25                  // テキスト表示
26                  Text("カメラを起動する")
```

追加

4 カメラを起動して撮影しよう

カメラを起動して撮影するために「Lesson 2-2 撮影画面を作成しよう」で作成した ImagePickerView.swift と連携します。

4-1 撮影した画像と撮影画面を管理する状態変数の宣言

撮影した画像と撮影画面の表示の有無を管理する状態変数を宣言します

赤枠のコードを追加しましょう。body プロパティの上に追加します。

▼ 撮影画面を管理する状態変数の宣言

```
8   import SwiftUI
9
10  struct ContentView: View {
11      // 撮影した写真を保持する状態変数
12      @State var captureImage: UIImage? = nil
13      // 撮影画面(sheet)の開閉状態を管理
14      @State var isShowSheet = false
15
16      var body: some View {
17          VStack {
```

追加

コード解説　これから、さきほど追加したコードをステップごとに説明します。

```
// 撮影した写真を保持する状態変数
@State var captureImage: UIImage? = nil
```

撮影した画像の変化に応じて View を更新するために状態変数（@State）として宣言します。

撮影画面で撮影された写真を保存して、選択画面で写真を表示するために利用します。

「UIImage?」と「?」を付加していますので、オプショナル UIImage 型（nil をセットできる UIImage 型）として宣言します。初期値は「nil」をセットします。「nil」は写真がない状態を示します。

```
// 撮影画面の（sheet）の開閉状態を管理
@State var isShowSheet = false
```

撮影画面が表示を管理するための状態変数です。「true」のときは画面を表示して、「false」のときは画面を閉じるように作ります。

4-2　撮影した写真があれば画面に写真を表示

すでに撮影した写真がある場合は、リサイズして画面に写真を表示させます。

赤枠のコードを追加しましょう。「Vstack{」の下に追加します。

▼ 撮影した写真があれば画面に写真を表示

```
16        var body: some View {
17            VStack {
18                // スペース追加
19                Spacer()
20                // 撮影した写真があるとき
21                if let captureImage {
22                    // 撮影写真を表示
23                    Image(uiImage: captureImage)
24                    // リサイズ
25                        .resizable()
26                    // アスペクト比（縦横比）を維持して画面に収める
27                        .scaledToFit()
28                }
29
30                // スペース追加
31                Spacer()
32                // 「カメラを起動する」ボタン
```

追加

コード解説　これから、さきほど追加したコードをステップごとに説明します。

```
// 撮影した写真があるとき
if let captureImage {
      (省略)
}
```

最初は、写真がないので captureImage には「nil」が保存されています。「nil」の状態では、if let の { }（ブロック）内のコードは実行されません。撮影画面（ImagePickerView.swift）で撮影すると captureImage には写真が保存されます。撮影した写真があるときに、if let の { }（ブロック）内のコードが実行されます。選択画面で写真を表示します。

```
// 撮影写真を表示
Image(uiImage: captureImage)
    // リサイズ
    .resizable()
    // アスペクト比（縦横比）を維持して画面内に収める
    .scaledToFit()
```

Image は画像を表示するための View を作ります。引数（uiImage）で指定した、captureImage で保存される写真（画像）を表示します。

resizable は、利用可能なスペースに合わせて画像をリサイズすることができます。

scaledToFit は、View の寸法を指定したサイズのアスペクト比に制限します。

4-3 カメラが利用できるときは撮影画面を表示

カメラが利用できることが確認できたら、撮影画面を表示させます。

赤枠のコードを追加しましょう。

▼ 状態変数 showImageSheet の値を toggle で変更

```
32            // 「カメラを起動する」ボタン
33            Button {
34                // ボタンをタップしたときのアクション
35                // カメラが利用可能かチェック
36                if UIImagePickerController.isSourceTypeAvailable(.camera) {
37                    print("カメラは利用できます")
38                    // カメラが使えるなら、isShowSheetをtrue      追加
39                    isShowSheet.toggle()
40                } else {
41                    print("カメラは利用できません")
42                }
43            } label: {
```

状態変数 isShowSheet は値が変更されると関連する View が更新されます。「toggle()」を実行すると、「isShowSheet」の値が「true」に設定されます。toggle メソッドは、Bool 型の true、false を切り替えることができます。ここでは、false がセットされている isShowSheet を、toggle メソッドで true に切り替えています。あとで追加する「カメラを起動する」ボタンの sheet モディファイアで撮影画面(ImagePickerView.swift)を表示します。

4-4 撮影画面の表示

sheet モディファイアを利用して、撮影画面を表示し、カメラを起動します。

カメラでの撮影は、前回のレッスン「Lesson 2-2 撮影画面を作成しよう」で作成した ImagePicker View.swift を利用します。

赤枠のコードを追加しましょう。

コードを追加する場所に注意してください。「カメラを起動する」ボタンをタップしたときに撮影画面を表示したいので、「カメラを起動する」ボタンに sheet モディファイアを追加します。

▼ sheet モディファイアで撮影画面を表示

```
53                // 背景を青色に指定
54                    .background(Color.blue)
55                // 文字色を白色に指定
56                    .foregroundStyle(Color.white)
57            } // 「カメラを起動する」ボタンここまで
58            // 上下左右に余白を追加                                   追加
59            .padding()
60            // sheetを表示
61            // isPresentedで指定した状態変数がtrueのとき実行
62            .sheet(isPresented: $isShowSheet) {
63                // UIImagePickerController（写真撮影）を表示
64                ImagePickerView(isShowSheet: $isShowSheet, captureImage: $captureImage)
65            } // 「カメラを起動する」ボタンのsheetここまで
66        } // VStackここまで
67    } // bodyここまで
68 } // ContentViewここまで
```

コードの入力が終わったら、実機転送を行い動作を確認します。自分の iOS デバイスを Mac に接続しましょう。

実機への転送方法は、「3 iPhone（実機）に転送して、アプリを動かそう」（P.88）を確認してください。自分の iOS デバイスを選択して、「Run」ボタンを押します。

「カメラを起動する」ボタンをタップして、カメラで撮影します。撮影後に写真が画面中央に表示されていることを確認してください。

▼ 実機転送後の確認

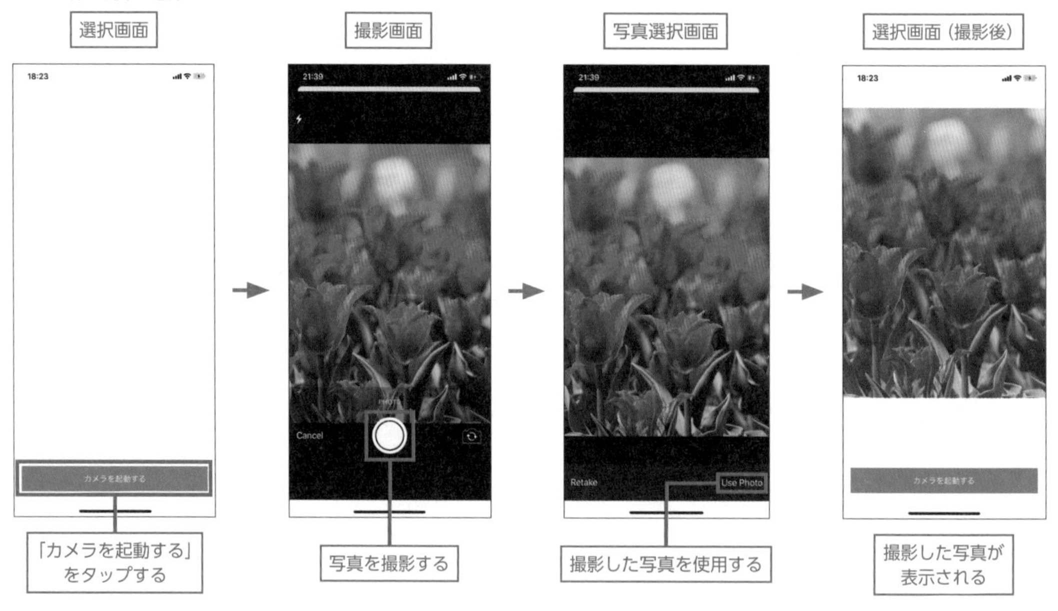

 コード解説　これから、さきほど追加したコードをステップごとに説明します。

```
// sheetを表示
// isPresented で指定した状態変数がtrueのとき実行
.sheet(isPresented: $isShowSheet) {
    （省略）
}  // 「カメラを起動する」ボタンのsheetここまで
```

今回の sheet モディファイアは「Button(action:{...}).sheet(){...}」と「カメラを起動する」ボタンのモディファイアとして指定されていますので、「カメラを起動する」ボタンが表示されるときに、sheet モディファイアは評価されます。

sheet（撮影画面）を表示するためには、sheetが表示されているかどうかを管理する引数isPresentedにBool型の状態変数（ここでは、isShowSheet）を指定します。

isShowSheetは引き渡すときに「$」（ドル）を付与しています。これはisShowSheetの「参照」を渡すことを意味します。この参照を使って、状態変数isShowSheetの値を共有します。

引数isPresentedと状態変数isShowSheetが連携（Bind）することで、isShowSheetの値が「true」のときにsheet（撮影画面）が表示され、「false」になるとsheetが閉じられます。

▼ sheetモディファイアの引数

番号	引数名	内容
第一引数	isPresented	sheetを表示・非表示をコントロールする状態変数。$をつけて指定する
第二引数	onDismiss	sheetを閉じたときに実行されるクロージャ。デフォルトはnil
第三引数	content	sheetの内容を返すクロージャ

sheetモディファイアは「カメラを起動する」ボタンで指定されていますので、ボタンがタップされて状態変数isShowSheetが「true」になったときにViewが表示されます。このsheetの機能を利用して、撮影画面の表示をコントロールします。

```
// UIImagePickerController（写真撮影）を表示
ImagePickerView(isShowSheet: $isShowSheet, captureImage: $captureImage)
```

撮影画面（ImagePickerView.swift）を表示して、カメラで撮影できるようにします。

前のレッスンでは、ImagePickerView.swiftで引数isShowSheet、captureImageを@Bindingで宣言しました。@Bindingを使用することで、View間でデータの同期を保つことができます。@Stateで宣言した状態変数を@Bindingと連動させるために、「$」を付加して参照先を共有します。

Tips

● **データバインディングをさらに学ぶ**

@Stateと@Bindingは密接な関係にあります。それぞれがどのように作用するのか、どう使えばいいのかは、次の参考ページでも解説しています。

[SwiftUI] データバインディングを学ぼう！ @Bindingについて解説
https://blog.code-candy.com/swiftui_binding/

▼ ImagePickerView（ImagePickerView.swift）の引数

番号	引数名	内容
第一引数	isShowSheet	sheet の表示・非表示をコントロールする状態変数。$ をつけて指定する
第二引数	captureImage	撮影した画像を保存する状態変数。$ をつけて指定する

下図は、@Binding と @State のデータ連動と関係性のイメージ図です。参考にしてください。

▼ @Binding と @State のデータ連動

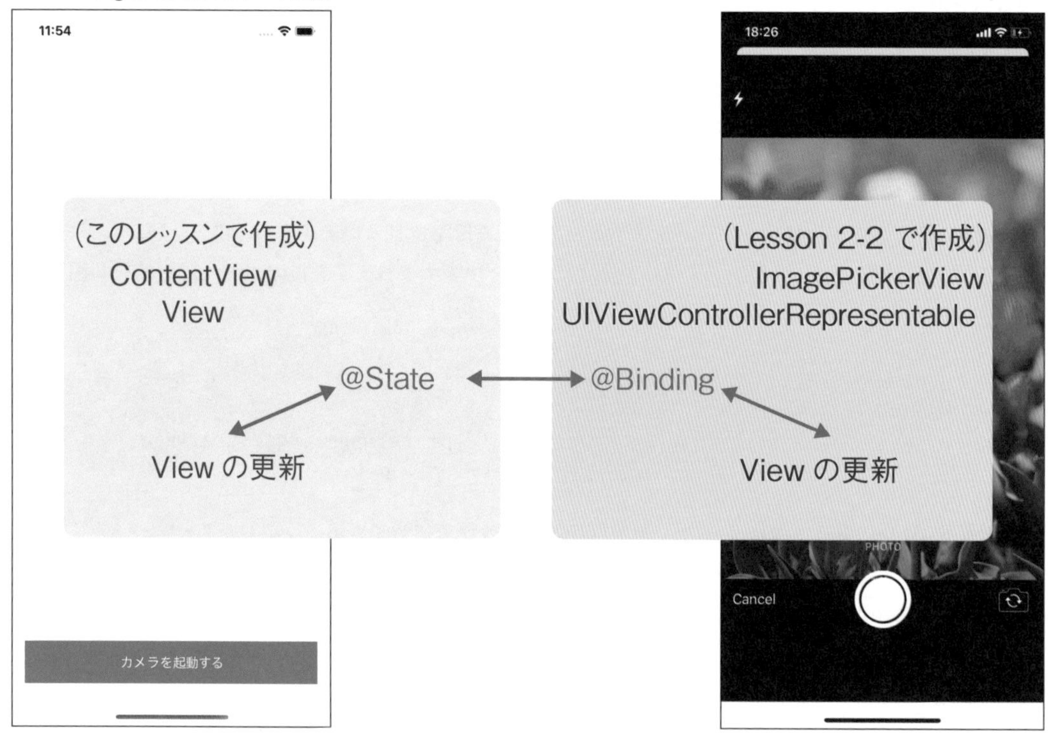

最後に、状態変数 isShowSheet の変化と撮影画面が表示される流れについて整理しましたので確認してください。

▼ 状態変数の変化と View の再描画

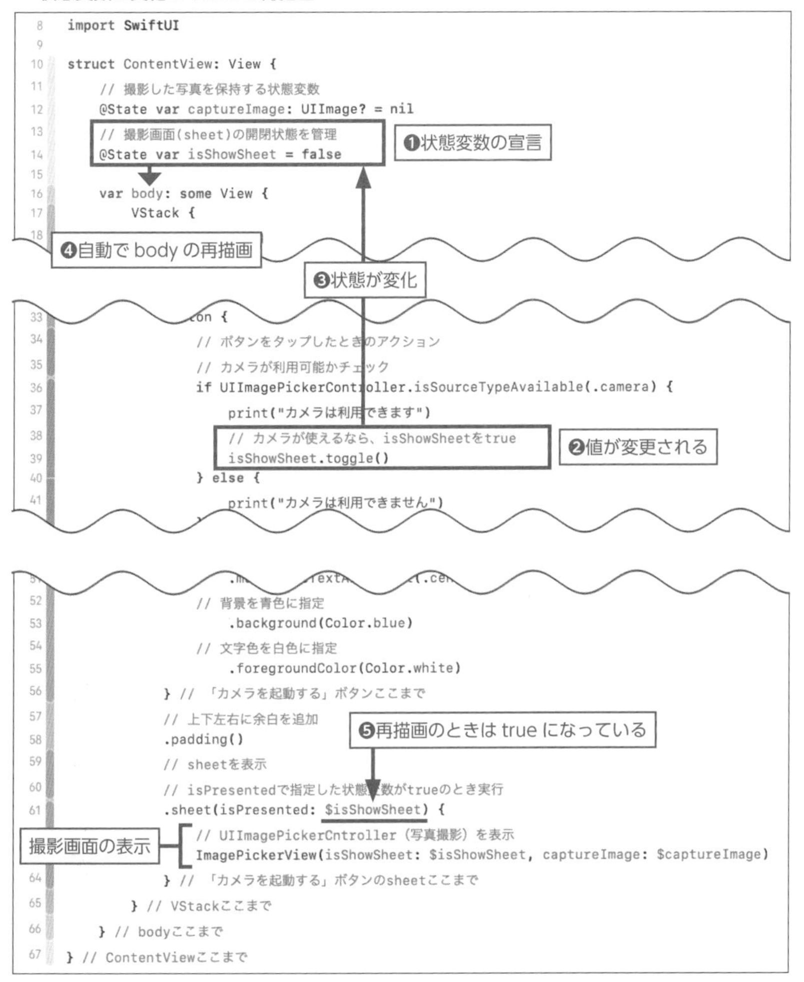

❶ 状態変数 isShowSheet を宣言します。

❷ カメラが利用できるために、isShowSheet の値が「true」に変更されます。

❸ 状態変数の値が変化したことを検知します。

❹ 自動的に、body が実行され、画面の再描画を行います。

❺ 再描画するときには、isShowSheet の値が「true」になっているので、sheet モディファイアが実行され、撮影画面が表示されます。

COLUMN　モディファイア（modifier）の適用順番について

モディファイア（modifier）は、Viewに様々な変更を適用します。

モディファイアは、プロパティやオプションといった概念とは違います。モディファイアは、これから表示するViewに対してプロパティを設定しているように見えますが、実際は毎回新しくビューを作り直しています。そのため、モディファイアを適用する順番によっては意図しない動きになる事があります。

例えば、新しくプロジェクトを作り、次のコードでのプレビューを確認してみましょう。

```
struct ContentView: View {
    var body: some View {
        Text("iPhoneアプリ開発集中講座")
            // 背景をオレンジで塗る
            .background(Color.orange)
            // 枠（フレーム）作成
            .frame(width: 300, height: 300)
    }
}
```

▼ モディファイアの確認1

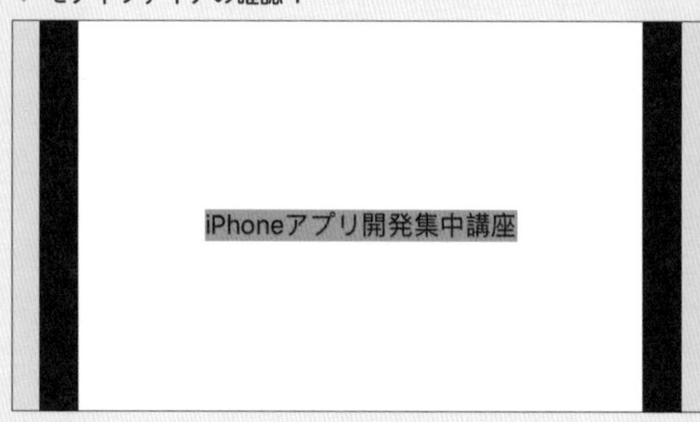

初めて学習する方は、プレビューでは、300ポイントの正方形にオレンジが塗られて、その中に文字が表示されることを期待します。ですが実際は、文字が表示されている領域のみ背景が塗られて、正方形の枠（フレーム）はそのあとで作成されます。

background（オレンジ）は、最初のView（「iPhoneアプリ開発集中講座」のText）の背後に、新しいView（オレンジ）を作成します。backgroundで塗られる範囲は、文字が表示されている範囲です。あとで追加されたframeを考慮して背景は塗られません。

今度は、次のコードのように、先にframeを書いて、その後でbackgroundを書いてみましょう。そしてプレビューで確認します。

```
struct ContentView: View {
    var body: some View {
        Text("iPhoneアプリ開発集中講座")
            // 枠（フレーム）作成
            .frame(width: 300, height: 300)
            // 背景をオレンジで塗る
            .background(Color.orange)
    }
}
```

今度は、frame で 300 ポイントの正方形の枠（フレーム）が確保されたあとで、背景が塗られます。

これは frame で正方形の View が作成されたあとで、その View のサイズに対して background の View が作成されるためです。

このように追加の View を指定して、指定した順番で View を再作成するのがモディファイア（modifier）の動作になります。

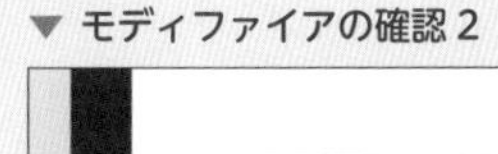

▼ モディファイアの確認２

Tips

● **モディファイアは書く順番が重要！**

モディファイアには角丸、縁取り、余白、フレームなどがあり、書く順番が重要になります。
次の動画でも詳しく解説していますので、ぜひ参考にしてください。

SwiftUI で View（パーツ）の角丸、縁取り、余白、フレーム、フォント指定を学ぼう！
https://youtu.be/S8v1mbsC8DM?si=IHRI_HTSi7ndc7W1

Day 2

Lesson

2-4

シェア画面を作成してアプリを完成させよう

このレッスンで学ぶこと

- アプリがユーザーから、写真の保存許可を得る方法を学びます。
- 撮影した写真をシェアするためにShareLinkの利用方法を学びます。

1 写真の保存をユーザーに許可してもらう

アプリからプライバシーに関する情報へアクセスする場合には、アプリの利用者に使用許可の確認画面を表示して、許可を得る必要があります。

写真を保存するときにも、どのような目的で使用するのかを利用者へ示したあとに、許可を得てアクセスします。利用者の許可を得るための確認画面を表示するには、Xcodeで事前にプロパティリストで設定しておく必要があります。

▼ フォトライブラリー使用許可の確認

"MyCamera" Would Like to Add to your Photos
撮影した写真の保存に利用します。
Don't Allow　OK

▼ プロパティと値を入力

Key	Type	Value
> Launch Screen	Dictionary	(1 item)
Development localization	String	$(DEVELOPMENT_LANGUAGE)
> Supported interface orientations (iPad)	Array	(4 items)
Bundle version string (short)	String	$(MARKETING_VERSION)
❶ Privacy - Photo Library Additions Usage Des...	String	❷ 撮影した写真の保存に利用します。

es (0)

写真の保存で使用許可の確認画面を表示する設定も、「Day 2 Lesson 2-3　カメラを起動しよう」の「カメラの使用をユーザーに許可してもらおう」(P.322)で学んだプロパティリストの設定手順と同じです。

カメラのときと異なるのは、写真の保存では、Keyに❶「Privacy - Photo Library Additions Usage Description」を選択し、Valueに利用目的の説明を示すテキストとして、❷「撮影した写真の保存に利用します。」と入力する点です。

Tips

● カメラ撮影での写真の保存について

本書のカメラアプリでは、撮影した写真はフォトライブラリーへ自動保存されません。

フォトライブラリーへの保存は、このレッスンで使用するShareLinkのメニューにある［Save Image］（画像の保存）を選択することで保存できます。フォトライブラリーへ保存するときは、写真の保存をユーザーに許可してもらう必要があります。さきほどのプロパティリストの設定は、このときに利用されます。

▼ 画像の保存

2 シェア機能を追加しよう

シェアを利用するために、ここでは「ShareLink」ビューを利用します。ShareLinkを使うと写真などを共有することができます。ShareLinkでは、渡されたデータに応じて共有することが可能なサービスを、選択肢として一覧表示することができます。

ContentViewに、赤枠のコードを追加しましょう。

コード入力が終わったら実機転送を行います。このレッスンの完成イメージと同じ動作ができることを確認しましょう。カメラで写真を撮影し、SNSに投稿するまでを確認してください。

▼ ShareLinkでシェア機能の作成

```
63                // UIImagePickerCntroller（写真撮影）を表示
64                ImagePickerView(isShowSheet: $isShowSheet, captureImage: $captureIm
65            } // 「カメラを起動する」ボタンのsheetここまで
66
67            // captureImageをアンラップする
68            if let captureImage {
69                // captureImageから共有する画像を生成する
70                let shareImage = Image(uiImage: captureImage)
71                // 共有シート
72                ShareLink(item: shareImage, subject: nil, message: nil,
73                          preview: SharePreview("Photo", image: shareImage)) {
74                    // テキスト表示
75                    Text("SNSに投稿する")
76                    // 横幅いっぱい
77                        .frame(maxWidth: .infinity)
78                    // 高さ50ポイント指定
79                        .frame(height: 50)
80                    // 背景を青色に指定
81                        .background(Color.blue)
82                    // 文字色を白色に指定
83                        .foregroundStyle(Color.white)
84                    // 上下左右に余白を追加
85                        .padding()
86                } // ShareLinkここまで
87            } // アンラップここまで
88        } // VStackここまで
89    } // bodyここまで
```

追加

コード解説　これから、さきほど追加したコードをステップごとに説明します。

```
// captureImageをアンラップする
if let captureImage {
    // captureImageから共有する画像を生成する
    let shareImage = Image(uiImage: captureImage)
        (中略)
} // アンラップここまで
```

画面に表示されている写真をアンラップして取り出しています。

captureImageは、起動直後は写真がない状態です。このように写真がない**（値がない）こともある変数を「オプショナル変数」**と呼びます。**オプショナル変数を安全に参照するには、「アンラップ」**という処理をします。

「オプショナル」や「アンラップ」に関しては、「COLUMN　オプショナル型とアンラップを理解しよう」(P.194) でも学びました。

ここでは、captureImageという変数にアンラップと呼ばれる処理を行い、写真を取り出しています。

次に、ShareLinkで扱えるようにするためImageに写真を変換してshareImageという変数に格納します。

```
// 共有シート
ShareLink(item: shareImage, subject: nil, message: nil, preview:
SharePreview("Photo" , image: shareImage)) {
    Text("SNSに投稿する")
    // 横幅いっぱい
        .frame(maxWidth: .infinity)
    // 高さ50ポイント指定
        .frame(height: 50)
    // 背景を青色に指定
        .background(Color.blue)
    // 文字色を白色に指定
        .foregroundStyle(Color.white)
    // 上下左右に余白を追加
        .padding()
} // ShareLink ここまで
```

画面に共有リンクを追加するためにShareLinkを生成しています。細かく確認しましょう。

```
// 共有シート
ShareLink(省略)
```

ShareLink の View を作成しています。画面に表示する View を指定するラベル、共有するコンテンツや共有画面表示時のプレビューを () 内に引数で渡しています。それでは、() の中を詳しく確認しましょう。

```
ShareLink(item: shareImage, subject: nil, message: nil, preview:
SharePreview("Photo" , image: shareImage)) {
      (中略)
} // ShareLink ここまで
```

ShareLink のうしろの () に引数を指定します。各引数は表にまとめました。

▼ ShareLink の引数

番号	引数名	内容
第一引数	item	共有するコンテンツ
第二引数	subject	共有するときの件名（nil で省略可）
第三引数	message	共有するときの本文（nil で省略可）
第四引数	preview	プレビューするコンテンツ
第五引数	label	ラベル、ShareLink のボタンデザイン

```
SharePreview("Photo" , image: shareImage)
```

引数 preview でプレビューするコンテンツを生成しています。

SharePreview は、シェア画面のタイトル部分に表示されている画像とテキストのことです。SharePreview で指定した、title と image は右図のように表示されます。

SharePreview の各引数を表にまとめました。

▼ SharePreview の引数

番号	引数名	内容
第一引数	title（省略）	タイトル
第二引数	image	プレビューする画像

```
Text("SNSに投稿する")
// 横幅いっぱい
    .frame(maxWidth: .infinity)
// 高さ50ポイント指定
    .frame(height: 50)
// 背景を青色に指定
    .background(Color.blue)
// 文字色を白色に指定
    .foregroundStyle(Color.white)
// 上下左右に余白を追加
    .padding()
```

ShareLink のデザインを Text とモディファイアを使い外観デザインをします。

Text とモディファイアは「カメラを起動するボタン」と同じコードです。コードは解説済みですので、ここでの解説は割愛します。

Swift の Any 型と Objective-C の id 型

Swift 以前に使用されていた Objective-C では、id 型というデータ型がありました。id 型は汎用的な型なのでどんな型でもセットすることができます。この id 型を Swift で表現したのが Any 型です。

そして「[Any]」で表現した Any 配列型では、次のように Int の値、Double の値、String の値、クロージャ式など柔軟に値を保持できる配列です。

▼ Any 型の配列

```
var anyItems:[Any] = []

anyItems.append(42)
anyItems.append(3.14159)
anyItems.append("hello")
anyItems.append({ (name: String) -> String in "Hello, \(name)" })
print(anyItems)  // [42, 3.14159, "hello", (Function)]
```

SNS への投稿が失敗する場合

シェア画面から Twitter などの SNS への投稿が失敗する場合があります。

失敗する原因は画像サイズです。SNS では投稿できる画像サイズが決められています。

SNS への投稿が失敗する場合は、「COLUMN　カメラアプリで撮影した写真の画像サイズ調整」（P.380）を参考に画像をリサイズする処理を追加してください。

ステップアップ

フォトライブラリーから写真を取り込めるようにしよう

このレッスンで学ぶこと

- PhotosPicker を利用してフォトライブラリーから写真を取得できるように拡張します。

完成イメージ

このレッスンでは、「フォトライブラリーから選択する」を追加します。

「フォトライブラリーから選択する」はフォトライブラリーに保存されている写真を選択できる機能です。

▼ カメラアプリのステップアップ完成イメージ

選択画面

フォトライブラリー画面

写真選択後の選択画面

1 フォトライブラリー機能を追加しよう

フォトライブラリー機能を追加するために、PhotosPickerを利用します。**PhotosPickerはフォトライブラリーから写真を選択**することができます。

1-1 PhotosUIフレームワークのインポート

PhotosPickerを使用するために必要なフレームワークであるPhotosUIをimportします。PhotosUIは、PhotoKitで提供されているフレームワークの1つで、PhotosPickerはPhotosUIフレームワークに含まれています。

❶ 「ContentView.swift」を選択してファイルを開きます。

❷ 「import PhotosUI」を記述します。

▼ PhotosUIフレームワークの追加

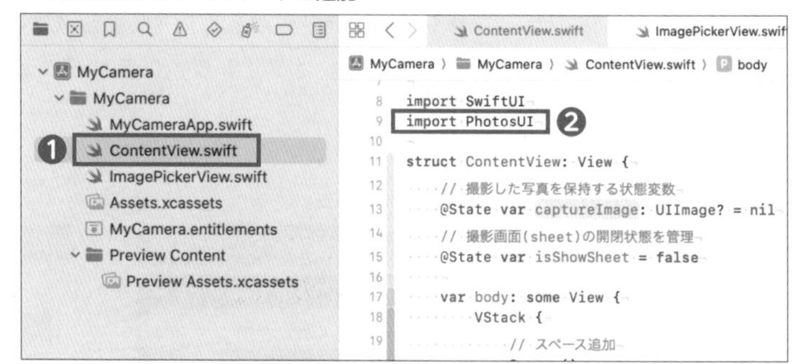

1-2 フォトライブラリーで選択した写真を管理する状態変数の宣言

フォトライブラリーで選択した写真を管理する状態変数を宣言します。

赤枠のコードを追加しましょう。bodyプロパティの上に追加します。

▼ フォトライブラリーで選択した写真を管理する状態変数の宣言

```
11  struct ContentView: View {
12      // 撮影した写真を保持する状態変数
13      @State var captureImage: UIImage? = nil
14      // 撮影画面(sheet)の開閉状態を管理
15      @State var isShowSheet = false
16      // フォトライブラリーで選択した写真を管理
17      @State var photoPickerSelectedImage: PhotosPickerItem? = nil    追加
18
19      var body: some View {
20          VStack {
```

コード解説　これから、さきほど追加したコードをステップごとに説明します。

```
// フォトライブラリーで選択した写真を管理
@State var photoPickerSelectedImage: PhotosPickerItem? = nil
```

フォトライブラリーで選択した写真を管理する状態変数（@State）として宣言します。

「PhotosPickerItem?」と「?」を付加していますので、オプショナルPhotosPickerItem型（nilをセットできるPhotosPickerItem型）として宣言します。初期値は「nil」をセットします。「nil」は選択した写真がない状態を示します。

1-3　フォトライブラリー機能を追加

フォトライブラリー機能を追加するために、ここでは「PhotosPicker」ビューを利用します。PhotosPickerはフォトライブラリーから写真を選択することができます。

以下の赤枠のコードを追加しましょう。コードを追加する場所に注意してください。❶のPhotoPickerは、「カメラを起動する」ボタンのsheetモディファイアの下に追加します。

▼ PhotosPickerでフォトライブラリー機能の作成

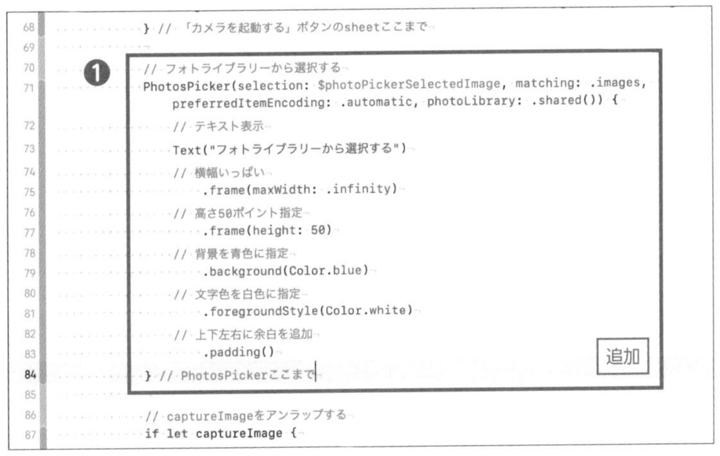

次の❷のonChangeは、PhotoPickerのモディファイアとして追加します。

▼ onChangeモディファイアの追加

```
84          } // PhotosPickerここまで
85  ❷       // 選択した写真情報をもとに写真を取り出す
86          .onChange(of: photoPickerSelectedImage, initial: true, { oldValue, newValue in
87              // 選択した写真があるとき
88              if let newValue {
89                  // Data型で写真を取り出す
90                  newValue.loadTransferable(type: Data.self) { result in
91                      switch result {
92                      case .success(let data):
93                          // 写真があるとき
94                          if let data {
95                              // 写真をcaptureImageに保存
96                              captureImage = UIImage(data: data)
97                          }
98                      case .failure:
99                          return
100                     }
101                 }
102             }
103         }) // .onChange ここまで                                    追加
104
105         // captureImageをアンラップする
106         if let captureImage {
```

コード解説　これから、さきほど追加したコードをステップごとに説明します。

```
// フォトライブラリーから選択する
PhotosPicker(selection: $photoPickerSelectedImage, matching: .images,
    preferredItemEncoding: .automatic, photoLibrary: .shared()) {
    // テキスト表示
    Text("フォトライブラリーから選択する")
    // 横幅いっぱい
        .frame(maxWidth: .infinity)
    // 高さ50ポイント指定
        .frame(height: 50)
    // 背景を青色に指定
        .background(Color.blue)
    // 文字色を白色に指定
        .foregroundStyle(Color.white)
    // 上下左右に余白を追加
        .padding()
} // PhotosPicker ここまで
```

画面に「フォトライブラリーから選択する」を追加するためにPhotosPickerを生成しています。細かく確認します。

```
PhotosPicker(中略)
```

PhotosPickerのViewを作成しています。画面に表示するViewを指定するラベル、フォトライブラリーで選択した写真を格納するための状態変数などを()内に引数で渡しています。それでは、()の中を詳しく確認しましょう。

```
(selection: $photoPickerSelectedImage, matching: .images,
preferredItemEncoding: .automatic, photoLibrary: .shared()) {
      (中略)
}
```

PhotosPickerのうしろの()に引数を指定します。各引数は表にまとめました。

▼ PhotosPickerの引数

番号	引数名	内容
第一引数	selection	選択した写真を格納する変数
第二引数	matching filter	matchingがラベルで、filterが引数名。選択する写真の種類「.images」とすると静止画のみとなる
第三引数	preferredItemEncoding	選択範囲「.automatic」とするとフォトライブラリーの全てが対象となる
第四引数	photoLibrary	選択するフォトライブラリー「.shared()」とするとフォトライブラリーとなる
第五引数	label	ラベル、PhotosPickerのボタンデザイン

```
Text("フォトライブラリーから選択する")
// 横幅いっぱい
    .frame(maxWidth: .infinity)
// 高さ50ポイント指定
    .frame(height: 50)
// 背景を青色に指定
    .background(Color.blue)
// 文字色を白色に指定
    .foregroundStyle(Color.white)
// 上下左右に余白を追加
    .padding()
```

PhotosPickerのデザインのText Viewとモディファイアを使い外観デザインをします。

Text Viewとモディファイアは「カメラを起動するボタン」と同じコードです。コードは解説済みですので、ここでの解説は割愛します。

```
// 選択した写真情報をもとに写真を取り出す
.onChange(of: photoPickerSelectedImage, initial: true, { oldValue, newValue in
    // 選択した写真があるとき
    if let newValue {
        // Data型で写真を取り出す
        newValue.loadTransferable(type: Data.self) { result in
            switch result {
            case .success(let data):
                // 写真があるとき
                if let data {
                    // 写真をcaptureImageに保存
                    captureImage = UIImage(data: data)
                }
            case .failure:
                return
            }
        }
    }
}) // .onChange ここまで
```

選択した写真を格納する変数が変化した時にcaptureImageに写真を格納しています。細かく確認しましょう。

```
// 選択した写真情報をもとに画像を取り出す
.onChange(of: photoPickerSelectedImage, initial: true, { oldValue, newValue in
    (中略)
}) // .onChange ここまで
```

SwiftUIでは、onChangeモディファイアを任意のビューに付属させて、プログラムの状態が変化したときに、クロージャ内に記述したコードを実行することができます。onChangeモディファイアは、マップ検索アプリでも利用していますので、確認しておきましょう。

フォトライブラリーから選択した写真を管理する状態変数photoPickerSelectedImageが変化すると、クロージャの引数として、変化した新しい値がnewValueに格納されます。

クロージャの本体は、inキーワードから開始されます。このキーワードは、クロージャのパラメータと戻り値の型の定義が終了し、クロージャの本体が始まることを示します。

```
// 選択した写真があるとき
if let newValue {
      (中略)
}
```

クロージャ引数 newValue はオプショナル変数です。newValue をアンラップして取り出しています。

```
// Data型で写真を取り出す
newValue.loadTransferable(type: Data.self) { result in
      (中略)
}
```

loadTransferable メソッドは、アイテムプロバイダ（newValue は、PhotosPickerItem 型なので、フォトピッカーで選択されたアイテム群）から、指定したデータ型のアイテムを見つけようとします。

Data 型は非常に汎用性が高く、画像、音声、テキストなど、どのような種類のバイナリデータでも表現することができます。ここでは、Data 型は選択された写真を表しています。写真はバイナリデータとして存在するため、その内容を Data 型として扱うことができます。

▼ PhotosPicker の引数

番号	引数名	内容
第一引数	type	アイテムプロバイダからロードするべきデータ型。
第二引数	completionHandler	システムがサポートしているコンテンツタイプを見つけた場合や見つけることができなかった場合に、実行されるクロージャ。

```
switch result {
case .success(let data):
      (中略)
case .failure:
    return
}
```

クロージャの引数 result に格納されている取り出し結果を、**switch 文を利用して分岐処理**をしています。

処理に成功した場合は「.success」の分岐処理に入り結果を定数「data」に格納しています。

何らかの原因で処理に失敗した場合は「.failure」の処理に入ります。今回は何も処理せず return で処理を終了しています。

switch 文は、if 文と同様の分岐処理の一種類です。値を評価して一致する条件に記述されたコードを実行します。if 文はどの条件にも一致しない場合に何も処理が行われませんが、switch 文は、default を常に記述する必要があります。ただし、列挙型（enum）ですべての条件を網羅した場合は、default は不要です。必ずどれかの条件に一致するので処理の実装漏れを防げます。
switch 文を使用すると、読みやすいより簡潔なコードが記述できます。

▼ switch 文の書式

```
switch 値 {
case 条件1:
    // 条件1が正しければここに記述したコードが実行される
case 条件2:
    // 条件2が正しければここに記述したコードが実行される
default:
    // どの条件にも一致しない場合。enumで条件を網羅した場合は不要
}
```

```
// 写真があるとき
if let data {
    // 写真をcaptureImageに保存
    captureImage = UIImage(data: data)
}
```

取り出し結果が成功したときに、変数 data に格納されます。変数 data に格納されている写真データを UIImage 型に変換して状態変数 captureImage に格納します。

これでアプリは完成しました。実機転送を行い、ステップアップの冒頭にある完成イメージと比較しましょう。

Day 1 Day 2

Lesson 3

カメラアプリを作ろう［後半］
―エフェクト機能の追加―

カメラアプリの定番であるエフェクト機能を利用できる「Core Image」を利用します。
「Day 2 Lesson 2-5 ステップアップ フォトライブラリーから写真を取り込めるようにしよう」で作成したカメラアプリをカスタマイズする方法で学習をすすめます。

START　Lesson 3-1 完成をイメージしよう

Lesson 3-2 エフェクト編集画面を作成しよう

GOAL　Lesson 3-3 選択画面をカスタマイズし、エフェクト機能を追加しよう

Lesson 3-4 エフェクト編集画面でフィルタの種類を増やそう

Day 2

Lesson 3-1

完成をイメージしよう

このレッスンで学ぶこと

- 写真(画像)をエフェクトができるアプリの使い方や必要な作業を理解しましょう。
- 複数の画面と連携する方法を学びましょう。

完成イメージ

「Day 2 Lesson 2-5　ステップアップ フォトライブラリーから写真を取り込めるようにしよう」で作成したカメラアプリを修正し、エフェクトできるようにします。

新しいカメラアプリは、「選択画面」でカメラかフォトライブラリーで写真を取得します。写真を取得したあとは「エフェクト編集画面」へ遷移し、エフェクトができるようになります。エフェクト後に「シェア」ボタンを押すと「シェア画面」が表示されます。

▼ アプリの完成イメージ

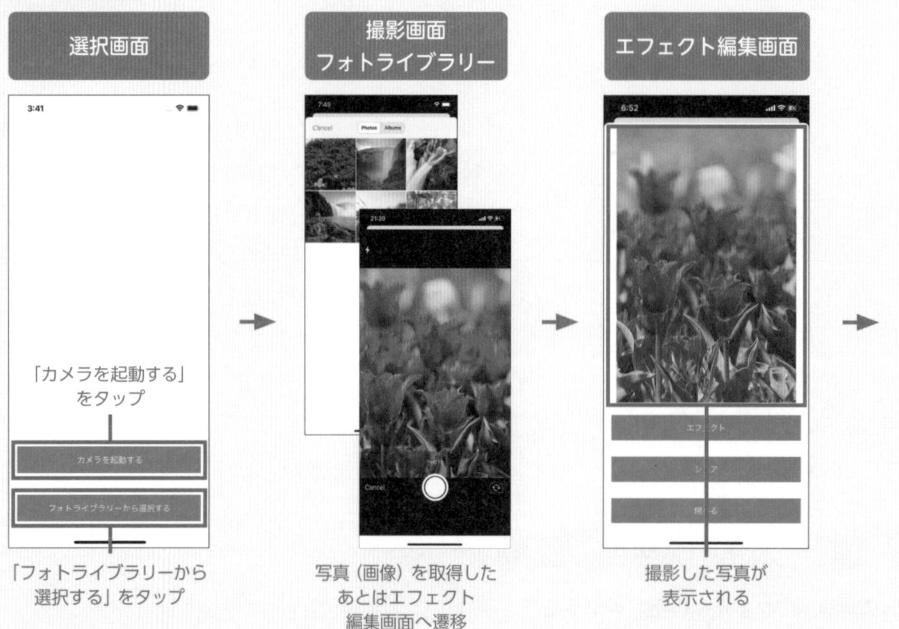

部品レイアウト

- 選択画面（ContentView.swift）、撮影画面（ImagePickerView.swift）、エフェクト編集画面（EffectView.swift）の各画面と連携します。
- エフェクト編集画面を作り、「エフェクト」「シェア」「閉じる」ボタンを追加します。
- エフェクト編集画面で「シェア」ボタンを追加するので、選択画面からは「SNS に投稿する」ボタンを削除します。

Point

SwiftUI の @State、@Binding を使って画面間の連携方法を学びます。

ユーザー操作

- 「カメラを起動する」ボタンをタップするとカメラかフォトライブラリーで写真（画像）を取得します。
- 撮影後は、エフェクト編集画面に遷移して、エフェクトができます。
- エフェクトした写真は「シェア」ボタンをタップすることで、共有ができます。

Point

「Core Image」はカメラアプリで定番となるエフェクト機能を実現できるフレームワークです。

Day 2
Lesson
3-2

エフェクト編集画面を作成しよう

このレッスンで学ぶこと

- プレビュー機能を利用したエフェクト編集画面の確認方法を学びます。
- Core Imageによるエフェクト処理（画像処理）を学びます。

1 エフェクト編集画面を作成しよう

このレッスンでは「Day 2 Lesson 2-5 ステップアップ フォトライブラリーから写真を取り込めるようにしよう」で作成したカメラアプリを修正しながら学習します。ステップアップの学習がまだの方は、本書のサンプルアプリの「2_2/MyCamera/src_custom/」配下のプロジェクトをコピーしてからこのレッスンを始めてください。

このレッスンではエフェクト編集画面を作ります。そして、次のレッスンでは選択画面をエフェクト編集画面が利用できるようにカスタマイズします。

1-1 エフェクト編集画面の画面遷移と受け渡す素材

これから作るエフェクト編集画面を中心に画面の遷移と受け渡す素材について確認しましょう。これらの機能が満たせるようにプログラミングをします。

▼ エフェクト編集画面の画面遷移と受け渡す素材

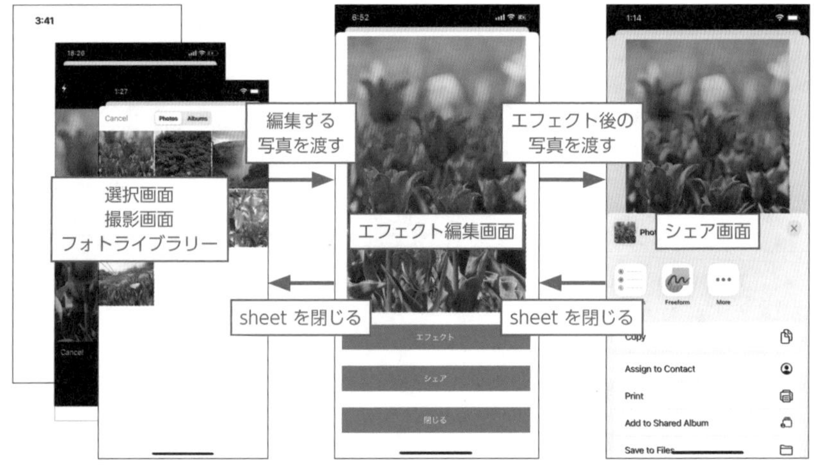

1-2 「EffectView.swift」ファイルを作成

エフェクト編集画面のコードを記述する EffectView.swift ファイルを追加しましょう。

▼ swift ファイルの作成

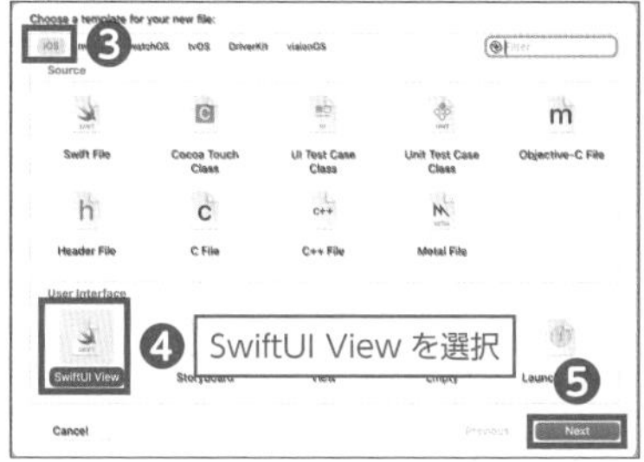

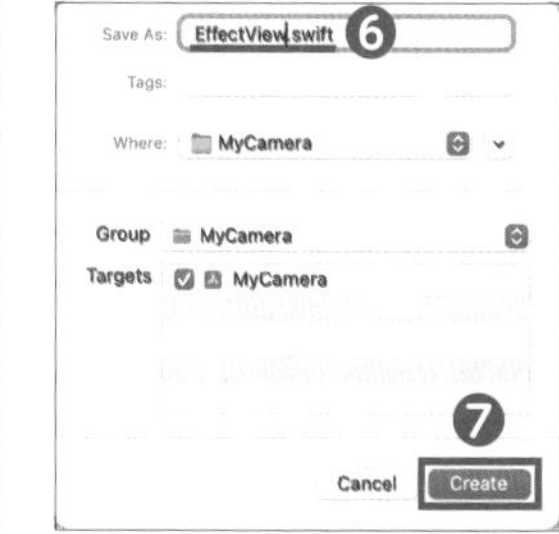

❶ [ContentView.swift] の上で「control」キーを押しながらクリックしてサブメニューを表示します。
❷ サブメニューから [New File...] を選択します。
❸ ファイルの種類を選択する画面で、[iOS] を選択します。
❹ [SwiftUI View] を選択します。
❺ [Next] をクリックします。
❻ 作成するファイル名に「EffectView.swift」を入力します。
❼ [Create] でプロジェクトと同じディレクトリにファイルを作成します。

▼「EffectView.swift」を選択

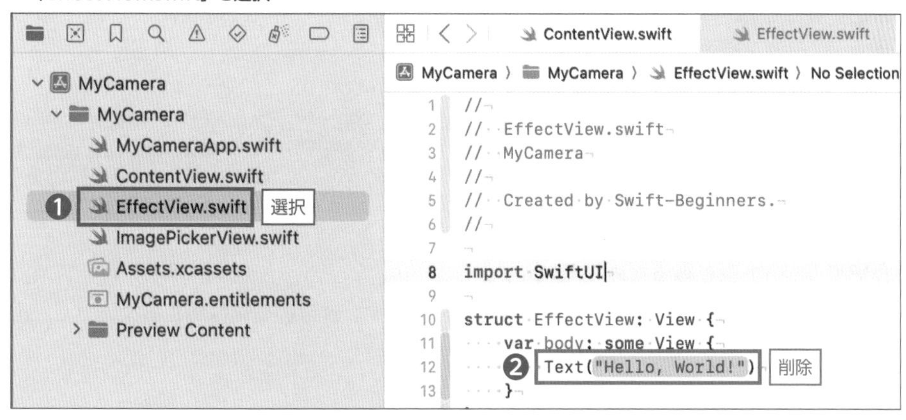

❶ 「EffectView.swift」を選択します。
❷ テンプレートとして記述されている青枠の箇所のコードを削除します。
削除をするとエラーが出力されますが、のちにコードを書くことでエラーが解消されますので、そのまま進めてください。

1-3　連携するための状態変数（プロパティ）の宣言

各画面と連携するための状態変数を宣言します。

赤枠のコードを追加しましょう。**エラーが発生しますが、のちにコードを書くことで解消されるので、このまま進んでください。**

▼ 状態変数の追加

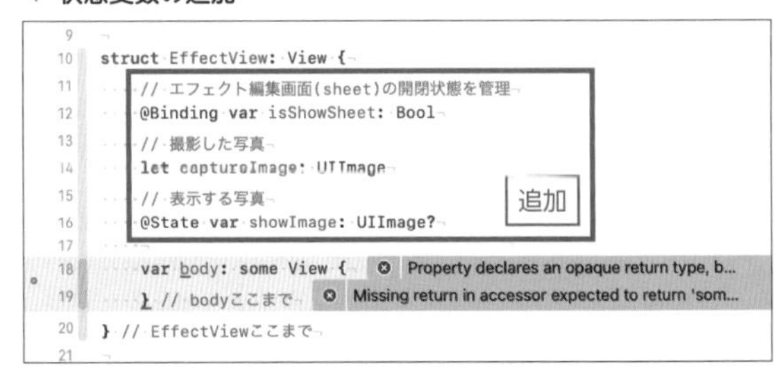

Point

状態変数や変数（var）、定数（let）は、構造体（struct）の中ではプロパティとも呼ばれます。

コード解説　これから、さきほど追加したコードをステップごとに説明します。

```
// エフェクト編集画面（sheet）の開閉状態を管理
@Binding var isShowSheet: Bool
```

エフェクト編集画面を表示しているsheetの表示を管理する状態変数です。エフェクト編集画面（EffectView）を利用するときに引数として渡されます。

エフェクト編集画面では、isShowSheetに「false」をセットすることで画面を閉じます。

@Bindingを指定することで、エフェクト編集画面を呼び出す選択画面（ContentView）の状態変数と双方向に連動します。

```
// 撮影した写真
let captureImage: UIImage
```

選択画面から編集する写真を受け取るための変数です。

captureImageには編集するための元写真が常に保存されています。状態の変化は起こらないので、通常の定数として宣言します。

```
// 表示する写真
@State var showImage: UIImage?
```

画面に表示するための写真を保存する状態変数です。エフェクト編集後は、編集済みの写真を保存します。

保存した写真が変化したときに View を更新したいので、状態変数（@State）を指定しています。

1-4　表示する写真のレイアウト

エフェクト編集画面では、表示する写真（showImage）があるときは、画面に写真を表示します。画面内に表示したい写真が収まるようにリサイズして表示します。

赤枠のコードを追加しましょう。

▼ 写真を表示するコード追加

```
18    var body: some View {
19        // 縦方向にレイアウト
20        VStack {
21            // スペース追加
22            Spacer()
23
24            if let showImage {
25                // 表示する写真がある場合は画面に表示
26                Image(uiImage: showImage)
27                // リサイズする
28                    .resizable()
29                // アスペクト比（縦横比）を維持して画面内に収まるようにする
30                    .scaledToFit()
31            } // ifはここまで
32        } // VStackここまで
33    } // bodyここまで
34 } // EffectViewここまで
35
```

追加

コード解説　これから、さきほど追加したコードをステップごとに説明します。

```
// 縦方向にレイアウト
VStack {
      （省略）
} // VStack ここまで
```

3 つのボタン「エフェクト」「シェア」「閉じる」を縦並びに配置しますので、VStack でレイアウトします。「VStack {}」の中にボタンを作ると縦並びで画面に表示されます。

```
if let showImage {
      （省略）
} // ifはここまで
```

showImage にはエフェクト編集後の写真がセットされます。エフェクト編集の処理はあとでコードを追加します。

showImage は写真がないときは「nil」がセットされていますので、写真がセットされているときのみ画面に写真を表示します。

```
// 表示する写真がある場合は画面に表示
Image(uiImage: showImage)
// リサイズする
    .resizable()
// アスペクト比（縦横比）を維持して画面内に収まるようにする
    .scaledToFit()
```

写真（画像データ）の表示には、Imageを使います。アスペクト比（縦横比）を維持して画面に収まるように表示します。

1-5 「エフェクト」「シェア」「閉じる」ボタンを追加

「エフェクト」「シェア」「閉じる」の各ボタンを配置します。ボタンのレイアウトは、これまでのレッスンで解説済みです。

まずは、「エフェクト」ボタンを作成しましょう。

赤枠のコードを追加しましょう。

追加する場所は、先程の追加した「if let showImage {...}」の下に追加します。

▼「エフェクト」ボタンの作成

```
29                  // アスペクト比（縦横比）を維持して画面内に収まるようにする
30                      .scaledToFit()
31              } // ifはここまで
32              
33              // スペース追加
34              Spacer()
35              // 「エフェクト」ボタン
36              Button {
37                  // ボタンをタップしたときのアクション
38              } label: {
39                  // テキスト表示する
40                  Text("エフェクト")
41                  // 横幅いっぱい
42                      .frame(maxWidth: .infinity)
43                  // 高さ50ポイントを指定
44                      .frame(height: 50)
45                  // 文字列をセンタリング指定
46                      .multilineTextAlignment(.center)
47                  // 背景を青色に指定
48                      .background(Color.blue)
49                  // 文字色を白色に指定
50                      .foregroundStyle(Color.white)
51              } // 「エフェクト」ボタンここまで
52              // 上下左右に余白を追加
53              .padding()
54          } // VStackここまで
55      } // bodyここまで
```

追加

「シェア」ボタンの作成です。

赤枠のコードを追加しましょう。

追加する場所に注意してください。先程、追加した「エフェクト」ボタンの下に追加します。

「エフェクト」ボタンと同じく、追加するコードは、これまでのレッスンで解説済みです。ここでのコード解説は割愛します。

▼「シェア」ボタンの作成

```
51              } // 「エフェクト」ボタンここまで
52              // 上下左右に余白を追加
53              .padding()
54
55              // showImageをアンラップする
56              if let showImage {
57                  // captureImageから共有する画像を生成する
58                  let shareImage = Image(uiImage: showImage)
59                  // 共有シート
60                  ShareLink(item: shareImage, subject: nil, message: nil,
61                            preview: SharePreview("Photo", image: shareImage)) {
62                      // テキスト表示
63                      Text("シェア")
64                      // 横幅いっぱい
65                          .frame(maxWidth: .infinity)
66                      // 高さ50ポイント指定
67                          .frame(height: 50)
68                      // 背景を青色に指定
69                          .background(Color.blue)
70                      // 文字色を白色に指定
71                          .foregroundStyle(Color.white)
72                  } // ShareLinkここまで
73                  // 上下左右に余白を追加
74                          .padding()
75              } // アンラップここまで
76
77          } // VStackここまで
78      } // bodyここまで
```

追加

「閉じる」ボタンの作成です。

赤枠のコードを追加しましょう。

追加する場所に注意してください。先程、追加した「シェア」ボタンの下に追加します。

▼「閉じる」ボタンの作成

```
75              } // アンラップここまで
76
77              // 「閉じる」ボタン
78              Button {
79                  // ボタンをタップしたときのアクション
80              } label: {
81                  // テキスト表示する
82                  Text("閉じる")
83                  // 横幅いっぱい
84                      .frame(maxWidth: .infinity)
85                  // 高さ50ポイントを指定
86                      .frame(height: 50)
87                  // 文字列をセンタリング指定
88                      .multilineTextAlignment(.center)
89                  // 背景を青色に指定
90                      .background(Color.blue)
91                  // 文字色を白色に指定
92                      .foregroundStyle(Color.white)
93              } // 「閉じる」ボタンここまで
94              // 上下左右に余白を追加
95              .padding()
96          } // VStackここまで
97      } // bodyここまで
```

追加

1-6 画面が表示されるときに表示用の写真をセット

エフェクト編集画面では写真を加工しますので、加工前と加工後の写真が保存できるようにします。captureImage では撮影後の写真（加工前の写真）を、showImage では表示用の写真（加工後の写真）を保存します。

写真の加工処理（エフェクト編集）はあとでコードを追加します。

ここでは、画面が最初に表示されるときにcaptureImageの写真をshowImageにセットすることで画面に写真を表示します。

以下の赤枠のコードを追加しましょう。「VStack{...}」の次にコードを追加します。

▼ 画面が表示されるときに写真をセット

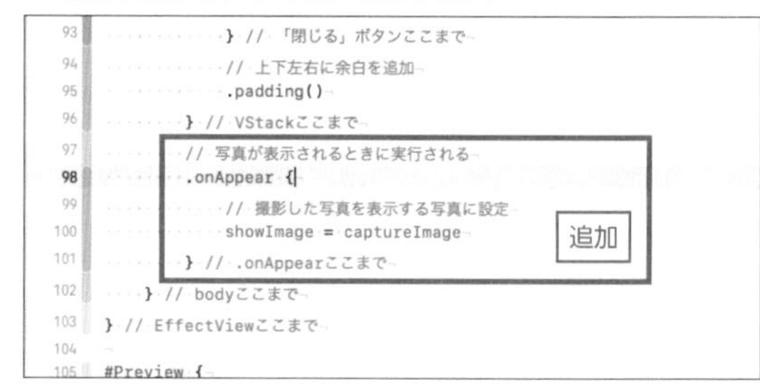

onAppearモディファイアは、エフェクト編集画面が表示されるときに実行されます。onAppearは「VStack{...}.onAppear{...}」とVStackのモディファイアとして指定されていますので、VStackが表示されるときに実行されます。

showImageの値として、captureImageの写真をセットします。

showImageは状態変数ですので、値が変更されると画面が再描画され、showImageにセットした写真が表示されます。

1-7　プレビュー機能で確認

エフェクト編集画面ではプレビュー機能を使って確認する方法を学びます。

「command」+「B」を押してビルドし、文法をチェックをします。以下のようにエラーが表示されます。

Point

ビルドはプログラムのコードをアプリとして実行できる状態に生成する工程です。このときに入力したコードの文法チェックも行われます。

このエラー以外のエラー（赤色）や警告（黄色）が表示される場合は、コードの入力ミスが考えられますので、もう一度、入力を確認してください。

エラーメッセージが画面に収まらないときは折りたたまれていますので、赤いマークをクリックすると展開されてメッセージ全文が確認できます。

▼ ビルド後のエラー

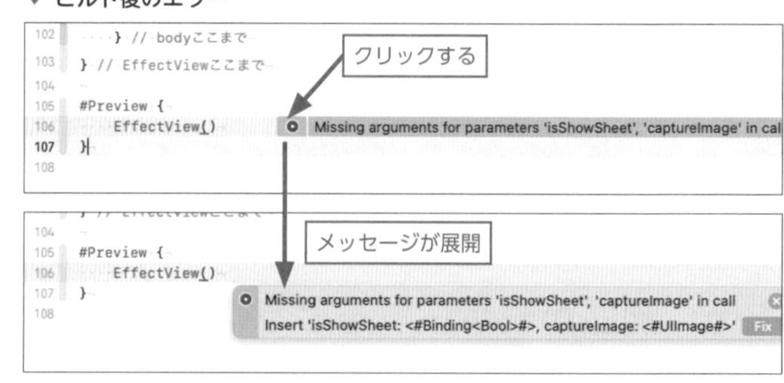

エラーメッセージは「Missing arguments for parameters 'isShowSheet', 'captureImage' in call」と表示されていて、趣旨は「isShowSheetとcaptureImageを引数に指定する必要がある」ことを教えてくれています。

エラーメッセージが表示される理由を解説します。

「#Preview { ... }」はプレビュー機能で使われるコードです。初期状態で「EffectView()」が記述されていますが、構造体EffectViewには下記のようにプロパティを追加しました。

▼ 構造体EffectViewのプロパティ

```
// エフェクト編集画面（sheet）の開閉状態を管理
@Binding var isShowSheet: Bool
// 撮影した写真
let captureImage: UIImage
// 表示する写真
@State var showImage: UIImage?
```

追加したプロパティで、isShowSheetとcaptureImageは初期値がセットされていません。showImageはデータ型が「UIImage?」でオプショナル型であるため「nil」が初期値で使われます。

初期値がセットされていない、isShowSheetとcaptureImageは構造体EffectViewを使用するときに初期値をセットする必要があります。初期値を指定せずに構造体EffectViewを利用すると今回のようなエラーメッセージが表示されます。

captureImageには撮影した写真をセットしますが、エフェクト編集画面のプレビュー機能では写真を撮影することはできません。そのため、プレビュー用の写真を用意して、captureImageにセットします。

次の手順でプレビュー用の写真をプロジェクトに取り込みます。

❶ [Navigator area] の [Preview Content] をクリックします。
❷ [Preview Assets.xcassets] をクリックして選択します。

[Preview Content] はプレビュー機能でのみ使うコンテンツを格納するフォルダです。[Preview Assets.xcassets] はプレビュー機能でのみ使う画像を格納します。

▼ プレビュー用の写真の取り込み

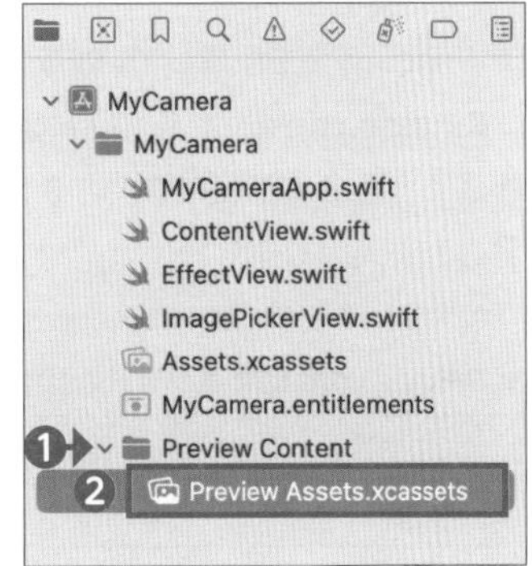

▼ プレビュー用の写真をドラッグ

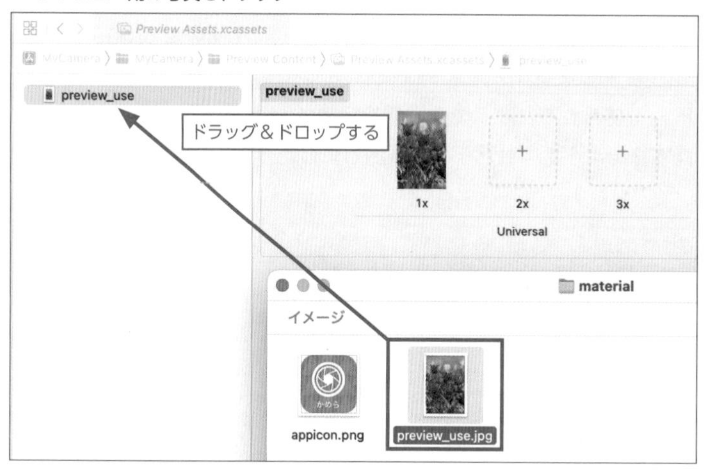

本書のサンプルアプリのフォルダ「2_3/MyCamera2/material/」の中にある「preview_use.jpg」を［Preview Assets.xcassets］のフォルダの中へドラッグ＆ドロップします。これでプロジェクトから「preview_use.jpg」を使えるようになります。

プレビュー機能を利用するためにEffectViewを次のように修正します。

▼ EffectViewの修正

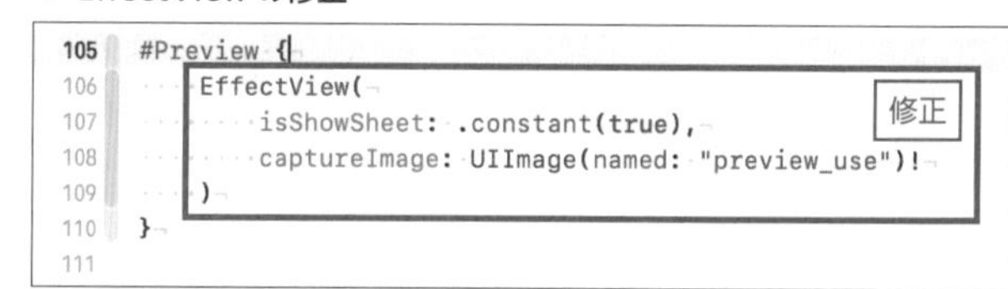

```
105 #Preview {
106     EffectView(
107         isShowSheet: .constant(true),
108         captureImage: UIImage(named: "preview_use")!
109     )
110 }
111
```


EffectViewの引数isShowSheetへ「true」をセットします。引数isShowSheetは構造体EffectView内で「@Binding var isShowSheet: Bool」で宣言されているので、値をセットするにはBinding型である必要があります。constantメソッドを使用することで、Binding型を生成しています。

Binding.constantメソッドは、プレビューのようにテスト的に表示を確認したいときにBinding型を作成できるので便利です。さきほど修正したコードでは、Bindingが省略されていて、「.constant」メソッドのみを入力しました。

▼ Binding.constantメソッドの引数

番号	引数名	内容
第一引数	value	trueやfalseなどの値を直接に設定します

引数captureImageには、さきほど追加したプレビュー用の写真（preview_use.jpg）をセットします。

UIImageクラスは、画像を管理するクラスです。引数captureImageは構造体EffectView内で「var captureImage: UIImage?」とオプショナルUIImage型で宣言しています。セットする写真は必ず存在するため「!」を指定して、非オプショナルのUIImage型に変換しています。

UIImage クラスは、named にプロジェクト内の画像ファイル名を指定すると、ファイルを読み込みます。

再度、「command」+「B」を押してビルドし、エラーが消えていることを確認します。

プレビュー画面でここまでの動きを確認しましょう。

❶ プレビュー画面で [Preview paused] ボタンが表示されているときはクリックします。

▼ プレビューでの確認

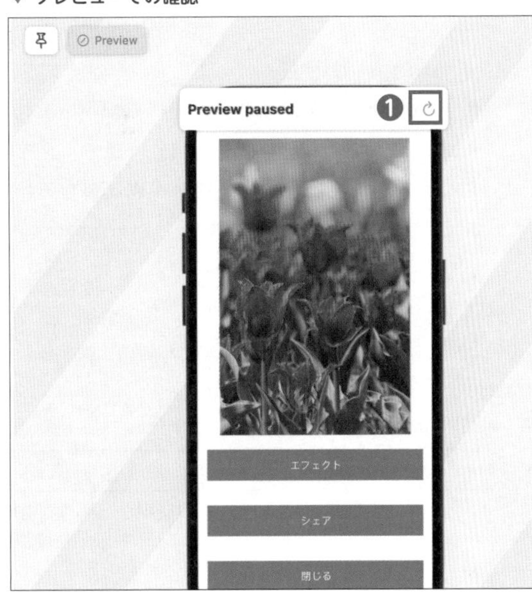

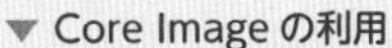

Core Image とは？その特徴を理解しよう

これから画像のエフェクトをおこないますが、その前に「Core Image」の概要を理解しておきましょう。Core Image は、Apple が提供している画像の処理や解析をするためのフレームワークです。

▼ Core Image の利用

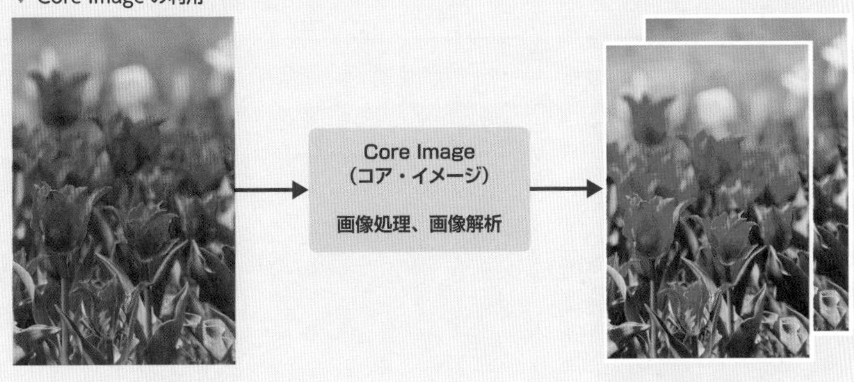

すでにたくさんの方が使っていると思いますが、iPhoneのカメラで撮影したあとに写真にフィルタ処理を施すことで、いろいろなエフェクト（視覚効果）を楽しむことができるアプリがあります。このように写真にフィルタを適用してエフェクトを与えるということは、「Core Image」を使うことで実現できます。Core Imageにはたくさんの機能があります。大きな特徴やよく使用するクラスを紹介します。

Core Imageの特徴

- 170種類以上のフィルタが標準で組み込まれている
- カスタムフィルタがあり、自分でフィルタを作ることができる
- 静止画はもちろん、動画にも視覚効果を与えることができる
- QRコードの解析や、顔検出といった画像解析も行える

よく使用するクラス

Core Imageにはたくさんのクラスが用意されています。比較的よく使われるのは次のクラスです。

▼ Core Imageでよく使用するクラス

クラス	説明
CIContext	画像処理の結果から画像を生成したり、画像の解析を行ったりするためのコンテキスト。コンテキストとは直訳すると「文脈」という意味。ここでは処理の大きな流れ（区分け）を指定するときに使う。本書のようにフィルタを行う単純な機能のときは、「CIContext(options: nil)」と指定することだけ覚えておくこと。また、createCGImageメソッドで、Core Image用の画像情報（CIImage）から表示用の画像（CGImage）を生成することができる
CIDetector	静止画や動画を解析して情報化するためのクラス。顔認識やQRバーコードなどで使用
CIFilter	1つ以上の画像を入力として受け取り、フィルタを適用して新しい画像を生成するクラス。新しく生成される画像は、CIImageオブジェクト
CIImage	画像に関連するデータを管理するためのクラス。Core Imageの各クラス（CIFilter、CIContextなど）では、CIImageクラスで生成されたCIImageオブジェクトを使用

2 各ボタンのアクションを作成しよう

「エフェクト」「閉じる」ボタンのアクションを作成します。

2-1 「エフェクト」ボタンのアクション

「エフェクト」ボタンのアクションでは、タップしたときに写真にフィルターを適用してエフェクト処理し、加工後の写真を保存します。

赤枠のコードを追加しましょう。

追加するコードが多いので、分割して掲載します。コードを追加する場所は「エフェクト」ボタンのaction部分です。Button { } にコードを追加します。

▼「エフェクト」ボタンのアクション追加1

```
36              Button {
37                  // ボタンをタップしたときのアクション
38                  // フィルタ名を指定
39                  let filterName = "CIPhotoEffectMono"
40                  // 元々の画像の回転角度を取得
41                  let rotate = captureImage.imageOrientation
42                  // UIImage形式の画像をCIImage形式に変換
43                  let inputImage = CIImage(image: captureImage)
44
45                  // フィルタ名を指定してCIFilterのインスタンスを取得
46                  guard let effectFilter = CIFilter(name: filterName) else {
47                      return
48                  }
49                  // フィルタ加工のパラメータを初期化
50                  effectFilter.setDefaults()
51                  // インスタンスにフィルタ加工する元画像を設定
```

追加

▼「エフェクト」ボタンのアクション追加2

```
49                  // フィルタ加工のパラメータを初期化
50                  effectFilter.setDefaults()
51                  // インスタンスにフィルタ加工する元画像を設定
52                  effectFilter.setValue(inputImage, forKey: kCIInputImageKey)
53                  // フィルタ加工を行う情報を生成
54                  guard let outputImage = effectFilter.outputImage else {
55                      return
56                  }
57                  // CIContextのインスタンスを取得
58                  let ciContext = CIContext(options: nil)
```

追加

▼「エフェクト」ボタンのアクション追加3

```
56                  }
57                  // CIContextのインスタンスを取得
58                  let ciContext = CIContext(options: nil)
59                  // フィルタ加工後の画像をCIContext上に描画し、
60                  // 結果をcgImageとしてCGImage形式の画像を取得
61                  guard let cgImage = ciContext.createCGImage(outputImage, from:
                        outputImage.extent) else {
62                      return
63                  }
64                  // フィルタ加工後の画像をCGImage形式から
65                  // UIImage形式に変更。その際に回転角度を指定。
66                  showImage = UIImage(
67                      cgImage: cgImage,
68                      scale: 1.0,
69                      orientation: rotate
70                  )
71
72              } label: {
73                  // テキスト表示する
74                  Text("エフェクト")
```

追加

コード解説 これから、さきほど追加したコードをステップごとに説明します。

Core Imageを使ってエフェクトします。

　エフェクトの編集・変換の手順は多いです。次のイメージ図と見比べながら、コードの解説を読みすすめてください。

　ここでのエフェクト処理は、フィルタを使って画像を加工する一連の手続きのことを意味しています。

▼ エフェクト処理イメージ図

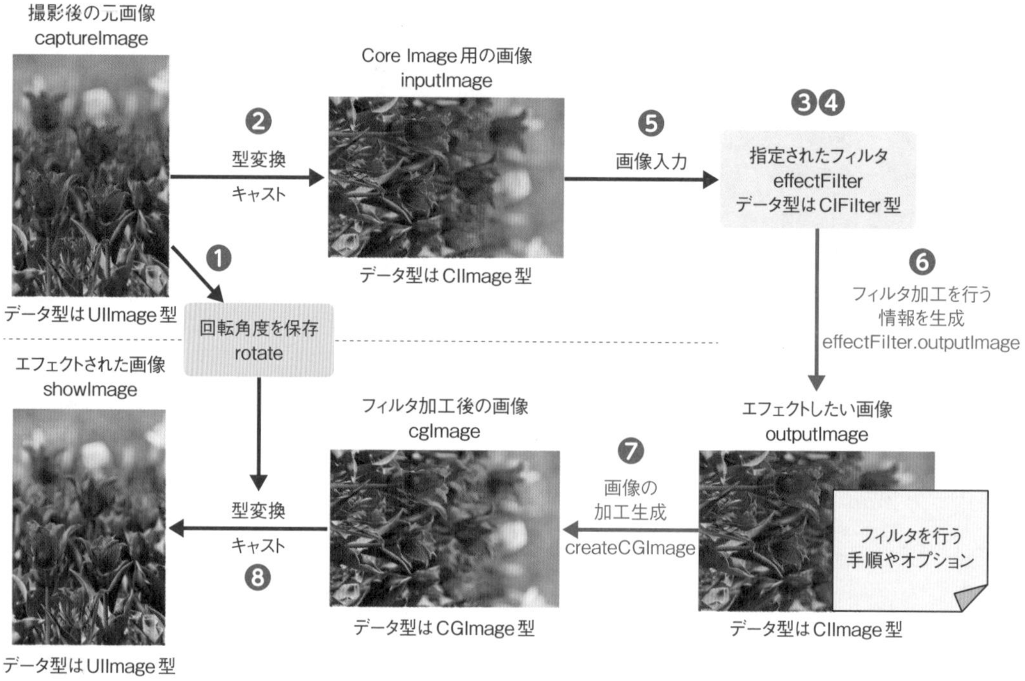

撮影後の元画像
captureImage
データ型はUIImage型
❷ 型変換 キャスト
Core Image用の画像
inputImage
データ型はCIImage型
❺ 画像入力
❸❹
指定されたフィルタ
effectFilter
データ型はCIFilter型
❶
回転角度を保存
rotate
❻
フィルタ加工を行う
情報を生成
effectFilter.outputImage
エフェクトしたい画像
outputImage
フィルタを行う
手順やオプション
データ型はCIImage型
❼ 画像の 加工生成
createCGImage
フィルタ加工後の画像
cgImage
データ型はCGImage型
❽ 型変換 キャスト
エフェクトされた画像
showImage
データ型はUIImage型

　また、画像の状態を管理するために複数の画像データ型が登場します。次に整理しますので、参考にしてください。

▼ 画像データ型（画像クラス）の一覧

画像データ型	特徴
UIImage	画面の表示部分（View）との連携で使用する。撮影した写真が格納される。UIKit フレームワークのクラス。長さと位置を指定する**単位には「point」**を使う
CIImage	Core Image フレームワークの機能を利用するために使われる
CGImage	画像加工やピクセル単位の処理を行うときに使用する。今回のフィルタでの加工処理も実施している。CoreGraphics フレームワークのクラス。長さと位置を指定する**単位には「pixcel」**を使う

```
// フィルタ名を指定
let filterName = "CIPhotoEffectMono"
```

最初のフィルタをセットしています。今回は、モノクロにフィルタ加工します。

あとで、「CIFilter(name:)」でフィルターのインスタンスを生成しますが、引数nameの値にfilterNameが使用されます。

Point

「CIFilter(name:)」で指定できるフィルタ名の一覧は、「2 フィルタの効果を確認しよう」(P.388) で掲載しています。

```
// 元々の画像の回転角度を取得
let rotate = captureImage.imageOrientation
```

「エフェクト処理イメージ図」の❶の処理です。

画像に格納されている回転角度を取得します。本体を縦で撮影したのか横で撮影したのかの情報が格納されています。

Core Imageで使えるデータ型に変換する際に、画像の回転角度の情報は失われてしまいます。そのため、ここで画像の回転角度の情報を記憶しておきます。あとで、Core Imageでフィルタ加工後に、画面へ画像を設定する際に回転角度も付加します。

Point

Core Imageについては、「COLUMN Core Imageとは？その特徴を理解しよう」(P.363) で解説しています。

```
// UIImage形式の画像をCIImage形式に変換
let inputImage = CIImage(image: captureImage)
```

「エフェクト処理イメージ図」の❷の処理です。

captureImageには撮影した直後の写真（画像）が保存されています。

captureImageの画像は、画面への表示用のデータ型であるUIImage型です。

Core Imageで処理するためには専用のデータ型であるCIImage型に変換する必要があります。

UIImage型からCIImage型へ変換するということは、UIImageクラスからCIImageクラスに変換することです。クラスが変わると持っている機能も変わります。

Point

UIImage型からCIImage型に変換するときに、画像の回転角度（縦撮影、横撮影）は失われるため、変換前に回転角度は記憶しておきます。それが「エフェクト処理イメージ図」の❶の処理です。

```
// フィルタ名を指定してCIFilterのインスタンスを取得
guard let effectFilter = CIFilter(name: filterName) else {
    return
}
```

「エフェクト処理イメージ図」の❸の処理です。

CIFilter クラスは、引数にフィルタ名を指定して、そのフィルタのインスタンスを生成します。のちほど、ここで生成したフィルタに画像を設定して、エフェクト処理を施します。

「guard let 文」は、オプショナル変数（nil を保存できる変数）から安全に値を取りだすための方法（アンラップ）です。
「if let 文」のときは「アンラップできたら」という条件判断でしたが、「guard let 文」はその逆で「アンラップできないときは」という条件判断で分岐処理を行います。

書式

```
guard let アンラップ変数 = オプショナル変数 else {
    オプショナル変数に値がないときに実行される
}
```

オプショナル変数に値がないときに実行される箇所には、「return」などプログラムが終了する命令のみを記載できます。

```
// フィルタ加工のパラメータを初期化
effectFilter.setDefaults()
```

「エフェクト処理イメージ図」の❹の処理です。

CIFilter のインスタンスに、エフェクトで必要なパラメータのデフォルト値を設定します。今回はデフォルト値をそのまま使います。デフォルト値以外を使いたい場合は、必要に応じて設定する必要があります。

```
// インスタンスにフィルタ加工する元画像を設定
effectFilter.setValue(inputImage, forKey: kCIInputImageKey)
```

「エフェクト処理イメージ図」の❺の処理です。
inputImage には CIImage 型に変換した編集前の画像が保存されています。
CIFilter のインスタンスにエフェクトする対象の画像を設定します。

```
// フィルタ加工を行う情報を生成
guard let outputImage = effectFilter.outputImage else {
    return
}
```

「エフェクト処理イメージ図」の❻の処理です。
この段階ではまだフィルタで加工はされていません。
ここでは、フィルタでの加工に必要な画像やフィルタ名、加工のオプションを outputImage にまとめています。outputImage は、CIImage 型として出力されます。

```
// CIContextのインスタンスを取得
let ciContext = CIContext(options: nil)
```

CIContext のインスタンスを取得します。
CIContext は、フィルタでの加工をするときに、加工するための作業領域を確保することができます。確保した作業領域でフィルタ加工をおこない、加工後の画像を生成します。

```
// フィルタ加工後の画像をCIContext上に描画し、
// 結果をcgImageとしてCGImage形式の画像を取得
guard let cgImage = ciContext.createCGImage(outputImage, from: outputImage.
extent) else {
    return
}
```

「エフェクト処理イメージ図」の❼の処理です。
CIContext の createCGImage メソッドを使って、フィルタ加工後の画像を生成します。
引数に CIImage 形式の画像（outputImage）と、画像の描画範囲（ここでは全体）を設定します。
生成された画像はフィルタ加工済みになり、CGImage 形式の画像で管理されます。
オプショナル変数として画像を取り出すので、「guard let 文」を用いてアンラップしています。

▼ createCGImage メソッドの引数

番号	引数名	内容
第一引数	image	CIImage 型（CIImage クラス）の画像をセットします。Core Image の画像オブジェクトです
第二引数	from	レンダリングする画像の領域

```
// フィルタ加工後の画像をCGImage形式から
// UIImage形式に変更。その際に回転角度を指定。
showImage = UIImage(cgImage: cgImage,
                    scale: 1.0,
                    orientation: rotate)
```

「エフェクト処理イメージ図」の❽の処理です。

フィルタ加工済みの画像が CGImage 形式であるため、Image View で描画できる UIImage 形式に変換しながらセットします。

引数に CGImage 画像と、拡大倍率（ここでは等倍指定）、回転角度を設定します。

回転角度（orientation）は、今回のエフェクト処理の最初で記憶していた変数 rotate をセットします。ここで rotate をセットすることで、加工前の画像と同じ方向で画面に表示されるようになります。

▼ UIImage(cgImage:scale:orientation:) イニシャライザ の引数

番号	引数名	内容
第一引数	cgImage	CGImage 型（CGImage クラス）の画像をセットします
第二引数	scale	画像データを理解するときに想定する倍率。1.0 で元の画像と同じサイズで出力
第三引数	orientation	画像データの向き。画面に表示するときの向きになる

2-2　「閉じる」ボタンのアクションを作る

以下の赤枠のコードを追加しましょう。

状態変数 isShowSheet に「toggle()」を実行すると、「isShowSheet」の値が「false」に設定されて、エフェクト編集画面を閉じて、選択画面に戻ります。「閉じる」ボタンをタップしたときにエフェクト編集画面を閉じます。

▼ エフェクト編集画面を閉じる

```
113             // 「閉じる」ボタン
114             Button {
115                 // ボタンをタップしたときのアクション
116                 // エフェクト編集画面を閉じる
117                 isShowSheet.toggle()
118             } label: {
119                 // テキスト表示する
120                 Text("閉じる")
```

追加

2-3　プレビューで確認

［Live Preview］では、「エフェクト」ボタン、「シェア」ボタンは動きます。
「エフェクト」ボタンをタップするとモノクロになることを確認します。
「シェア」ボタンをタップしたときに、画面下からsheetが表示されることを確認します。

▼ プレビューで確認

エフェクト処理後

シェア画面

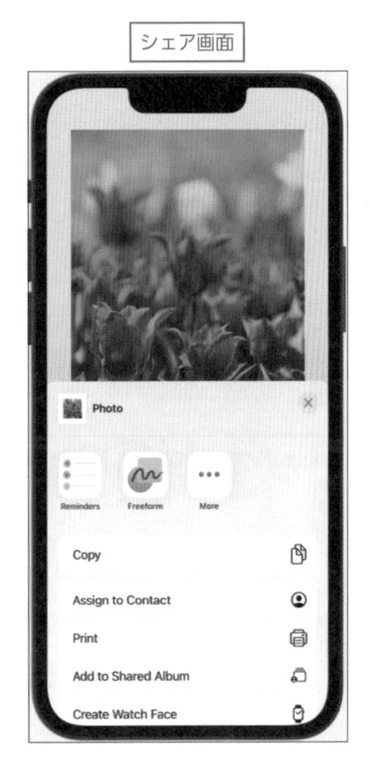

Tips

● sheet（シート）ハーフモーダル

ハーフモーダルは画面半分ぐらいのシートが表示されて、高さが調整できるシートです。表現の幅が広がるので、次の参考ページで学習してみましょう！

【SwiftUI】iOS16+ の sheet ｜ハーフモーダルの使い方とオプションについて
https://blog.code-candy.com/swiftui_sheet_half/

Day 2

Lesson 3-3

選択画面をカスタマイズし、エフェクト機能を追加しよう

このレッスンで学ぶこと

- sheet モディファイアで画面を表示する方法を学びます。
- 写真の状態に応じて、他の画面へ遷移する方法を学びます。

1 選択画面をカスタマイズしよう

カメラアプリを完成させるために、必要な残りの作業を考えてみましょう。

▼ 選択画面と他の画面の連携と必要な修正

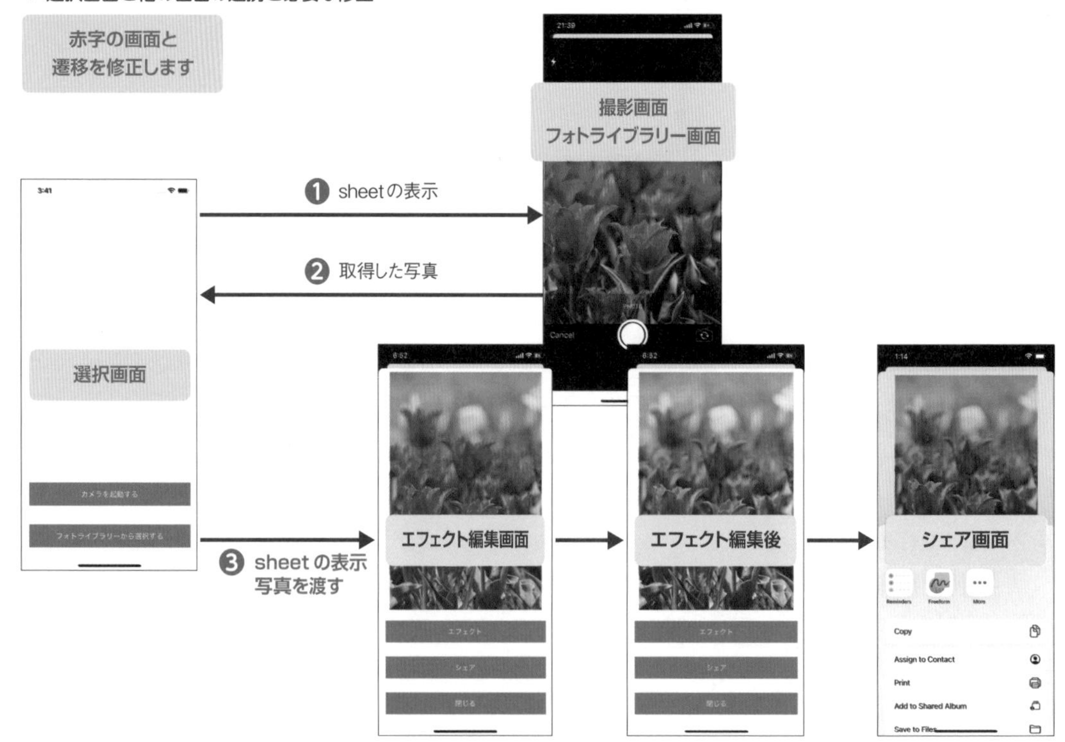

エフェクト機能を利用するために、選択画面を中心に撮影画面・フォトライブラリー画面の各画面を修正します。この修正後に、撮影画面（フォトライブラリー画面）で写真を取得後に、エフェクト編集画面で加工して、シェア画面でシェアするという、一連の流れで動くカメラアプリができます。

アプリが起動した直後の画面である選択画面をカスタマイズします。エフェクト機能は、前のレッスンで作成したEffectView（EffectView.swift）を呼び出すことで実現します。

Xcodeで「ContentView.swift」を選択します。

▼ ContentView.swiftの選択

1-1　シェア機能の削除

今回のレッスンでは、エフェクト後にシェアできるようにします。シェア機能は、エフェクト編集画面（EffectView.swift）でコードを追加しました。選択画面（ContentView.swift）では不要なため、削除します。

以下の青枠のコードを削除しましょう。

▼「SNSに投稿する」ボタンの削除

```
103             }) // .onChange ここまで
104
105             // captureImageをアンラップする
106             if let captureImage {
107                 // captureImageから共有する画像を生成する
108                 let shareImage = Image(uiImage: captureImage)
109                 // 共有シート
110                 ShareLink(item: shareImage, subject: nil, message: nil,
111                           preview: SharePreview("Photo", image: shareImage)) {
112                     // テキスト表示
113                     Text("SNSに投稿する")
114                     // 横幅いっぱい
115                         .frame(maxWidth: .infinity)
116                     // 高さ50ポイント指定
117                         .frame(height: 50)
118                     // 背景を青色に指定
119                         .background(Color.blue)
120                     // 文字色を白色に指定
121                         .foregroundStyle(Color.white)
122                     // 上下左右に余白を追加
123                         .padding()
124                 } // ShareLinkここまで
125             } // アンラップここまで
126         } // VStackここまで
127     } // bodyここまで
128 } // ContentViewここまで
```

削除

1-2 撮影後の写真表示を削除

選択画面では撮影画面で撮影された写真を表示していました。これもエフェクト編集画面で行いますので削除します。

青枠のコードを削除しましょう。

▼ 写真を表示する機能を削除

```
19    var body: some View {
20        VStack {
21            // スペース追加
22            Spacer()
23            // 撮影した写真があるとき
24            if let captureImage {
25                // 撮影写真を表示
26                Image(uiImage: captureImage)
27                // リサイズ
28                    .resizable()
29                // アスペクト比（縦横比）を維持して画面に収める
30                    .scaledToFit()
31            }
32
33            // スペース追加
34            Spacer()
35            // 「カメラを起動する」ボタン
36            Button {
37                // ボタンをタップしたときのアクション
38                // カメラが利用可能かチェック
39                if UIImagePickerController.isSourceTypeAvailable(.camera) {
```

削除

1-3 写真の状態を確認してから次の画面へ遷移

写真があるときとないときで画面の遷移先を変更します。

写真がないときは、撮影画面もしくはフォトライブラリー画面へ遷移して、すでに写真があるときはエフェクト編集画面へ遷移します。

以下の赤枠のコードを追加しましょう。

「カメラを起動する」ボタンをタップしたときに、captureImageは常に「nil」をセットして初期化します。ここで初期化しておくことで、あとで追加するコードで写真があるときとないときで動作の振り分けができるようになります。

▼ 写真を保存する変数の初期化

```
24            // 「カメラを起動する」ボタン
25            Button {
26                // ボタンをタップしたときのアクション
27                // カメラが利用可能かチェック
28                if UIImagePickerController.isSourceTypeAvailable(.c
29                    print("カメラは利用できます")
30                    // 撮影写真を初期化する
31                    captureImage = nil
32                    // カメラが使えるなら、isShowSheetをtrue
33                    isShowSheet.toggle()
34                } else {
35                    print("カメラは利用できません")
36                }
37
38            } label: {
39                // テキスト表示
40                Text("カメラを起動する")
```

追加

以下のようにコードを変更しましょう。変更する箇所に注意してください。「カメラを起動する」ボタンのsheetモディファイアを変更します。変更前と変更後のコードを掲載しますのでよく確認して修正しましょう。

▼ 写真の有無による遷移先の出し分け（変更前と変更後）

変更前

```
51                // 上下左右に余白を追加
52                .padding()
53                // sheetを表示
54                // isPresentedで指定した状態変数がtrueのとき実行
55                .sheet(isPresented: $isShowSheet) {
56                    // UIImagePickerController（写真撮影）を表示
57                    ImagePickerView(isShowSheet: $isShowSheet, captureImage: $captureImage)
58                } // 「カメラを起動する」ボタンのsheetここまで
59
60                // フォトライブラリーから選択する
61                PhotosPicker(selection: $photoPickerSelectedImage, matching: .images,
                      preferredItemEncoding: .automatic, photoLibrary: .shared()) {
```

変更後

```
51                } // 「カメラを起動する」ボタンここまで
52                // 上下左右に余白を追加
53                .padding()
54                // sheetを表示
55                // isPresentedで指定した状態変数がtrueのとき実行
56                .sheet(isPresented: $isShowSheet) {
57                    if let captureImage {
58                        // 撮影した写真がある→EffectViewを表示する
59                        EffectView(isShowSheet: $isShowSheet, captureImage: captureImage)
60                    } else {
61                        // UIImagePickerController（写真撮影）を表示
62                        ImagePickerView(isShowSheet: $isShowSheet, captureImage: $captureImage)
63                    }
64                } // 「カメラを起動する」ボタンのsheetここまで
65
66                // フォトライブラリーから選択する
67                PhotosPicker(selection: $photoPickerSelectedImage, matching: .images,
                      preferredItemEncoding: .automatic, photoLibrary: .shared()) {
```

コード解説 これから、さきほど変更したコードをステップごとに説明します。

撮影画面（フォトライブラリー画面）とエフェクト編集画面の両方とも、「カメラを起動する」ボタンのsheetモディファイアから画面を表示します。

```
if let captureImage {
    （省略）
} else {
    （省略）
}
```

状態変数captureImageがアンラップに成功した（nilでない値が取り出せた）場合は、その値がcaptureImageに格納され、条件結果が「true」になります。captureImageに写真があるので、エフェクト編集画面（EffectView）へ遷移します。

captureImageがnilのときは条件結果が「false」になるために、else節が実行されます。撮影画面でカメラ撮影をする、もしくはフォトライブラリー画面から写真を読み込みます。

```
// 撮影した写真がある→EffectViewを表示する
EffectView(isShowSheet:  $isShowSheet, captureImage: captureImage)
```

前のレッスンで作成したエフェクト編集画面（EffectView）を追加します。

エフェクト編集画面で写真を加工し、エフェクト編集画面からシェア画面へ加工済みの写真を引き渡しつつ、遷移します。そのため、選択画面（ContentView）では加工後（エフェクト編集後）の写真を利用しません。

選択画面ではエフェクト編集画面と写真の共有はしないため、エフェクト編集画面では「let captureImage: UIImage」と通常のプロパティで宣言したことを思い出してください。

▼ エフェクト編集画面でのcaptureImageの宣言

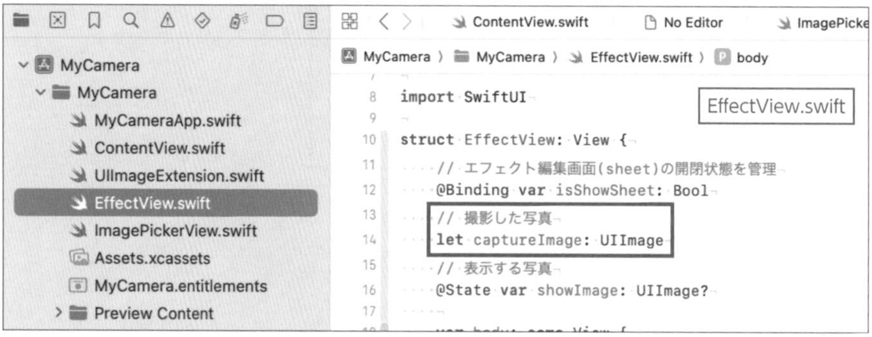

選択画面では、captureImageは状態変数で宣言されています。エフェクト編集画面の引数captureImageには「captureImage」と状態変数に「$」をつけずにセットしています。状態変数の参照ではなく、写真画像データそのものをエフェクト編集画面へ渡していることを理解してください。

2　写真を取得後にエフェクト編集画面へ遷移できるようにしよう

撮影画面（フォトライブラリー画面）とエフェクト編集画面とも「カメラを起動する」ボタンのsheetモディファイアで画面を表示しています。

今のままでは写真を取得後にsheetが閉じてしまい、エフェクト編集画面まで表示されない問題があります。この問題を理解するために、実機転送をしてアプリを動かしてみましょう。

▼ エフェクト編集画面が表示されない

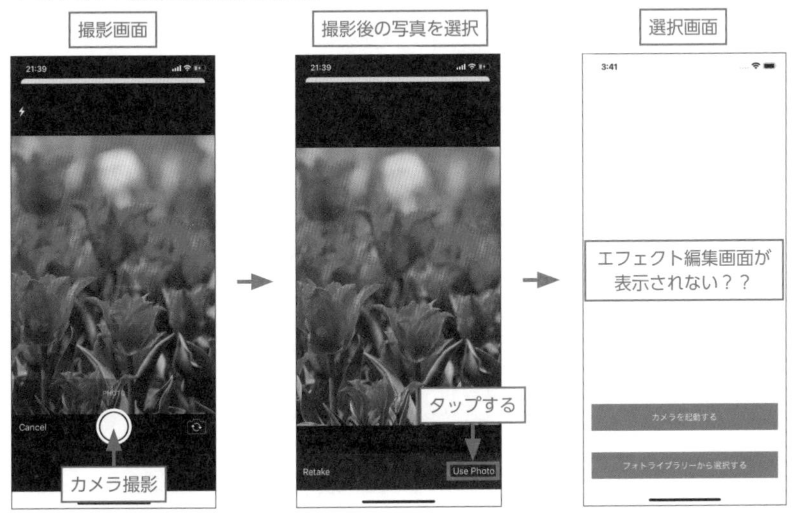

カメラで撮影後の写真で［Use Photo］をタップして確定すると、選択画面に戻ってしまい、エフェクト編集画面が表示されません。［Use Photo］をタップしたあとは、エフェクト編集画面が表示されるのが正しい動きです。

この問題は、撮影が終わったときにsheetを閉じてしまっていることが原因です。撮影後captureImageに写真がある場合は、sheetを再度開くように追加します。

「ContentView.swift」を選択します。

以下の赤枠のコードを追加しましょう。

▼ captureImageに写真がある場合、sheetを開く

```
99              }) // .onChange ここまで
100         } // VStackここまで
101         // 撮影した写真を保持する状態変数が変化したら実行する
102         .onChange(of: captureImage, initial: true, { oldValue, newValue in
103             if let _ = newValue {
104                 // 撮影した写真がある→EffectViewを表示する
105                 isShowSheet.toggle()
106             }
107         }) // .onChange ここまで
108     } // bodyここまで
109 } // ContentViewここまで
110
```

追加

そして、カメラ撮影画面が終了したタイミングで、captureImageに写真をセットするように変更します。このように修正することで、上記のcaptureImageで変化を検知して、エフェクト編集画面を表示することができます。

「ImagePickerView.swift」を選択します。

以下の赤枠のコードを追加しましょう。

▼ 撮影が終わったときに写真をセット

```
21        // イニシャライザ
22        init(_ parent: ImagePickerView) {
23            self.parent = parent
24        }
25
26        // 撮影が終わったときに呼ばれるdelegateメソッド、必ず必要
27        func imagePickerController(_ picker: UIImagePickerController,
              didFinishPickingMediaWithInfo info: [UIImagePickerController.InfoKey :
              Any]) {
28
29            // 撮影した写真をcaptureImageに保存
30            if let originalImage =
                  info[UIImagePickerController.InfoKey.originalImage] as? UIImage {
31                parent.captureImage = originalImage
32            }
33            // sheetを閉じる
34            parent.isShowSheet.toggle()
35        }
36
```

変更前

```
21        // イニシャライザ
22        init(_ parent: ImagePickerView) {
23            self.parent = parent
24        }
25
26        // 撮影が終わったときに呼ばれるdelegateメソッド、必ず必要
27        func imagePickerController(_ picker: UIImagePickerController,
              didFinishPickingMediaWithInfo info: [UIImagePickerController.InfoKey :
              Any]) {
28            // UIImagePickerControllerを閉じる、isShowSheetがfalseになる
29            picker.dismiss(animated: true) {
30                // 撮影した写真をcaptureImageに保存
31                if let originalImage =
                      info[UIImagePickerController.InfoKey.originalImage] as? UIImage
                      {
32                    self.parent.captureImage = originalImage
33                }
34            }
35        }
36
```

変更後

コード解説　これから、さきほど追加したコードをステップごとに説明します。

```
.onChange(of: captureImage, initial: true, { oldValue, newValue in
        (中略)
}) // .onChange ここまで
```

状態変数captureImageが変化すると、クロージャ引数のnewValueに新しい値が格納され、クロージャが実行されます。

captureImageには、カメラ撮影したあとやフォトライブラリーから写真を選んだあとで、写真がセットされます。onChangeモディファイアを使って、captureImageに写真がセットされたタイミングで処理を実行します。

```
if let _ = newValue {
    // 撮影した写真がある→EffectViewを表示する
    isShowSheet.toggle()
}
```

撮影した写真を取り出しています。

captureImageは、起動直後は写真がない状態です。このように写真がない（値がない）こともある変数を「オプショナル変数」と呼びます。オプショナル変数を安全に参照するには、「アンラップ」という処理をします。

「オプショナル」や「アンラップ」に関しては、「COLUMN　オプショナル型とアンラップを理解しよう」（P.194）でも学びました。

ここでは「写真があるのか？」を確認したいだけで、写真は利用しません。そのため、アンラップして取り出した写真を利用しない（省略する）意味で、_（アンダーバー）に代入しています。

写真があるときに「toggle()」を実行して、isShowSheetの値が「true」に変化することで、選択画面からエフェクト編集画面が表示されます。

```
// UIImagePickerControllerを閉じる、isShowSheetがfalseになる
picker.dismiss(animated: true) {
      (省略)
}
```

次に「ImagePickerView.swift」で修正したコードを確認していきます。

ここでのpickerは、デリゲートメソッドimagePickerControllerの引数で指定されています。撮影画面（UIImagePickerController）を示します。dismissメソッドは、モーダルに表示されている撮影画面を閉じます。そしてisShowSheetもfalseに設定されます。dismissの{ }（波括弧）はクロージャになっており、画面を閉じたときに{ }内の処理が実行されます。

▼ dismissメソッドの引数

番号	引数名	内容
第一引数	animated flag	animatedがラベルで、flagが引数名。trueで画面を閉じる処理をアニメーション化する。
第二引数	completion	ViewControllerが終了した後に実行する処理。ここでは撮影画面が閉じられたときに実行する処理を指定する。

```
// 撮影した写真をcaptureImageに保存
if let originalImage = info[UIImagePickerController.InfoKey.originalImage] as? UIImage {
    self.parent.captureImage = originalImage
}
```

dismissメソッドのクロージャで実行される処理は、撮影した画像を取り出し、captureImageにセットする処理です。すでに解説済みのコードです。

dismissメソッドで、撮影画面が終了したあとで、captureImageに写真をセットします。そして、ContentViewのonChangeモディファイアで、captureImageの変化を検知し、isShowSheetをtrueにすることで、エフェクト編集画面を表示します。

以上でカスタマイズは終了です。

「command」+「B」を押してビルドが正常に終了することを確認します。

実機転送をおこない、完成イメージを参考に動作を確認しましょう。

シェア画面からTwitterなどのSNSへの投稿が失敗する場合があります。

失敗する原因は画像サイズです。SNSでは投稿できる画像サイズが決められています。

SNSへの投稿が失敗する場合は、次の「COLUMN カメラアプリで撮影した写真の画像サイズ調整」を参考に画像をリサイズする処理を追加してください。

カメラアプリで撮影した写真の画像サイズ調整

SNSでは投稿ができる写真の画像サイズがあらかじめ決められています。そのために、カメラアプリで撮影した写真の内容によっては、SNSへの投稿が失敗することがあります。

特に、カメラの性能が高い機種では、画素数も高いために失敗することが多くなります。

一般的なアプリでは、カメラで撮影した写真の画像サイズをアプリ内で調整することで解決します。

本書でも、写真の画像サイズを調整するコードを記述します。ですが、本書で取り扱う内容としては高度な内容であるために、細かな説明は割愛します。まずは手を動かして頂いて、「このような方法もある」ぐらいの感覚で作業をすすめてください。

今回は、既存のクラスを拡張するExtension（エクステンション）を用いて、画像を縮小するメソッドを作ります。

1　新しいswiftファイルを追加しましょう

❶ ［ContentView.swift］の上で、「control」キーを押しながらクリックしてサブメニューを表示します。

❷ サブメニューの中から［New File...］を選択します。

▼ 新しいswiftファイルを追加

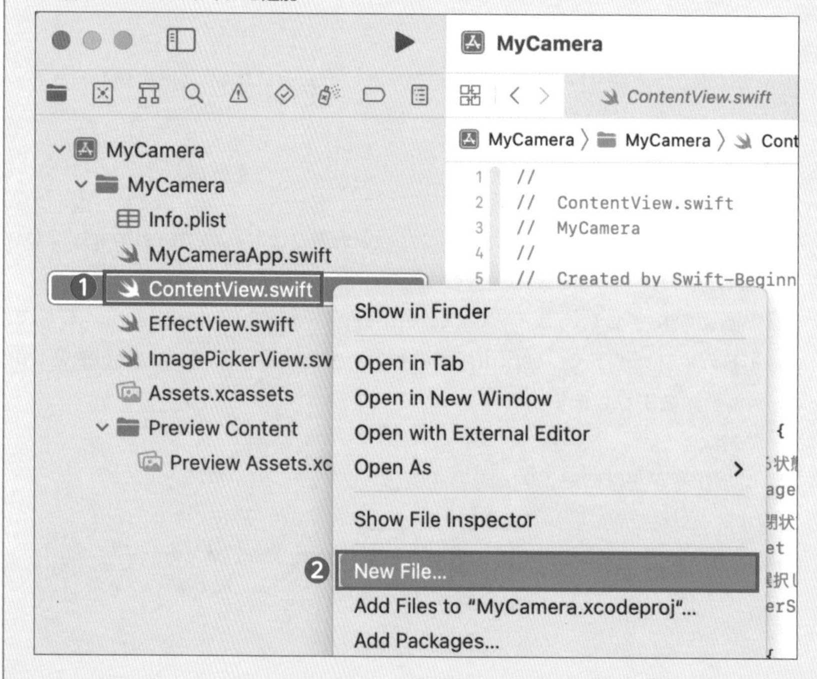

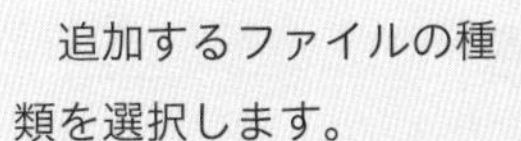

追加するファイルの種類を選択します。

❶ OSの種類で［iOS］を選択します。
❷ ［Swift File］を選択します。
❸ ［Next］をクリックします。

▼ 追加するファイルの種類を選択

追加するswiftファイルを名前をつけて保存します。

❶ ［Save As］に「UIImageExtension.swift」と入力します。
❷ ［Create］をクリックすると、新しいファイル「UIImageExtension.swift」が作成されます。

新しいファイル「UIImageExtension.swift」が追加されていることを確認します。

▼ UIImageExtension.swift

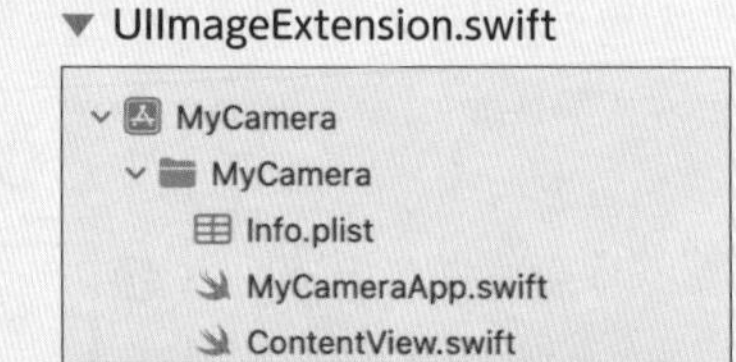

2 画像サイズを縮小するリサイズ機能を作成してみよう

写真の画像サイズを横幅1024pxへ縮小するリサイズ機能を作ります。

リサイズするための詳しい解説は割愛しますが、右図のような手順でリサイズを行います。

▼ 画像サイズをリサイズする手順

元の画像の横幅から1024になるための縮小率を求める

元の画像の長さを縮小率を用いて縮小画像の長さを求める

縮小画像の長さと幅で描画しその画像を返却する

先程、追加した「UIImage Extension.swift」がエディタで表示されていますので、赤枠の箇所のコードを入力してください。

これで、画像サイズのリサイズ機能が完成しました。

▼ 画像をリサイズするためのコードを追加

```
8   import Foundation
9   import UIKit
10
11  extension UIImage {
12      func resized() -> UIImage? {
13          // リサイズの比率を計算
14          let rate = 1024.0 / self.size.width
15          // リサイズ後の画像サイズを計算
16          let targetSize = CGSize(width: self.size.width * rate,
17                                  height: self.size.height * rate)
18          // 新しいサイズに基づいて画像レンダラーを作成
19          let renderer = UIGraphicsImageRenderer(size: targetSize)
20          // 新しいサイズに基づいて元の画像を描画
21          return renderer.image { _ in
22              draw(in: CGRect(origin: .zero, size: targetSize))
23          }
24      }
25  }
26
```

追加

3　リサイズ機能を利用する方法

今回作成したリサイズ機能を利用するための方法を解説します。

カメラアプリでSNSへのシェア機能を修正します。撮影した画像を引き渡す際に「.resized()」を追加します。これにより、画像を利用する際に、Extensionで追加したリサイズの機能で、画像サイズを縮小したのちに利用できるようになります。

具体的には、次のページで掲載されているsheetモディファイアのShareLinkの引数を修正します。

3-1 「Lesson2-4 2 シェア機能を追加しよう」（P.339）

Day2 Lesson2のカメラアプリでは、カメラ撮影とSNS投稿を作っています。ここでのSNS投稿を修正する方法を解説します。

「ContentView.swift」で記述しているShareLinkに渡す画像をリサイズします。

▼「シェア画面を表示させるコード追加」へのリサイズ機能の追加

ContentView.swift

```
65            } // 「カメラを起動する」ボタンのsheetここまで
66
67            // captureImageをアンラップする
68            if let captureImage = captureImage?.resized() {
69                // captureImageから共有する画像を生成する
70                let shareImage = Image(uiImage: captureImage)
71                // 共有シート
72                ShareLink(item: shareImage, subject: nil, message: nil,
73                          preview: SharePreview("Photo", image: shareImage)) {
```

追加

3-2 「1-5 「エフェクト」「シェア」「閉じる」ボタンを追加」（P.358）

「EffectView.swift」で記述しているShareLinkに渡す画像をリサイズします。

▼「sheetモディファイアの追加」へのリサイズ機能の追加

EffectView.swift

```
88            } // 「エフェクト」ボタンここまで
89            // 上下左右に余白を追加
90            .padding()
91
92            // showImageをアンラップする
93            if let showImage = showImage?.resized() {
94                // captureImageから共有する画像を生成する
95                let shareImage = Image(uiImage: showImage)
96                // 共有シート
97                ShareLink(item: shareImage, subject: nil, message: nil,
98                          preview: SharePreview("Photo", image: shareImage)) {
99                    // テキスト表示
```

追加

Day 2 Lesson 3-4

ステップアップ

エフェクト編集画面でフィルタの種類を増やそう

このレッスンで学ぶこと

- 複数のフィルタの切り替え順番を配列で管理することで、配列の使い方を学びます。
- Core Image での代表的なフィルタ種類を学びます。

完成イメージ

エフェクト編集画面で、「エフェクト」ボタンをタップするたびに、別のフィルタを適用して写真を加工します。

▼ ステップアップでの完成イメージ

1 カスタマイズしてみよう

たくさんのフィルタの種類を扱うため、配列を使って管理します。

プログラムでは、フィルタのモノクロは0番というように、取り扱うフィルタをナンバリングします。

そのフィルタの番号がそのまま配列の添字になります。「エフェクト」ボタンがタップされるたびに添字が更新されて、画像のエフェクトがはじまります。

まずは、フィルタの種類を管理する配列から作成しましょう。

配列の基本的な使い方は、「COLUMN 配列（Array）について」（P.218）で解説しています。

1-1 フィルタを管理するための配列と変数を作成

「EffectView.swift」を選択します。

▼「EffectView.swift」を選択

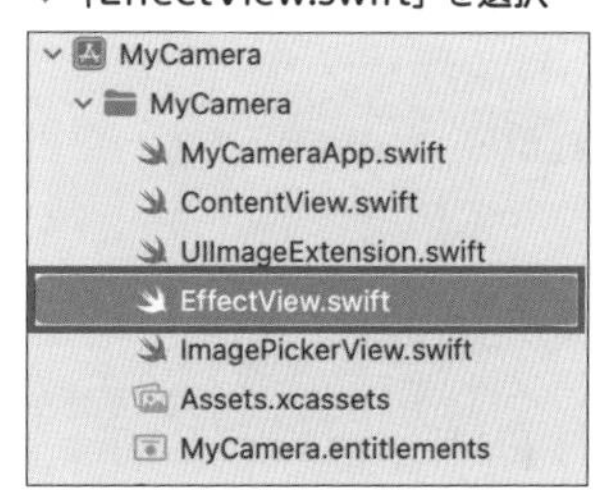

EffectView.swift へ、赤枠のコードを追加しましょう。

フィルタ名を列挙した配列 filterArray を作成します。配列の各要素は「""（ダブルクォーテーション）」で囲まれた文字列を示しています。フィルタ名を文字列で指定していますので、文法チェックがされないため、入力ミスに注意してください。大文字小文字を区別して入力します。

選択されているフィルタを記憶するのが変数 filterSelectNumber です。初期値は「0」ですので、配列 filterArray で0番目のモノクロのフィルタ（CIPhotoEffectMono）を選択します。

▼フィルタを管理する配列と変数の追加

```
15    // 表示する写真
16    @State var showImage: UIImage?
17    // フィルタ名を列挙した配列（Array）
18    // 0.モノクロ
19    // 1.Chrome
20    // 2.Fade
21    // 3.Instant
22    // 4.Noir
23    // 5.Process
24    // 6.Tonal
25    // 7.Transfer
26    // 8.SepiaTone
27    let filterArray = ["CIPhotoEffectMono",
28                       "CIPhotoEffectChrome",
29                       "CIPhotoEffectFade",
30                       "CIPhotoEffectInstant",
31                       "CIPhotoEffectNoir",
32                       "CIPhotoEffectProcess",
33                       "CIPhotoEffectTonal",
34                       "CIPhotoEffectTransfer",
35                       "CISepiaTone"
36    ]
37
38    // 選択中のエフェクト（filterArrayの添字）
39    @State var filterSelectNumber = 0
40
41
42    var body: some View {
```

追加

1-2　フィルタの配列を使うためのカスタマイズ

配列 filterArray を利用して別のフィルタでも加工ができるようにプログラムを修正します。
以下の赤枠のコードを変更・追加しましょう。

▼ 配列 filterArray の利用

```
57                // スペース追加
58                Spacer()
59                // 「エフェクト」ボタン
60                Button {
61                    // ボタンをタップしたときのアクション
62                    // フィルタ名を配列から取得
63                    let filterName = filterArray[filterSelectNumber]
64
65                    // 次回に適用するフィルタを決めておく
66                    filterSelectNumber += 1
67                    // 最後のフィルタまで適用した場合
68                    if filterSelectNumber == filterArray.count {
69                        // 最後の場合は、最初のフィルタに戻す
70                        filterSelectNumber = 0
71                    }
72                    // 元々の画像の回転角度を取得
73                    let rotate = captureImage.imageOrientation
```

変更

追加

コード解説　これから、さきほど追加したコードをステップごとに説明します。

```
// フィルタ名を配列から取得
let filterName = filterArray[filterSelectNumber]
```

「エフェクト」ボタンをタップしたときに、今回、適用できるフィルタ名を取得しています。

最初は、filterSelectNumber に「0」がセットされているので、配列 filterArray から「"CIPhotoEffectMono"」が取得できます。

配列の添字を示す filterSelectNumber を変更することで、配列 filterArray からフィルタ名を取り出します。

```
// 次回に適用するフィルタを決めておく
filterSelectNumber += 1
```

次回に「エフェクト」ボタンをタップされたときのフィルタをここで決めています。

filterSelectNumber はフィルタを適用する番号です。「+1」と加算すると、次回に使うフィルタを指定できます。

「filterSelectNumber += 1」は、「filterSelectNumber = filterSelectNumber + 1」と同じ意味です。

Point

「+=」は、代入演算子「=」、算術演算子「+」の式をシンプルにした書き方です。非常によく利用されますので、慣れておきましょう。
四則演算の場合は、次のようにシンプルに記述することができます。

```
a += 1  // a = a + 1  1 を加算
a -= 1  // a = a - 1  1 を減算
a *= 1  // a = a * 1  1 を乗算
a /= 1  // a = a / 1  1 で除算
```

```
// 最後のフィルタまで適用した場合
if filterSelectNumber == filterArray.count {
    // 最後の場合は、最初のフィルタに戻す
    filterSelectNumber = 0
}
```

filterSelectNumber は、次のフィルタをセットするために常に「+1」加算されます。

配列 filterArray では、フィルタは 9 つしか用意していません。

そのため、filterSelectNumber の数字を、配列 filterArray で用意している範囲を越えた場合に、最初の値「0」に戻します。

もう少し、細かく解説します。

フィルタの適用番号（添字）とフィルタの数（要素数）が、1 つずれていることに注意してください。

filterArray.count は、配列の要素数（フィルタの数）がわかります。種類は 9 つありますので、9 という数値が取得できます。

配列 filterArray の添字を示す、filterSelectNumber は 0 からカウントしていますので、8 が「"Sepia Tone"」の最後のフィルタを示します。ですので、9 になるとフィルタがありません。

「filterSelectNumber == filterArray.count」と比較することで、フィルタが最後まで適用されたことが判定できます。フィルタが最後まで適用されたときは、filterSelectNumber に「0」をセットして最初のフィルタに戻します。

これでアプリは完成です。実機転送を行い完成イメージを参考に動作を確認してください。

2 フィルタの効果を確認しよう

このレッスンで利用したフィルタには、次のような効果があります。

▼ フィルタと効果

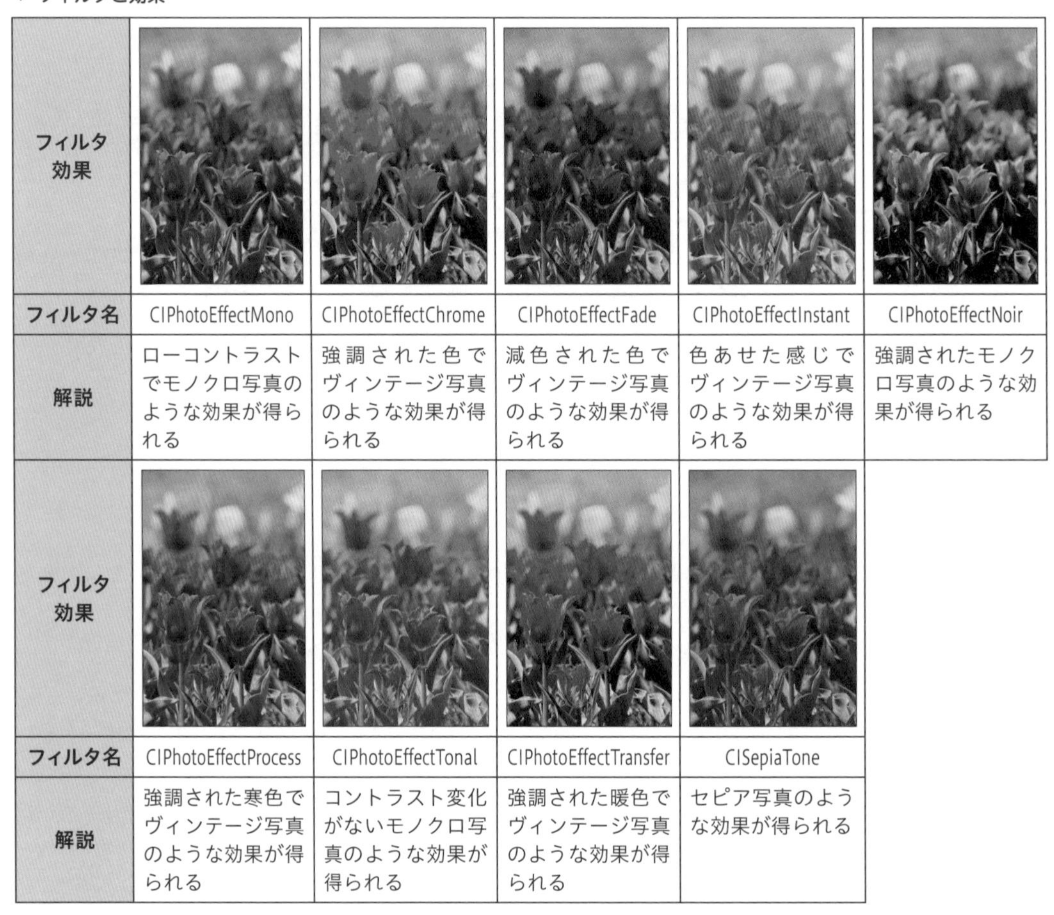

フィルタ効果					
フィルタ名	CIPhotoEffectMono	CIPhotoEffectChrome	CIPhotoEffectFade	CIPhotoEffectInstant	CIPhotoEffectNoir
解説	ローコントラストでモノクロ写真のような効果が得られる	強調された色でヴィンテージ写真のような効果が得られる	減色された色でヴィンテージ写真のような効果が得られる	色あせた感じでヴィンテージ写真のような効果が得られる	強調されたモノクロ写真のような効果が得られる

フィルタ効果				
フィルタ名	CIPhotoEffectProcess	CIPhotoEffectTonal	CIPhotoEffectTransfer	CISepiaTone
解説	強調された寒色でヴィンテージ写真のような効果が得られる	コントラスト変化がないモノクロ写真のような効果が得られる	強調された暖色でヴィンテージ写真のような効果が得られる	セピア写真のような効果が得られる

これでアプリは完成し、ステップアップは終了です。

iPhone の画面を常に縦方向で固定する方法

iPhone を横向けに傾けたとしても、画面は縦方向で固定したいことがあります。
次の手順で、縦方向に固定できます。

▼ 縦方向（Portrait）の設定

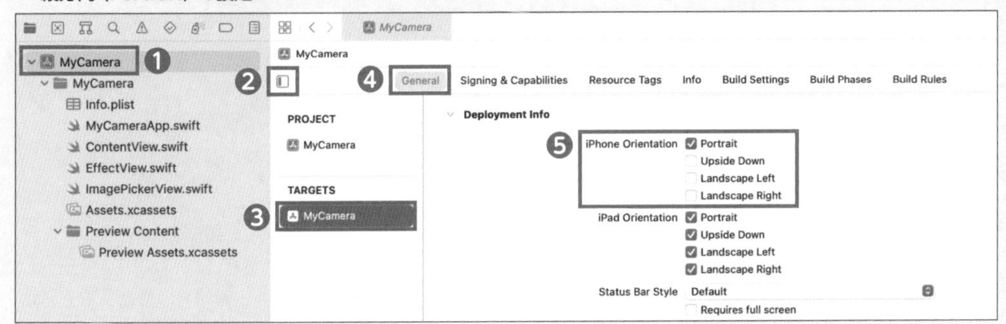

❶ プロジェクトを選択します。
❷ [PROJECT] と [TARGETS] が表示されていないときは、ボタンをクリックして表示させます。
❸ [TARGETS] の [MyCamera] を選択します。
❹ [General] を選択します。
❺ [Deployment Info] カテゴリの [iPhone Orientation] の「Portrait」のみをチェックします。
　※「Portrait」以外はチェックしない。

Orientation の内容は、以下の表を確認してください。

▼ Orientation の日本語訳

Orientation	画面の表示方向（ホームボタンの位置）
Portrait	縦方向（下）
Upside Down	縦方向（上）
Landscape Left	横方向（左）
Landscape Right	横方向（右）

[Landscape Left] や [Landscape Right] のみチェックすることで横方向に固定することもできます。

メソッドの引数ラベルと引数ラベル省略「_（アンダースコア）」について

メソッドのラベルは名前付き引数とも言われます。メソッドの呼び出し側でより引数をわかりやすくするために使います（ラベルを省略した場合は引数名がラベルとして扱われる）。

次の calcSum メソッドのように、メソッドを呼び出す側でラベルを指定することにより、引数の意味を理解しやすくしています。

▼ 引数の意味

```
// 合計：数量×単価
func calcSum(quantity qt: Int, price pc: Int) -> Int {
    return qt * pc // メソッド内では引数を使う
}
// メソッドを呼び出す側
// 第一引数をquantity, 第二引数をpriceで呼び出し
calcSum(quantity: 2, price: 300)
```

もしメソッド名から引数の意味がわかる場合は、引数ラベル省略「_（アンダースコア）」を利用して呼び出す側でラベルを省略することができます。

しかし引数ラベルを省略すると、あとでわかりづらいプログラムになる可能性があるので注意が必要です。

▼ 引数ラベルの省略

```
// デバッグエリアに文字を表示する
func debugMessage(_ message: String) {
    print("\(message)")
}
// メソッドを呼び出す側
debugMessage("デバッグエリアに文字を表示します")
```

ラベルもそうですが、変数名やメソッド名も、どんなデータを保持しているのか、どんな処理をしているのかについて直感的に理解できる名前を付けることが望まれます。

コードを書いたときはその処理の内容を覚えていますが、直感的ではない名前をつけてしまうと、ときが経てば自分自身でも思い出すのが大変です。

さらに、会社で開発するような複数人で開発する場合には、他の人にはもっと伝わりづらくなるので、直感的な名前にするように心がけましょう。

Day 1 Day 2

Lesson

お菓子検索アプリを作ろう
—Web API と JSON の使い方を学ぶ—

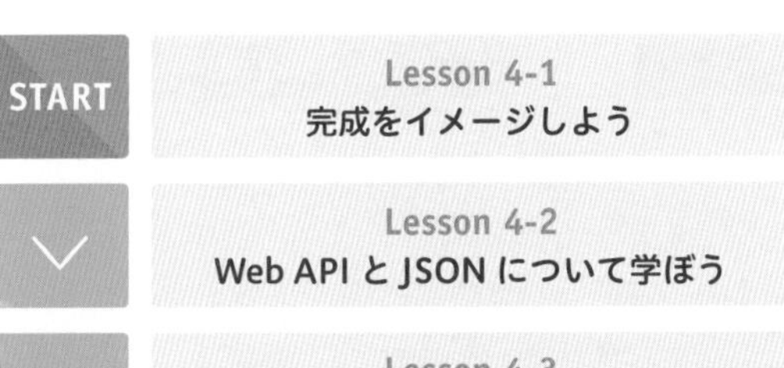

START Lesson 4-1 完成をイメージしよう

Lesson 4-2 Web API と JSON について学ぼう

Lesson 4-3 データ取得用のカスタムクラスを作成しよう

Lesson 4-4 キーワードを入力してお菓子データを取得しよう

GOAL Lesson 4-5 取得したお菓子データを、List で一覧表示しよう

ステップアップ

Lesson 4-6

お菓子の一覧をタップして、
Web ページを表示してみよう

iOS アプリでインターネットを通してデータを取得できると、作りたいアプリの可能性が広がります。

お菓子に関するキーワードが入力されたら、インターネットからお菓子の情報を取得し、アプリの画面に表示するお菓子検索アプリを作ります。

Day 2

Lesson 4-1

完成をイメージしよう

このレッスンで学ぶこと

- お菓子検索アプリの完成イメージから、アプリの操作やアプリでできることを理解します。
- 検索窓を設置したり、キーワードでお菓子を探してタイトルを一覧表示したりといった、作業の予測を立てます。

完成イメージ

お菓子検索アプリは、お菓子に関するキーワードの入力が終わると、インターネットからキーワードを含むお菓子の情報を取得します。

取得したお菓子の情報を整理して、お菓子の画像と名称を一覧で表示します。お菓子の情報の検索と取得には、「お菓子の虜 Web API」を活用します。

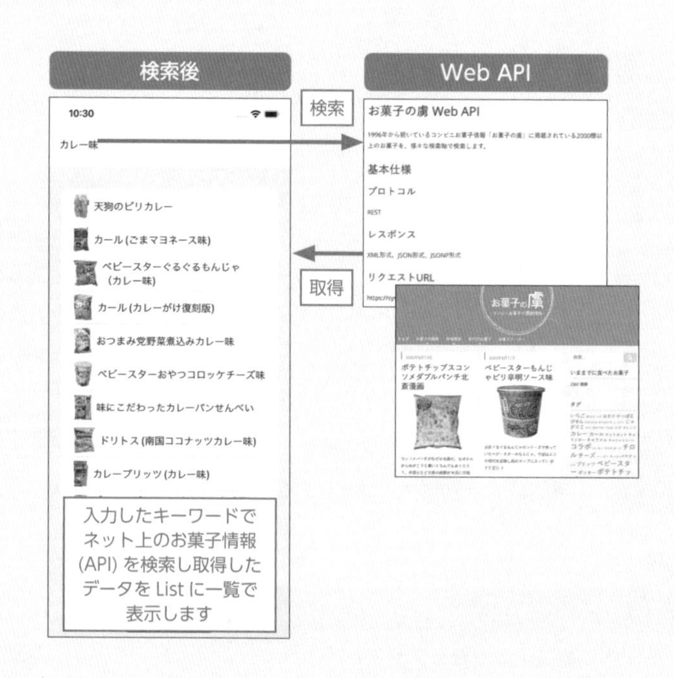

部品レイアウト

- 検索するキーワードを入力するための View である、TextField を配置します。
- 検索結果を一覧表示するための View である List を配置します。
- Swift macros の @Observable マクロを利用して、外部ファイルから取得したデータを自動で一覧に表示する方法を学びます。

Point

Swift 5.9 で新しく「Observation（オブザベイション）」と「Swift macros（スウィフト マクロ）」が導入されました。

・Observation は、SwiftUI でデータの状態変化を監視するための機能です。
・Swift macros は、Swift の機能を拡張するための機能です。 Swift macros を使用すると、コードを簡潔に記述したり、新しい機能を追加したりすることができます。

「@Observable」は、事前に Apple が提供しているマクロのひとつです。

ユーザー操作

- TextField でキーワードを入力します。
- キーワードを含むお菓子の情報が取得されて、List に一覧で表示されます。

Point

TextField に入力されたキーワードを受け取り、Web API を利用してリクエスト（要求）を送ります。リクエストのレスポンス（結果）として、データ（JSON）を取得します。
データは変換して必要な情報を取り込み、お菓子の画像とタイトルを List へセットします。
Observation と Swift macros の @Observable マクロを組み合わせて実装することで、状態の変化を監視し、UI を動的に更新する方法について学びます。
この技術は、複雑なアプリケーションを開発する際に非常に役立つため、ぜひ習得しておきたい技術です。

Day 2

Lesson 4-2

Web API と JSON について学ぼう

このレッスンで学ぶこと

- インターネットで公開されている Web API（ウェブエーピーアイ）を体験して学習します。
- JSON（ジェイソン）というデータ形式について学びます。

1 Web API の基本的な仕組みを学ぼう

1-1 Web API とは

▼ Web API リクエストとレスポンス

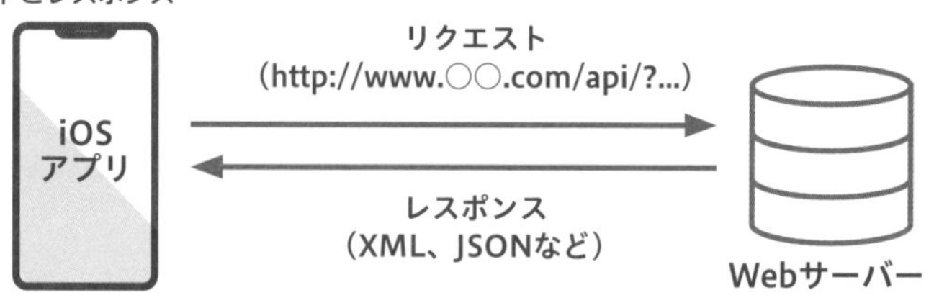

お菓子検索アプリでは、Web API を活用します。

API とは「Application Programming Interface」のことで、**プログラムから呼び出して利用するための手順や規約（ルール）**を指します。

Web API は、HTTP（http:// からはじまる URL）、もしくは HTTPS（https:// からはじまる URL）を通じてアクセスすることができ、インターネット上で公開されている情報をより多くの人に効率的に使ってもらうために、ある一定のルールや手続きを決めている Web 用の API です。

Web API では、URL でアクセスすることを**「Request」（リクエスト）**と呼びます。そして、リクエストの結果、返されてくるデータ（状態や JSON、XML ファイル）のことを**「Response」（レスポンス）**と呼びます。

たとえば、ブラウザを起動して URL 欄に次の URL を入力してみてください。ブラウザとは、Mac に最初からインストールされている「Safari」のことです。Google が開発した「Chrome」など、他にも種類がありますが、本書では「Safari」を起動して確認します。

```
https://sysbird.jp/toriko/api/?apikey=guest&keyword=カレー味&format=json
```

▼ リクエスト URL とレスポンスデータ

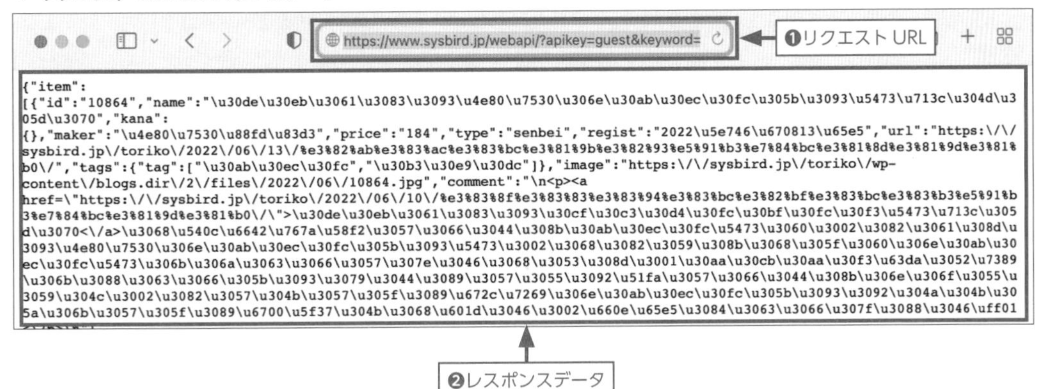

上記の URL を❶「リクエスト URL」と呼びます。入力して、キーボードの「Enter」を押してください。

ブラウザに表示されるデータを、❷「レスポンスデータ」と呼びます。たくさんのデータが取得され、ブラウザ内に表示されていることが確認できます。

2 JSON と XML について学ぼう

2-1 JSON と XML の概要

Web API のリクエストの結果として返されてくるデータには、いくつかのデータフォーマット（データの形式）があります。

これらのデータフォーマットも多くの人が利用しやすいようにルール付けされています。主流となっているデータフォーマットには、**JSON** と **XML** があります。

JSON は「ジェイソン」と読み、「JavaScript Object Notation」の略です。JSON は少ない記述量でデータを表現することができるため、よく使われます。本書でも JSON を利用します。

● **ブラウザの表示方法**

ブラウザでデータを表示する方法として、「HTML」と呼ばれる「マークアップ言語」が使用されます。

HTML は動きのない情報は表示できますが、データを表示するタイミングで最新のデータを取得して出力するような、動きのある情報を出力する場合には、**「JavaScript（ジャバスクリプト）」**と呼ばれるプログラミング言語を利用する必要があります。

JSON は、JavaScript をベースとしているデータフォーマットであるため、受信したあとの JavaScript へのデータ引き渡しが容易に行えます。現在は、JavaScript 以外にもさまざまなプログラミング言語での利用が広がっています。

XML は「エックスエムエル」と読み、「Extensible Markup Language」の略です。

開始タグと終了タグでデータを囲むことで、データに意味を持たせることができます。タグは自由に設定することができます。

2-2　データフォーマットの確認

JSON と XML のデータフォーマットを確認しましょう。

■ JSON のデータフォーマット

JSON は、数値、文字列、真偽値、配列、オブジェクト、null のデータを文字列で表現できます。

▼ JSON のデータフォーマット

```
{
  "item": [
    {
      "id": "10294",
      "name": " 小さなばかうけ揚げカレー味 ",
      "kana": {},
      "maker": " 栗山米菓 ",
      "price": {},
      "type": "senbei",
      "regist": "2020 年 7 月 27 日 ",
      "url": "https://sysbird.jp/toriko/2020/07/27/%e5%b0%8f%e3%81%95%e3%81%aa%e
```

Point

JSON のデータフォーマットでは、[... データ ...]（角括弧）は配列を示し、{... データ ...}（波括弧）はオブジェクトを示します。

""（ダブルクォーテーション）で囲むことで文字列を示します。

XML のデータフォーマット

XML は、開始タグと終了タグでデータを囲みます。タグを使うことで、データに意味を与えることができます。配列やオブジェクトにも変換可能です。

▼ XML のデータフォーマット

```
▼<okashinotoriko>
  ▼<item>
     <id>10294</id>
     <name>小さなばかうけ揚げカレー味</name>
     <kana/>
     <maker>栗山米菓</maker>
     <price/>
     <type>senbei</type>
     <regist>2020年7月27日</regist>
    ▼<url>
       https://sysbird.jp/toriko/2020/07/27/%e5%b0%8f%e3%81%95%e3%81%aa%e3
     </url>
    ▼<tags>
       <tag>ばかうけ</tag>
       <tag>カレー</tag>
```

```
<item>   // 開始タグ
  <id>10294</id>
</item>  // 終了タグ
```

Point

XML のデータフォーマットでは、＜データ＞で囲まれたものをタグといいます。データを開始タグと終了タグで挟んで意味づけします。

2-3 メリットとデメリット

使用頻度の高い、JSON と XML のメリットとデメリットをまとめておきましょう。

▼ JSON と XML のメリット、デメリット

データフォーマット	メリット	デメリット
JSON	簡易な記述文法でデータに意味を持たせることができる。XML と比べてデータが軽量になる傾向がある	コメントを記述することができない
XML	タグが自由に設定可能で、データに意味を持たせることができ、構造化ができる	JSON よりもデータサイズが大きくなりやすい。必ずタグで囲む必要があり、開始タグと終了タグの記述ミスが発生しやすい

3 ブラウザで Web API を使ってデータを取得してみよう

3-1　本書で使用する Web API

本書で使用する Web API の内容を確認します。

▼ 使用する Web API の内容

項	内容
Web API 名	「お菓子の虜」Web API
掲載サイト	https://sysbird.jp/toriko/webapi/
リクエスト URL	https://sysbird.jp/toriko/api/
利用規約	詳細は「掲載サイト」でご確認ください

▼「お菓子の虜」Web API

3-2　基本パラメータ

Web API を使用する上で基本となるパラメータです。パラメータの項目は、掲載サイトから必要な項目のみを抜粋して記載しています。

ここでのパラメータとは、Web サーバーの動作をコントロールするための付加情報のことです。
Web API では、パラメータを指定することで、データの並べ替えをしたり、取得できる件数を制限したりと、細かく動作をコントロールすることができます。

▼ 基本パラメータ

パラメータ	項目名	説明	必須
apikey	API キー	“guest” 固定	○
format	レスポンスの形式	xml（デフォルト）、json、jsonp	

3-3 お菓子の検索パラメータ

お菓子の検索リクエストの際に使う、検索用のパラメータです。

▼ お菓子の検索パラメータ

パラメータ	項目名	説明	必須
id	お菓子 ID	掲載番号で検索	※
type	お菓子の種類 ID	1～5: お菓子の種類 ID。99 を指定した場合は限定お菓子を取得	※
year	掲載年・掲載年で検索	1996 年以降を 4 桁の数字で指定	※
keyword	キーワード	お菓子の名称で部分一致検索、UTF-8 で URL エンコーディング	※
max	取得数	1 回のリクエストで取得する件数	
order	ソートの順序の指定	a: 古い順　d: 新しい順（デフォルト）　r：ランダム	

※：いずれか必須

3-4 レスポンスのデータフォーマット

右記が、検索後に Web サーバーから返されるレスポンスのデータフォーマットです。

「status」には通信の成功の有無と、「count」には検索結果の件数が格納されています。また「item」の中には、「id」「name」等の複数のデータが配列として格納されています。

▼ レスポンスフォーマット（データ項目）

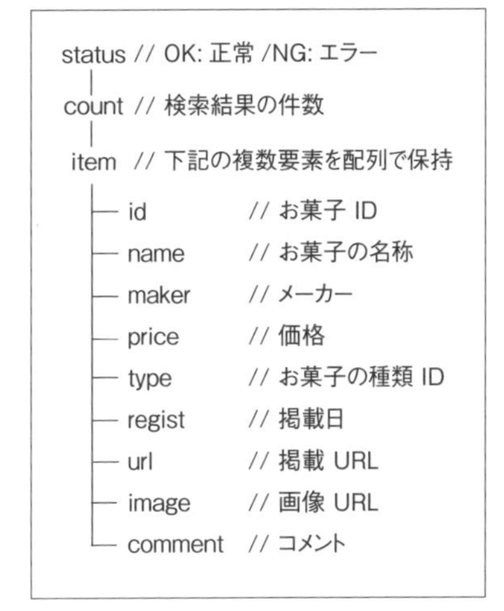

3-5 リクエスト URL の組み立て

また、Web API ではある法則に従って、リクエストを行う URL を組み立てます。このことを**リクエスト URL** といいます。

▼ リクエスト URL の基本的な構造

```
https://sysbird.jp/toriko/api/?apikey=guest&keyword=カレー味&format=json
```

❶ https://sysbird.jp/toriko/api/
❷ apikey=guest&keyword=カレー味&format=json

基本となるリクエスト URL が、❶「https://sysbird.jp/toriko/api/」の部分です。

そのあとの❷以降はパラメータです。**「?」(クエスチョン)がパラメータの開始を意味**します。パラメータは「パラメータ名 = 値」で、**複数のパラメータがあるときには「&」(アンパサンド)で連結**します。

3-6　ブラウザにリクエスト URL を入力してレスポンスデータを確認

Web API の扱いに慣れるために、ブラウザを使って確認します。実際に「お菓子の虜 Web API」を使って、レスポンスデータを取得してみましょう。

ブラウザに次の URL を入力してください。

▼ キーワードが「カレー味」、取得件数が「10 件」で検索する場合のリクエスト URL の例

```
https://sysbird.jp/toriko/api/?apikey=guest&keyword=カレー味&format=json&max=10
```

▼ リクエスト URL とレスポンスデータ

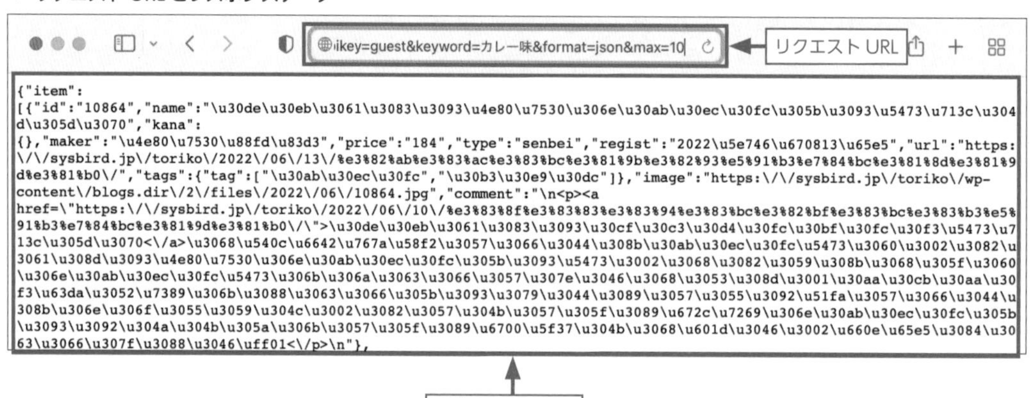

URL 欄にリクエスト URL を入力して「enter」キーを押します。しばらくすると、レスポンスデータとして JSON が表示されます。一般的には、JSON は圧縮されていたり、エンコードされたりしています。**エンコードとは、全角文字や制御文字を、問題なく送信するために半角文字に置き換える技術**です。

このままでは確認しづらいので、JSON の中身を確認しやすくするために、整形をおこない、**デコード(エンコードから復元する技術)**をする必要があります。

今回は、次の Web サービスを使って整形とデコードを体験します。

▼ JSON Pretty Linter：Syncer

Point

JSON Pretty Linter：Syncer

https://lab.syncer.jp/Tool/JSON-Viewer/

オンライン上で、JSON の整形と構文チェックが行える Web サービスです。使い方はとても簡単です。JSON Pretty Linter をブラウザで開いてください。

▼ レスポンスデータをコピーする

次に、先ほどブラウザに表示したレスポンスデータ（JSON）をコピーします。

「command」+「A」を実行すると、全体を選択できるので、「commnad」+「C」でコピーをします。

▼ 整形とデコードを行う

JSON Pretty Linter へアクセスします。

❶ ［整形前］に、先ほどコピーした JSON を貼り付けます。自動的に整形とデコードが行われます。
❷ 結果は［コピー用］に、デコード後の JSON が表示されます。

エンコードされていた文字列がデコードされてお菓子の名前などが日本語で表現されます。改行とインデントも付けてくれるので、データの構造が理解しやすい形で確認できます。

ここまで、Web API の活用のためにブラウザを使って JSON の確認を行ってきました。次からは、実際にアプリでの実装方法を学びます。

Day 2

Lesson 4-3

データ取得用のカスタムクラスを作成しよう

このレッスンで学ぶこと

- 検索したいワードを入力する TextField と、結果を表示する List を配置します。
- カスタムクラスの作成方法を学びます。

1 プロジェクトを作成しよう

Choose options for your new project:

Product Name: MyOkashi
Team: None
Organization Identifier: Swift-Beginners
Bundle Identifier: Swift-Beginners.MyOkashi
Interface: SwiftUI
Language: Swift
Storage: None
Host in CloudKit
Include Tests

Cancel　Previous　Next

Xcode を起動して、プロジェクトを作成します。［ProductName］には「MyOkashi」と入力しましょう。

プロジェクトの作成方法がわからない場合は、「Day 1 Lesson 2-4 Xcode を起動して、プロジェクトを作成しよう」（P.39）を確認してください。

2 データの流れを確認しよう

お菓子アプリでは、お菓子の検索画面は、「ContentView.swift」で画面を組み立て、一覧表示する処理を実装します。

また、Web API からのデータ取得処理は新規に、「OkashiData.swift」というカスタムクラスを作成して実装します。 画面とデータ取得ロジック、Web API の構成を念頭に置いて開発を進めていきましょう。

▼ 画面とファイルの構成

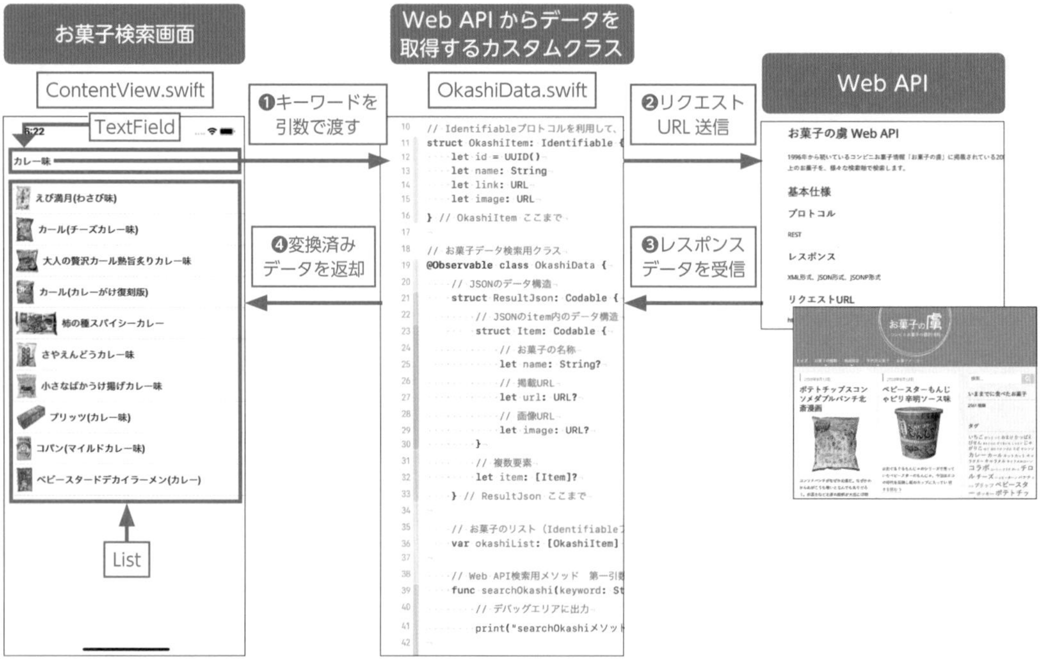

お菓子検索画面
ContentView.swift
TextField
List
❶キーワードを引数で渡す
Web API からデータを取得するカスタムクラス
OkashiData.swift
❷リクエストURL 送信
❸レスポンスデータを受信
❹変換済みデータを返却
Web API

入力された文字を受け取ることができる TextField を、ContentView.swift に配置します。

OkashiData.swift で取得したデータを表示するために、List も配置します。

また、OkashiData.swift に、お菓子データを取得するクラス（OkashiData）を作成します。

今まで用意されているクラスを利用してきましたが、独自のクラス（カスタムクラス）を作成する方法を学びましょう。

Point

クラスはデータ構造を作る仕組みです。

共有のフォーマットでデータを扱うことができるため、楽にデータを管理することができます。

2-1 データ取得用に、新規 Swift ファイルを作成しよう

先に、お菓子データ取得用の OkashiData.swift を作成します。

▼ Web API データ取得用のファイルを追加

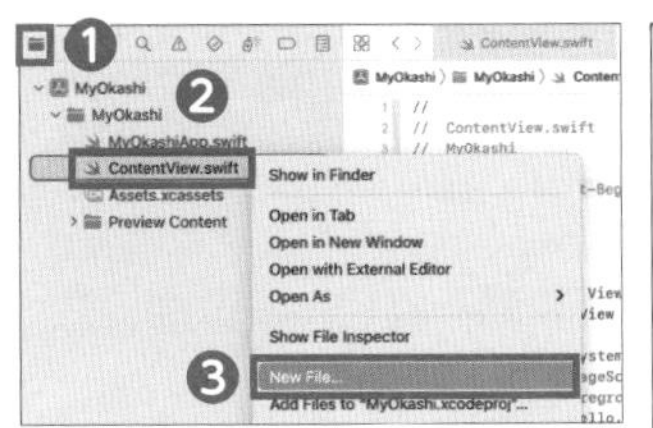

❶ [Project navigator] の MyOkashi 内の適当な場所で、
❷ 右クリック、もしくは [control] キーを押しながらクリックして、サブメニューを表示します。
❸「New File...」を選択します。
今回は画面ではなくデータ取得ロジックを実装するファイルを作りたいので、❹ [iOS] →❺ [Swift File] を選択して、❻ [Next] をクリックします。
❼ [Save As] に、追加するファイルの名前を入力します。
この設定は任意なので、わかりやすい名前を付けましょう。ここでは、お菓子データを取得するファイルを作りたいので、「OkashiData.swift」とします。
❽ [Create] をクリックします。

「OkashiData.swift」が作成されていることを確認します。

▼ ファイルの作成を確認

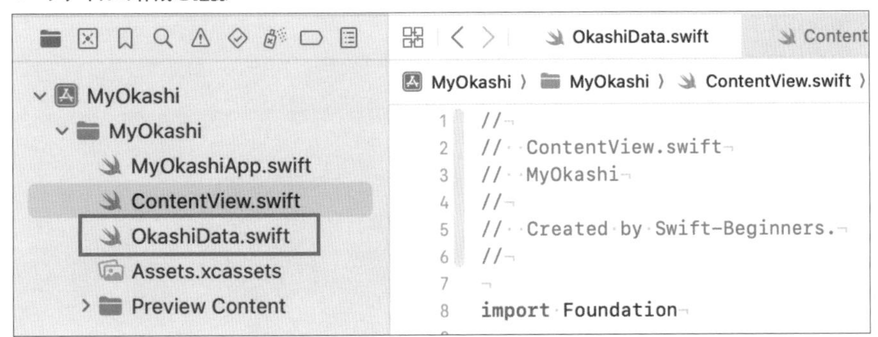

2-2 データ取得用の検索メソッドを作成しよう

この後、お菓子検索画面（ContentView.swift）で TextField を配置し、入力された文字を受け取ります。

その受け取った文字を、OkashiData.swift に渡して、検索用のメソッドで、Web API へのデータ取得処理を実装します。

まずは、ContentView.swift から、OkashiData.swift を呼び出す処理を実装します。OkashiData.swift で受け取った文字をデバッグエリアに出力をして連携を確認してみましょう。

次の青枠のコードを削除して、赤枠のコードを追加してください。

▼ クラスと検索用メソッドの作成

❶ 先ほど作成した、OkashiData.swift を表示させます。
❷ 青枠のコードを削除してください。
❸ 赤枠のコードを追加してください。

コード解説 これから、さきほど追加したコードをステップごとに説明します。

```
import SwiftUI
```

この後解説する、@Observable マクロを利用するために、SwiftUI をインポートします。

「import Foundation」を削除する理由は、SwiftUI が利用できると Foundation も利用できるようになるためです。なぜなら、SwiftUI の内部で「import Foundation」を行っているからです。

```
// お菓子データ検索用クラス
@Observable class OkashiData {
        （省略）
}
```

class の前に、@Observable マクロを指定します。

@Observable マクロは、struct（構造体）では、利用することができません。class（クラス）で定義する必要があります。

@Observable マクロは、カスタムクラス内でデータの状態を管理するために利用します。詳しくは、「Day2 Lesson 4-5 取得したお菓子データを、List で一覧表示しよう」（P.429）で解説をします。

Point

class は、struct と同様に複数のプロパティやメソッドを管理できます。
struct は値型（value type）でデータが作成され、class は、参照型（reference type）で作成される違いがあります。
クラスについては、「COLUMN クラス（Class）について」（P.237）で解説をしています。

```
// Web API検索用メソッド　第一引数：keyword 検索したいワード
func searchOkashi(keyword: String) {
    // デバッグエリアに出力
    print("searchOkashiメソッドで受け取った値：\(keyword)")
} // searchOkashi ここまで
```

searchOkashi の「(...)」内が、「keyword: String」となっています。keyword が引数で、String がデータ型で文字列型を示しています。

あとで、お菓子検索画面（ContentView.swift）に、TextField を配置して、キーワードが入力されたタイミングで、検索用メソッド searchOkashi を実行するコードを書きます。

TextField で入力後に、searchOkashi メソッドが実行されます。その際に、入力されたキーワードが、指定されているデータ型（String 型）のデータとして引数の keyword にセットされます。

print 文でデバッグエリアに出力して動作確認をします。

2-3　TextField を配置しよう

次に、お菓子検索画面（ContentView.swift）に、検索キーワードを入力できる、TextField を配置します。

次の赤枠のコードを追加してください

▼ プロパティの定義

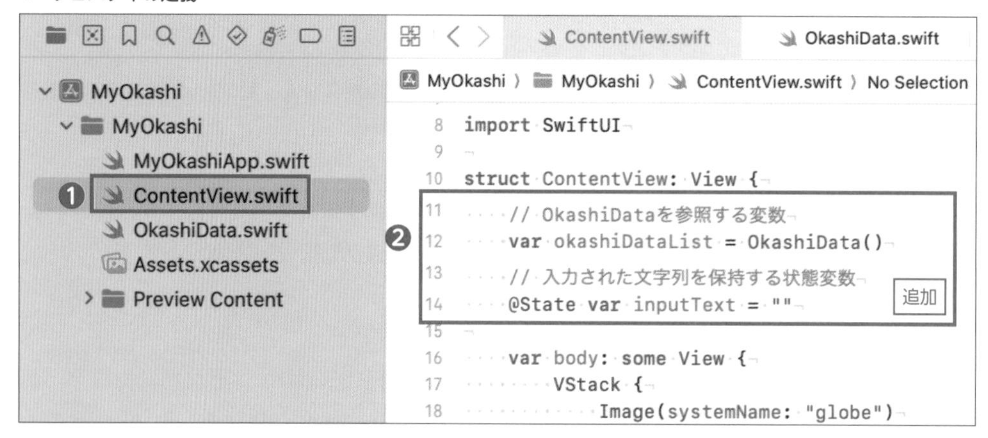

❶ ContentView.swift を選択します。
❷ 赤枠のコードを追加します。

コード解説　これから、さきほど追加したコードをステップごとに説明します。

```
// OkashiDataを参照する変数
var okashiDataList = OkashiData()
```

先程作成したクラス、OkashiData のインスタンスを作成しました。

インスタンスとは、クラスや構造体から生成された実体のことです。

クラスや構造体はその定義があくまで雛形で、そのままでは利用ができません。

インスタンスを生成することで、それらの雛形がコンピュータのメモリにロード（読み込み）され、利用が可能になります。また、各インスタンスはそれぞれ独自の状態（プロパティ）を持つことができます。

```
// 入力された文字列を保持する状態変数
@State var inputText = ""
```

TextFieldに入力された文字を保持する変数を宣言しています。
後ほど、TextFieldを配置して、状態変数inputTextで検索キーワードを受け取れるように宣言をします。
青枠のコードを削除してください。

bodyの中に記述されているコードを削除します。

▼ コードの削除

```
10 struct ContentView: View {
11     // OkashiDataを参照する変数
12     var okashiDataList = OkashiData()
13     // 入力された文字列を保持する状態変数
14     @State var inputText = ""
15 
16     var body: some View {
17         VStack {
18             Image(systemName: "globe")
19                 .imageScale(.large)
20                 .foregroundStyle(.tint)
21             Text("Hello, world!")
22         }
23         .padding()
24     } // body ここまで
25 } // ContentView ここまで
```

削除

赤枠のコードを追加してください。

▼ TextFieldの配置

❶ bodyプロパティの「{ }」ブロックの中に、VStackで囲んだTextFieldを記述します。
❷ プレビューで、入力欄（TextField）が表示されることを確認してください。

コード解説 これから、さきほど追加したコードをステップごとに説明します。

```
// 文字を受け取るTextFieldを表示する
TextField("キーワード",
          text: $inputText,
          prompt: Text("キーワードを入力してください"))
```

TextField の 1 つ目の引数は、多言語対応で使われるタイトルキーです。今回は利用しないため適当な名前（" キーワード "）に設定します。

2 つ目の引数の text では、**@State で宣言した状態変数に接頭辞「$」をつけることで、状態変数の値を参照渡し**しています。参照渡しは参照型と同じ概念で、引数に渡す変数のメモリを共有します。Text と違って、TextField は画面上でデータの入力を受け付けることができ、その値を @State を付与した状態変数で受け取る必要があります。そのため、状態変数と TextField で同じデータを共有するために状態変数を参照型で指定します。

参照型については、「COLUMN クラス（Class）について」（P.237）で解説をしています。

また、今回の、inputText は、searchOkashi に引数として指定して実行をしているだけで、View には反映させていませんが、「$」を付けて @State へのバインディングをする必要があります。

3 つ目の引数の prompt は、プレースホルダー（入力欄に表示するメッセージ）です。

```
.onSubmit {
    // 入力完了直後に検索をする
    okashiDataList.searchOkashi(keyword: inputText)
} // .onSubmit ここまで
```

.onSubmit は、TextField のモディファイアです。TextField の入力が確定したタイミングで実行する処理を書きます。

ここでは、先ほど作成したお菓子検索用メソッド「searchOkashi」に TextField で受け付けたデータである inputText を引数として渡して実行しています。

TextFieldのデザインを整えましょう。

赤枠のコードを追加してください。

TextFieldのsubmitLabelモディファイアで「.search」を指定すると、入力を確定するボタンの名前を「改行」から「検索」に変更することができます。

▼ TextFieldのボタンの名前を変更

```
16      var body: some View {
17          // 垂直にレイアウト（縦方向にレイアウト）
18          VStack {
19              // 文字を受け取るTextFieldを表示する
20              TextField("キーワード",
21                        text: $inputText,
22                        prompt: Text("キーワードを入力してください"))
23              .onSubmit {
24                  // 入力完了直後に検索をする
25                  okashiDataList.searchOkashi(keyword: inputText)
26              } // .onSubmit ここまで
27              // キーボードの改行を検索に変更する
28              .submitLabel(.search)
29              // 上下左右に空白を空ける
30              .padding()
31          } // VStack ここまで
```

追加

コードを追加したら、シミュレータを実行してみましょう。

❶ ここでは、iPhone 14を選択していますが、お好きなデバイスを選んでください。
❷ ▶ [Run]を実行します。

▼ シミュレータの実行

▼ キーボードの表示方法

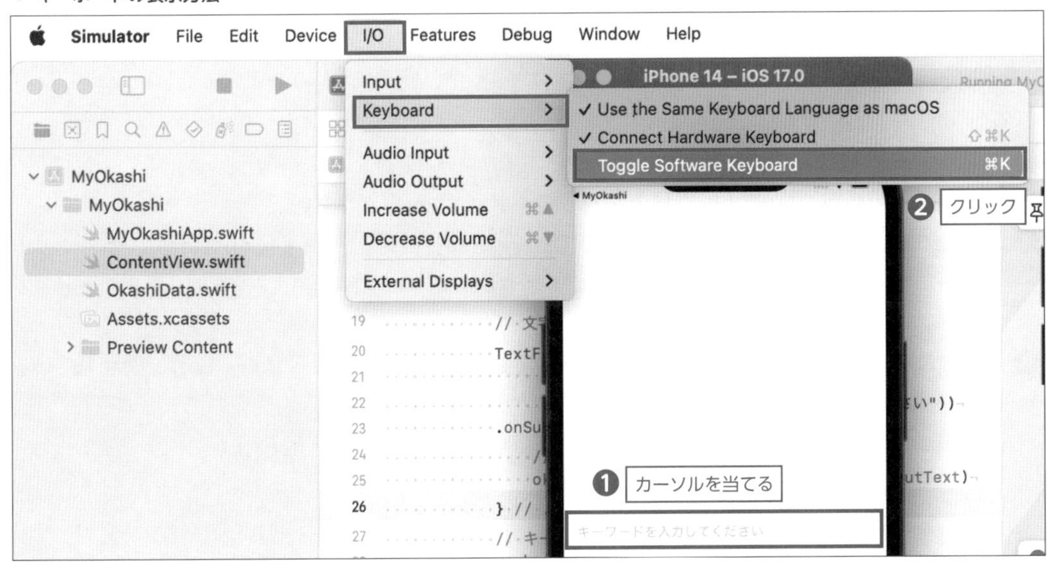

❶ カーソルを、シミュレータの TextField に当てて検索キーワードを入力してください。
パソコンのキーボードでも入力はできますが、iPhone のキーボードを表示させる方法も確認しましょう。

❷ シミュレータを選択している状態で、メニューの［I/O］→［Keyboard］→［Toggle Software Keyboard］をクリックしてください。

▼ シミュレータで確認

デバッグエリアの確認

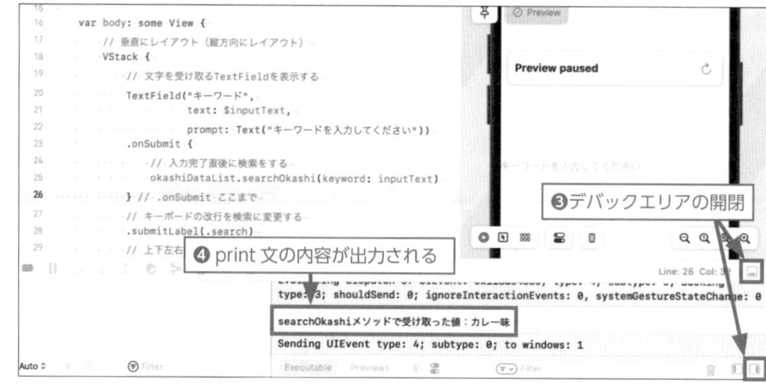

❶ シミュレータが起動したら検索したいキーワード「カレー味」を入力します。

❷［検索］という名前になっていることを確認して、ボタンをタップします。

❸ Xcode に戻ります。デバッグエリアは［Debug area］ボタンと、［Console］ボタンをクリックすることで開閉します。デバッグエリアが表示されていない場合は、ボタンを押して表示させてください。

❹ 複数のログ情報が出力されますが、その中で❶で入力したキーワード「カレー味」が出力されていることを確認しましょう。

2-4 非同期処理を実装しよう

これまでで、画面から検索キーワードの入力を受け付けて、検索用のsearchOkashiメソッドまで検索キーワードを引き渡すことは確認できました。

この検索キーワードを利用して、Web APIに検索を行う実装を行いますが、そのWeb API検索処理は非同期で行う必要があります。

非同期とは、今の処理の終了に関係なく、次の処理を行うことです。つまり、実行して後から結果を受け取ることができます。

Web APIにリクエストURLを送信してレスポンスデータを受信するまでにタイムラグが発生しますが、そのデータ受信の完了を待たずにアプリの他の処理を行うことができます。

非同期処理については、「COLUMN 同期処理と非同期処理」（P.426）で解説していますので、参考にしてください。

Swift 5.5で、並行処理を行うフレームワークであるSwift Concurrencyが追加されました。構造化された方法で非同期と並列のコードを書くためのサポートが組み込まれています。
iOSで並行処理を行うための新しい方法を導入し、Swiftのコードをより簡潔かつ安全に記述することができます。

Swiftにおける Task（タスク）は、Swift Concurrencyの一部です。**Taskは、async（エイシンク）/await（アウェイト）を利用してメソッドを呼び出し、非同期メソッドから並行環境を作成することを可能にします。**

Web APIに非同期で検索を行うsearchメソッドを作成し、searchOkashiメソッドから利用できるようにします。

OkashiData.swiftを選択して、赤枠のコードを追加してください。

▼ Taskを用いた非同期処理

```
9   // お菓子データ検索用クラス
10  @Observable class OkashiData {
11      // Web API検索用メソッド　第一引数：keyword 検索したいワード
12      func searchOkashi(keyword: String) {
13          // デバッグエリアに出力
14          print("searchOkashiメソッドで受け取った値：\(keyword)")
15
16          // Taskは非同期で処理を実行できる                    追加
17          Task {
18              // ここから先は非同期で処理される
19              // 非同期でお菓子を検索する
20              await search(keyword: keyword)
21          } // Task ここまで
22      } // searchOkashi ここまで
23
24      // 非同期でお菓子データを取得                            追加
25      private func search(keyword: String) async {
26          // デバッグエリアに出力
27          print("searchメソッドで受け取った値：\(keyword)")
28      }
29  } // OkashiData ここまで
```

▼ デバッグを確認

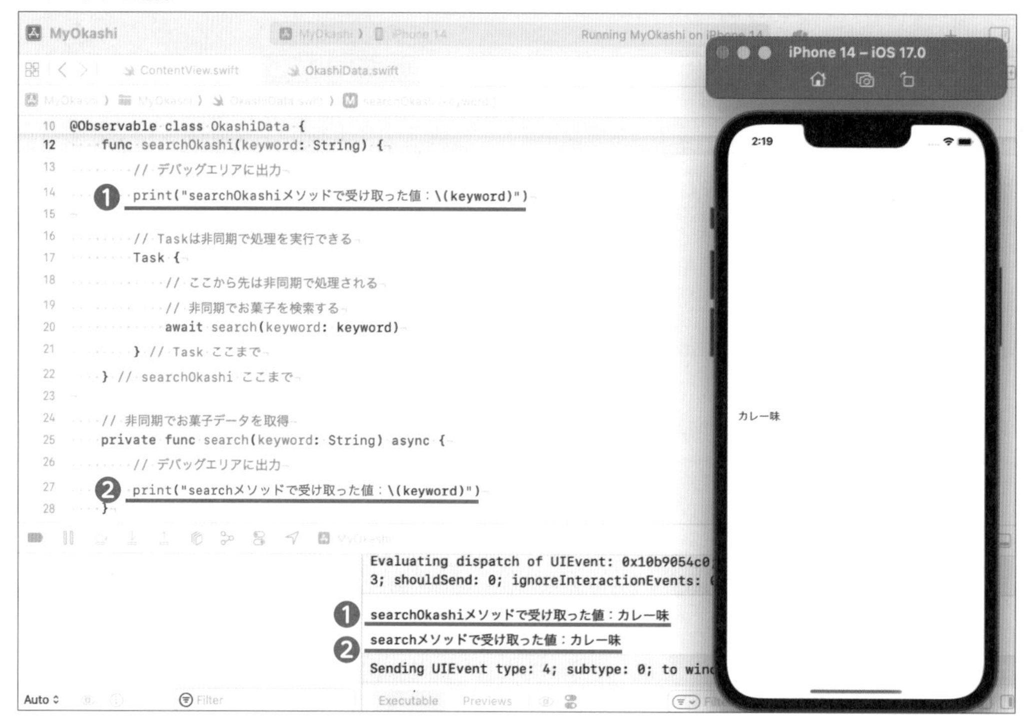

コードが追加できたらシミュレータを起動して、キーワードを入力し print 文の内容が出力されるか確認をしてください。

❶と❷それぞれの print 文の内容が確認できれば、入力した値を searchOkashi メソッドから、search メソッドに引き渡すことができています。

search メソッドの中で、リクエスト URL を組み立てて Web API にお菓子データの検索を行う処理を実装していきます。

コード解説　これから、さきほど追加したコードをステップごとに説明します。

```
// Taskは非同期で処理を実行できる
Task {
    // ここから先は非同期で処理される
    // 非同期でお菓子を検索する
    await search(keyword: keyword)
} // Task ここまで
```

Taskは非同期で、{ }のブロックの処理をひとかたまりとして実行します。Task{ }でコードをグループ化するイメージです。

await（アウェイト）は「待つ、待ち受ける」を意味する、非同期処理の完了を待つためのキーワードです。

Taskでは、searchメソッドは、awaitが指定されているので非同期処理の完了が待機されます。

Web APIのお菓子データの検索と取得という一連の処理が完了したら、Taskは終了します。

```
// 非同期でお菓子データを取得
private func search(keyword: String) async {
    // デバッグエリアに出力
    print("searchメソッドで受け取った値：\(keyword)")
} // search ここまで
```

async（エイシンク）は日本語で「非同期」を意味し、すべてのasyncメソッドはTask上で実行される必要があります。

asyncメソッドとawait文により、非同期で動作するメソッドを定義することができます。

funcキーワードの前に「private」を指定しています。

privateは、Access Control（アクセスコントロール）の一種類です。

Access Controlは、他のソースファイルやモジュールのコードから自分のコードの一部へのアクセスを制限するものです。ここでは、searchメソッドにprivateを付与しているので、OkashiDataクラス内でのみアクセスが可能です。

型やプロパティ、メソッドにprivateと宣言することで、そのスコープ（範囲）外からのアクセスが出来ないように制限をすることができます。

● **Swift 5.5で追加された「async/await」を体験して理解を深めよう**

本書は初学者向けであるため、Task、async、awaitの詳しい解説については割愛しています。もう少し学習してみたい方は次のWebページを参考にしてください。

https://ticklecode.com/asyncawait

Access Control（アクセスコントロール）

Swift の Access Control（アクセス制御）は、プログラムの部品（例：変数、関数、構造体、クラスなど）がどの範囲から参照や変更ができるかを定義する機能です。

5 つの異なるアクセスレベルを設定することができます。

オブジェクトのスコープが広いということは、利用できる範囲が広いということです。それぞれのオブジェクトの利用できる範囲が広いということは、お互いに影響し合うため関係性が複雑になります。想定していない箇所で利用されるリスクがあります。複数人数で開発を行うような大規模な開発ではスコープを極力小さくして影響範囲を限定しておくことが重要です。

開発に慣れてきたら、プログラムコードの安全性を高める目的で、スコープを意識して影響範囲を小さく閉じるコードを書けるように意識をしてください。

アクセスレベル	内容
open	モジュール内外のすべてのアクセス（読み書き）を許可。 継承やオーバーライドが可能。
public	モジュール内外のすべてのアクセス（読み書き）を許可。 継承やオーバーライドは不可。
internal（デフォルト）	同一のモジュール内のみアクセス（読み書き）を許可。 他のプロジェクトから使用されるフレームワークとして利用する場合はアクセス不可。
fileprivate	同ファイル内のみアクセス（読み書き）が可能。
private	最も制限的なスコープで、定義されたスコープ内のアクセス（読み書き）のみ可能。

上記で記載したキーワードについて簡単に補足をします。

モジュール　　：import を行い利用できるプログラムの集まり（フレームワーク）

継承　　　　　：親クラスの属性を引き継いで新たなクラスを作成すること

オーバーライド：継承したスーパークラス（上位クラス）のメソッドを上書きすること

Day 2

Lesson

4-4

キーワードを入力して お菓子データを取得しよう

このレッスンで学ぶこと

- Web API のリクエストや、JSON のデータの取得方法を学びます。
- JSON をパース（解析）して利用する方法を学びます。

1 Web API のリクエスト URL を組み立てよう

1-1 リクエスト URL を生成して、JSON を取得しよう

次は、リクエスト URL を組み立てる処理を追加したいので、Web API からデータ取得を実装する、OkashiData.swift を選択します。

▼ OkashiData.swift を選択

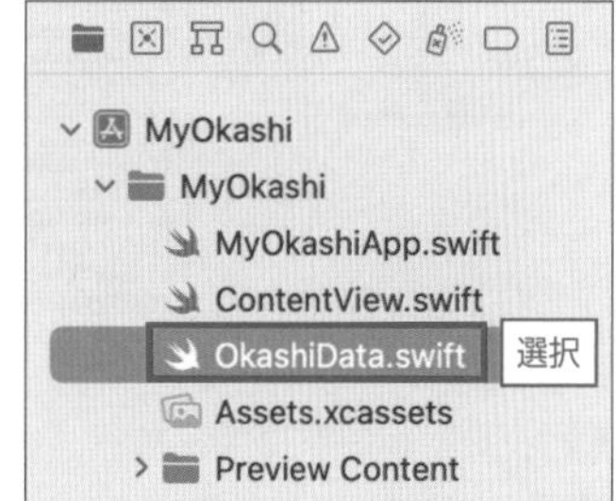

次の青枠のコードを削除して、赤枠のコードを追加してください。

▼ リクエスト URL の組み立て

```
24    // 非同期でお菓子データを取得
25    private func search(keyword: String) async {
26        // デバッグエリアに出力
27        print("searchメソッドで受け取った値：\(keyword)")
28
29        // お菓子の検索キーワードをURLエンコードする
30        guard let keyword_encode = keyword.addingPercentEncoding(withAllowedCharacters: .urlQueryAllowed)
31        else {
32            return
33        }
34
35        // リクエストURLの組み立て
36        guard let req_url = URL(string: "https://sysbird.jp/toriko/api/?apikey=guest&format=json&keyword=\(keyword_encode)&max=10&order=r") else {
37            return
38        }
39        // デバッグエリアに出力
40        print(req_url)
41    } // search ここまで
```

「URL(」から「order=r")」までは、途中で「改行」せずに、1 行に入力してください。
作業中の Xcode の表示幅が狭い場合は折り返して表示されます。

シミュレータを再度起動します。リクエスト URL が正常に生成されているのかを確認しましょう。起動されたシミュレータで、キーワードを入力して検索してください。

▼ デバッグエリアの確認

❶ シミュレータにキーワードを入力したあとに、「検索」ボタンをクリックします。
❷ Xcode のデバッグエリアにリクエスト URL（https://～）が表示されているのでコピーします。
❸ Safari を起動して、コピーしたリクエスト URL を貼り付けます。レスポンスとして JSON データがブラウザに表示されたら、正常にリクエスト URL が作成されています。

表示されない場合は、スペルミスがないか、下記の URL と見比べて修正してください。ここでは紙面の都合で 2 行になってしまっていますが、実際は 1 行に入力してください。

```
https://sysbird.jp/toriko/api/?apikey=guest&format=json&keyword=カレー味&max=10&
order=r
```

コード解説　これから、さきほど追加したコードをステップごとに説明します。

```
// お菓子の検索キーワードをURLエンコードする
guard let keyword_encode = keyword.addingPercentEncoding(withAllowedCharacte
rs: .urlQueryAllowed)
    else {
    return
}
```

入力されたキーワードは、エンコードする必要があります。

Web API は、URL にパラメータを付加して動作をコントロールしますが、パラメータの値に全角文字や制御文字が含まれているときに、そのまま使うと誤動作の原因になる可能性があります。

そこで、**全角文字や制御文字をある規則に従って、半角1バイトに変換するのがエンコード（符号化）**です。サーバー側ではエンコードされたパラメータの値を、**デコード（復号化）**を行って利用します。

制御文字とは、機器に特別な動作を指示するための非表示文字です。改行、空白やタブなども制御文字です。

keyword は文字列が格納されている String 型です。String 型の「addingPercentEncoding」メソッドは、文字列をエンコードするメソッドです。引数の「withAllowedCharacters: .urlQueryAllowed」で、URL パラメータ用のエンコード方法を指定しています。

guard let 文があります。addingPercentEncoding メソッドでエンコードに失敗すると戻り値が nil となります。nil が保存できるオプショナル変数を安全に参照するために、guard let 文でアンラップします。guard let 文はアンラップに失敗すると、else {...} 分岐に入り処理を終了します。

```
// リクエストURLの組み立て
guard let req_url = URL(string:
    "https://sysbird
    .jp/toriko/api/?apikey=guest&format=json&keyword=\(keyword_encode)&max=10&
order=r") else {
    return
}
```

エンコード済みのキーワードを含めて、リクエスト用の URL を作成しています。「\(keyword_encode)」で、URL の文字列の中にエンコード済みのキーワードを埋め込んでいます。

「\ (バックスラッシュ)」は、option キーを押しながら、¥ キーを押すことで入力できます。

リクエスト用の URL「"https://sysbird.jp/toriko/~"」は文字列ですが、「URL(string:)」構造体を指定して格納することによって、あとからプログラムで URL 情報が使えるようにします。

構造体はある目的を持ったデータやメソッドの集まりです。URL(String:) は文字列から URL 情報を分解整理して、URL 構造体に格納しています。

```
// デバッグエリアに出力
print(req_url)
```

組み立てられたリクエスト URL を、デバッグエリアに出力しています。

2 リクエストを生成して、JSON を取得しよう

2-1 取得したレスポンスデータ（JSON）を記憶する構造体を宣言

リクエスト URL の組み立てができたので、今度は、取得した JSON（お菓子データ）を格納するための変数を用意します。

右記の構造体を追加します。複数のお菓子情報を配列で、まとめて管理するための構造体です。

赤枠のコードを追加してください。

これから取得する JSON と先ほど書いたコードの関連性を確認しましょう。

▼ JSON を記憶する構造体の宣言

```
9   // お菓子データ検索用クラス
10  @Observable class OkashiData {
11      // JSONのデータ構造
12      struct ResultJson: Codable {
13          // JSONのitem内のデータ構造
14          struct Item: Codable {
15              // お菓子の名称
16              let name: String?
17              // 掲載URL
18              let url: URL?
19              // 画像URL
20              let image: URL?
21          }
22          // 複数要素
23          let item: [Item]?
24      } // ResultJson ここまで
25
26      // Web API検索用メソッド　第一引数：keyword 検索したいワード
```

追加

▼ JSON とプログラムの関係

レスポンスデータ（JSON）

```
{
    "item": [
        {
            "id": "9139",
            "name": " ココナッツカレーサブレ ",
            "kana": " ここなっつかれーさぶれ ",
            "maker": " 日清シスコ ",
            "price": "100",
            "type": "snack",
            "regist": "2016 年 1 月 7 日 ",
        "url": "https://sysbird.jp/toriko/2016/01/07/%e3%82%b3%e3%82%b3%e3%83%8a%e3%83%83%e3%83%84%e3%82%ab%e3%83%ac%e3%83%bc%e3%82%b5%e3%83%96%e3%83%ac/",
            "tags": {
                "tag": " カレー"
            },
            "image":
"https://sysbird.jp/toriko/wp-content/blogs.dir/2/files/2016/01/9139.jpg",
            "comment": "<p> 定番ココナッツサブレにカレー味が！！日清シスコ 50 周年として昨年 (2015) に発売されたものだ。夏ごろに買っただろうか？賞味期限をすぎていないので食べてみた。これが意外にイケる。甘みなくもっさりとしたサブレに、主張しすぎないカレー風味のまろやかさ。もともとココナッツカレーという料理もあるのだから、びっくりするような組み合わせではないのだ。試しに買いやすい mini タイプというものよかった。</p>\n"
        },
        {
            "id": "7029",
            "name": " カレー揚せん ",
```

JSON の項目説明

項目名	説明
item	［複数要素］
id	お菓子 ID
name	お菓子の名称
kana	ふりがな
maker	メーカー
price	価格
type	お菓子の種類 ID
regist	掲載日
url	掲載 URL
image	画像 URL
comment	コメント

赤字の箇所がこれから利用するデータ項目です。

プログラムコード

```
12    struct ResultJson: Codable {
13        // JSONのitem内のデータ構造
14        struct Item: Codable {
15            // お菓子の名称
16            let name: String?
17            // 掲載URL
18            let url: URL?
19            // 画像URL
20            let image: URL?
21        }
22        // 複数要素
23        let item: [Item]?
24    } // ResultJson ここまで
25
26    // Web API検索用メソッド　第一引数：keyword 検索したいワード
```

格納

取得したお菓子の情報は複数あるため、まとめて管理できるように ResultJson を用意します

この図の「レスポンスデータ（JSON）」「JSON の項目説明」で赤字の箇所がプログラムで使用するデータです。

今回のアプリでは、JSON の中で必要なデータのみ使用します。

JSON のような外部データを扱うときは、データ項目を整理して、プログラムでどのように格納するのかを図にして整理すると理解しやすいでしょう。

 コード解説　これから、さきほど追加したコードをステップごとに説明します。

```
// JSONのデータ構造
struct ResultJson: Codable {
  // 省略
}
```

プログラムで使用する JSON のデータを格納するための構造体を宣言しています。

レスポンスデータは、複数アイテムの情報を保持しているので、そのデータをまとめて扱えるように、ResultJson という名前を付けて構造体（struct）として宣言しています。

Codable（コーダブル）プロトコルに準拠することで、**JSON のデータ項目名とプログラムの変数名を同じ名前にすると、JSON を変換したときに、一括して変数にデータを格納**することができます。

Swift で **Codable（コーダブル）プロトコルを使用して、JSON を Swift オブジェクトにエンコードしたりデコード**したりすることができます。

Codable プロトコルを採用するだけで、**JSON データと Swift オブジェクトを双方向にマッピング**することができます。

プログラミングの世界では、オブジェクトとは、インスタンス化された、変数、構造体、関数、メソッドのメモリ内の値のことです。

```
// JSONのitem内のデータ構造
struct Item: Codable {
  // お菓子の名称
  let name: String?
  // 掲載URL
  let url: URL?
  // 画像URL
  let image: URL?
}
```

先程確認した、レスポンスデータであるJSONの項目から今回利用したい項目だけを構造体に格納します。

格納する構造体に、Itemという名前を付けて宣言しています。

```
// 複数要素
let item:[Item]?
```

定義した構造体Itemを、[]で囲むことで、複数の構造体を保持できる配列として宣言しています。

ここでは、**定数（let）で宣言しているので、一度しかデータを代入することができず、再代入は行えません。**

Web APIから取得したデータは、そのまま画面に出力するので、変更ができない定数として宣言しています。

また、「?」を付与して、nilを許容するオプショナル型として宣言しています。

実用的なiOSアプリを開発しようとすると、JSON形式のデータを扱うことも多くなるので、Codableの扱い方をしっかり学びましょう。

のちほど、この機能を活用してJSONのデータを一括して、構造体に取り込みます。

Point

プロトコルは外部へのインターフェースを定義したものです。外部との情報交換のルールを取り決めています。そのプロトコルを指定されている構造体やクラスは、そのプロトコルのインターフェースが使えることを示します。Codableは、取得したJSONを構造体に格納できるルールを持っているプロコトルです。

2-2 リクエストを生成して、JSONを取得

searchメソッドでは、リクエストURLを使ってリクエストを行い、JSONのダウンロードを開始します。

ここでは、JSONを取り込んだあと、デバッグエリアにデータを出力することで正常に動作していることを確認します。

Point

ここでの「リクエスト」とは、インターネットのHTTPやHTTPSというWebサーバーと、Webブラウザでデータを送受信する際のルールに従って、Webサーバーへ要求する行為を示しています。

search メソッドの中にコードを追加します。赤枠のコードを追加してください。

▼ リクエストの生成と JSON の取得

```
48        // リクエストURLの組み立て
49        guard let req_url = URL(string: "https://sysbird.jp/toriko/api/?apikey=guest&f
50            return
51        } // guard let ここまで
52        // デバッグエリアに出力
53        print(req_url)
54
55        do {
56            // リクエストURLからダウンロード
57            let (data, _) = try await URLSession.shared.data(from: req_url)
58            // JSONDecoderのインスタンス取得
59            let decoder = JSONDecoder()
60            // 受け取ったJSONデータをパース（解析）して格納
61            let json = try decoder.decode(ResultJson.self, from: data)
62
63            print(json)
64        } catch {
65            // エラー処理
66            print("エラーが出ました")
67        } // do ここまで
68    } // search ここまで
69 } // OkashiData ここまで
```

追加

「do try catch」文は、エラーが発生した場合の処理を書いています。楽器アプリ（P.183）で学習済みですので、振り返って学習してみてください。

```
// リクエストURLからダウンロード
let (data, _) = try await URLSession.shared.data(from: req_url)
```

URLSession を生成しています。URLSession は、リクエスト URL（ここでは req_url）からデータをダウンロードすることができます。また、バックグラウンドでの通信機能や、中断した通信を再開させる機能もあります。

「URLSession.shared」は、URLSession をデフォルトの設定で簡素に使うことができます。

URLSession は非同期で動きます。そのため、await（アウェイト）を指定して、URLSession の処理が完了するまで待機させています。URLSession のデータ取得が完了するまでは、次のコードが実行されません。

URLSession はデータの取得が完了すると、「(Data, URLResponse)」というデータ型の戻り値を返します。これは複数のデータをまとめて扱うことができる**タプル（解説は次の Tips を参照）**型として返却されます。取得できたデータは Data 型として格納され、レスポンスの管理情報は URLResponse 型として格納されます。2 つの戻り値があるために、タプル型でまとめて定数に格納しています。

URLSession を実行するときに、エラーになる可能性があるため、「do try catch」でエラーをハンドリングして、例外処理を行います。

タプル (Tuple)

タプルとは、複数の値を1つの変数として扱うことができる機能です。

書式

```
(ラベル: 値, ラベル: 値, ラベル: 値)
```

上記のように、「ラベル」と「値」を1対にまとめることができ、「,」（カンマ）で区切ることで、複数のデータをタプルとして扱います。

タプルを使っている例を確認してみましょう。

```
// 変数personに、"Taro"という値と42という値を設定。ラベルなしでも使える。
var person = ("Taro", 42)
print(person.0)      // "Taro"
print(person.1)      // 42

// 値にラベルをつけることもできる。値を取得するときにラベルが使える。
var person2 = (name: "Taro", age: 42)
print(person2.name) // "Taro"
print(person2.age)  // 42
```

タプルはデータを塊として扱える特性が配列とよく似ていますが、違いもあります。

タプルは配列のように値の追加・削除を行ったり、データの個数を変更したりはできません。対して、配列は要素の追加、削除が行えます。

```
// JSONDecoderのインスタンス取得
let decoder = JSONDecoder()
```

JSONをデコードするためのオブジェクトを作成しています。あとで、このオブジェクトの機能を利用してJSONを変換して格納します。

```
// 受け取ったJSONデータをパース（解析）して格納
let json = try decoder.decode(ResultJson.self, from: data)
```

decoder.decode で、取得した JSON データ（data）をパースして構造体 ResultJson のデータ構造に合わせて、定数 json に格納します。この 1 行で取得したデータが、定数 json に格納されます。この仕組みは前述の Codable を活用しています。

パースを行う際にエラーになる可能性があるため、「do try catch」でエラーをハンドリングして、例外処理を行います。

複雑なテキストデータを解析してプログラムで利用できるようにする行為を「パース」と呼びます。今回は外部の JSON を解析して、iOS で使えるようにしています。

COLUMN 同期処理と非同期処理

同期処理では、今の処理が終了するまで次の処理は始まりません。そのため処理は 1 つずつ順番に実行されます。

非同期処理では、今の処理の終了に関係なく、次の処理を始めることができます。

▼ 同期処理と非同期処理のイメージ

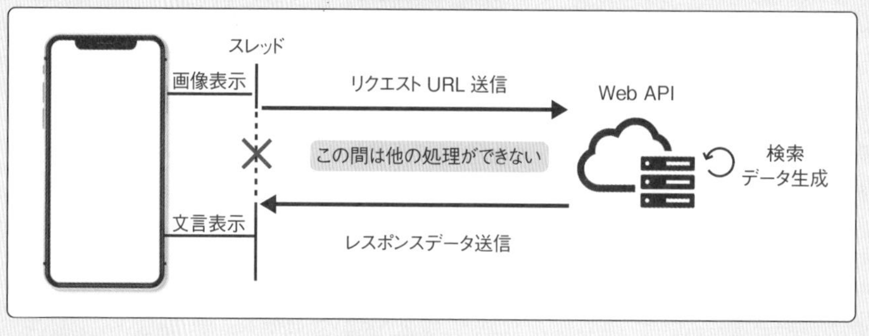

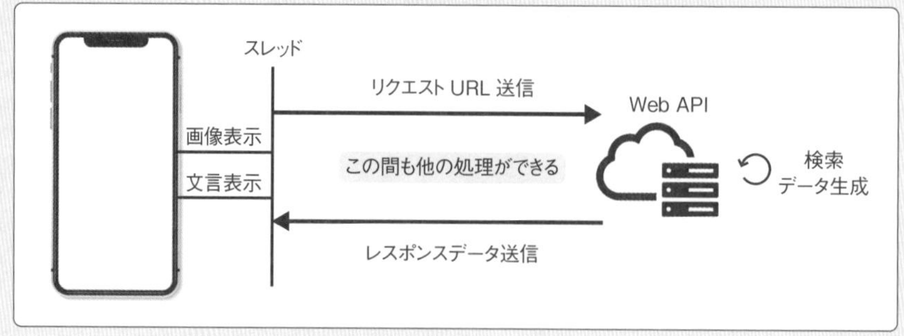

　お菓子アプリでは、サーバにリクエスト URL を送信して、JSON がレスポンスデータとして戻ってくる処理を非同期で行っています。
　今回は、リクエストが戻ってくる間に他の処理を行っていませんが、待ち時間にローディングアニメーションを表示したり、何らかの処理を行うことができます。

COLUMN プロセスとスレッドの関係

　コンピューターの世界で、**プロセス（process）とは、プログラムの実行時に生成されるメモリ**のことです。**スレッド（thread）とは、プロセスから派生するプログラムの処理の流れ**を意味します。

　最近の iOS デバイスは、マルチコアプロセッサが搭載されています。
　マルチコアプロセッサが搭載されていると、複数のプロセスを並列で実行することができます。

　iPhone をはじめとする iOS デバイスや、パソコンでは目に見えないプロセスがたくさん動いていますが、わかりやすように、本書のアプリで、プロセスとスレッドのイメージを確認しましょう。

▼ プロセスとスレッドのイメージ

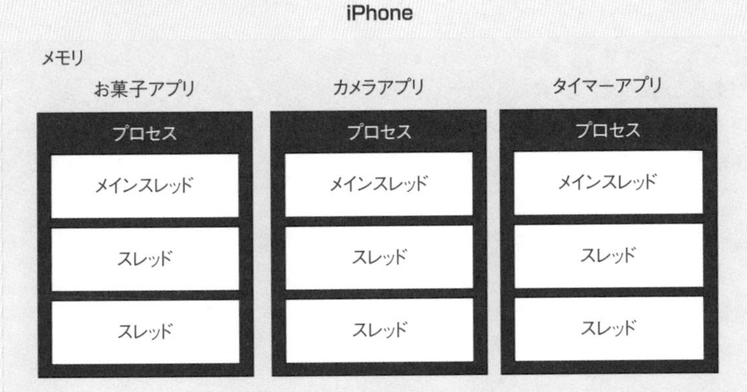

　メインスレッドは、プロセスに 1 つ存在しています。その他のスレッドは複数あり、それぞれに処理が行われます。
　複雑なアプリを開発する際には、スレッドを理解して実装をする必要がありますが、今は、こんな概念で、iPhone や iPad（iOS デバイス）が動いているんだなとイメージしていただければ大丈夫です。

2-3　シミュレータを起動して、デバッグエリアを確認

シミュレータを起動して、検索キーワードを入力します。

▼ デバッグエリアの出力を確認

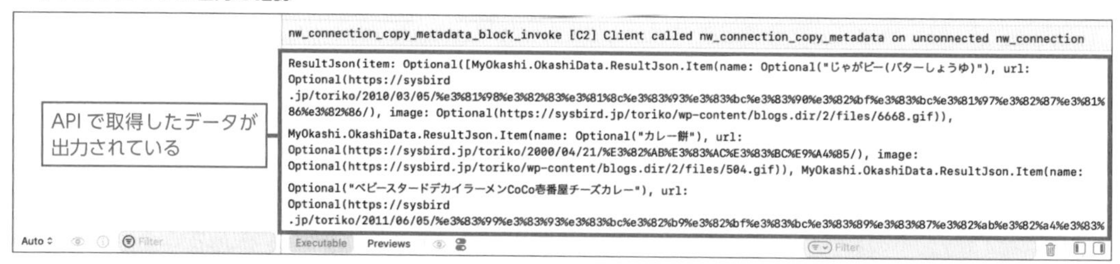

デバッグエリアにお菓子の名前やURLが出力されていることが確認できれば成功です。これで、正常にJSONが取得されていることが確認できました。

● **TextFieldの使い方をマスターしよう**

SwiftUIのTextFieldは、ユーザーにテキスト入力を許可するUIコンポーネントです。お菓子アプリでは検索キーワードを受け付けるために配置をして、データ送信を検知することができる「.onSubmit」モディファイアの利用方法を学びました。

その他にも、値の変更を検知することができる「.onChange」モディファイアなどがあります。
また、プロパティラッパーの「@FocusState」を利用すると、フォーカスの有無を監視・制御することができ、キーボードを閉じる実装も行えます。

詳細は下記のホームページで解説していますので、参考にしてください。

[SwiftUI] テキスト入力ができるTextFieldの使い方をマスター！
https://blog.code-candy.com/swiftui_textfield/

Day 2 Lesson 4-5

取得したお菓子データを、List で一覧表示しよう

このレッスンで学ぶこと

- WebAPI で取得したデータを配列で格納して、List で一覧表示する方法を学びます。
- Swift macros（スウィフトマクロ）の扱い方を学びます。

1 お菓子データを配列に格納しよう

Web API で取得したお菓子データで必要な項目のみを指定して配列に格納します。

▼ データ変換ロジックのイメージ

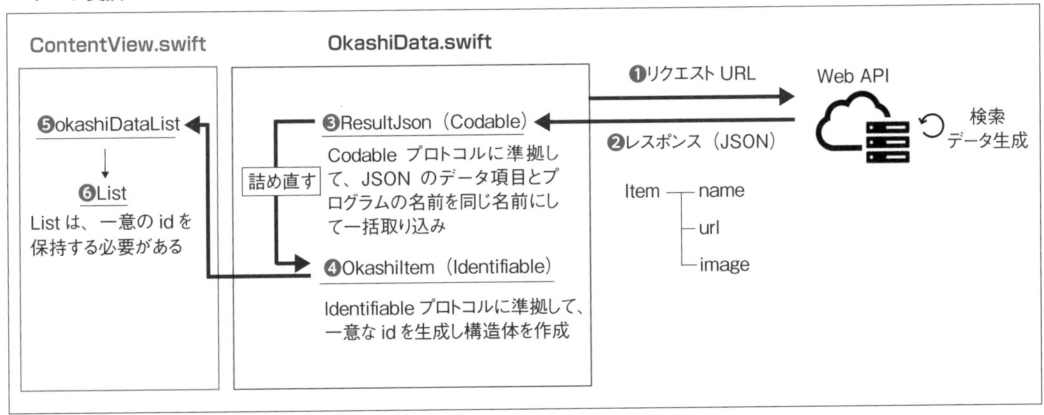

これから取得したお菓子データを、List に表示するためにいくつかの処理を実装していきます。

コードを書いていく前に、取得したデータをどのように変換していくのかを、それぞれの処理の目的と併せて、上記のロジック（概念）で確認してください。

それぞれの処理の詳細は、コードを書いた後に解説をしますが、最初に大まかなデータの流れを念頭に置きながら実装を進めると理解が早くなります。

また、コードを書いている最中に、何の処理を作っているのか分からなくなっても大丈夫です。戻ってきてイメージをし直してください。

1-1　お菓子データをまとめる構造体を作ろう

お菓子データを保持する器を用意したいので、OkashiItem という名前の構造体を定義しましょう。

❶ Swift ファイルの OkashiData を選択してください。

❷ 赤枠のコードを追加してください。

▼ OkashiItem 構造体の作成

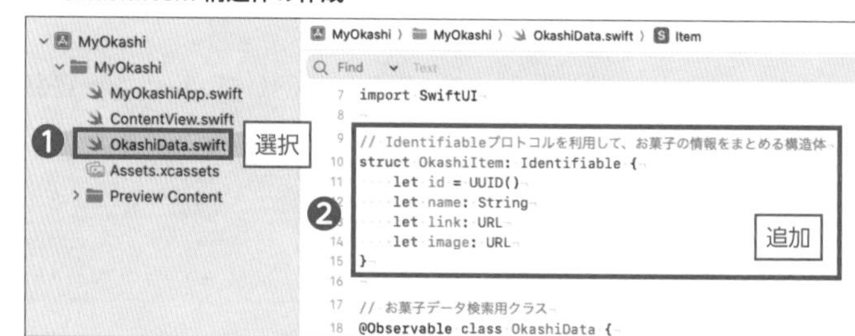

コード解説　これから、さきほど追加したコードを説明します。

```
// Identifiableプロトコルを利用して、お菓子の情報をまとめる構造体
struct OkashiItem : Identifiable {
    let id = UUID()
    let name: String
    let link: URL
    let image: URL
}
```

Identifiable プロトコルに準拠することで、**一意（ユニーク）に識別できる型**として定義することができます。

Identifiable を指定すると、データを一意に特定するために「id」と呼ばれるプロパティを定義する必要があります。

お菓子データを、List を用いて一覧表示しますが、List は、一意の id を保持する必要があります。

Identifiable プロトコルに準拠しない構造体の場合は、自身で一意な id を生成する必要がありますが、Identifiable プロトコルに準拠する構造体にしておくと、あらかじめ決められているルールが適用されるので、自身で一意な id を生成する必要がなくなり、楽に実装ができます。

UUID を用いて、id を生成しています。

UUID（universally unique identifier）を用いて、ランダムな一意の値を生成することができます。

その他には、お菓子の名前、URL、画像を格納できるように、let（定数）として宣言します。
取得したデータは更新しないので定数で宣言しています。

また、この構造体は、class の外で定義を行っています。
これは、class の中に定義してしまうと、他のファイルでも同じ名前の構造体を定義することができてしまうために、class の外で定義しています。冗長なプログラムになるリスクを下げるために、class 外で定義を行っていますが、今は、お作法的なものだと思っていただければ大丈夫です。

値を保持する際は、不変のデータか可変のデータかを把握して、定数（let）と変数（var）を使い分けられるように意識しましょう。予期せぬバグの発生を防ぐことができます。

1-2　Swift macros（スウィフトマクロ）を利用しよう

次に、さきほど定義したお菓子データをまとめる構造体を複数保持できるように、配列として変数を定義します。

OkashiData.swift に戻り、class 内に赤枠のコードを追加してください。

[OkashiItem] = [] のように、[ ]（ブラケット）で、構造体を囲んで、さらに、変数に [ ]（ブラケット）を代入することで、OkashiItem 構造体を複数保持ができる配列を作成しています。

▼ 配列の宣言

```
27              // 画像URL
28              let image: URL?
29          }
30          // 複数要素
31          let item: [Item]?
32      } // ResultJson ここまで
33
34      // お菓子のリスト（Identifiableプロトコル）
35      var okashiList: [OkashiItem] = []
36
37      // Web API検索用メソッド　第一引数：keyword 検索したいワード
38      func searchOkashi(keyword: String) {
```

追加

ここまで実装ができたら、ContentView と、OkashiData の関係性を振り返ってみましょう。

次のページの、赤枠のコードを確認してください。

▼ OkashiData に「@Observable」マクロを付与したことを確認

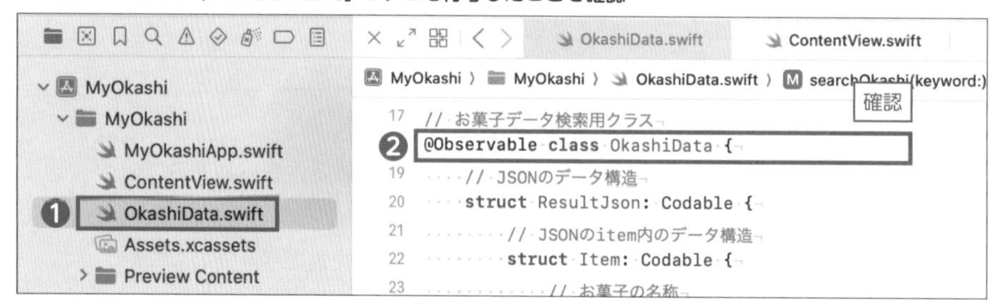

❶ OkashiData.swift を選択してください。

❷ 赤枠のコードで、OkashiData に「@Observable」マクロを付与していたことを確認してください。

▼「@Observable」マクロが付与された OkashiData クラスのインスタンスの生成を確認

❶ ContentView.swift を選択してください。

❷「@Observable」マクロが付与された、OkashiData クラスのインスタンスを生成しています。

▼ View と「@Observable マクロ」の関係

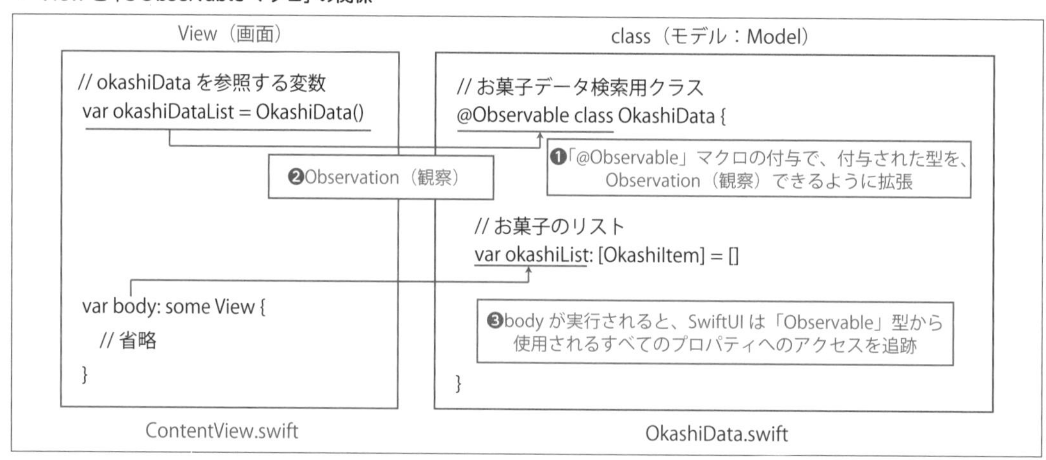

❶ **「@Observable」マクロは、class（クラス）を観察可能な形式に拡張します。**「@Observable」マクロを、class に追加するだけで、SwiftUI の View が class の変更に反応するようになります。

❷ SwiftUI の View 側では、「@Observable」マクロが付与された class（型）をインスタンス化するだけで、その class（型）が保持するすべてのプロパティの変化を観察します。

❸ body が実行されると、SwiftUI は観察している「Observable」型のプロパティの変化を追跡して、変化を識別します。
つまり、モデルのプロパティの変化を自動的に View に描画することができます。

Point

モデル（Model）は、プログラミングやソフトウェア開発において、データとそれに関連するロジックを構造化して表現する部分を指します。
モデルは、アプリケーションの内部状態を表し、ビジネスロジック（計算方法、処理方法）、データの検証、データの保存と取得などを処理します。

このように、Observable マクロを利用することでコードを単純化することができます。
Swift 5.9 から新しく導入された、Observation と Swift macros の機能を利用して、API から受信したデータを SwiftUI の View に自動的に描画する実装を行いました。

Observation と Swift macros は、標準的な Swift の構文を使用してモデルを定義し、それらの型を用いて UI がそのモデルの変更に対応することを可能にします。

COLUMN プロパティラッパーとは

@State、@Binding というキーワードは、**プロパティラッパー（Property wrappers）**と言われる文法です。
名前が意味するように、**プロパティラッパーは、プロパティをラップ（包んで）して、何らかの機能を追加する文法**です。

プロパティラッパーの違いをまとめます。

▼ プロパティラッパーの違い

プロパティラッパー	動作
@State	View 内のプロパティの更新時に View を自動的に再描画
@Binding	SwiftUI の親子階層の View で双方向に、プロパティの更新が発生する場合に利用
@Bindable	SwiftUI と class の双方向で、プロパティの更新が発生する場合に利用
@Environment	データをアプリ全体で唯一のインスタンスとして管理

@Bindable は、Swift 5.9 から利用できるようになったプロパティラッパーです。@Bindable と @Environment は、本書では利用していませんが、上記のような動作を実装することができます。

1-3　お菓子データを配列に詰め込む

Web API でお菓子データを取得して、デコード後に一括して格納しました。必要なお菓子データを取り出しやすくするために、配列へ整理して詰め込み直します。

OkashiData.swift の search メソッドに、次の赤枠のコードを追加して、青枠のコードを削除またはコメントアウトしてください。追加するコードの場所は、「private func search(keyword: String) async { ... }」の中になります。

▼ お菓子データを配列へ格納

```
73              // 受け取ったJSONデータをパース（解析）して格納
74              let json = try decoder.decode(ResultJson.self, from: data)
75
76              // print(json)        削除またはコメントアウト
77
78              // お菓子の情報が取得できているか確認                         追加
79              guard let items = json.item else { return }
80              // お菓子のリストを初期化
81              okashiList.removeAll()
82
83              // 取得しているお菓子の数だけ処理
84              for item in items {
85                  // お菓子の名称、掲載URL、画像URLをアンラップ
86                  if let name = item.name,
87                     let link = item.url,
88                     let image = item.image {
89                      // 1つのお菓子を構造体でまとめて管理
90                      let okashi = OkashiItem(name: name, link: link, image: image)
91                      // お菓子の配列へ追加
92                      okashiList.append(okashi)
93                  }
94              }
95              print(okashiList)
96          } catch {
97              // エラー処理
```

@Observable が付与された class の変数を更新するとき（ここでは okashiList のこと）、つまり画面（UI）を更新する場合は、必ずメインスレッドで更新する必要があります。

▼ search メソッドへの「@MainActor」の追加

```
50      } // searchOkashi ここまで
51
52      // 非同期でお菓子データを取得
53      // @MainActorを使いメインスレッドで更新する              追加
54      @MainActor
55      private func search(keyword: String) async {
56          // デバッグエリアに出力
57          print("searchメソッドで受け取った値：\(keyword)")
58
59          // お菓子の検索キーワードをURLエンコードする
60          guard let keyword_encode = keyword.addingPercentEnc
```

赤枠のように、searchメソッドの上に「@MainActor」の記述を追加してください。

@MainActorも、Swift concurrencyの機能のひとつです。**@MainActorでマークされたメソッドや型は常にメインキューで実行されるため、安全にUIを変更することができます。**

コードが追加できたら、シミュレータを起動して検索を行ってみてください。

デバッグエリア　　Line: 88 Col: 41

```
[MyOkashi.OkashiItem(id: BB3AA62C-1FBE-412C-8747-24E404F052A6, name: "カラムーチョ(インドカレー味)", link:
    https://sysbird
    .jp/toriko/2012/06/13/%e3%82%ab%e3%83%a9%e3%83%a0%e3%83%bc%e3%83%81%e3%83%a7%e3%82%a4%e3%83%b3%e3%83%89%e3%82%ab%e3%83%ac
    %e3%83%bc%e5%91%b3/, image: https://sysbird.jp/toriko/wp-content/blogs.dir/2/files/2012/06/7833.jpg),
    MyOkashi.OkashiItem(id: B64EC078-60E6-4208-A736-4CF3AC659793, name: "カールスティックやみつきタコス味", link:
    https://sysbird
    .jp/toriko/2013/06/07/%e3%82%ab%e3%83%bc%e3%83%ab%e3%82%b9%e3%83%86%e3%82%a3%e3%83%83%e3%82%af%e3%82%84%e3%81%bf%e3%81%a4
    %e3%81%8d%e3%82%bf%e3%82%b3%e3%82%b9%e5%91%b3/, image:
    https://sysbird.jp/toriko/wp-content/blogs.dir/2/files/2013/06/8326.jpg), MyOkashi.OkashiItem(id:
    AD9C9BE8-7EF8-4935-9CC1-75DB86B9CBEA, name: "オーザック(スパイシーカレー味)", link:
    https://sysbird
    .jp/toriko/2008/07/11/%E3%82%AA%E3%83%BC%E3%82%B6%E3%83%83%E3%82%AF%E3%82%B9%E3%83%91%E3%82%A4%E3%82%B7%E3%83%BC%E3%82%AB
    %E3%83%AC%E3%83%BC%E5%91%B3/, image: https://sysbird.jp/toriko/wp-content/blogs.dir/2/files/1503.gif),
```

デバッグエリアに、id（一意の番号）、name（お菓子の名称）、link（掲載URL）、image（画像URL）のデータが出力されていれば、正常に動いています。

コード解説　これから、さきほど追加したコードをステップごとに説明します。

```
// print(json)
```

デバッグ用である「print(json)」を、削除もしくはコメントアウトします。

```
// お菓子の情報が取得できているか確認
guard let items = json.item else { return }
```

「json.item」の中に検索結果のお菓子データが格納されています。guard let文でお菓子データが存在するときに、itemsにコピーして次の処理を行います。

```
// お菓子のリストを初期化
okashiList.removeAll()
```

okashiListに格納されている全ての要素を削除して、元の状態に戻しています（初期化）。

1度目の検索の場合は要素を保持していませんが、2度目以降は前のお菓子情報が格納されているので、

okashiList を初期化しています。

```
// 取得しているお菓子の数だけ処理
for item in items {
    (省略)
}
```

items は配列で複数の要素が存在します。複数要素を、for-in 文を用いて、1 要素（1 つのお菓子データ）ずつ、item に取り出して処理を行います。

```
// お菓子の名称、掲載URL、画像URLをアンラップ
if let name = item.name,
     let link = item.url,
     let image = item.image {
          (省略)
}
```

お菓子データの 3 つの項目（お菓子の名称、掲載 URL、画像 URL）に値があることを確認しています。「,」（カンマ）で繋げることで、3 つの項目全てに値がある場合に、それぞれの変数に代入して次の処理を行います。3 つの項目のどれかに値がない場合は、その後の処理はせずに次のお菓子データで処理を継続します。

```
// 1つのお菓子を構造体でまとめて管理
let okashi = OkashiItem(name: name, link: link, image: image)
```

お菓子データの 3 つの項目を、OkashiItem 構造体としてまとめて変数 okashi に代入しています。この構造体で表現できる単位がお菓子 1 つの情報になります。

```
// お菓子の配列へ追加
okashiList.append(okashi)
```

okashi 構造体を、配列 okashiList に追加しています。配列は、append メソッドでデータを追加できます。

使用可能なお菓子データ全体は、配列 okashiList を使うことでコントロールできます。

```
print(okashiList)
```

データの中身をデバッグエリアに出力して確認するためのコード（デバッグコード）です。

1-4　お菓子データの構造を確認

print 文で出力されたデータを確認してください。お菓子データの構造を理解しましょう。

▼ okashiList のイメージ

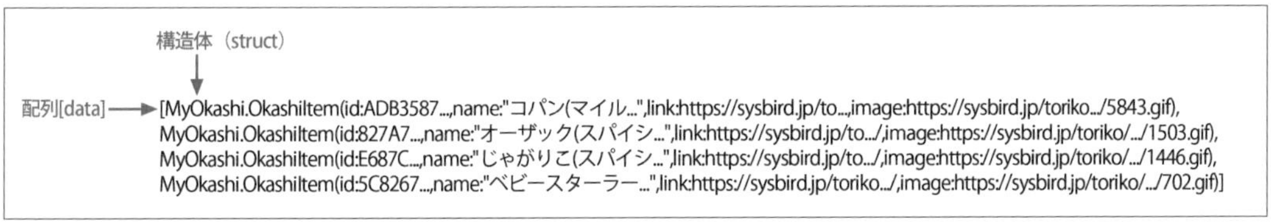

構造体（struct）

配列[data] → [MyOkashi.OkashiItem(id:ADB3587...,name:"コパン(マイル...",link:https://sysbird.jp/to...,image:https://sysbird.jp/toriko.../5843.gif),
MyOkashi.OkashiItem(id:827A7...,name:"オーザック(スパイシ...",link:https://sysbird.jp/to.../,image:https://sysbird.jp/toriko/.../1503.gif),
MyOkashi.OkashiItem(id:E687C...,name:"じゃがりこ(スパイシ...",link:https://sysbird.jp/to.../,image:https://sysbird.jp/toriko/.../1446.gif),
MyOkashi.OkashiItem(id:5C8267...,name:"ベビースターラー...",link:https://sysbird.jp/toriko.../,image:https://sysbird.jp/toriko/.../702.gif)]

デバッグエリアに出力されたデータを確認すると、このようなデータ構造になっています。

[] は配列を意味していて、配列の中に複数の OkashiItem 構造体が含まれています。さらに、OkashiItem 構造体の中には、id, name, link, image の 4 つのプロパティが確認できます。

宣言した OkashiItem 構造体と、変数の宣言を振り返ってみましょう。

Tips

for-in 文で、開始値と終了値の指定

右記のように開始する値から終了する値までを指定して、繰り返し処理を行うことも可能です。

書式

```
for 変数 in 開始値...終了値 {
    // 処理
}
```

```
// Identifiableプロトコルを利用して、お菓子の情報をまとめる構造体
struct OkashiItem: Identifiable {
  let id = UUID()
  let name: String
  let link: URL
  let image: URL
}

@Observable class OkashiData {
     （省略）
    var okashiList: [OkashiItem] = []
     （省略）
}
```

OkashiItem 構造体では、このように定義をしていました。Identifiable プロトコルに準拠して、OkashiItem を構造体として宣言しています。

Identifiable に準拠すると、一意の id を保持する必要がありました。

そして、OkashiItem 型の変数 okashiList に、[]（配列）を代入することで、インスタンス化された「okashiList」は配列として宣言していました。

okashiList のイメージと照らし合わせて、データ構造を理解してください。
最初は、変数、構造体、配列の違いを理解するのは難しいと思いますが、しっかりと、構造体と配列の違いを認識してください。試しに色々なデータ構造を作成してみると理解が進みます。

2 お菓子データを、List で一覧表示してみよう

配列に格納したお菓子データを、ContentView.swift に配置してある List で表示します。List とプログラムを連結するためのコードも追加します。

コードを書いていく前に、お菓子アプリの処理の全体的な流れをイメージしておきましょう。

次の図の、❶から❿の順序で処理が行われます。

▼ お菓子アプリの処理の流れイメージ

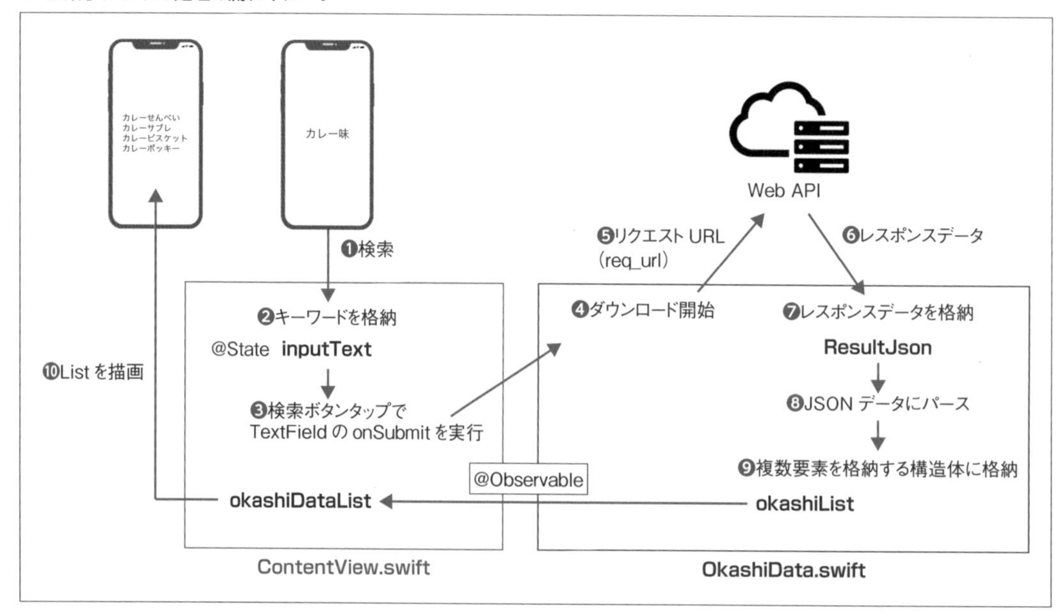

2-1 お菓子データをまとめる構造体を作ろう

お菓子検索画面の、ContentView.swift で、List を配置して、お菓子検索処理の OkashiData.swift から取得したデータを一覧表示するコードを追加します。

次の赤枠のコードを追加してください。

▼ List 表示のコード

```
17          // 垂直にレイアウト（縦方向にレイアウト）
18          VStack {
19              // 文字を受け取るTextFieldを表示する
20              TextField("キーワード",
21                        text: $inputText,
22                        prompt: Text("キーワードを入力してください"))
23              .onSubmit {
24                  // 入力完了直後に検索をする
25                  okashiDataList.searchOkashi(keyword: inputText)
26              } // .onSubmit ここまで
27              // キーボードの改行を検索に変更する
28              .submitLabel(.search)
29              // 上下左右に空白を空ける
30              .padding()
31
32              // リスト表示する                                       追加
33              List(okashiDataList.okashiList) { okashi in
34                  // 1つ1つの要素を取り出す
35                  // Listの表示内容を生成する
36                  // 水平にレイアウト（横方向にレイアウト）
37                  HStack {
38                      // 画像を読み込み、表示する
39                      AsyncImage(url: okashi.image) { image in
40                          // 画像を表示する
41                          image
42                              // リサイズする
43                              .resizable()
44                              // アスペクト比（縦横比）を維持してエリア内に収まるようにする
45                              .scaledToFit()
46                              // 高さ40
47                              .frame(height: 40)
48                      } placeholder: {
49                          // 読み込み中はインジケーターを表示する
50                          ProgressView()
51                      }
52                      // テキスト表示する
53                      Text(okashi.name)
54                  } // HStackここまで
55              } // Listここまで
56          } // VStack ここまで
```

追加したコードとお菓子検索画面の関係を右の図に整理しました。

シミュレータを起動して、お菓子を検索してみましょう。

右の図のようにお菓子の画像とお菓子の名前が一覧で表示されていれば成功です。

▼ お菓子検索画面

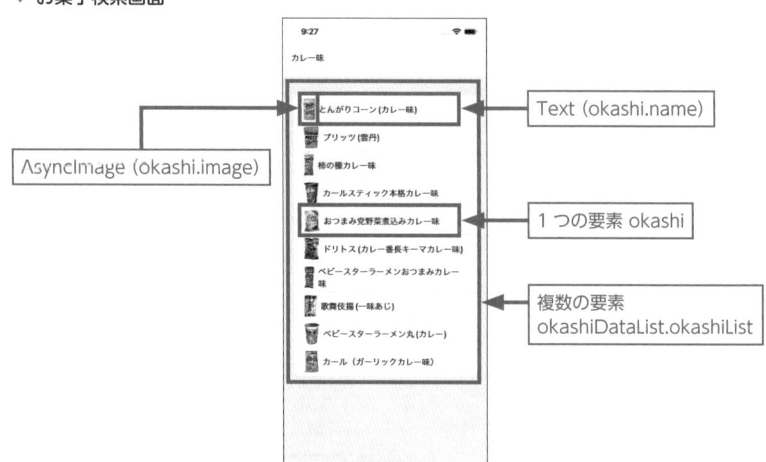

コード解説　これから、さきほど追加したコードをステップごとに説明します。

```
// リスト表示する
List(okashiDataList.okashiList) { okashi in
    // 1つ1つの要素を取り出す
     （省略）
} // Listここまで
```

OkashiData 構造体から取得した複数のデータから構成される okashiList の要素を 1 つ取り出して、変数 okashi に取り出しています。

```
// Listの表示内容を生成する
// 水平にレイアウト（横方向にレイアウト）
HStack {
    // 画像を読み込み、表示する
    AsyncImage(url: okashi.image) { image in
        // 画像を表示する
        image
            // リサイズする
            .resizable()
            // アスペクト比（縦横比）を維持してエリア内に収まるようにする
            .scaledToFit()
            // 高さ40
            .frame(height: 40)
```

```
        } placeholder: {
            // 読み込み中はインジケーターを表示する
            ProgressView()
        }
        // テキスト表示する
        Text(okashi.name)
    } // HStackここまで
```

HStack を用いて、画像とテキストを水平方向に配置しています。

AsyncImage は、画像を非同期で読み込むことができ、読み込み中も別の処理をすることができます。画像は読み込みするのに時間がかかるために、画像の読み込みが完了するまでは読み込み中を示す画像（ProgressView）を表示します。画像の読み込みが完了したら、画像を画面に表示します。

▼ AsyncImage での読込中と画像の表示

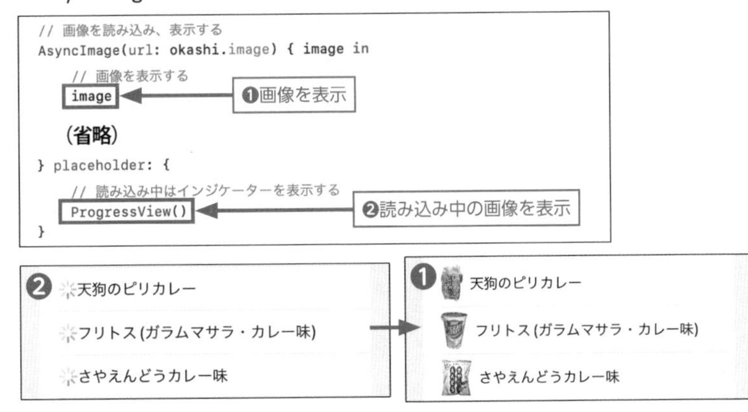

▼ AsyncImage のイニシャライザの引数

番号	引数名	内容
第一引数	url	表示する画像の URL。
第二引数	scale	画像に使用するスケール。デフォルトは 1。
第三引数	content	ロードされた画像を入力として受け取り、表示するビューを返すクロージャ。画像を直接返すことも、必要に応じて変更してから返すことも可。
第四引数	placeholder	ロード操作が正常に完了するまで表示するビューを返すクロージャ。

Point

お菓子検索アプリの制作で学んだことを応用すると、実際にはどのようなアプリができるのか考えてみましょう。Web API は取得するデータの活用次第で飛躍的に可能性が広がります。飲食店の情報を取得してマップに表示する飲食店検索アプリや、ニュース情報や関連の画像を取得して表示するニュースアプリなど。大手のネットショップの商品も取り込むことができるので、アプリ上で関連商品のリストアップなども行えます。

Tips

AsyncImage の使い方｜URL から画像データを非同期取得する

お菓子アプリでは、AsyncImage を利用して非同期で画像を取得して表示しています。

AsyncImage は、SwiftUI のライフサイクルと統合されているため、画像データのメモリ使用を適切に管理することができます。

SwiftUI のライフサイクルとは、SwiftUI のビューの生成、更新、破棄のプロセスや、それに関連するイベントや動作のことです。

書籍では基本的な AsyncImage の利用方法を解説していますが、他の SwiftUI の機能を組み合わせて実装することで、よりユーザー体験の向上につながる UI を実装することができます。

詳細は下記のホームページで解説していますので、参考にしてください。

【SwiftUI】AsyncImage の使い方｜URL から画像データを非同期取得する

https://blog.code-candy.com/swiftui_asyncimage/

1:22

カレー味

古奈屋のクリーミーカレーうどん匠揚げ

カレープリッツ(カレー味)

ポテトチップス(よこすか海軍カレー味)

北海道ポテト(ホワイトカレー味)

大人の贅沢カール熟旨炙りカレー味

フリトス(ガラムマサラ・カレー味)

コパン(マイルドカレー味)

プリッツ(カレー味)

ハッピーターンちょこっとチーズ味

ベビースターおやつコロッケ(カレー味)

Observation、Swift macros、SSOT について

1. Observation（オブザベーション：観察）の概要

Observation は、Swift 5.9 から利用できる新しい機能であり、Observer（オブザーバー）の機能を提供します。

Observation フレームワークは以下の機能を提供します。

- **型を observable としてマークする**
- **observable な型のインスタンス内の変更を追跡する**
- **アプリのユーザーインターフェイスなどで、それらの変更を観察し利用する**

Observation を使用すると、プロパティの変更を監視し、その変更を UI に反映することができます。

このような構成は、Observer パターンと言われるデザインパターンのひとつです。

デザインパターンとは、よくある問題を解決するための概念を共通化した雛形です。Swift 以外のプログラミング言語でもよく採用されています。Observer パターンは、オブジェクトの状態の変化を監視し、その変化に応じて特定の処理を実行するパターンです。

Observation フレームワーク

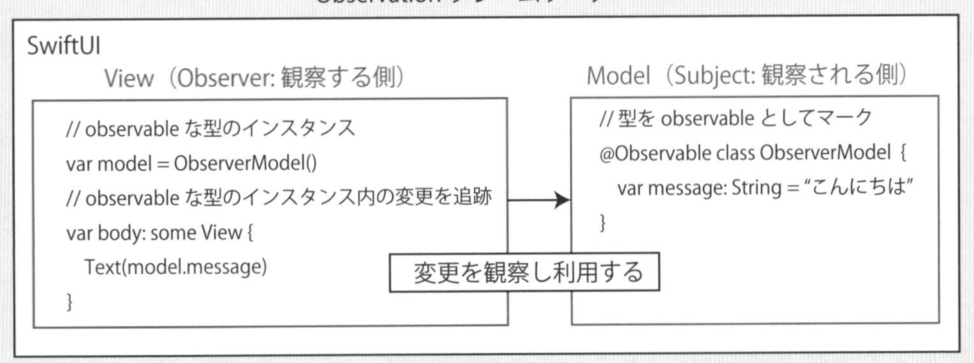

Observer パターンでは、オブジェクトを「Subject（サブジェクト）」と「Observer（オブザーバー）」に分けます。Subject は、状態を保持するオブジェクトです。Observer は、Subject の状態の変化を監視するオブジェクトです。

Observer パターンは、オブジェクトの状態の変化を監視したり、オブジェクトの状態の変化に応じて特定の処理を実行したりする際によく使用されます。例えば、データベースの変更を監視したり、ユーザーの入力を監視したり、ネットワークの状態を監視したりする際に Observer パターンが使用されます。

Observation は、SwiftUI で使用される Observer パターンの実装です。Observation を使用すると、プロパティの変更を監視し、その変更を UI に反映することができます。

2. Swift macros（スウィフトマクロ）の概要

@Observable は、Swift 5.9 から導入された、Swift macros を用いて実装された機能です。

Swift macros は、Swift の機能拡張の一種です。macros を使用すると、文字列やコードを置換したり、コードを自動生成したりすることができます。

@Observable は、Swift macros の一種で、プロパティの変更を監視するための機能です。@Observable を使用すると、プロパティの変更を監視し、その変更を UI に反映することができます。

3. Single Source of Truth（SSOT）

アプリを構築する際に、最も難しいことの一つとしては、データの状態をどのようにモデリング（データ処理の流れをひな形化）して処理をするかを決めることです。

SwiftUI + Observation 以前の、UIKit での開発では、View へのデータ連動をアプリ開発者が行う必要があり、至るところにデータの状態を管理するコードを実装しなければならず、予期しないバグの原因にもなっていました。

Observation は、**「Single Source of Truth」**というコンセプトに基づいて設計されたフレームワークです。

変化するすべてのデータを 1 つの場所でのみ保持し、状態の変化を階層化された View でまたがって配信・受信できるようにするという考え方です。

例えば、SNS で更新があった場合に、どの画面でもリアルタイムで通知アイコンに通知件数が表示されます。そのような機能を開発しようとするときに、とても大切な考え方になります。

Observation を利用することで、データの状態と処理をフレームワークに任せて、予期しないバグを減少させることが期待できます。

4. お菓子アプリの構成を考える

上記の知識を前提として、お菓子アプリの実装を振り返ってみましょう。

SwiftUI と Observation、Swift macros が連携することで、View の状態管理とデータ処理を分離することが簡単に行えるようになりました。

UI のロジックと、データのロジックが密結合（結びつきが強い状態）の場合は、プログラムの再利用がしづらくなります。再利用がしづらい状態というのは、似たようなプログラムをその都度実装しなければいけなくなり、適切なデータ連携を行うことはとても複雑になります。

プログラムやデータを疎結合（独立性が強い状態）にすることで、再利用がしやすい構成にすると複雑なアプリも実装できるようになります。

じゃんけんアプリは最初のレッスンのため、ContentView.swift に、じゃんけんのロジックもまとめて実装しましたが、本来は、分離して View のレイアウトのみを実装すると他の画面でも再利用ができるようになります。

お菓子アプリでは、ContentView.swift に、Web API へのデータ取得ロジックを含めてしまうと、1 つのファイルでとても長いコードになり可読性も低くなります。

そのため、お菓子データを Web API から取得する処理は、OkashiData.swift に分離しました。

▼ Observable のなぜ

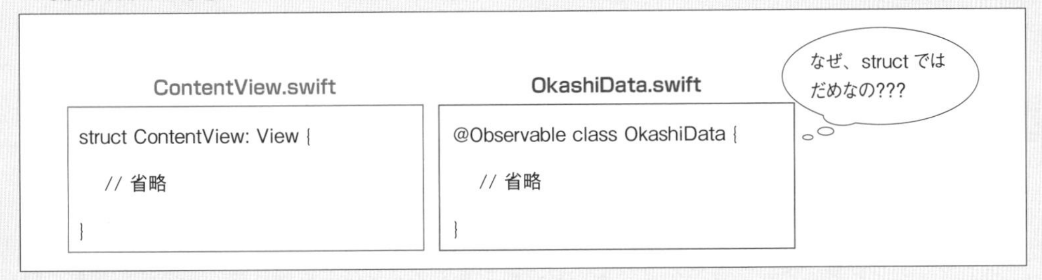

ただ、そこで疑問に思う方もいらっしゃるかもしれませんが、なぜ、データ取得ファイル（OkashiData.swift）は、値型の struct（構造体）ではなく、class（クラス）で定義したのでしょうか？

ファイルを分離したために、外部ファイルとデータを共有できる、Observable プロトコルに準拠しなければいけませんでした。

データ取得クラス（OkashiData）は、Web API から、データを取得するごとに状態が変化するため、インスタンスを別のメモリにコピーする struct（構造体）ではなく、インスタンスのメモリを共有する参照型の class（クラス）で作成する必要があります。Observable プロトコルの構成は、「Single Source of Truth」のコンセプトに沿っています。

「COLUMN クラス（Class）について」（P.237）で、class（参照型）と struct（値型）の違いについて解説をしているので、復習をして理解を深めてください。

Day 2

Lesson

4-6

ステップアップ

お菓子の一覧をタップして、Web ページを表示してみよう

このレッスンで学ぶこと

- お菓子の一覧で特定のお菓子をタップしたときに、掲載サイトの Web ページを表示する方法を学びます。
- SafariServices を用いてアプリ内部で Safari を起動し、Web ページを表示する方法を学びます。

完成イメージ

前レッスンまでで、キーワードを入力してインターネットからお菓子の情報を取得し、TextField で一覧表示するところまでを作りました。

ステップアップ編では、一覧表示されているお菓子をタップしたときに、そのお菓子が掲載されている Web ページをアプリ内で表示してみましょう。

▼ 完成イメージ

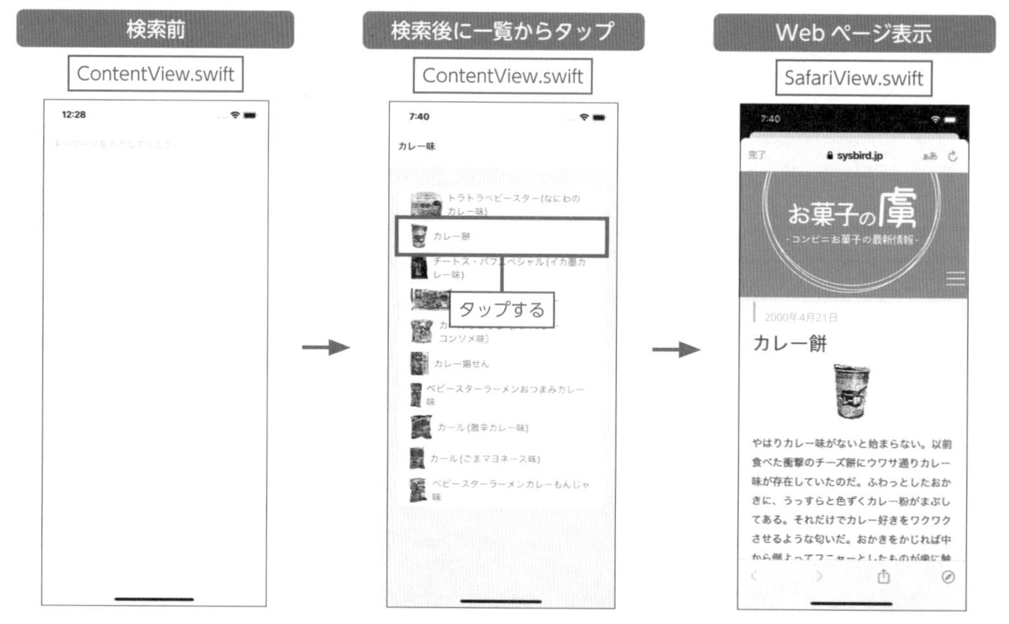

1　SFSafariViewController を利用して、Web ページを表示しよう

1-1　Safari 表示用の構造体を新規作成

Safari を表示する構造体を、SwiftUI View で新規に作成します。

▼ Safari 表示画面のファイルを追加

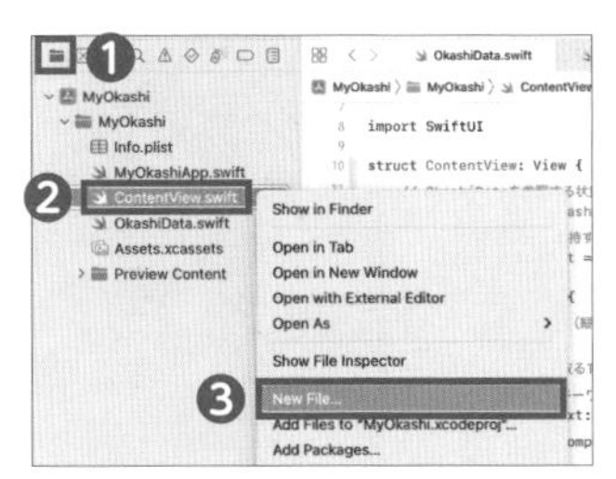

❶ [Project navigator] の MyOkashi 内の適当な場所で、
❷ 右クリック、もしくは [control] キーを押しながらクリックして、サブメニューを表示します。
❸「New File...」を選択します。
　今回は画面を作りたいので、❹ [iOS] → ❺ [SwiftUI View] を選択して、❻ [Next] をクリックします。
❼ [Save As] に、追加するファイルの名前を入力します。ここでは、Safari を起動する画面のファイルを作りたいので、「SafariView.swift」とします。
❽ [Create] をクリックします。

1-2　UIViewControllerRepresentable を利用した、SFSafariViewController の設定

SFSafariViewController は、iOS アプリで手軽に Web ページを表示したいときに使います。アプリ内で iOS に標準搭載されている Safari を起動し、Web ページを表示しています。

青枠のコードを削除してください。

▼ コードの削除

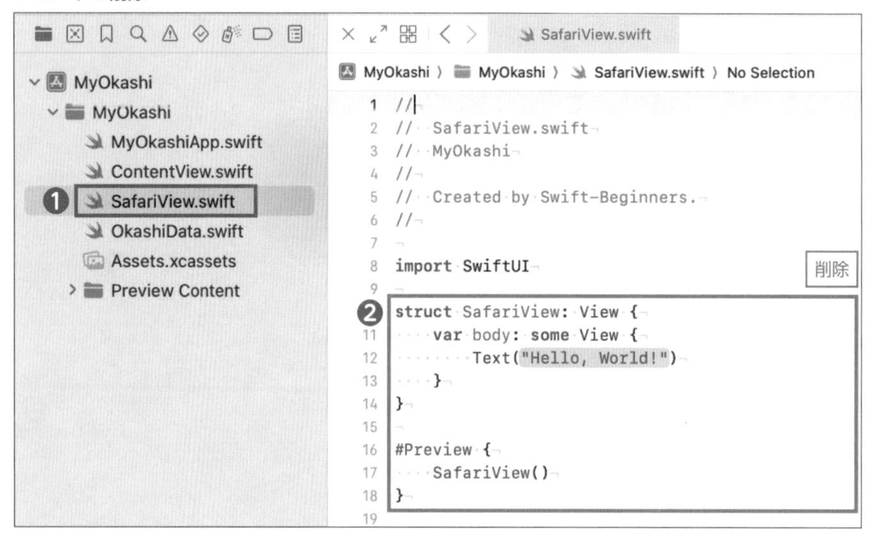

❶ SafariView.swift が作成されていることを確認してください。
❷ 青枠のコードは不要なので削除します。

赤枠のコードを追加してください。

▼ Safari を起動するコードを追加

```
import SwiftUI
import SafariServices

// SFSafariViewControllerを起動する構造体
struct SafariView: UIViewControllerRepresentable {
    // 表示するホームページのURLを受け取る変数
    let url: URL

    // 表示するViewを生成するときに実行
    func makeUIViewController(context: Context) -> SFSafariViewController {
        // Safariを起動
        return SFSafariViewController(url: url)
    }

    // Viewが更新されたときに実行
    func updateUIViewController(_ uiViewController: SFSafariViewController, context: Context) {
        // 処理なし
    }
}
```

追加

コード解説　これから、さきほど追加したコードをステップごとに説明します。

```
import SafariServices
```

SafariServicesというフレームワークをインポートしています。

アプリから外部のSafariを起動させるのではなく、アプリの内部でSafariを起動することができ、ウェブビュー（web views）と言われます。

```
// SFSafariViewControllerを起動する構造体
struct SafariView: UIViewControllerRepresentable {
```

SFSafariViewControllerは、SwiftUIではまだ提供されていないので、UIViewControllerRepresentableプロトコルに準拠して、SwiftUIでも扱えるようにラップします。

UIViewControllerRepresentableについては「Day2 Lesson 2-2 撮影画面を作成しよう」（P.306）で解説しています。

```
// 表示するホームページのURLを受ける変数
let url: URL
```

お菓子検索画面（ContentView.swift）で、Listの行のどれかがタップされると、Safari起動画面（SafariView.swift）にURLを引数として渡すコードを後ほど書きます。

受け取り用の変数を宣言します。

```
// 表示するViewを生成するときに実行
func makeUIViewController(context: Context) -> SFSafariViewController {
    // Safariを起動
    return SFSafariViewController(url: url)
}
```

UIViewControllerRepresentableに準拠しているViewでは、Viewを生成するタイミングで、自動的にmakeUIViewControllerメソッドを呼び出します。

お菓子検索画面（ContentView.swift）から、Safari起動画面（SafariView.swift）が呼び出されると、最初にこのメソッドが実行されます。

SFSafariViewControllerの引数にWebページのURLを指定することで、Safariを起動してWebページを表示します。

```
// Viewが更新されたときに実行
func updateUIViewController(_ uiViewController: SFSafariViewController,
context: Context) {
    // 処理なし
}
```

updateUIViewController も、View が更新された時に自動的に実行されるメソッドですが、今回は、Safari で Web ページを表示するだけなので、処理は追加しません。

Point

なぜ、このお菓子アプリでは、UIViewControllerRepresentable プロトコルに準拠しているのに、カメラアプリの際に利用した Coordinator でラップしていないのでしょうか？
カメラアプリでは、カメラの撮影完了後に画像を受け取るために、UIkit のデリゲートを利用する必要がありました。SwiftUI から、UIkit のデリゲートを利用するために、Coordinator でラップしていましたが、今回のお菓子アプリでは、何らかの処理完了後に通知を受ける必要はないのでデリゲートを利用する必要がありません。
そのため、今回は Coordinator は不要だということを理解してください。

これで、Safari を起動する構造体の実装は完了です。

● Mutable と Immutable

開発の際には扱うデータが、Mutable か Immutable なのかを意識することは重要です。

Mutable（ミュータブル）は、作成後にその**状態を変えることができるオブジェクト**のことです。
Immutable（イミュータブル）は、作成後にその**状態を変えることのできないオブジェクト**のことです。

アプリ開発では、データの状態はとても重要です。開発者が意図していないデータが上書きされるとバグが発生する原因になります。変更されるデータか否かはしっかり想定して、変数と定数を使い分けてください。 基本的には、最初は定数（let）で宣言しておいて開発が進む中で、これは変更される性質のデータだなと認識した時に、変数（var）に切り替えるようにしましょう。

1-3　List の 1 行ごとに Button を設定

次は、お菓子検索画面（ContentView.swift）の実装を行います。

赤枠のコードを追加してください。

▼ Safari の表示を管理する変数を追加

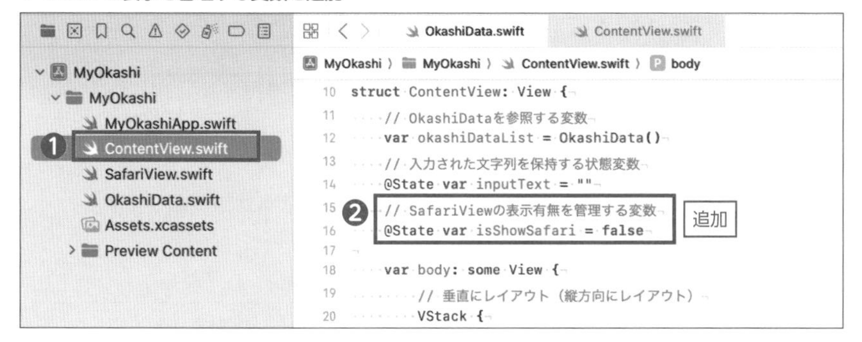

❶ ContentView.swift を選択します。
❷ 赤枠のコードを追加します。

▼ Web ページの URL を保持する変数を追加

❶ OkashiData.swift を選択します。
❷ クリックされたお菓子の Web ページのリンク情報を保持する変数を定義します。
クリックされるまで変数の値は何もない状態（nil）なので、オプショナル変数で定義をします。

このあと、List の 1 行 1 行に、Button を追加してタップを検知できるように実装します。

そのタップの際に、Safari を表示・非表示と切り替える処理を追加したいので、状態を管理する変数を Bool 型で定義します。

最初は、false（非表示）にしたいので、初期値として代入しておきます。

ContentView.swift を選択します。赤枠のコードを追加してください。

Button の action に、選択されたリンク（URL）を保持して、Safari の表示・非表示を管理する変数 isShowSafari の toggle メソッドを利用して切り替えています。

toggle メソッドを実行する度に、Bool 型の ture、false が切り替わります。最初は、false が設定されているので非表示の状態となり、タップされると true に切り替わり、Safari が表示できる状態になります。

▼ Button の action を設定

```
34                // リスト表示する
35                List(okashiDataList.okashiList) { okashi in
36                    // 1つ1つの要素を取り出す
37                    // ボタンを用意する
38                    Button {
39                        // 選択したリンクを保存する
40                        okashiDataList.okashiLink = okashi.link
41                        // SafariViewを表示する
42                        isShowSafari.toggle()
43                    } label: {
44 
45                    } // Button ここまで
46                    // Listの表示内容を生成する
47                    // 水平にレイアウト（横方向にレイアウト）
48                    HStack {
```

追加

既に実装してある、HStack で囲んだAsyncImage と Text を Button の表示部分（label）に移動したいので、赤枠の行を選択して「command」+「X」を実行してカットします。

▼ HStack をカット

```
37                // ボタンを用意する
38                Button {
39                    // 選択したリンクを保存する
40                    okashiDataList.okashiLink = okashi.link
41                    // SafariViewを表示する
42                    isShowSafari.toggle()
43                } label: {
44 
45                } // Button ここまで
46                // Listの表示内容を生成する
47                // 水平にレイアウト（横方向にレイアウト）
48                HStack {
49                    // 画像を読み込み、表示する
50                    AsyncImage(url: okashi.image) { image in
51                        // 画像を表示する
52                        image
53                            // リサイズする
54                            .resizable()
55                            // アスペクト比（縦横比）を維持してエリア内に収まるようにする
56                            .scaledToFit()
57                            // 高さ40
58                            .frame(height: 40)
59                    } placeholder: {
60                        // 読み込み中はインジケーターを表示する
61                        ProgressView()
62                    }
63                    // テキスト表示する
64                    Text(okashi.name)
65                } // HStackここまで
66            } // Listここまで
67        } // VStack ここまで
```

該当行を選択して「command」+「X」でカット

赤枠にペーストをして移動をします。

これで List から取り出した要素が、Button の中に表示され、1 行ごとにタップを検知できる状態になりました。

▼ HStack を Button の表示部分に移動

```
37                  // ボタンを用意する
38                  Button {
39                      // 選択したリンクを保存する
40                      okashiDataList.okashiLink = okashi.link
41                      // SafariViewを表示する
42                      isShowSafari.toggle()
43                  } label: {
44                      // Listの表示内容を生成する
45                      // 水平にレイアウト（横方向にレイアウト）
46                      HStack {
47                          // 画像を読み込み、表示する
48                          AsyncImage(url: okashi.image) { image in
49                              // 画像を表示する
50                              image
51                                  // リサイズする
52                                  .resizable()
53                                  // アスペクト比（縦横比）を維持してエリア内に収まるようにする
54                                  .scaledToFit()
55                                  // 高さ40
56                                  .frame(height: 40)
57                          } placeholder: {
58                              // 読み込み中はインジケーターを表示する
59                              ProgressView()
60                          }
61                          // テキスト表示する
62                          Text(okashi.name)
63                      } // HStackここまで
64                  } // Button ここまで
65              } // Listここまで
```

ペースト

続いて、赤枠のコードを追加してください。さきほど追加した Button の sheet モディファイアとして追加します。

▼ sheet (ModalView) の表示を追加

```
57                          } placeholder: {
58                              // 読み込み中はインジケーターを表示する
59                              ProgressView()
60                          }
61                          // テキスト表示する
62                          Text(okashi.name)
63                      } // HStackここまで
64                  } // Button ここまで
65              } // Listここまで
66              .sheet(isPresented: $isShowSafari, content: {
67                  // SafariViewを表示する
68                  SafariView(url: okashiDataList.okashiLink!)
69                      // 画面下部がセーフエリア外までいっぱいになるように指定
70                      .ignoresSafeArea(edges: [.bottom])
71              }) // sheetここまで
72          } // VStack ここまで
```

追加

sheet モディファイアは、isPresented に与えられた引数が true の場合に、画面下からモーダル画面を表示します。

モーダルとは、新しく画面を表示して元の画面が操作できない状態になることを言います。

シミュレータを起動して、完成イメージの動きになっているか確認をしてください。

▼ View の構造

最後に、View の構造を確認しましょう。お菓子検索画面（ContentView.swift）では、okashiDataList から 1 行ずつ取り出し Button として、List に要素を追加されています。

Web ページ表示画面（SafariView.swift）では、赤枠のエリアが、sheet（モーダル）です。

正常に動いていれば、ステップアップの実装は完了で、本書のレッスンは全て終了しました。

最後まで進められたこと本当にすごいです。おめでとうございます！

1 度の学習では、あまり理解ができていない箇所があるのは普通のことです。不明なところは、反復学習をすることで理解が深まります。

また、本書で紹介しているアプリのサンプルコードは、あくまでファーストステップとして学習のしやすさ、分かりやすさに重点をおいたコードの一例です。

実践で開発をするためには、より専門的な書籍やサイトの情報で、効率的でバグのリスクを下げる設計を学び、SwiftUI・Swift やデータベース、ネットワークの学習を深めていく必要があります。

深めた知識を持って、改めて本書のサンプルアプリを開発するとより良い方法で開発が行えます。

皆様が、本書の知識をスタートとして、更に学習を進め開発を楽しんでいただければ幸いです。

最後まで学習していただき、ありがとうございました。

Xcode ショートカット Xcode Shortcuts

アプリ開発の過程で頻繁に、かつ繰り返し行う操作は、ショートカットを覚えることで効率化することができます。ここでは、Xcode を使った iPhone アプリ開発でよく使うショートカットをまとめます。

自分がよく使うものから、一つずつ覚えていくと良いでしょう。

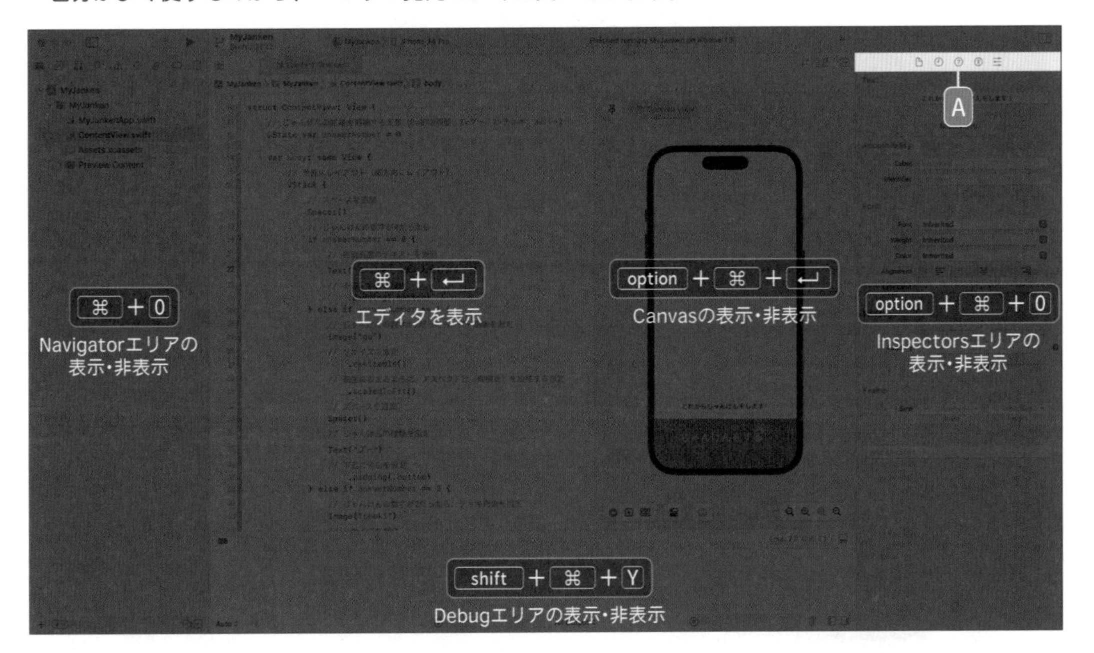

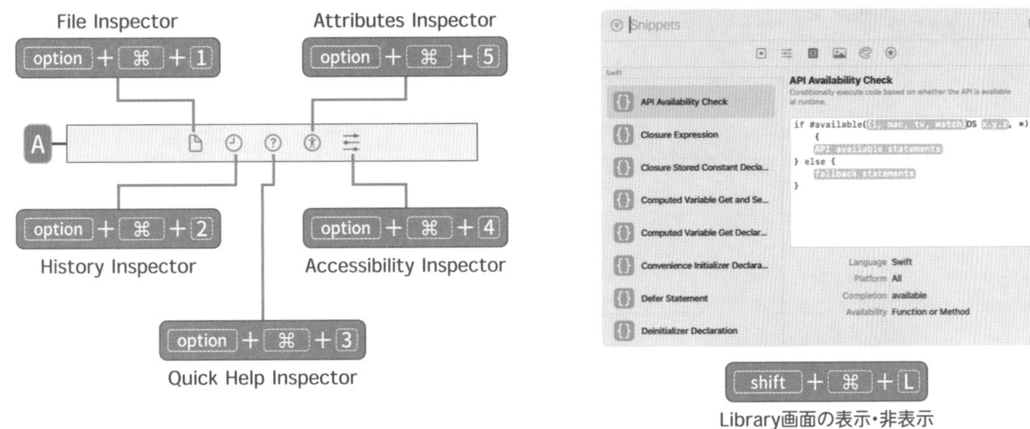

画面表示

⌘ + 0	Navigatorエリアの表示・非表示
option + ⌘ + 0	Inspectorsエリアの表示・非表示

option + ⌘ + 1	File Inspectorの表示
option + ⌘ + 2	History Inspectorの表示
option + ⌘ + 3	Quick Help Inspectorの表示
option + ⌘ + 4	Attributes Inspectorの表示
option + ⌘ + 5	Accessibility Inspectorの表示
⌘ + ↩	エディタを表示
option + ⌘ + ↩	Canvasの表示・非表示
shift + ⌘ + L	Library画面の表示・非表示
shift + ⌘ + Y	Debugエリアの表示・非表示

SwiftUI

option + ⌘ + P	SwiftUIプレビューのリフレッシュ

SwiftUIプレビュー

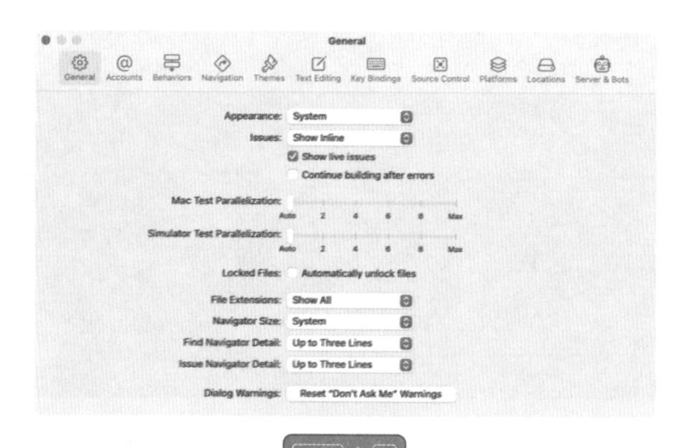

⌘ + ,

Settings画面を表示

一般

⌘ + ,	Settings画面を表示
⌘ + Q	Xcodeを終了する

ビルド

⌘ + B	ビルド
shift + ⌘ + K	クリーンビルド

検索

⌘ + F	ファイル内をキーワード検索
shift + ⌘ + F	プロジェクト内をキーワード検索
shift + ⌘ + O	プロジェクト内をオブジェクト検索

コード編集

control + 6	ファイル内のメソッドやプロパティの一覧を表示
control + I	選択範囲を自動インデント（Indent）
control + ⌘ + 0	エディタの表示倍率をリセット
⌘ + +	エディタの表示倍率を上げる
⌘ + −	エディタの表示倍率を下げる
⌘ + [	左へ1ブロックインデント
⌘ +]	右へ1ブロックインデント
⌘ + /	選択範囲をコメント化
option + ⌘ + /	ドキュメントコメントのひな形を挿入
⌘ + ←	カーソルを行頭へ移動
⌘ + →	カーソルを行末へ移動
⌘ + ↑	カーソルをファイル先頭へ移動
⌘ + ↓	カーソルをファイル末尾へ移動

シミュレータ

⌘ + R	シミュレータを実行
⌘ + ←	左回転
⌘ + →	右回転

索引 INDEX

記号

! 181, 194, 362
$ 226, 333, 410
*= 387
... . 145
..< 145
.failure 349
.success 349
// 61
/= 387
? 194
#Preview 131
@AppStorage 283, 293
@Binding 311, 333, 356, 433
@MainActor 435
@Observable マクロ 407, 432
@State 134, 136, 149, 333, 433
_ 206, 287, 314, 379, 390
¥ 211, 290
+= 194, 285, 387
= 135
-= 387
== 138

A

Access Control 415, 416
action 129
Active scheme 84, 85
Add Modifier 76
addingPercentEncoding メソッド 419
alignment 243
API 394
API Design Guidelines 158
App Store 21, 35
Apple ID 31
　確認コード 34
　　―のサイト 33
　　―の取得 32
　　―を Xcode に登録 91
App テンプレート 105
Assets.xcassets 106, 170, 177, 266, 276
AsyncImage 442
async メソッド 415
Attributes inspector 49, 455, 456
AVAudioPlayer 181
AVFoundation フレームワーク 180
await 文 415

B

Binding.constant メソッド 362
Bool.random 関数 145
Button 70, 297
　―に画像を使う 173

C

Canvas 45, 57, 82
　―の表示・非表示 57
CGImage 366
Choose a template for your new file 画面 178
　Cocoa Touch Class 178
　Swift File 381
　SwiftUI View 200, 260
Choose a template for your new project 画面 41
Choose options for your new project 画面 41, 105
　Bundle Identifier 42
　Host in CloudKit 43
　Include Tests 43
　Interface 43
　Language 43
　Organization Identifier 42
　Product Name 42
　Team 42
CIContext クラス 364
CIDetector クラス 364
CIFilter クラス 364, 367
CIImage クラス 364, 366
CIPhotoEffectChrome 388
CIPhotoEffectFade 388
CIPhotoEffectInstant 388
CIPhotoEffectMono 388

CIPhotoEffectNoir....388
CIPhotoEffectProcess....388
CIPhotoEffectTonal....388
CIPhotoEffectTransfer....388
CISepiaTone....388
class....120, 237
CLLocationCoordinate2D クラス....210
Codable プロトコル....422
Color Set....267, 276
ContentView.swift....44, 57, 106
Coordinator....311
coordinate プロパティ....214
Core Image フレームワーク....363
createCGImage メソッド....369
Custom iOS Target Properties....323

D

Data 型....349
Debug area....45
　ツールバー....301
Debug View Hierarchy....301
decoder.decode....426
delegate....311, 320
dismiss メソッド....379
displayMapType....241
do-catch 文....183
Dynamic Type 機能....152

E

EdgeInsets 構造体....153
Editor area....45
EffectView 構造体....361
enum....240, 242
extension....191, 380

F

false....138
Font....68
　Large Title....68
for-in 文....437

G

guard let 文....194, 368

H

HStack....75, 111, 169

I

IDE....31, 75
Identifiable プロトコル....430
if let 文....194, 213, 287, 290, 330
if 文....137, 149, 328
　書式....138
Image....172
　配置....113
imagePickerController メソッド....314
immutable....450
import 文....64, 201, 202
in....217, 348
init....231
Inspector area....45, 455
　Accessibility Inspector....455
　AttributesInspector....455
　File Inspector....455
　History Inspector....455
　Quick Help Inspector....455
Int.random 関数....144
iPhone Orientation....389
isSourceTypeAvailable(.camera)....328

J

JavaScript....396
JSON....395
　データフォーマット....396
JSON Pretty Linter....401
Jump bars....61

L

let....181
List....439
Live Preview....82, 143, 175
lowerCamelCase....158

M

makeCoordinator メソッド....317
makeUIViewController メソッド....318
MapCameraPosition 構造体....215
MapKit....202
　インポート....202
MapStyle 構造体....249
Marker 構造体....216
Media library 画面....110
MKCoordinateRegion メソッド....216

MKCoordinateRegion 構造体 216
  center プロパティ 216, 217
  latitudinalMeters プロパティ 216, 217
  longitudinalMeters プロパティ 216, 217
MKLocalSearch クラス 212
Modifier 69, 76, 115
  alert 296
  background 76, 152
  clipShape 273
  font 68, 152
  foregroundColor 78
  foregroundStyle 273, 327
  frame 151, 273
  ignoresSafeArea 172, 192, 270
  multilineTextAlignment 327
  onAppear 291, 360
  onChange 206
  onDisappear 291
  onSubmit 226, 410
  padding 79, 153
  pickerStyle 280
  resizable 116, 172, 245, 270, 330
  scaledToFill 118, 173, 271
  scaledToFit 117
  sheet 332, 371
  tag 279
  toolbar 263
  —の Chain 118
  —の適用順番 336
  複数の—を設定する 118
  —を作成 190
  —を追加 191
Mutable 450

N

naturalLanguageQuery プロパティ 212
NavigationLink 264
NavigationStack 260
Navigator area 45, 48, 455
  Content area 49
  Filter bar 49
  Navigator bar 48
    Find navigator 49
    Issue navigator 49
    Project navigator 49
newValue 206, 234
nil 194, 213
NSDataAsset クラス 181
NSObject 179, 313

O

Observation フレームワーク 443
Observer 443
  —パターン 443
oldValue 206
Opaque Return types 120
Open in Developer Documentation 232

P

PhotoKit 344
PhotosPicker 344, 346
PhotosPickerItem 型 345, 349
PhotosUI フレームワーク 344
Picker 278
placemark 214
plist 322, 324, 338
po コマンド 300
Preview Assets.xcassets 106
Preview Content 361
print 文 129
ProgressView 441
project and targets list ボタン 323

R

repeat 文 148
Request 394
Request() オブジェクト 212
region メソッド 216
Response 394
return 文の省略 121
Run 85

S

SafariServices プロトコル 449
Scale factors 109
searchKey 204
self 192, 314
Settings 画面 50, 92, 456
  Apple ID を Xcode に登録 91
  インデントの可視化 52
  行番号の表示 51
  コードの折りたたみ 53
  ファイル拡張子の表示 51
  ミニマップを非表示 54

SF Symbols 246
SFSafariViewController 447
ShareLink 338
SharePreview 341
Show Debug Area メニュー 45
Signing & Capabilities 94
Simulator 86
Single Source of Truth 444
some 120
Spacer 155
　サイズを指定する 155
SSOT 444
Storyboard 26
struct 120, 229
Subject 443
Swift 22
　特徴 24
Swift Concurrency フレームワーク 413, 435
Swift macros 131, 431, 444
SwiftUI 22, 26
switch 文 249, 348

T

Task 413
Text 64
TextField 221
Timer クラス 283
　invalidate メソッド 285
　isValid プロパティ 287
　scheduledTimer メソッド 287
Toggle Software Keyboard 224, 412
toggle メソッド 316, 331, 378, 452
ToolbarItem 264
Toolbar 45, 47
　Activity viewer 47
　Code Review ボタン 47
　Library ボタン 47
　Run ボタン 47
　Scheme メニュー 47
true 138
try 文 183

U

UIImagePickerController 308, 319
　InfoKey.originalImage キー 315
UIImagePickerControllerDelegate 313
UIImage
　イニシャライザ 370
　クラス 366
UIKit 308
UINavigationControllerDelegate 313
UIViewControllerRepresentable プロトコル
　....................309, 447
updateUIViewController メソッド 318, 450
UpperCamelCase 158
URLSession 424
UserDefaults 283, 293
UUID 430

V

var 134, 181
View 44
View library 70
View プロトコル 69, 75
View メニュー 45
VStack 72, 111

W

Web API 394
while 文 148, 150
WWDC 20

X

Xcode 31
　インストール 35
　インスペクター エリア 45
　エディタエリア 45
　エリア 45
　　一の開閉 46
　画面構成 44
　環境設定 50
　起動 39
　起動画面 39
　　Clone Git Repository 40
　　Create New Project 40
　　Open Existing Project 40
　キャンバス 45
　ダウンロード 35
　ツールバー 45, 47
　　Activity viewer 47
　　Code Review ボタン 47
　　Library ボタン 47
　　Run ボタン 47

Scheme メニュー 47
デバッグエリア 45
ナビゲータ エリア 45
Content area 49
Filter bar 49
Navigator bar 48
プロジェクト 39
—に Team を設定 94
—のテンプレートの選択 105
—のファイル 106
—の保存 43
入力補完 116
利用規約 37
XML 395
—のデータフォーマット 397

Z

ZStack 75, 111, 169, 243

あ行

アクセスコントロール 416
アクセス修飾子
fileprivate 416
internal 416
open 416
private 416
public 416
アスペクト比 117
アセットカタログ 107, 109
—に画像を登録する 108
値 121
値型 237
アプリアイコン 160
—のサイズ 160
—の設定 160
アプリ開発の準備 30
アプリ内課金 21
アプリの動作確認 82
— Live Preview 82
アラート 296
アンダースコア 206
アンラップ 194, 213, 340
位置情報 210
緯度 210
イニシャライザ 231, 314
色の定義 267
インクリメント 141
インスタンス 186
インデント 61
—を揃える 62
永続化 283
エラーメッセージ 360
エンコード 400, 419
オーバーライド 416
オープンソース 25
お菓子の虜 Web API 392, 398
JSON データフォーマット 421
検索パラメータ 399
レスポンスデータ 399
オプショナル型 194, 213
オプショナル変数 340
音源ファイル 177
—の再生 182

か行

開区間 145
課金方法 21
型 120, 121
型推論 135, 147
型変換 139, 315
カメラ 304
カメラチェック 328
画面遷移 260
画面方向のロック 100
関数 120, 121
キャスト 315
強制アンラップ 181, 194
クラス 120, 186, 237
クロージャ 120, 220
クロージャの書式 221
継承 420
経度 210
広告 21
公式ドキュメントの翻訳 38
構造体 120, 229
イニシャライザ 230
—の定義 231
インスタンス 230
格納型プロパティ 234
計算型プロパティ 234
—の get 節 234
—の set 節 234
全項目イニシャライザ 233

  - プロパティ 229
  - メソッド 229
- コメント 61
- コンパイル 67

さ行

- 参照型 237
- 参照渡し 410
- 実機テストエラー 88
- 実機転送 89
  - 転送先のiPhoneの設定 97
- シミュレータ 86, 275
  - アプリを停止する 87
  - 停止する 87
  - 日本語化 252
  - メニュー 87
  - —に別の機種を追加 115, 175
- 写真のリサイズ 380
- 仕様 102
- 状態変数 134, 136, 149, 227, 356
- ショートカットキー 100, 455
- 初期化 283
- 初期値 283
- スケールファクター 109
- スコープ 75, 164, 416
- スタックレイアウトビュー 110
- ステップ実行 301
- ストーリーボード 26
- スレッド 427
- 制御文 138
- 制御文字 419
- セーフエリア 172, 270
- 宣言的プログラミング 28
- 疎結合 445

た行

- ダークモード 98, 267, 273, 275
- 代入演算子 135, 138
- 縦横比 117
- ダブルクォーテーション 80
- タプル 424, 425
- 地図
  - ピンを置く 214
- 直前の操作の取り消し 100
- 定数 181
- データ型 121, 135, 136, 139, 147
  - Any型 315, 342
  - Bool型 135, 138
  - Double型 135
  - Float型 135
  - Int型 135, 147
  - String型 135
  - UInt型 135
  - 宣言する 136
- データの永続化 283
- データ連動 334
- デコード 400, 419
- デザインパターン 443
- 手数料 21
- デバッガ 298, 302
- デバッグ 298
- デバッグエリア 45, 129, 131, 455, 456
- デベロッパモード 90
- 同期処理 426
- 統合開発環境 31

な行

- 名前付き型 121
- 入力補完 75, 115, 127, 241, 324
- ネスト 129

は行

- パース 426
- 配列 213, 218, 385
  - appendメソッド 436
  - countメソッド 387
  - firstプロパティ 213
  - 宣言 218
  - 添字 219
  - データ型 218
  - プロパティ 220
  - 要素 219
    - —の削除 219
    - —の取得 219
    - —の追加 219
    - —の変更 220
- 半開区間 145
- 比較演算子 138, 139
  - != 139
  - < 139
  - <= 139
  - == 139
  - > 139

>= 139
引数 121, 144
引数ラベル 206, 390
ビルド 47, 146
ビルドエラー 88
非同期処理 413, 426
標準フォント 69
フォトライブラリー 339, 344
復号化 419
符号化 419
複合型 121
ブレークポイント 298
　削除 302
　無効化 302
フレームワーク 64
プレビューデバイスの切り替え 59
プレビュー
　Resume ボタン 65
　Selectable ボタン 65
　Zoom In ボタン 65
　拡大縮小 59
　表示 58
プロセス 427
ブロック 75, 113
　—のネスト 129
ブロックスコープ 114
プロトコル 69, 121, 423
プロパティ 120, 121
プロパティラッパー 433
プロパティリスト 322, 324, 338
　—にプロパティと値を追加する 323
閉区間 145
ペーパープロトタイプ 112
変数 80, 120, 134, 181
　初期化 283
　宣言 120
　名前 120
　名規則 158

ま行

マップ 196
　—の種類 239, 245
無名関数 120
命令型プログラミング 28
メインスレッド 427, 434
命名規則 158
メソッド 121, 144
　—のクイックヘルプ 288
　—の引数ラベル 390
メモリ 293
文字サイズ 152
モジュール 416
文字列 80, 120, 135
モディファイア 115
　—を作成 190
　—を追加 191
モデル 433
戻り値 121

や行

有料ダウンロード 21
余白
　数値で指定する 153
予約語 158

ら行

ライトモード 98, 267, 273, 275
ライブプレビュー 83
ラップ 310, 433, 449, 450
乱数 144
リクエスト 394, 423
　— URL 399, 400
リファクタリング 189
ループ処理 148
　—後判定ループ 150
　—前判定ループ 150
レイアウト 110
例外処理 183
レスポンス 394
列挙型 240, 242
　値の取得 242
　宣言 242
ローカライズ 252
ロジック 132

Swift ビギナーズ倶楽部について

2014 年 11 月 1 日、東京都内で Swift ビギナーズ倶楽部というグループが立ち上がり、そこで「Swift ビギナーズ勉強会第 1 回」が開催されました。

Apple から Swift 言語が公開されてまもなく立ち上がった勉強会です。

Swift 言語によって、一般の人にもいままで以上に iPhone アプリが作りやすくなり、Swift ビギナーズ勉強会には、アプリ開発経験者や Web デザイナー、営業マン、事務職、教員、学生、定年退職された方など、さまざまな人が集まるようになりました。

比較的学びやすい Swift 言語ですが、勉強会では多くの初心者が四苦八苦し、初心者には参考図書となる書籍がまだまだ少ない状況でした。

「もっと、初心者が最初に手にとってよかったと思える書籍を勉強会で使いたい」

「勉強会に参加できない人でもアプリ制作がはじめられるように」

そういった思いを胸に、本書の構成を作りはじめました。

はじめて iOS アプリを開発する方のために、どうすれば楽しくわかりやすくなるかを追求した一冊になったと思っています。

謝辞

本書はたくさんの方々から意見と協力を頂戴し、構成、執筆を行いました。

本書で登場するサンプルアプリのロゴ、UI デザインは、デザイナーのアカイケナツミーヌさんに、たくさんのアドバイスをいただき、制作を行っていただきました、ありがとうございます。

本書で使用している「お菓子の虜 Web API」作者の鳥山優子さん、「JSON Pretty Linter | SYNCER」作者の荒井雄太さんには、Web サービスの掲載許可の快諾いただきました。ありがとうございます。

本当にたくさんの方々のご厚意とご尽力を賜り、本書が完成したことに、心から感謝を申し上げます。

この本が、プログラミング学習、iOS 開発をこれからはじめる方々の一助になれれば、執筆陣一同幸いです。

執筆陣一同より

執筆陣による公式サポートサイト

本書の内容に関するサポート情報や、サンプルアプリのダウンロードが提供されます。

本書の公式サポートサイト

https://blog.code-candy.com/swiftbook2023/

公式 LINE アカウント

公式 LINE アカウントでは、次のサービスを提供しています。ぜひ、ご利用ください。

- 本書の読者問い合わせの受付
- サポート情報、正誤表の更新情報
- 読者向けアプリ開発に役立つ勉強会、イベントのお知らせ
- （順次、サービス追加予定です）

スマートフォンなどの LINE アプリを起動して、次のいずれかの方法でアクセスしてください。

1. メニューの「ホーム」から、「@CodeCandy」と入力して検索
2. 「友だち追加」で「QR コード」を選択して、QR コードを読み取る

執筆陣プロフィール

藤　治仁（ふじ・はるひと）

組み込み機器ファームウェア開発に従事。副業でiOSアプリ開発を行い、個人でもAppStoreでアプリをリリース。アプリ開発特化型オンラインスクールCodeCandyを運営。エンジニア歴は20年以上。

［おもな開発アプリ、Webサイト］

- AirRecipe、AirStarScape、音戦宅球、ARIZAR、TajimiGuide
- CodeCandy（コードキャンディ）：
  https://code-candy.com/
- GitHub：
  https://github.com/FromF/
- X（旧Twitter）：
  https://twitter.com/From_F

小林　加奈子（こばやし・かなこ）

医療系、教育系スタートアップ企業で、アプリ、サーバサイド開発、インフラ構築に従事。

アプリ開発特化型オンラインスクールCodeCandyを運営。エンジニア歴は20年以上。TickleCode LLC代表執行役員。

［運営サービス、SNS］

- TickleCode LLC：
  https://ticklecode.com/
- CodeCandy（コードキャンディ）：
  https://code-candy.com/
- X（旧Twitter）：
  https://twitter.com/mustacheyork

小林　由憲（こばやし・よしのり）

Swiftを活用したスマホアプリの受託開発、月額リモート契約専門のエンジニア。アプリ開発特化型オンラインスクールCodeCandyを運営。エンジニア歴は20年以上。TickleCode LLC代表。

［運営サービス、SNS］

- TickleCode LLC：
  https://ticklecode.com/
- CodeCandy（コードキャンディ）：
  https://code-candy.com/
- X（旧Twitter）：
  https://twitter.com/yoshiii514

STAFF

装丁：　西垂水 敦（krran）
編集協力・DTP：　株式会社トップスタジオ
本文デザイン：　株式会社トップスタジオ デザイン室（阿保裕美）
イラストレーション：　株式会社トップスタジオ デザイン室（阿保裕美）

SwiftUI対応
たった2日でマスターできる
iPhoneアプリ開発集中講座
Xcode 15 / iOS 17 / Swift 5.9 対応

2023年11月15日　初版第1刷発行

著　者　藤 治仁・小林 加奈子・小林 由憲
発行人　片柳 秀夫
発行所　ソシム株式会社
https://www.socym.co.jp/
〒101-0064 東京都千代田区神田猿楽町1-5-15 猿楽町SSビル
TEL：(03)5217-2400（代表）
FAX：(03)5217-2420
印刷・製本　シナノ印刷株式会社

定価はカバーに表示してあります。
落丁・乱丁は弊社販売部までお送りください。送料弊社負担にてお取り替えいたします。
ISBN978-4-8026-1434-4 Printed in Japan